U0960023

房屋建筑与市政工程勘察设计及审查
常见问题分析与对策

（2024年版）

河北省工程勘察设计咨询协会　编著

天津大学出版社
TIANJIN UNIVERSITY PRESS

图书在版编目（CIP）数据

房屋建筑与市政工程勘察设计及审查常见问题分析与对策 ：2024年版 / 河北省工程勘察设计咨询协会编著. 天津 ：天津大学出版社，2024. 10. -- ISBN 978-7-5618-7855-2

Ⅰ. TU22；TU99

中国国家版本馆CIP数据核字第2024B6Z473号

出版发行 天津大学出版社
地　　址 天津市卫津路92号天津大学内（邮编：300072）
电　　话 发行部：022-27403647
网　　址 www.tjupress.com.cn
印　　刷 廊坊市瑞德印刷有限公司
经　　销 全国各地新华书店
开　　本 787mm×1092mm　1/16
印　　张 18.5
字　　数 462千
版　　次 2024年10月第1次
印　　次 2024年10月第1版
定　　价 98.00元

本书编写委员会

主 任 委 员：梁金国

副主任委员：王增文　朱　锐

委　　　员：郝贵强　雷志民　刁朝位　宫海军　张利新
赵明发　莘　亮　丛　军　张彦林　王海周
刘紫强　王玉龙　高朋杰　李　杰　卫　丽
邓国志

主　　　编：郝贵强

副　主　编：张树雄　雷志民　关彤军　刘紫强

编 写 人 员：李岱峰　高志辉　屈卫泉　王　强　罗伟会
刘影震　王利欢　王世贤　吕　选　杨　燕
杨国彬　秦丽平　陈文燕　张　羽　张贺飞
苗建忠　张家利　彭玖良　郝朝阳　于　根
孙树鹏　张　胤　田　磊　石晓娜

审 查 人 员：雷志民　庄玉良　张利新　朱增强　赵明发
莘　亮　丛　军　刘雅金　王海周　王玉龙
韩玉超　何新露　钱翠雯　张　懿

前　　言

2021年，十三届全国人大四次会议表决通过了《中华人民共和国国民经济和社会发展第十四个五年规划和2035年远景目标纲要》（简称《纲要》），《纲要》提出“完善新型城镇化战略 提升城镇化发展质量”，高质量、可持续、智能化成为城镇化发展新的代名词，这为建筑业转型发展指出了新方向，同时也对建筑工程各个实施环节提出了更高要求。建筑勘察设计与审查在工程项目执行过程中属上游环节，对建筑工程建设起指导性作用，设计与审查人员的技术水平与他们对国家规范的理解直接关系工程项目品质。近年来，我国出台了大量新规范，还对原有规范进行了更新，对新规范条文理解不到位、解读不统一的情况在所难免，这就要求设计人员、审查人员及时跟进学习。

为紧跟时代发展步伐与贯彻执行政策方针，提高河北省建筑行业设计与审查水平，完善房屋建筑与市政工程技术体系，形成与现行规范配套的统一指导意见，本书编写委员会开展了《房屋建筑与市政工程勘察设计及审查常见问题分析与对策（2024年版）》的编制工作。2003年，河北省住房和城乡建设厅组织编写了《建筑工程勘察设计常见质量问题分析与解决措施》，该书在出版后分别于2011年、2013年、2014年、2018年进行了四次修编，并于2018年更名为《房屋建筑与市政工程勘察设计及审查常见问题分析与对策》，本书为第五次修编版。本书与《河北省房屋建筑和市政基础设施工程施工图设计文件审查要点》配套使用。

本书共8章，涵盖房屋建筑工程、市政工程、防空地下室工程、岩土工程，对建筑工程设计与审查中的重点注意事项与疑难问题进行了分析与解答。编制初期，编写委员会面向河北省各地的施工图审查机构与勘察设计单位进行问题征集，汇总了35家施工图审查机构与40家勘察设计单位提出的5 926条问题，其中房屋建筑工程类4 682条，市政工程类281条，防空地下室工程类469条，岩土工程类494条。编写委员会研讨后，筛选出有指导价值的问题，整理后形成本书。本书以国家、地方最新标准为主要依据进行解读，新增了韧性城市、城市更新、高品质住宅、百年建筑等热点领域的专项问题。

在此，由衷感谢各施工图审查机构、勘察设计单位在本书编写过程中给予的大力支持；由衷感谢各位参编专家、审查专家付出的辛勤劳动；同时向历次参与编写、审查工作的组织机构与专家致谢！

本书中如有疏漏与不当之处，欢迎广大读者朋友积极指出，编写委员会将及时予以更正；本书内容与国家现行规范、标准相矛盾的，应以国家现行规范、标准为准。

编写委员会

2024年9月24日

目　录

第1章

房屋建筑工程建筑专业

1.1 设计文件编制深度

【问题1】单体工程建筑设计总说明与工程做法深度不够,内容不全。

【分析与对策】(1)设计总说明内容不全、过于简单。没有按《建筑工程设计文件编制深度规定(2016年版)》第4.3.3条的要求分项编写。①设计依据中未列设计依据性的文件名称和文号,设计依据的主要标准规范不全或使用已废止的版本。因此,施工图审查应关注设计依据性文件和标准、规范的内容是否齐全、正确,是否为有效版本。②项目概况只列出了建筑面积指标、建筑层数和建筑高度,而对建筑使用年限、建筑防火分类和耐火等级、项目设计规模等级等内容未作表述。③工程防水应进行专项防水设计,不仅是写出各部位防水等级等信息。④特殊设计内容未在说明中注释明确。如为本建筑服务的设备用房设置在其他建筑内时,设计总说明应说明位置关系、主要技术参数等。这些内容都是根据不同的建筑类别、建筑重要性以及建筑使用要求确定的,等级标准不同,其相应的工程做法也不尽相同。这些内容均需明确,否则将无法判断相关设计是否满足要求。

(2)建筑各主要部分的工程做法、室内外装修做法交代不清或过于简单。工程做法是建筑施工的依据,应当具体、准确,没有歧义。有的工程设计、工程做法叙述过于简单,如装修做法仅写为“涂料墙面”“面砖墙面”“水泥地面”等，或者“见某某图集”“参照某某图集”等，而无具体选用编号与做法。工程施工时无法了解设计人的设计要求，不确定的做法给施工造成困难，故设计应表述明确完整。

【问题2】平、立、剖面图中应当包含的内容不全，缺少详图与标注等。

【分析与对策】设计中需要注意完善以下内容。（1）平面图：首层平面须注明与总图中完全对应的轮廓外包尺寸；保温结构一体化墙体厚度应与总说明的材料画法一致；当围护结构为幕墙时，须标明幕墙与主体结构的定位关系；玻璃幕墙部分标注立面分格间距的中心尺寸；每层防火分区为2个及以上时，须绘制防火分区示意图，并标注防火分区面积及安全出口位置。（2）立面图：应标注建筑总高度；应标注与平面对应的百叶窗、装饰线脚等的详细尺寸、位置、标高等；应标注消防救援窗位置、尺寸、标识；内部院落或剖面图无法剖到的局部立面须单独绘制。（3）剖面图：应标注与说明一致的建筑消防总高度尺寸线；剖切位置应选在层高不同、层数不同、内外空间比较复杂、具有代表性的部位；空间变化、局部不同处须绘制局部剖面。

图纸所含内容不全面，有漏项，导致不能清晰反映工程设计的全部内涵，不能准确反映建筑物的平面关系、空间关系。这不仅给准确指导施工带来麻烦，而且给判断设计文件是否满足规范（特别是安全防护、防火、防水等方面的要求）带来困难。

因此，应按照《建筑工程设计文件编制深度规定（2016年版）》中的有关规定，切实在建筑设计中贯彻执行，使设计文件满足深度要求。

【问题3】建筑施工图的消防设计文件编制深度未按相关要求设计。

【分析与对策】《建设工程消防设计审查验收工作细则》（建科规〔2024〕3号）及《建设工程消防设计编制深度与查验标准》DB13（J）/T 8550—2023，对设计说明、设计图纸均有明确规定，设计时应严格执行各项要求。在施工图审查阶段同时上传相关设计内容。

【问题4】既有建筑改造项目说明与图纸表达简单。

【分析与对策】对于既有建筑改造项目，设计说明除满足国家设计深度要求外，还应对所在原建筑的整体工程概况予以说明，如建设时间、原有使用功能、建筑高度、建筑层数、结构形式、防火类别、耐火等级等。对于改造部分的图纸表达应标识清楚，建议增加改造前后的对比图纸。

既有建筑改造项目的设计应按《河北省既有建筑改造利用消防设计审查导则（试行）》确定改造的类型，并根据相关要求进行消防设计。

【问题5】施工图设计阶段不得在图纸和做法中选用普通砂浆，而仅在说明中注明“本项目均采用预拌砂浆”字眼代替，互相矛盾，且违反规定。

【分析与对策】图纸中应注明所用砂浆均为预拌砂浆，并根据所用位置选取对应的代号和型号，可参照《工程做法》（23J909）选取，并满足《预拌砂浆》GB/T 25181—2019的相关要求。

依据《河北省推广、限制和禁止使用建设工程材料设备产品目录（2022年版）》，河北省各区市、县城规划区内已不再允许使用散装水泥，设计时应严格执行。

【问题 6】 不同建筑类型楼梯踏步高度、宽度选取不当。

【分析与对策】 楼梯踏步高度、宽度尺寸的设计要求在建筑设计专项规范及通用规范中均有提到。设计中应首先满足《民用建筑通用规范》GB 55031-2022 第 5.3.9 条，这是最基本的要求，也是强制性要求；依次核照《民用建筑设计统一标准》GB 50352-2019 第 6.8.10 条，再核照建筑设计专项规范，根据其发布实施时间，选取合理的尺寸。

以多层商业建筑（以电梯作为主要垂直交通）为例，其楼梯踏步尺寸的选取：①由《民用建筑通用规范》GB 55031-2022 表 5.3.9 可知，“以电梯作为主要垂直交通的多层公共建筑”踏步最小宽度为 0.26 m，踏步最大高度为 0.175 m，这是底线标准；②由《民用建筑设计统一标准》GB 50352-2019 表 6.8.10 可知，“人员密集且竖向交通繁忙的建筑”踏步最小宽度为 0.28 m，踏步最大高度为 0.165 m；③由《商店建筑设计规范》JGJ 48-2014 表 4.1.6 可知，“营业区的公用楼梯”踏步最小宽度为 0.28 m，踏步最大高度为 0.16 m。考虑到《民用建筑设计统一标准》GB 50352-2019 发布实施于 2019 年，而《商店建筑设计规范》JGJ 48-2014 发布实施于 2014 年，相同内容要求执行新发布的规范，故多层商业建筑或高层建筑裙房商业主要垂直交通采用电梯（自动扶梯、自动坡道、垂直电梯）时，楼梯踏步尺寸可选最小宽度为 0.28 m，最大高度为 0.165 m。

【问题 7】 民用建筑内的变配电室上下方为居住、办公用房，未做屏蔽和隔声降噪处理。

【分析与对策】 民用建筑设计中，常把变配电室布置在地下一层或一层。变配电室内的变配电设备运行中会产生电磁辐射和噪声，对人的健康造成不利影响。因此，《民用建筑设计统一标准》GB 50352-2019 第 8.3.1 条第 1 款规定：“变压器室、高压配电室、电容器室，不应在教室、居室的直接上、下层及贴邻处设置；当变电所的直接上、下层及贴邻处设置病房、客房、办公室、智能化系统机房时，应采取屏蔽、降噪等措施。”此项关乎人们的身心健康，应引起足够的重视。

【问题 8】 公共建筑的公共卫生间，男女厕位比例不当。经常有母婴逗留的公共场所未设置母婴室。

【分析与对策】 在公共建筑的公用厕所设计中存在女厕位偏少的情况。建筑中卫生设备的配置，因各类建筑使用性质不同而异，《城市公共厕所设计标准》CJJ 14-2016 以及各专项规范都有规定，应按各建筑性质与使用人数合理确定。

根据《民用建筑通用规范》GB 55031-2022 第 5.7.1 条，“经常有母婴逗留的公共建筑内应设置母婴室”，如商场、医院等公共建筑应在合理位置设置母婴室。

1.2　总平面设计

【问题 1】 设计文件中缺少总平面图或总平面图内容不全、深度不够。

【分析与对策】 总平面图作为施工图设计文件的一项重要内容，无论总平面与单体设计是否由同一家设计单位设计，建设单位应将二者同时送审。

总平面图表达内容不全表现为：缺少总图设计说明，没有主要技术经济指标，没有指北针,没有图例或图例不规范等;未表达建筑用地保留的地形、地物及四周的原有建筑情况;未标注道路红线、用地范围;建筑四角无定位坐标,采用与参照物的相互关系尺寸定位时,尺寸不完整,未能明确与参照物的方位关系;等等。如果总平面施工图未能整体完成,景观另行设计时,景观设计施工图应由建筑设计单位确认并进行施工图审查。

解决总平面设计深度问题,首要的是要求设计单位在总平面设计中认真执行《建筑工程设计文件编制深度规定(2016年版)》第4.2.4条的规定,保证总平面设计深度。审图应着重审查以下要点:

①保留的地形和地物;

②场地范围的测量坐标(或定位尺寸),道路红线(或绿地绿线、河道蓝线、文保紫线、航空高度控制线)、建筑控制线、用地红线等的位置;

③场地四邻原有及规划道路、绿化带等的位置,以及主要建筑物的位置、名称、层数;

④建筑物、构筑物(人防工程、地下车库等隐蔽工程以虚线表示)的名称或编号、层数、定位(坐标或相互关系尺寸);

⑤广场、停车场、运动场地、道路、无障碍设施、排水沟、挡土墙、护坡的定位(坐标或相互关系尺寸);

⑥注明尺寸单位、比例、坐标及高程系统、本图图例等。

另外总平面图中需注意:

①根据《民用建筑通用规范》GB 55031-2022第4.1.6条第2款,人员密集公共建筑主要出入口前应设置人员集散场地,面积和尺度应根据建筑使用性质和人数确定,并应表达在总平面图中;

②根据《民用建筑通用规范》GB 55031-2022第4.3.5条第1款,基地内道路与城市道路连接处应设限速设施,并应表达在总平面图中。

【问题2】 总平面设计中竖向设计缺项。

【分析与对策】 竖向布置图是总平面设计的重要组成部分,根据《建筑工程设计文件编制深度规定(2016年版)》第4.2.10条,当工程设计内容简单时,竖向布置图可与总平面图合并。

基地地面高程应以城市规划确定的控制标高为前提,综合考虑竖向、土方和雨水排除。竖向设计,尤其是建筑室内地坪高程直接影响到结构基础的埋置深度(简称"埋深")和设备管线设计,因此审图时要注意对标高设计的审核。对总平面图没有标高的,不允许"施工时现场确定"。设计人员应执行《建筑工程设计文件编制深度规定(2016年版)》第4.2.5条的规定,保证竖向设计不缺项。审图须重点核查以下关键标高:

①场地四邻的道路、水面、地面的关键性标高;

②建筑物室内外地面设计标高、地下建筑的顶板面标高及覆土高度限制;

③道路的设计标高、纵向坡度、坡向及坡距、关键性标高;

④广场、停车场、运动场地的实际标高,以及院落的控制性标高;

⑤挡土墙、护坡或土坎顶部和底部的主要设计标高及护坡坡度。

【问题3】 建筑退距不满足规划要求。

【分析与对策】 建筑工程设计应以满足当地“规划管理规定”及项目“规划设计条件”为前提，设计审查还应严格执行《民用建筑通用规范》GB 55031-2022 第 4.2.1、4.2.2、4.2.3 条（强条）。

例如，前期总平面图设计在建筑定位时未预留足够的装饰面层厚度，导致后期设计阶段或施工阶段发现建筑完成面超出建筑控制线，故设计时建筑主体总尺寸一定要预留好装饰面层的厚度。

另外，需注意地下建筑基础、地下管线管沟、车库出入口、窗井、坡道台阶等与用地红线及道路红线的关系。

【问题 4】 幼儿园、中小学校园的建筑基地设计不当。

【分析与对策】 此类建筑的总平面图内，除建筑外还需设置室外活动场地、绿化等，场地须围合形成独立的建筑基地，并应满足《托儿所、幼儿园建筑设计规范》JGJ 39-2016（2019 年版）第 3.1、3.2 节和《中小学校设计规范》GB 50099-2011 第 4.3 节的规定。

【问题 5】 建筑基地内，地下车库的地面出入口与道路衔接，未留出安全距离。

【分析与对策】 车库出入口起坡点的设置，须充分考虑车行道出地面段的缓冲，留出足够的安全距离。须满足《民用建筑设计统一标准》GB 50352-2019 第 5.2.4 条要求，建筑基地内地下机动车车库出入口与连接道路间宜设置缓冲段，缓冲段应从车库出入口坡道起坡点算起，并应符合下列规定：

①出入口缓冲段与基地内道路连接处的转弯半径不宜小于 5.5 m；

②当出入口与基地道路垂直时，缓冲段长度不应小于 5.5 m；

③当出入口与基地道路平行时，应设不小于 5.5 m 长的缓冲段再汇入基地道路；

④当出入口直接连接基地外城市道路时，其缓冲段长度不宜小于 7.5 m。

1.3　各类建筑专门设计

【问题 1】 住宅建筑中，电梯紧邻卧室布置，不符合规范规定。

【分析与对策】 住宅卧室是最需要安静的地方，而电梯机房设备产生的噪声及电梯井道内产生的振动、共振和撞击声对住户的干扰很大，为保证卧室有个安静的环境，《住宅设计规范》GB 50096-2011 第 6.4.7 条（强条）规定“电梯不应紧邻卧室布置”。考虑到我国小套型住宅建设的实际情况，在设计由兼起居的卧室、厨房和卫生间组成的最小套型时，当受条件限制，电梯不得不紧邻兼起居的卧室布置时，可以尽量将起居空间部分与电梯相邻并采取双层分户墙或同等隔声效果的构造措施。在卧室内电梯井道一侧设置壁橱亦不满足规范要求，因壁橱属于卧室内连通空间，与电梯井道贴邻时不能满足卧室隔声要求。

《住宅设计规范》GB 50096-2011 中并没有提到书房、活动室等用房，应按卧室、起居室考虑隔声。

【问题 2】 综合建筑内设置的电影院的交通疏散及防火分区设计不当。

【分析与对策】 商业综合体建筑内设置电影院时,设计应满足《电影院建筑设计规范》JGJ 58-2008 第 3.2.7 条(强条)"综合建筑内设置的电影院应设置在独立的竖向交通附近,并应有人员集散空间;应有单独出入口通向室外,并应设置明显标识"的规定。除考虑观众从商场内部出入电影院外,还应在电影院区域设置单独竖向交通通向室外及地下车库,并设有电梯,以提高电影院专用疏散通行能力,同时解决晚场电影在商场停止营业后的交通疏散和在非正常情况下的安全疏散问题。

另外,《电影院建筑设计规范》JGJ 58-2008 第 6.1.2 条(强条)规定,"当电影院建在综合建筑内时,应形成独立的防火分区";《建筑设计防火规范》GB 50016-2014(2018 年版)第 5.4.7 条规定,"(电影院)设置在其他民用建筑内时,至少应设置 1 个独立的安全出口和疏散楼梯"。故当电影院建在综合建筑内时,应形成独立的防火分区,当电影院划分为多个防火分区时,每个防火分区均应设置最少一部专用的疏散楼梯(不与其他任何防火分区共用)。

另外需注意,《建筑设计防火规范》GB 50016-2014(2018 年版)第 5.4.7 条规定,剧场、电影院、礼堂"应采用耐火极限不低于 2 h 防火隔墙和甲级防火门与其他区域分隔",当该部位为防火分区的界限时,应采用防火墙和甲级防火门,注意该分隔部位的防火墙不可采用防火卷帘替代。当采用中庭或其他区域分隔时,按照《建筑设计防火规范》GB 50016-2014(2018 年版)第 6.5.3 条执行即可。

【问题 3】 医院建筑设计中,楼梯及垂直交通部分的设计不满足医院建筑的特殊要求。

【分析与对策】 由于医院建筑的使用者多为体弱者或者患者,故医院建筑对楼梯及垂直交通有一些和一般民用建筑不同的要求。《综合医院建筑设计规范》GB 51039-2014 第 5.1.4、5.1.5 条对医院建筑中电梯、楼梯的设置作出了具体规定,设计时应充分注意这些规定与其他建筑的不同之处。同时,依据《无障碍设计规范》GB 50763-2012 第 8.4.2 条第 6 款,"同一建筑内应至少设置 1 部无障碍楼梯"。

【问题 4】 饮食建筑设计中,对厨房、加工间重视不够,没有进行具体布置,或布置不合理,不符合厨房加工流程、安全卫生等要求。

【分析与对策】《饮食建筑设计标准》JGJ 64-2017 第 4.3.3 条(强条)对饮食建筑的厨房、加工间的设计进行了规定:"厨房区域应按原料进入、原料处理、主食加工、副食加工、备餐、成品供应、餐用具洗涤消毒及存放的工艺流程合理布局,食品加工处理流程应为生进熟出单一流向……"但在一些设计中,出现厨房部分未做任何布置,或者其布置工艺流程不合理,没有做到原料与成品分开、生食与熟食分开以及未设置冷食制作间等不符合规范要求的情况。设计单位应高度重视并按规范规定认真执行。对于需要二次设计的厨房,设计阶段应对其提出消防、工艺等的规范要求。

另外,《民用建筑通用规范》GB 55031-2022 第 5.5.2 条(强条)规定:"厨房专间、备餐区等清洁操作区内不应设置排水明沟,地漏应能防止浊气逸出。"本条关乎卫生安全、人身健康的基本要求,其中的"厨房专间"指冷荤间、生食海鲜间、裱花间等,厨房专间应单独设置隔间。

【问题 5】 图书馆、博物馆建筑防火设计中防火分区的划分不符合规范规定。

【分析与对策】 在建筑防火设计中，如何划分防火分区是一项重要内容，《建筑设计防火规范》GB 50016-2014（2018 年版）第 5.3 节对民用建筑的防火分区进行了相关规定。但在部分特殊功能的建筑中，相关专门规范对其防火分区另有规定。例如，《图书馆建筑设计规范》JGJ 38-2015 第 6.2.2 条、6.2.3 条、6.2.4 条对图书馆建筑中各类书库、阅览空间等的防火分区划分有专门规定；《博物馆建筑设计规范》JGJ 66-2015 第 7.2.8 条对博物馆藏品库区的防火分区面积有专门规定。在设计此类建筑时，应认真执行这些专门规定。

【问题 6】 关于窗台栏杆的高度，《民用建筑设计统一标准》GB 50352-2019 第 6.11.7 条规定“当凸窗窗台高度高于 0.45 m 时，其防护高度从窗台面起算不应低于 0.6 m”，而《住宅设计规范》GB 50096-2011 第 5.8.2 条规定“可开启窗扇窗洞口底距窗台面的净高低于 0.90 m 时，窗洞口处应有防护措施。其防护高度从窗台面起算不应低于 0.90 m”，住宅建筑的凸窗应按哪个要求执行？

【分析与对策】《建筑防护栏杆技术标准》JGJ/T 470-2019 第 4.2.1 第 3 款规定：“住宅凸窗的可开启窗扇窗洞口底距窗台面的净高低于 0.90 m 时，窗洞口处的防护高度从窗台面起算不应低于 0.90 m。”故住宅建筑的凸窗护栏其防护高度应从窗台面起算不应低于 0.9 m。

【问题 7】 楼梯平台转弯处，栏杆扶手与踏步边缘的距离过长，导致楼梯平台净宽不够。

【分析与对策】 在建筑设计图纸绘制时，楼梯扶手在平台拐弯处一般画在梯井和踏步的外侧，现场施工时细节控制不到位，导致安装的栏杆扶手与边缘的距离太长，占用平台宽度，导致平台疏散净宽度不足。设计时应对平台净宽提出要求，并标注在图内，尤其是住宅建筑楼梯尺寸设计紧凑时要特别注意。

【问题 8】 在建筑二层顶的上人屋面临空位置设置 1.2 m 高的玻璃栏板，是否可行？

【分析与对策】 依据《建筑玻璃应用技术规程》JGJ 113-2015 第 7.2.5 条，室内栏板用玻璃应符合下列规定。

（1）设有立柱和扶手，栏板玻璃作为镶嵌面板安装在护栏系统中，栏板玻璃应使用符合《建筑玻璃应用技术规程》JGJ 113-2015 表 7.1.1-1 规定的夹层玻璃。

（2）栏板玻璃固定在结构上且直接承受人体荷载的护栏系统，其栏板玻璃应符合下列规定：

①当栏板玻璃最低点离一侧楼地面高度不大于 5 m 时，应使用公称厚度不小于 16.76 mm 的钢化夹层玻璃；

②当栏板玻璃最低点离一侧楼地面高度大于 5 m 时，不得采用此类护栏系统。

《建筑玻璃应用技术规程》JGJ 113-2015 第 7.2.6 条规定，室外栏板玻璃应进行玻璃抗风压设计，对有抗震设计要求的地区，应考虑地震作用的组合效应，且应符合本规程第 7.2.5 条的规定。

依据以上规定，此处屋面临空位置不可采用固定在结构上直接受力的玻璃栏板，应修改为 1.2 m 高的防护栏杆,或防护栏杆与不承受水平荷载的玻璃栏板组合的形式。

【问题 9】 地下车库人防门及防火卷帘的安装影响车位净宽。

【分析与对策】 位于车道上的人防门,平时开启状态时需要占用一定的宽度,车位设计时考虑避让相应尺寸;地下车库防火分区处采用双轨双帘的防火卷帘时,相邻车位布置时,应考虑卷帘的侧向安装厚度,最小预留 0.40 m 宽度。另外防火卷帘洞口上方应预留足够尺寸,满足设备安装要求,避免与结构次梁或柱帽发生冲突。

【问题 10】 对于住宅小区配建的小规模养老服务设施,规划条件中未明确具体属性,是否可按照《河北省住房和城乡建设厅等五部门关于推进城市居住区养老服务设施建设的通知》(冀建质安〔2023〕1 号)的规定认定为老年服务站,不按照《老年人照料设施建筑设计标准》JGJ 450-2018 进行设计?

【分析与对策】 设计总床位数或老年人总数少于 20 床(人)的小规模养老服务设施,参照执行《老年人照料设施建筑设计标准》JGJ 450-2018 即可。

【问题 11】《民用建筑通用规范》GB 55031-2022 第 4.5.1 条规定,当排风口与人员活动场所的距离小于 10 m 时,朝向人员活动场所的排风口底部距人员活动场所地坪的高度不应小于 2.5 m。其中"人员活动场所"如何界定,小区内道路是否为人员活动场所?

【分析与对策】 小区内道路属于人员活动场所。

【问题 12】《民用建筑设计统一标准》GB 50352-2019 第 7.3.3 条规定,严寒及寒冷地区的建筑物不应设置开敞的楼梯间和外廊。寒冷地区住宅单元之间的联系廊当仅用于担架使用时是否应封闭?

【分析与对策】 不作为经常使用通道可不用封闭。

1.4 建筑防火设计

【问题 1】 除《建筑设计防火规范》GB 50016-2014(2018 年版)第 5.5.10 条规定的情况外,其他公共建筑的疏散楼梯可以采用剪刀楼梯吗?

【分析与对策】 剪刀楼梯允许在其他公共建筑中使用。剪刀楼梯应分散布置,每组剪刀楼梯疏散宽度按照两部楼梯计算,但安全出口数量按照一部计算。一组剪刀楼梯两个梯段之间应设置耐火极限不低于 1.00 h 防火隔墙。须设置前室时剪刀楼梯的两部楼梯应分别设置前室。一组剪刀楼梯两部楼梯间(前室)疏散门最近边缘之间的水平距离不应小于 5 m。

【问题 2】 如何理解"两个安全出口之间的距离不小于 5 m"?

【分析与对策】 在建筑工程中,有的设计人员和审图人员在《建筑设计防火规范》GB 50016-2014(2018 年版)第 5.5.2 条规定的"建筑内的安全出口和疏散门应分散布置,且建筑内每个防火分区或一个防火分区的每个楼层、每个住宅单元每层相邻两个安全出口以及每个房间相邻两个疏散门最近边缘之间的水平距离不应小于 5 m”的理解上存在问题，即不明白 5 m 是哪到哪的距离。规范明确指出，这一距离是指疏散门最近边缘之间的水平距离，拐弯时可累加计算，参见《〈建筑设计防火规范〉图示》（18J811-1）5.5.2 图示 3。

【问题 3】 当中庭在楼层的开口边界采用防火卷帘与周围连通空间分隔时，防火卷帘需每层设置吗？

【分析与对策】 当首层的建筑面积（包括中庭的面积）不大于一个防火分区的最大允许建筑面积时，按防火分区划分，首层的中庭周围可不进行防火分隔，但其上各楼层均应按要求进行防火分隔。

【问题 4】 同一座 U 型口的民用建筑，其两翼外墙之间是否有防火间距要求？

【分析与对策】 同一座 U 型口的民用建筑，其两翼中的任何一侧发生火灾，均可通过 U 型口蔓延到另一侧，因此，应重视这种平面布置形式的防火措施。同一座 U 型口的民用建筑，其两翼外墙之间的防火间距，应符合下列规定。

（1）同一座 U 型口民用建筑的两翼外墙属于同一个防火分区时，一般可不考虑其相邻两翼的防火间距。但考虑到 U 型处可能产生特殊的火灾效应，相邻两翼的间距按 6 m 控制。当间距小于 6 m 时，可采取在两翼外墙上的门窗洞口处的中间位置设置一片垂直防火隔墙等措施，该防火隔墙的外端应至少与相对的门窗洞口的最外边平齐。

（2）同一座 U 型民用建筑的两翼外墙属于不同防火分区时，两翼外墙门窗洞口之间的距离应按《建筑设计防火规范》GB 50016−2014（2018 年版）第 6.1.3 条、6.1.4 条的规定执行，两翼外墙一般应考虑其防火间距，按《建筑设计防火规范》GB 50016−2014（2018 年版）及现行通用规范的相关规定执行。

可以参照《石家庄市消防设计审查疑难问题操作导则》（2023 年版）第 5.0.7 条内容。

【问题 5】 厂房、仓库设计项目未标明“火灾危险性等级”。

【分析与对策】 在工业厂房和仓库的防火设计中，厂房生产过程的火灾危险性分类以及仓库储存物品的火灾危险性分类是设计的重要依据，《建设工程消防设计审查验收工作细则》明确要求写明火灾危险性等级。其建筑物的耐火等级、防火间距、建筑物内防火分区的划分以及安全疏散等都要根据厂房（仓库）的火灾危险性等级来确定。设计时应根据厂房内生产的工艺流程、采用的原材料及产品的燃烧性能以及仓库内储存物品的类别等因素确定火灾危险性等级；并根据不同的火灾危险性等级按照规范有关规定要求采取相应措施。“火灾危险性等级”和“建筑耐火等级”是不同的概念，不可相互替代。

【问题 6】 建筑耐火等级与建筑物性质或分类不匹配；建筑构件耐火极限与建筑耐火等级不匹配。

【分析与对策】 建筑耐火等级应根据建筑物的使用性质、火灾危险性、疏散和扑救难度等因素确定，《建筑设计防火规范》GB 50016−2014（2018 年版）对工业及民用建筑不同部位构件的耐火等级和耐火极限进行了规定，设计时应据此确定，不能过高或过低，过高易造成浪费，过低则不能满足消防要求，造成安全隐患。建筑耐火等级确定后，建筑构件耐火极限应满足规定要求。对应关系应符合《建筑设计防火规范》GB 50016-2014(2018 年版)表 3.2.1 和表 5.1.2 的规定。

【问题 7】 商业服务网点的范围如何认定?

【分析与对策】《建筑防火通用规范》GB 55037-2022 第 4.3.2 条第 4 款用“商业设施”替代《建筑设计防火规范》GB 50016 中“商业服务网点”的写法。本条规定的商业设施应是为小区居民服务的各类经营性小型商业服务场所和物业管理等配套用房,包括位于住宅投影下部的商业设施和位于住宅投影外的商业设施。这些商业设施除应符合《建筑防火通用规范》GB 55037-2022 第 4.3.2 条第 4 款的规定外,尚应符合本条第 1 款和第 2 款的规定。

【问题 8】 商业服务网点(商业设施)之间的隔墙两侧须设置总宽度不小于 1 m 且耐火极限不低于 1 h 的不燃烧体实体墙吗?

【分析与对策】 商业服务网点(商业设施)单元之间外墙窗间墙的要求相当于住宅户与户之间防火分隔的要求,应执行《建筑设计防火规范》GB 50016-2014(2018 年版)及现行通用规范的相关规定,单元之间的隔墙两侧应设置总宽度不小于 1 m 且耐火极限不低于 2 h 且无开口的防火隔墙分隔。当采取设置乙级防火窗等防止火灾蔓延的措施时,该距离不限。

【问题 9】 住宅楼中,将部分一层和二层作为物业和社区用房,此用房面积小于 300 m^2,可否按商业服务网点(商业设施)设计?

【分析与对策】 符合商业服务网点(商业设施)要求的居民日常生活必需用房,如物业管理用房、居委会、治安联防、无病床区小型诊所及卫生站、居民健身、小型配套公建(托儿所、幼儿园、老年人照料设施等除外)等,可参照商业服务网点(商业设施)的要求执行。

【问题 10】 在居住用地上建设的单层或二层建筑,每个分隔单元建筑面积不大于 300 m^2 时,可否按《建筑设计防火规范》GB 50016-2014(2018 年版)及现行通用规范的相关规定套用商业服务网点(商业设施)设计?

【分析与对策】 在居住用地上建设的单层或二层建筑,每个分隔单元建筑面积不大于 300 m^2,符合《建筑设计防火规范》GB 50016-2014(2018 年版)第 2.1.4 条及现行通用规范相关要求的贴建及独立建造的小型建筑,其安全疏散可按商业服务网点(商业设施)的要求执行,自动灭火系统和火灾自动报警系统应按相应的商业规模依据规范确定。

【问题 11】 商业服务网点中每个分隔单元的疏散楼梯净宽度按多少设计?

【分析与对策】 商业服务网点(商业设施)的疏散楼梯的净宽度不应小于 1.1 m。

【问题 12】 防火墙的设计要求是什么?

【分析与对策】《建筑防火通用规范》GB 55037-2022 对防火墙的要求如下。

第 6.1.1 条规定:防火墙应直接设置在建筑的基础或具有相应耐火性能的框架、梁等承重结构上,并应从楼地面基层隔断至结构梁、楼板或屋面板的底面。防火墙与建筑外墙、屋顶相交处,防火墙上的门、窗等开口,应采取防止火灾蔓延至防火墙另一侧的措施。

第 6.1.2 条规定:防火墙任一侧的建筑结构或构件以及物体受火作用发生破坏或倒塌并

作用到防火墙时，防火墙应仍能阻止火灾蔓延至防火墙的另一侧。

第 6.1.3 条规定：防火墙的耐火极限不应低于 3 h。甲、乙类厂房和甲、乙、丙类仓库内的防火墙，耐火极限不应低于 4 h。

以上要求应在图纸全面表达，不便于图纸表达时必须以文字说明。应特别注意防火墙处柱、梁等构件耐火极限与之匹配。

【问题 13】 住宅的燃气厨房外有封闭阳台时是否认为有直接外窗？

【分析与对策】 住宅特别是高层住宅建筑的燃气厨房往往配有封闭的服务阳台，《住宅设计规范》GB 50096-2011 第 8.4.3 条（强条）规定“户内燃气灶应安装在通风良好的厨房、阳台内”。条文说明中指出“通风良好”应理解为有直接采光和自然通风。因此，建议设有服务阳台的厨房，燃气立管与燃气表优先放在阳台上。当燃气灶安装于厨房内，厨房与阳台之间设有可开启门窗隔断时，封闭阳台设有可开启外窗时可以认为符合规定要求。

【问题 14】 工业建筑中，防火墙可否采用金属夹芯板墙体？

【分析与对策】 不可以。《建筑设计防火规范》GB 50016-2014（2018 年版）第 3.2.17 条的条文说明明确规定，建筑中的防火墙、承重墙、楼梯间的墙、疏散走道隔墙、电梯井的墙以及楼板等构件，均要求具有较高的燃烧性能和耐火极限。而不燃金属夹芯板材的耐火极限受其夹芯材料的容重、填塞的密实度、金属板的厚度及其构造等影响，不同生产商的金属夹芯板材的耐火极限差异较大且通常较低，难以满足相应建筑构件的耐火性能、结构承载力及其自身稳定性能的要求。因此，不能采用金属夹芯板材作为工业建筑的防火墙。

【问题 15】 走道、疏散出口净尺寸与土建、洞口尺寸有何关系？

【分析与对策】 规范中通常对疏散净宽度提出要求。例如，疏散走道的净宽就需要根据具体的工程做法考虑装修层厚度，扣除装修层厚度后须满足规范要求，以避免后期完成面净尺寸不足，难以通过消防验收。又如，疏散门的净宽度需要考虑门洞宽度减去框料、门扇厚度、缝隙误差等因素，故设计时宜在规范规定的疏散门净宽度基础上，一般门宜增加不小于 200 mm 来确定门洞宽度，地簧门等形式的门应依据具体构造确定门洞宽度。门窗施工图中应交代清楚门的制作安装应满足疏散净宽度要求。

【问题 16】 外立面玻璃幕墙与建筑内侧窗槛墙之间应采取何种防火封堵措施？

【分析与对策】 玻璃幕墙应在每层楼板结构外，在建筑缝隙上、下沿处分别采用矿物棉等背衬材料填塞且填塞高度均不应小于 200 mm；在矿物棉等背衬材料的上面应覆盖具有弹性的防火封堵材料，在矿物棉下面应设置承托板。

封堵高度、承托板厚度和材料以及背衬材料的填充厚度应在施工图中表述清楚，并应满足《建筑防火通用规范》GB 55037-2022、《建筑设计防火规范》GB 50016-2014（2018 年版）、《建筑防火封堵应用技术标准》GB/T 51410-2020 的相关要求。

【问题 17】 石材、金属幕墙的层间需要采取防火措施吗？

【分析与对策】 需要。石材、金属等幕墙作为装饰层与建筑基层存在空腔，这些空腔上下贯通，在火灾时会产生烟囱效应，如不采取分隔措施，会加剧火势在水平和竖直方向上的蔓延,故应在每层设 200 mm 厚防火封堵结构。依据及做法如下:《建筑设计防火规范》GB 50016-2014(2018 年版)第 6.7.9 条规定“建筑外墙外保温系统与基层墙体、装饰层之间的空腔,应在每层楼板处采用防火封堵材料封堵”;《建筑防火封堵应用技术标准》GB/T 51410-2020 第 4.0.4 条规定“应在与楼板水平的位置采用矿物棉等背衬材料完全填塞,且背衬材料的填塞高度不应小于 200 mm”,“在矿物棉等背衬材料的上面应覆盖具有弹性的防火封堵材料”,“防火封堵的构造应具有自承重和适应缝隙变形的性能”。

【问题 18】 当民用建筑利用有顶凹廊空间直通室外时,如何定义室外安全区域?

【分析与对策】 有顶凹廊的开口进深满足以下要求时,可认为满足直通室外的要求。

(1)凹廊净高不大于 6 m 时,凹廊外侧开口进深不应大于 1 倍开口净高 。

(2)凹廊净高大于 6 m 但不大于 10 m 时,凹廊外侧开口进深不应大于 1.5 倍开口净高。

(3)凹廊净高大于 10 m 时, 凹廊外侧开口进深不应大于 2 倍开口净高 。

【问题 19】 室内墙面采用乳胶漆,无法满足燃烧性能 A 级的要求。

【分析与对策】 乳胶漆属有机涂料,依据《建筑内部装修设计防火规范》GB 50222-2017 第 3.0.6 条,其燃烧性能达不到 A 级。

【问题 20】 坡地建筑中一部分外墙外露、其余外墙位于地下的房间,如何判断其是否属于地下室或半地下室?

【分析与对策】 坡地建筑中坡顶层与坡底层之间的楼层内同时符合以下条件的防火分区,可以按地上建筑确定其防火设计要求;否则,应按地下室或半地下室考虑。

(1)防火分区应有不少于 1/3 周长或 1 个长边的外墙可布置外窗和消防救援窗(房间地面低于室外设计地面的平均高度不大于房间平均净高 1/3,且消防救援窗口距室内地面高度不大于 1.2 m)。

(2)防火分区进深不应大于 30 m。

(3)防火分区内各安全出口或疏散楼梯可从坡顶、坡底两个方向疏散至室外地面。

(4)坡底层的室外设计地面能与消防车道或基地内机动车道相连通,并能满足消防车停靠展开救援作业的要求。

【问题 21】 地下汽车库内的设备用房设置问题。

【分析与对策】 集中布置的设备用房,当其建筑面积大于或等于 500 m^2 时,应单独划分防火分区。当其防火分区不大于 1 000 m^2 时,其独立的安全出口不应少于 1 个,并可利用通向相邻车库防火分区的甲级防火门作为第二安全出口,但该汽车库防火分区须有两个安全出口。当符合下列要求时,可将少量设备用房计入汽车库的防火分区面积,按汽车库的防火分区面积要求进行划分。

①设备用房均按规范设置自动灭火系统。

②每个防火分区设备用房的总建筑面积小于 500 m^2,且占该防火分区的面积比例不超过 1/3。

③设备用房采用耐火极限不低于 3 h 的防火隔墙和甲级防火门与停车区域分隔。

④消防水泵房、变配电站等规范规定须设置直接安全出口的设备用房，直接安全出口未借用车库疏散。

可参照《石家庄市消防设计审查疑难问题操作导则》（2023 年版）第 3.0.28 条内容。

【问题 22】 除住宅以外的其他民用建筑，如职工食堂、学校、医院等场所的食堂，使用燃气的操作间设在地下时，是否应控制其规模？

【分析与对策】 参照《大型商业综合体消防安全管理规则》XF/T 3019-2023 第 9.2 条，餐饮场所在使用天然气作燃料时，应采用管道供气；设置在地下且建筑面积大于 150 m^2 或座位数大于 75 座的餐饮场所不准许使用燃气；厨房应靠外墙设置。

【问题 23】《建筑防火通用规范》GB 55037-2022 第 7.1.4 条第 3 款规定，疏散走道、首层疏散外门、公共建筑中的室内疏散楼梯的净宽度均不应小于 1.1 m。本条中的“首层疏散外门”包含楼梯间直通室外的门吗？

【分析与对策】《建筑防火通用规范》GB 55037-2022 第 7.1.4 条第 3 款中的“首层疏散外门”是指通过首层门厅、通道等公共区域直通室外的疏散门，不包括疏散楼梯间在首层直通室外的门。疏散楼梯间在首层直通室外的门，可按《建筑防火通用规范》GB 55037-2022 第 7.1.4 条第 1 款执行，并应满足其服务楼层中对该楼梯的最大疏散宽度楼层要求。

【问题 24】 消防车登高操作场地是否可利用相邻的城市道路？

【分析与对策】 消防车登高操作场地原则上应设置在用地红线内，如设置在红线外，应征得主管部门（规划、建设、城管、交通、绿化等部门）的书面认可，且消防车登高操作场地范围内的地面、上空和与建筑之间的空间均应符合规范有关消防车登高操作场地的要求。

【问题 25】 用于教学的实训楼按厂房设计还是按教学用房设计？

【分析与对策】 用于教学的实训楼，如技工学校中的汽车检修教室、卫生职业技术学院中的老年人护理、医学院中的模拟病房、商贸学院中的模拟酒店客房等用房，可按照教学实验建筑的要求进行消防设计。甲、乙、丙类实训车间与教学楼、宿舍楼等民用建筑不能组合建造，实训车间应按厂房设计。

【问题 26】 人员密集的公共场所、观众厅疏散门内外 1.4 m 范围内是否可设踏步？

【分析与对策】 人员密集的公共场所要区别于人员密集场所。人员密集的公共场所主要为礼堂、体育馆、商店营业厅、展览厅、图书馆的阅览室、医院门诊大厅、学校教学楼及影剧院观众厅等（不包括面积在 300 m^2 左右的小型商店或商业服务网点）。以上场所各层疏散门不应设置门槛，其净宽度不应小于 1.4 m，且紧靠门口内外各 1.4 m 范围内均不应设置踏步。

【问题 27】 地下汽车库埋深大于 10 m 且总建筑面积大于 3 000 m^2，需要设置消防电梯吗？两个防火分区可以借用消防电梯吗？

【分析与对策】 此汽车库需要设置消防电梯。《建筑防火通用规范》GB 55037-2022 第 2.2.6 条第 6 款中规定的“地下或半地下室”，包括平时使用的人民防空工程、地下汽车库、地下和半地下工业与民用建筑,以及工业与民用建筑的地下、半地下室,应设置消防电梯。

设置消防电梯的建筑或场所,不要求建筑的每个防火分区均设置消防电梯,但要保证每个防火分区均至少有一部消防电梯可以直接到达,而无须要经过其他防火分区。正常情况下,消防电梯应直接设置在每个防火分区内,也可以设置在相邻两个防火分区的相接处,采用各自独立的消防电梯前室通向对应的防火分区。

【问题28】 歌舞娱乐放映游艺场所中的大空间部位的疏散距离能否套用《建筑设计防火规范》GB 50016-2014(2018年版)第5.5.17条第4款?

【分析与对策】 应按《关于歌舞娱乐放映游艺场所疏散距离有关问题的复函》(建规字〔2021〕1号)的规定执行。

《建筑设计防火规范》GB 50016-2014(2018年版)第5.5.17条规定,歌舞娱乐放映游艺场所中每个房间内任一点至房间直通疏散走道的疏散门的直线距离不应大于9 m,但对于歌舞娱乐放映游艺场所中房间疏散门即为安全出口的房间内任一点至安全出口的疏散距离未予明确。

对于歌舞娱乐放映游艺场所中房间疏散门均为安全出口的情况,房间内任一点至安全出口的直线距离按下述要求确定:当房间内任一点只有一个疏散方向时,不应大于9 m;当房间内任一点均有两个及以上疏散方向时,不应大于18 m;当该场所全部设置自动喷水灭火系统时,该距离可分别增加25%。

【问题29】《建筑防火通用规范》GB 55037-2022第7.1.8条第8款规定,疏散楼梯间及其前室上的开口与建筑外墙上的其他相邻开口最近边缘之间的水平距离不应小于1.0 m。两个疏散楼梯间首层疏散外门或者两个前室首层疏散外门的水平距离可以小于1.0 m吗?

【分析与对策】 同一个楼梯间,相互之间不用执行1.0 m水平距离的要求,楼梯间门与其前室门窗之间也不用执行这一距离的要求。两部疏散楼梯间窗口之间的水平距离不应小于1.0 m;两部疏散楼梯间首层直通室外的疏散门之间的水平距离可不限。

【问题30】《建筑防火通用规范》GB 55037-2022第2.2.3条第2款规定,无外窗的建筑应每层设置消防救援口,有外窗的建筑应自第三层起每层设置消防救援口。根据条文说明,"有外窗的建筑"是指建筑各层均设置外窗,且第一层和第二层的外窗开口大小符合消防救援要求的建筑。是否每层均需要设置消防救援口?

【分析与对策】 第一层和第二层的外窗开口大小符合消防救援要求的建筑,第三层起每层设置消防救援口及标识即可。

【问题31】《建筑设计防火规范》GB 50016-2014(2018年版)第5.5.17条第2款规定,楼梯间应在首层直通室外,确有困难时,可在首层采用扩大的封闭楼梯间或防烟楼梯间前室。当层数不超过4层且未采用扩大的封闭楼梯间或防烟楼梯间前室时,可将直通室外的门设置在离楼梯间不大于15 m处。如果是封闭楼梯间疏散至一楼,通过不是走廊、门厅性质的空间(比如营业厅、餐厅)不大于15 m至室外安全出口,是否可以?

【分析与对策】 不可以。

【问题 32】 住宅楼地下储藏间两个防火分区相互借用开向相邻防火分区的防火门(作为第二安全出口),在防火分区处是设置一个防火门,还是设置两个开向不同方向的防火门?

【分析与对策】 相互借用时需能双向疏散。设置一个可以双向开启的防火门,或设置开启方向不同的两个防火门。

【问题 33】《建筑防火通用规范》GB 55037-2022 对防火门的开启方向没有提出要求,对于人员少的房间或者设备间等用房,防火门必须向疏散方向开启吗?

【分析与对策】 可以仍按《建筑设计防火规范》GB 55016-2014(2018 年版)第 6.4.11 条执行。

【问题 34】《建筑防火通用规范》GB 55037-2022 第 4.1.7 条第 4 款规定,消防水泵房的疏散门应直通室外或安全出口。如果消防水泵房位于地下一层,是否需要消防水泵房紧临疏散楼梯间布置,中间间隔一个房间可以吗?

【分析与对策】 消防水泵房应采用长度不大于 15 m 的疏散走道通至最近的安全出口。疏散走道两侧应采用耐火极限不低于 2.00 h 的防火隔墙分隔,除规范另有规定外,该段疏散走道两侧房间开向走道的疏散门应最低采用乙级防火门。

【问题 35】 住宅建筑将非消防电梯设置在防烟楼梯间的前室内,前室的自然排烟窗不按合用前室开启 3 m^2,开启 2 m^2 可以吗?

【分析与对策】 电梯要达到消防电梯配置要求,前室的自然排烟窗仍可取 2 m^2 开启面积。

【问题 36】 地下室第二安全出口竖井是否须设置防火门、窗与其他部位进行分隔?是否可与补风窗合用竖井?

【分析与对策】 须设置防火门、窗与其他部位进行分隔。可与补风窗合用(不可与排烟窗合用)。

【问题 37】 当商店营业厅内设置餐饮场所时,防火分区的建筑面积按照商业功能还是按照餐饮功能控制?

【分析与对策】 当营业厅内设置轻餐饮(无明火、不产生油烟的饮料、轻食店,如面包铺、咖啡室、冷餐室等)时,可按商业营业厅的防火分区面积要求划分。

当营业厅内设置非轻餐饮时,防火分区的建筑面积需要按照民用建筑的其他功能的防火分区要求划分。

【问题 38】《宿舍建筑设计规范》JGJ 36-2016 第 5.2.5 条规定,宿舍建筑的安全出口不应设置门槛,其净宽不应小于 1.4 m。请问宿舍建筑中通向楼层的封闭楼梯间的门是否需要按照净宽不小于 1.4 m 控制?

【分析与对策】 依据中国建筑标准设计研究院有限公司于 2021 年 11 月 5 日回复住房

和城乡建设部建筑设计标准化技术委员会的回复函《关于〈宿舍建筑设计规范〉(JGJ 36-2016)有关问题的咨询函的回复函》(中标研发〔2021〕289号),《宿舍建筑设计规范》JGJ 36-2016第5.2.5条中的安全出口是指首层直通室外的安全出口。宿舍建筑中其他楼层封闭楼梯间的门可不按照净宽不小于1.4 m控制。

1.5 建筑节能设计

【问题1】 建筑节能设计标准有国标又有省标,如何执行?

【分析与对策】 近年来,进冀的外地设计单位不断增加,有些设计单位对河北省的省标不熟悉,以为国标是全国通用的,只要按国标设计就没有问题,这种观点是错误的。地方标准编制的基本原则是要严于国标,不能低于国标。地方标准都要经过住房城乡建设部审查备案,省标也有其权威性,有省标的要执行省标,这也是标准规范管理的原则。

现阶段河北省民用建筑执行的规范如下:国家标准《建筑节能与可再生能源利用通用规范》GB 55015-2021;河北省地方标准《公共建筑节能设计标准(节能72%)》DB13(J)/T 8543-2023;河北省地方标准《居住建筑节能设计标准(节能75%)》DB13(J)185-2020(2021年版)。因省标的居住建筑节能标准的发布实施时间早于国家的节能通规,故须同时满足。

【问题2】 集体宿舍的建筑节能设计中分户墙及分户楼板的保温问题。

【分析与对策】 集体宿舍作为居住建筑,需要按居住建筑节能要求填写分项设计内容。其中的分户楼板、分户墙的保温设计,是为了最大限度地保证用户能耗计量的相对公平性,但基本不影响建筑整体能耗。集体宿舍不涉及分户计量,故节能备案表中的分户墙、分户楼板保温可不填写。

【问题3】 托儿所、幼儿园建筑按公共建筑标准还是按居住建筑标准进行节能设计?

【分析与对策】 依据《托儿所、幼儿园建筑设计规范》JGJ 39-2016(2019年版)第1.0.5条条文说明,托儿所、幼儿园建筑设计应符合《严寒和寒冷地区居住建筑节能设计标准》JGJ 26的规定,而《严寒和寒冷地区居住建筑节能设计标准》JGJ 26-2018第1.0.2条条文说明中明确,本标准适用于居住面积超过总建筑面积70%的托儿所、幼儿园建筑。

故设计时应先计算托儿所、幼儿园建筑中居住面积的占比,如超过总建筑面积的70%,则按居住建筑进行节能设计;如未超过70%,则按公共建筑进行节能设计。

托儿所、幼儿园建筑如按被动式超低能耗建筑设计,应按公共建筑进行节能设计。《被动式超低能耗公共建筑节能设计标准》DB13(J)/T 8360-2020(2021年版)第1.0.2条条文说明明确规定,幼儿园参照本标准执行。

【问题4】 住宅建筑节能设计中,当阳台门为全玻璃门(无门芯板)时,此门是按外窗(全玻璃)进行节能设计,还是按阳台门(有门芯板)进行节能设计?

【分析与对策】 当阳台门为全玻璃门时,该门应按外窗(全玻璃)进行节能设计。

【问题5】 阳台门窗可否选用推拉门(或推拉门联窗)?

【分析与对策】 2008 年实施的《河北省建设工程材料设备第五批限制使用和淘汰产品目录》中明确将“推拉窗”列为“限制使用和淘汰产品”，因为其密封及保温性能差。推拉门窗不属于节能产品，故当门窗位于外围护墙（节能目标部位）上时，不可以采用推拉门窗。

【问题 6】 施工图设计完成后，甲方修改外门窗材质及玻璃选型等外围护结构的材质，设计院出具变更的原则是什么？

【分析与对策】《建筑节能与可再生能源利用通用规范》GB 55015-2021 第 2.0.7 条规定，当工程设计变更时，建筑节能性能不得降低。本条为强制性条文，应严格执行。建筑节能性能包括各单项的物理性能指标和建筑能耗指标等。

【问题 7】 新建建筑应安装太阳能系统，图纸应如何表达？

【分析与对策】《建筑节能与可再生能源利用通用规范》GB 55015-2021 第 5.2.1 条规定，新建建筑应安装太阳能系统。太阳能系统可分为太阳能热利用系统、太阳能光伏发电系统、太阳能光伏光热系统，这三类系统均可安装在建筑物的外围护结构上。

设计时建筑专业应在相关平立面图中表达太阳能设备的位置及相关构造要求。

如立面设置太阳能集热板，平面与立面均须表达集热板位置及构造做法。另须注意，如立面设置，首层应设置防止太阳能集热器损坏后部件坠落伤人的安全防护措施（参照《民用建筑太阳能热水系统一体化技术规程》DB13（J）77-2009 第 3.3.6 条）。

【问题 8】《建筑节能与可再生能源利用通用规范》GB 55015-2021 第 5.2.1 条规定，新建建筑应安装太阳能系统。对于门卫、公共厕所等一些较小的项目，是否可以不设置太阳能系统？

【分析与对策】 新建建筑均应设置太阳能系统，可与园区内的其他建筑一并考虑。

【问题 9】 工业建筑节能设计如何考虑？小型建筑如公共厕所节能设计如何考虑？

【分析与对策】《建筑节能与可再生能源利用通用规范》GB 55015-2021 第 1.0.2 条条文说明指出，本规范适用于新建、扩建和改建的民用建筑和工业建筑；除新建建筑节能设计章节以及针对新建建筑的条文外也适用于既有建筑节能改造；不适用于没有设置供暖、空调系统的工业建筑。故设置了供暖、空调系统的工业建筑需要按《建筑节能与可再生能源利用通用规范》GB 55015-2021 的要求进行节能设计，未设置供暖、空调系统的工业建筑可参照《工业建筑节能设计统一标准》GB 51245-2017 中的二类工业建筑进行节能设计。

《公共建筑节能设计标准（节能 72%）》DB13（J）/T 8543-2023 条文说明第 1.0.2 条规定，不设置供暖空调设施的建筑（如不设置供暖空调设施的自行车库、城镇农贸市场、材料市场等）、独立公共卫生间和使用年限在 5 年以下的临时建筑的围护结构热工性能可不执行本标准。

另外，民用建筑用地内配套的独立建设的变配电室、水泵房、换热站、垃圾处理站等设备用房，不属于《民用建筑设计术语标准》GB/T 50504-2009 中定义的民用建筑，其虽然建设在民用建筑用地范围内，属于配套的设备用房，但使用特性更接近工业建筑。如其中未设值班室，未设置空调和采暖系统，可不进行节能设计和绿建评价，但相关设备性能应符合节能的要求。如设有值班室等有人常驻的房间或设有空调或采暖系统,宜参照《建筑节能与可再生能源利用通用规范》GB 55015-2021 中对工业建筑的要求进行节能设计。

【问题 10】 建筑节能计算中外墙传热系数的计算原则。

【分析与对策】《建筑节能与可再生能源利用通用规范》GB 55015-2021 附录 B 中规定,外墙、屋面的传热系数应为包括结构性热桥在内的平均传热系数。河北省地标《公共建筑节能设计标准(节能 72%)》DB13(J)/T 8543-2023 第 4.3.3 条规定,外墙传热系数的计算方法与《建筑节能与可再生能源利用通用规范》GB 55015-2021 一致。河北省地标《居住建筑节能设计标准(节能 75%)》DB13(J)185-2020(2021 年版)第 4.2.3 条规定,外墙的平均传热系数的计算可采用简化方法。考虑到河北省居住建筑节能规范的实施早于国标节能通用规范的出版,故居住建筑与公共建筑都应按节能通用规范要求的计算方法执行。

【问题 11】 居住建筑与公共建筑外立面窗墙比限值控制的问题。

【分析与对策】 对于居住建筑窗墙比限值,规范有明确要求,即《建筑节能与可再生能源利用通用规范》GB 55015-2021 第 3.1.4 条规定,居住建筑的窗墙面积比应符合该规范表 3.1.4 的规定,其中每套住宅应允许一个房间在一个朝向上的窗墙面积比不大于 0.6。

对于公共建筑窗墙比限值,有不宜超过限值的要求,即《公共建筑节能设计标准(节能 72%)》DB13(J)/T 8543-2023 第 4.2.2 条规定,严寒地区甲类公共建筑各单一立面窗墙面积比(包括透光幕墙)均不宜大于 0.6,寒冷地区甲类公共建筑各单一立面窗墙面积比(包括透光幕墙)均不宜大于 0.7。

窗墙面积比是影响建筑能耗的重要因素,因此从降低建筑能耗的角度出发,必须合理地限制窗墙比,设计时需要综合考虑。

【问题 12】 采用倒置式屋面做法,在屋面材料做法中,保温层厚度按照节能计算结果数值取值,未增加 25%的厚度,导致节能验收不符合要求。

【分析与对策】《倒置式屋面工程技术规程》JGJ 230-2010 第 5.2.5 条规定,倒置式屋面保温层的设计厚度应按计算厚度增加 25%取值,且最小厚度不得小于 25 mm。本条为强制性条文,设计应严格执行。

倒置式屋面构造做法为了保护屋面防水层及保温层,通常在保温层及防水层上方设置混凝土保护层,考虑到保护层对保温层的压缩以及后续使用过程中可能存在的水汽潮气侵入等因素可能造成保温性能的降低,故节能要求屋面保温材料应在节能计算所需厚度的基础上加厚 25%。

【问题 13】 工业建筑中,局部办公部分采暖,按照民用建筑还是工业建筑的要求进行节能设计?是否可以仅在采暖部分进行节能设计?

【分析与对策】 整栋楼按照工业建筑进行节能设计。

1.6　绿色建筑设计

【问题 1】 绿色建筑设计和审查应依据哪些标准?

【分析与对策】 按照国家要求,河北省积极推进绿色建筑发展。加强绿色建筑立法,是落实党的十九大精神,落实党中央和省委重大决策部署的重大回应。《河北省促进绿色建筑发展条例》(简称《条例》)自 2019 年 1 月 1 日起施行,《条例》的出台,为依法推进河北省绿色建筑发展提供了有力的法律保障。

国家标准《绿色建筑评价标准》GB/T 50378-2019 自 2019 年 8 月 1 日起实施,其修改了绿色建筑的定义,重构了评价指标体系,重新设定了评价阶段;《条例》于 2020 年 7 月 30 日作出相应修改,与《绿色建筑评价标准》GB/T 50378-2019 相协调。

河北省贯彻京津冀协同理念,三地共同发布的地方标准《绿色建筑评价标准》DB13(J)/T 8427-2021 和《绿色建筑设计标准》DB13(J)8526-2023 是现阶段河北省绿色建筑的设计依据。

国家标准《绿色建筑评价标准》GB/T 50378-2019(2024 年版)于 2024 年 10 月 1 日起实施,其修订的部分条款,设计时需要一并考虑。

【问题 2】 绿色建筑评价指标体系与等级的确定。

【分析与对策】《绿色建筑评价标准》GB/T 50378-2019(2024 年版)中确定绿色建筑评价指标体系应由安全耐久、健康舒适、生活便利、资源节约、环境宜居五类指标组成,且每类指标均包括控制项和评分项;评价指标体系还统一设置加分项。

绿色建筑分为基本级、一星级、二星级、三星级。当满足全部控制项要求时,绿色建筑等级为基本级;总得分分别达到 60 分、70 分、85 分且满足《绿色建筑评价标准》GB/T 50378-2019(2024 年版)表 3.2.8 中的要求时,绿色建筑等级分别为一星级、二星级、三星级。

需要注意,一星级、二星级、三星级三个等级的绿色建筑均应进行全装修。全装修标准须满足《住宅全装修工程技术标准》DB13(J)T 8508-2022。

【问题 3】 绿色建筑施工图设计文件的要求。

【分析与对策】 绿色建筑在施工图阶段应提供绿色建筑设计专篇、绿色建筑设计自评估报告及相关证明材料、绿色建筑施工图设计审查备案表,以及与之对应的施工图设计图纸。各项内容须协调一致,图纸表达完善。

【问题 4】 建筑构造做法中未体现节能和绿色建筑等采用的新材料、新技术要求,如隔声楼板做法、玻璃可见光反射比要求、门窗开启要求等。

【分析与对策】 节能和绿色建筑设计内容多以专篇和文本形式报审,造成其相关技术措施在现场施工时遗漏。设计过程中应将相关技术内容和要求,以文字论述或图面表达等方式逐项落实到图纸中,以达到施工和验收的要求。

【问题 5】 工业建筑需要执行《河北省促进绿色建筑发展条例》及相关规范要求吗?

【分析与对策】 工业用地上的民用建筑需要执行《条例》的相关要求，并依据《绿色建筑评价标准》DB13(J)/T 8427-2021 及《绿色建筑设计标准》DB13(J)8526-2023 进行设计。工业用地上的工业建筑可执行《绿色工业建筑评价标准》GB 50878-2013。

【问题 6】 住宅小区内配套的配电室及换热站等是否需要进行绿建设计?

【分析与对策】 属于住宅小区的一部分，按小区整体要求设计。

1.7 其他专项设计

【问题 1】 无障碍设计的深度不够、内容不全，说明中没有无障碍专项说明。

【分析与对策】 设计和审图人员应对无障碍设计给予足够重视，以人为本，保障残疾人权益，创造高品质无障碍设施。

住宅建筑未按要求设置无障碍住房，建筑物和道路系统无障碍设计的部位不全面、做法不到位，缺少无障碍标识系统的现象时有发生。为此，设计应针对不同建筑和场所类型，分析归纳出无障碍设计的部位，并在设计说明中单独成篇逐条列出，在图纸中一一落实，互相对应。

《建筑与市政工程无障碍通用规范》GB 55019-2021 作为强制性工程建设规范，对无障碍设计提出了更高、更全面的要求，设计时应严格遵守并考虑到位。

【问题 2】《建筑与市政工程无障碍通用规范》GB 55019-2021 第 2.1.1 条规定，城市开敞空间、建筑场地、建筑内部及其之间应提供连贯的无障碍通行流线。是否住宅小区所有道路都应设计盲道?

【分析与对策】 住宅小区不必所有道路都设计盲道，有无障碍通行流线即可。

【问题 3】 平坡出入口的地面坡度设计。

【分析与对策】 近年来商业建筑及大型公共建筑出入口为方便顾客进出，设计为平坡式出入口兼无障碍出入口。《建筑与市政工程无障碍通用规范》GB 55019-2021 第 2.4.1 条第 1 款规定，地面坡度不大于 1 : 20 的平坡出入口，可作为无障碍出入口。设计时须考虑建筑及总图竖向布置时出入口场地标高的衔接对应。

【问题 4】 住宅设计中入口坡道分段设置，其中一段放在楼梯梯段下面，不能满足供轮椅通行的走道和通道净宽不应小于 1.20 m 的要求。

【分析与对策】“供轮椅通行的走道和通道净宽不应小于 1.20 m”是《住宅设计规范》GB 50096-2011 第 6.6.4 条(强条)的规定。《建筑与市政工程无障碍通用规范》GB 55019-2021 第 2.2.2 条规定，无障碍通道的通行净宽度不应小于 1.20 m。住宅利用楼梯梯段下方做无障碍通道时，须考虑适当加宽，以满足无障碍通行。

【问题 5】 建筑入口平台深度不满足要求。

【分析与对策】 建筑入口平台深度经常设计为 1.50 m，而且外开门直接开向平台。由于外门开启后占用了平台的一部分，影响轮椅通行。《建筑与市政工程无障碍通用规范》GB 55019-2021 第 2.4.2 条规定，除平坡出入口外，无障碍出入口的门前应设置平台；在门完全开启的状态下，平台的净深度不应小于 1.50 m；无障碍出入口的上方应设置雨篷。

【问题 6】 设有无障碍坡道的建筑入口的门不符合轮椅通行要求。

【分析与对策】 设有无障碍坡道的建筑出入口，应保证残疾人的无障碍通行。但门的设计往往不符合无障碍通行的要求，如：设计采用弹簧门、旋转门；采用平开门但门把手位置不当或设有门槛；门内外空间局促，不满足轮椅回转要求；等等。为保障无障碍通行条件，门的无障碍设计应符合《建筑与市政工程无障碍通用规范》GB 55019-2021 第 2.5 节的有关规定。

【问题 7】 住宅底层的商业服务网点和其他配套设施如何设置无障碍卫生间（厕所）？

【分析与对策】 住宅底层的商业服务网点，可与项目集中设置的并满足无障碍要求的公共卫生间（厕所）共用，或可利用就近的市政公共卫生间。

住宅小区配建的其他配套设施，有条件时均应按规范设置满足无障碍要求的卫生间（厕所）。

【问题 8】 民用建筑低温地板采暖楼地面是否属于《建筑与市政工程防水通用规范》GB 55030-2022 第 2.0.4 条中“室内工程”的第Ⅲ类使用环境“偶发渗漏水可能造成明显损失的场合”？

【分析与对策】 此楼地面属于“室内工程”的第Ⅲ类使用环境“偶发渗漏水可能造成明显损失的场合”，故民用建筑低温地板采暖楼地面为《建筑与市政工程防水通用规范》GB 55030-2022 第 2.0.6 条中的二级防水，防水层做法不应少于 1 道。

【问题 9】 报警阀室地面未设计防水做法与排水设施，门口未设置挡水措施。

【分析与对策】 报警阀室在平时日常维护保养过程中经常会有水，属于多水房间，应按《建筑与市政工程防水通用规范》GB 55030-2022 的要求做好防水。建议采取门口设置门槛、作出室内外高差等挡水措施，楼地面、墙面应设防水做法，地面设排水设施。

【问题 10】 坡地建筑防水问题：最低层一长边的外立面覆土，另一长边与室外直通，侧立面随坡成斜面，该层地面、临土一侧外墙防水怎么做？

【分析与对策】 建议结合施工和造价等因素选择如下方案来设计。

（1）按《建筑与市政工程防水通用规范》GB 55030-2022 的地下工程防水设计来做，底板、侧壁为 250 mm 厚防水混凝土并加防水材料。

（2）按防潮来设计。地面不做成整浇防水混凝土，仅按普通地面防水做法；覆土外墙做成挡土墙兼外墙，外墙做构造防水，但外墙与地面防水不闭合，外墙防水做在墙体外侧，地面防水做在地面垫层以上。

（3）按地上建筑不考虑防水、防潮。①仅覆土侧外墙做成钢筋混凝土挡土墙；②把建筑外墙转化为临空腔的地上墙体，挡土墙与外墙形成空腔，该空腔地面比建筑地面低，空腔地面向外找坡,可以排出挡墙的渗漏水。

【问题 11】 既有建筑改造时,局部改造工程(小于 300 m^2)涉及卫生间改造时,此房间的防水设计和无障碍设计如何考虑?

【分析与对策】 卫生间防水设计应按照现行规范执行;改造部分须满足无障碍相关设计要求,不具备改造条件的,所在建筑同层设置了对外开放的满足无障碍要求的卫生间时,该卫生间可不再考虑无障碍设置。

【问题 12】 按《建筑与市政工程防水通用规范》GB 55030-2022 第 4.2.7 条、4.2.8 条要求,地下工程防水设置高度应高出场地 300~500 mm。当室内外高差小于以上要求且首层采用落地窗时,是否可突破此条文要求?

【分析与对策】 建议此类门窗洞口部位采取有效的防、排水措施。

【问题 13】《民用建筑设计统一标准》GB 50352-2019 第 8.1.9 条第 2 款规定,消防用水等非生活饮用水水池的池体宜根据结构要求与建筑物本体结构脱开,采用独立结构形式。不采用独立结构形式可以吗?

【分析与对策】 当条文中提到的池体与主体结构合用时,实际工程中,受结构变形影响,水池可能会开裂渗水,这会给主体结构带来安全隐患,故建议按要求采用独立结构形式。

【问题 14】 对于装配式住宅建筑,户内强弱电箱可否设于内隔墙(预制墙板)上?

【分析与对策】 预制内隔墙板多以 600 mm 宽为模数,户内强弱电箱尺寸较大,一般为 400 mm 宽,箱体上下出管数量多且集中,开槽留洞导致预制内隔墙板极易开裂。故建议避免将户内强弱电箱设置于预制内隔墙板上,可将此部分改为砌块墙体或构造混凝土墙体。

第 2 章

房屋建筑工程结构专业

2.1 设计文件编制深度

【问题 1】 设计文件中未明确结构的用途、使用环境及维护要求。

【分析与对策】 建筑在其设计工作期内,功能用途和使用环境可能发生多次变化,而建筑材料、荷载、振动、防火、耐久性能均与结构用途和使用环境密切相关,擅自改变结构用途和使用环境会带来安全问题。《工程结构通用规范》GB 55001-2021 第 2.1.7 条规定,结构应按设计规定的用途使用。《混凝土结构设计标准》GB/T 50010-2010(2024 年版)第 3.1.7 条规定,设计应明确结构的用途,在设计使用年限内未经技术鉴定或设计许可,不得改变结构用途和使用环境。因此,设计文件中,必须明确结构的具体用途或功能,明确结构的设计环境类别及环境作用情况。对影响结构安全的场地水文地质、荷载作用、覆土、腐蚀、温度、振动、大型设备、吊车等环境条件要求应进行重点说明。

在全文强制性通用规范中,结构检查、维护和维修是结构达到其安全、适用、耐久性能目标的重要要求,设计文件中应结合具体工程特点予以明确。

《工程结构通用规范》GB 55001-2021 第 2.1.7 条规定,结构应按设计规定的用途使用,并应定期检查结构状况,进行必要的维护和维修。严禁下列影响结构使用安全的行为:①未经技术鉴定或设计许可,擅自改变结构用途和使用环境;②损坏或者擅自变动结构体系及抗震设施;③擅自增加结构使用荷载;④损坏地基基础;⑤违规存放爆炸性、毒害性、放射性、腐蚀性等危险物品;⑥影响毗邻结构使用安全的结构改造与施工。

《混凝土结构设计标准》GB/T 50010-2010(2024年版)第3.5.8条规定,混凝土结构在设计使用年限内尚应遵守下列规定:①建立定期检测、维修制度;②设计中可更换的混凝土构件应按规定更换;③构件表面的防护层,应按规定维护或更换;④结构出现可见的耐久性缺陷时,应及时进行处理。《混凝土结构通用规范》GB 55008-2021第6.2.1条规定,混凝土结构日常维护应检查结构外观与荷载变化情况。结构构件外观应重点检查裂缝、挠度、冻融、腐蚀、钢筋锈蚀、保护层脱落、渗漏水、不均匀沉降以及人为开洞、破损等损伤。预应力混凝土构件应重点检查是否有裂缝、锚固端是否松动。对于沿海或酸性环境中的混凝土结构,应检查混凝土表面的中性化和腐蚀状况。《混凝土结构通用规范》GB 55008-2021第6.2.2条规定,对于严酷环境中的混凝土结构,应制定针对性维护方案。

《钢结构通用规范》GB 55006-2021第2.0.4条规定,钢结构及构件在设计工作年限内的使用与维护应符合下列规定:①未经技术鉴定或设计许可,不应改变设计文件规定的功能和使用条件;②对可能影响主体结构安全性和耐久性及可能造成公众安全风险的事项,应建立定期检测、维护制度;③按设计规定必须更换的构件、节点、支座、部件等应及时更换;④构件表面的防火、防腐防护层,应按设计规定和维护规定等进行维护或更换;⑤结构及构件、节点、支座等出现超过设计规定的变形和耐久性缺陷时,应及时处理;⑥遭遇地震、火灾等灾害时,灾后应对结构进行鉴定评估,并按评估意见处理后方可继续使用。

《建筑消能减震技术规程》JGJ 297-2013第8.7节、《建筑工程消能减震技术标准》DB13(J)/T 8422-2021第7.5节对消能器的维护作出了详细规定。

对于湿陷性黄土地区建筑,使用期间对建筑物和管道应经常进行维护和检修,并应确保所有防水措施发挥有效作用,防止建筑物和管道的地基浸水湿陷。其他地基详见各类地基规范。

【问题2】结构设计说明与所依据的工程项目勘察报告内容不符。

【分析与对策】《建设工程勘察设计管理条例》第四条规定,从事建设工程勘察、设计活动,应当坚持先勘察、后设计、再施工的原则。《建设工程质量管理条例》第二十一条规定,设计单位应当根据勘察成果文件进行建设工程设计。岩土工程详细勘察报告是工程设计的基础依据,使用时应注意以下问题。

(1)岩土工程勘察前,设计单位应协助建设单位提出准确的勘察任务书。

(2)收到岩土工程详细勘察报告后,应对其内容进行核对、判断后使用。应核实是否与工程基本情况一致,数据参数能否满足设计需要,是否需要补充勘察或补充说明,对存在疑问的内容应及时沟通。比如:核实地下设备用房或构筑物是否有探孔;建筑物边缘位置场地土层分布或性质发生剧烈变化时,应要求补充探孔;对大填、大挖工程,一般勘察工作在原地形进行,应核对挖、填厚度对场地类别、抗震不利地段等结论的适用性;对场地评价为"适宜性差"的,应要求明确可采用的工程措施;对抗震不利地段,应要求进行准确划分;对桩基础,勘察孔深应能满足桩基础设计的要求;对液化土层的判别,应考虑抗浮设防水位的影响;

缺少的腐蚀性指标，应要求进行补充勘察或专门研究；等等。

（3）在设计文件中，应明确岩土工程详细勘察报告的勘察单位、时间及编号，确保采用的是施工图审查合格后的正式报告（备注：应有勘察单位的盖章和审图合格章，注意中间版本的变动）。所采用的地基基础方案、场地地形地貌、场地类别，以及液化、软土地基等不良地质及地下水内容，与勘察报告中的结论应一致，并在设计文件中一一注明。

【问题 3】 改扩建项目的工程概况等信息表述不全。

【分析与对策】 原建筑物的工程资料信息，直接关系到改扩建工程的质量和安全，是改扩建工程设计和施工的基础。设计前应详尽调查，并在设计总说明中予以表述。以下内容供表述时参考：

①原有建筑物概况，主要包括原设计时间（或执行的规范标准）、建成年代、用途、高度、层数、材料、结构体系、荷载、环境等参数，以及原建筑竣工图纸资料情况、历次改扩建情况、抗震设计概况等；

②现场调查、检测、鉴定报告的主要内容和结论；

③本次改扩建的可行性研究、初步设计等审批批复文件的主要内容和结论；

④本次改扩建的目标要求、主要内容、执行的规范标准等。

【问题 4】 未明确建筑物 ±0.000 设计标高对应的绝对高程值。

【分析与对策】 建筑物 ±0.000 设计标高对应的绝对高程值应在总说明中明确注明。当勘察报告中采用假设高程时，应要求其采用绝对高程。±0.000 绝对高程及建设场地地形情况直接涉及基础选型、埋深和持力层的选择，特别是对于桩基础，当进行试桩或打桩时，应注明建筑物 ±0.000 设计标高对应的绝对高程值，以便确定桩端持力层的位置、桩长和单桩承载力等。

【问题 5】 未说明结构规则性判别的情况。

【分析与对策】 充分落实抗震概念设计先于结构计算的理念。《建筑与市政工程抗震通用规范》GB 55002-2021 第 5.1.1 条规定，建筑设计应根据抗震概念设计的要求明确建筑形体的规则性。设计说明宜有建筑结构规则性判别的内容，不应采用严重不规则结构。

【问题 6】 结构设计说明中无耐火设计内容，或提出耐火等级见建筑图纸。

【分析与对策】《建筑防火通用规范》GB 55037-2022 第 5.1.4 条规定，建筑中承重的下列结构或构件应根据设计耐火极限和受力情况等进行耐火性能验算和防火保护设计，或采用耐火试验验证其耐火性能：①金属结构或构件；②木结构或构件；③组合结构或构件；④钢筋混凝土结构或构件。因此，结构专业必须进行耐火设计，耐火设计是结构设计的重要内容，结构设计说明应明确耐火内容，以免施工遗漏或建筑图纸错漏。

《河北省建设工程消防设计文件编制指南（试行）》（2022 年版）规定，结构设计说明中应注明设计依据、工程概况、建筑防火分类和耐火等级，说明结构构件的燃烧性能和耐火极限。根据不同结构形式采取相应的防火保护措施，具体分述如下。

（1）钢筋混凝土结构和砌体结构建筑，应说明钢筋的混凝土保护层厚度和各类构件的尺寸。

（2）钢结构构件应根据设计耐火极限采取相应的防火保护措施，钢结构应提供耐火验算计算书或试验报告。

（3）钢结构、组合结构建筑，应说明其防火材料的材质和厚度，防火材料的材质、性能指标参数应与计算书相符。压型钢板组合楼板应说明压型钢板的作用及是否须采取防火措施。

（4）木结构建筑应明确所采取的防火保护措施。当管道穿越木构件时，应说明所采用的防火封堵材料，以及对接触面和缝隙进行密实封堵。

（5）加固工程应说明加固材料和加固后的防火要求。

（6）预制钢筋混凝土构件的节点外露部位，应说明符合耐火极限的防火保护措施。

（7）隔震层设置在有耐火要求的使用空间时，应注明隔震支座及其连接的防火措施，且耐火极限不应低于与其连接的竖向构件的耐火极限。

（8）消能建筑应说明消能部件的耐久性和耐火等级以及采取的防火措施。

结构耐火设计除符合上述要求外，尚应符合现行国家和地方相关标准的规定。

【问题7】缺少保证设计或工程质量的施工具体要求。

【分析与对策】设计与施工是一个有机联系的整体，共同决定工程质量。结构设计文件中，应对保证设计或工程质量的关键环节，结合工程情况提出具体施工要求。常见问题如下：

（1）对于压实填土地基，特别是山区，其地形复杂，当建筑物建在填土地基上或建筑物局部置于填土土层上时，若设计未提出任何对地基的质量要求，会存在安全隐患。设计应按照《建筑与市政地基基础通用规范》GB 55003-2021第4.3.5、4.4.3、4.4.8条和《建筑地基基础设计规范》GB 50007-2011第6.3.1条等条款的规定采取措施并对施工质量提出要求。

（2）对基坑开挖应在设计文件中提出施工要求，满足《建筑与市政地基基础通用规范》GB 55003-2021第4.4.5、4.4.6、7.1.4、7.4.3条和《建筑地基基础设计规范》GB 50007-2011第9.1.9、10.3.2条的规定。

（3）对复合地基，地基承载力特征值的确定应满足《建筑与市政地基基础通用规范》GB 55003-2021第4.1.3、4.2.4条和《建筑地基基础设计规范》GB 50007-2011第7.2.8条的要求。

（4）对于施工荷载，设计文件应对栏杆、悬挑构件、女儿墙等提出水平荷载、检修荷载要求；应对地下室顶板的允许施工荷载、回填土允许厚度、建筑楼板及主体施工荷载限值提出要求；应对轻钢结构檩条的集中检修、安装荷载限值提出要求；应对钢托梁、连体桁架连接层、转换构件等的施工荷载提出要求；应说明钢结构施工时的合拢温度。

（5）关于施工中的钢筋代换：混凝土结构施工过程中，往往因缺乏设计规定的钢筋型号（规格）需要进行钢筋代换，而钢筋代换需考虑承载力、变形等诸多因素，考虑不周将影响结构安全。《混凝土结构通用规范》GB 55008-2021第2.0.11条规定了施工中进行普通钢筋、预应力钢筋代换的原则要求，并强调钢筋代换应取得设计变更文件。《建筑与市政工程抗震通用规范》GB 55002-2021第5.2.5条对有抗震性能要求的钢筋代换作出了规定。设计文件中均应予以明确。

（6）关于施工临时支撑：对混凝土悬挑构件、沉降后浇带、伸缩后浇带、膨胀加强带的施工提出要求，明确后浇带的处理、养护、施工支撑要求，以及模板拆除时间要求等。

（7）关于施工降水：当水位较高时，应注明施工过程中停止降水的时间节点或条件。

（8）关于施工顺序：主楼与裙房或地下车库的施工顺序应在设计中提出要求，如果先施工完主楼后施工地下车库或后加地下车库时，施工时应采取有效措施确保主楼的稳定和安全。

【问题 8】 砌体结构未注明施工质量控制等级。

【分析与对策】 砌体施工质量控制等级应根据现场质量管理水平、砂浆与混凝土质量控制、砂浆拌合工艺、砌筑工人技术等级四个要素分为 A、B、C 三级。设计工作年限为 50 年及以上的砌体结构工程，应为 A 级或 B 级。因为砌体强度设计值应通过砌体强度标准值除以砌体结构的材料性能分项系数计算确定，而砌体结构的材料性能分项系数与砌体的施工质量控制等级有关，所以图纸中应注明砌体施工质量控制等级。

【问题 9】 未注明危大工程范围、所涉及危大工程的重点部位和环节、保障工程周边环境安全和工程施工安全的意见。

【分析与对策】 根据《危险性较大的分部分项工程安全管理规定》（2018 年 3 月 8 日中华人民共和国住房和城乡建设部令第 37 号发布，2019 年 3 月 13 日修正）第六条的规定，“设计单位应当在设计文件中注明涉及危大工程的重点部位和环节，提出保障工程周边环境安全和工程施工安全的意见，必要时进行专项设计”。河北省住房和城乡建设厅也印发了《河北省房屋建筑和市政基础设施工程危险性较大的分部分项工程安全管理实施细则》的通知（冀建法改〔2019〕12 号）。

因此，设计文件中应有危大工程专项说明，包括总体要求、编制依据、重点部位和环节、工程周边环境安全保障意见、工程施工安全保障意见等内容。相关危大工程施工专项方案提出的施工安全意见，应结合工程特点，有针对性。

各建设工程的施工全过程均应考虑现场和周边环境及条件，确保工程安全、施工安全及周边设施安全。例如，考虑相邻建筑物、市政管线、管廊、地铁、高压电线、边坡、泥石流、滑坡等。对于复杂条件，应由相关技术部门给出明确结论，例如泥石流、滑坡等。

对钢结构安装工程应说明临时支撑、安装顺序等重点环节的要求。

改扩建工程常涉及原有建筑物的拆除，设计时应进行安全风险识别，并在说明中提出要求。《工程结构通用规范》GB 55001-2021 第 2.1.8 条规定：“对结构或其部件进行拆除前，应制定详细的拆除计划和方案，并对拆除过程可能发生的意外情况制定应急预案，结构拆除应遵循减量化、资源化和再生利用的原则。”《混凝土结构通用规范》GB 55008-2021 第 6.4 节规定了拆除时结构分析、保护措施、特殊论证、安全等的具体要求。《既有建筑维护与改造通用规范》GB 55022-2021 第 2.0.6 条至第 2.0.8 条规定：既有建筑维护与改造工程施工中，应保证相关人员的安全和健康；应区分作业区、危险区和工程相邻影响区，应设置安全警示和引导标志，并应采取相应安全防护措施；应保障消防安全，按现行制度做好临时用电管理，严格履行动火审批制度。

【问题 10】 建筑抗震设防类别为重点设防类（乙类），结构设计时的安全等级是否必须采用一级？

【分析与对策】 结构重要性系数是结构可靠性分析的主要参数，对持久设计状况和短暂设计状况，应根据结构安全等级确定；而偶然设计状况和地震设计状况下统一取 1.0。因此，结构安全等级不在地震设计状况下，不是提高建筑抗震标准和性能的参数指标。当结构在持久设计状况或短暂设计状况下破坏产生很严重后果时，结构及其部件的安全等级应为一级。

《建筑结构可靠性设计统一标准》GB 50068-2018 第 3.2.1 条条文说明指出，建筑结构抗震设计中的甲类建筑和乙类建筑，其安全等级宜规定为一级。《工程结构通用规范》GB 55001-2021 第 3.1.12 条条文说明指出，结构重要性和结构的抗震类别并不一定完全对应。以上两规范均未强制要求必须采用一级。因此对重点设防类的建筑，应结合其工程具体情况，根据结构或构件破坏可能产生的后果的严重性来确定其安全等级，并非均必须采用一级。

【问题 11】 当建筑单体中某楼层的局部房间存在养老用房或易燃易爆或有毒有害物质储存间时，建筑抗震设防类别如何划分？

【分析与对策】《建筑工程抗震设防分类标准》GB 50223-2008 第 3.0.1 条第 4 款规定："建筑各区段的重要性有显著不同时，可按区段划分抗震设防类别。下部区段的类别不应低于上部区段。"其中，区段指由防震缝分开的结构单元、平面内使用功能不同的部分或上下使用功能不同的部分。

当一个结构单元内存在多种不同建筑使用功能时，可将涉及相关建筑功能的结构空间单元构件分别划分为不同的区段，分区段确定抗震设防类别，但抗震设防类别等级较低的区段的构件的破坏或损坏不能影响较高等级区段构件的抗震性能目标的实现。当建筑抗震设防类别等级较高的区段需要借用较低区段结构空间单元进行疏散、应急等以保证其功能发挥时，较低区段构件的建筑抗震设防类别不应低于较高区段的要求。

当建筑单体中某楼层的局部房间存在养老用房或易燃易爆或有毒有害物质储存间时，凡涉及建筑养老功能发挥或保证易燃易爆和有毒有害物质不引起次生灾害扩散功能的结构构件可划分为一个区段，抗震设防类别不低于重点设防类。

当一种建筑功能由多个独立结构单元组成时，各结构单元均应按建筑整体功能确定抗震设防类别。当一个结构单元无法独立承担一种建筑功能且需借助其他结构单元完成建筑功能时，所借助结构单元的建筑抗震设防类别不应低于该结构单元的类别。

对具有多种功能的建筑，除符合抗震设防类别的要求外，尚应符合规范中关于抗震设防标准等的相关规定。

【问题 12】《建设工程抗震管理条例》第十六条中的"学校"是否包括大学、大专及职业学院？

【分析与对策】《建设工程抗震管理条例》第一条指出，为了提高建设工程抗震防灾能力，降低地震灾害风险，保障人民生命财产安全，根据《中华人民共和国建筑法》《中华人民共和国防震减灾法》等法律，制定本条例。《建设工程抗震管理条例》是我国新时代防灾减灾救灾新理念的贯彻和落实，是我国各种类型建筑抗震规范编制的基本依据，《建设工程抗震管理条例》中的技术规定应按国家强制性标准规定严格执行。

《中华人民共和国防震减灾法》(2008 年修订)在第四章“地震灾害预防”和第五章“地震应急救援”中均使用“学校、医院等人员密集场所”,第六章“地震灾后过渡性安置和恢复重建”中使用“学校、医院等公共服务设施”。可见学校、医院建筑在地震灾害中发生的不同阶段都有重要作用。

2023 年 11 月 28 日,住房城乡建设部在其官方网站上就大学建筑是否应当按照不低于重点设防类的要求采取抗震设防措施的提问进行了解答,具体内容如下。

(1)《建设工程抗震管理条例》第十六条规定的“学校”的范围包括大学。一是根据《中华人民共和国教育法》《中华人民共和国高等教育法》相关规定,高等学校包括在学校范围内。二是《中华人民共和国防震减灾法》《中华人民共和国民法典》《建设工程抗震管理条例》等相关法律法规,在调整和规定“学校”相关事项时,并未将“大学”或“高等学校”从“学校”中予以排除。三是从实践中看,教育等行政主管部门均将“大学”或“高等学校”纳入学校范围进行统计管理。四是按照法律的文义解释原则,“学校”的文字意思包括了“大学”或“高等学校”。

(2)《建筑工程抗震设防分类标准》GB 50223-2008 第 6.0.8 条规定“教育建筑中,幼儿园、小学、中学的教学用房以及学生宿舍和食堂,抗震设防类别应不低于重点设防类”,未对大学相关建筑作出要求,第 1.0.3 条的条文说明明确“本标准的规定是最低的要求”,与《建设工程抗震管理条例》并无冲突。

(3)国务院制定发布的《建设工程抗震管理条例》属于行政法规,在中华人民共和国境内从事建设工程的勘察、设计、施工、鉴定、加固、维护等活动时应严格执行。

此外,《建设工程抗震管理条例》有幼儿园的表述,未特别注明中小学的表述,因此,《建设工程抗震管理条例》中的“学校”包含中小学、大学、大专及职业学院等学校。

【问题 13】 某附建地下车库局部兼具地震避难功能,其抗震设防类别及抗震等级如何确定?

【分析与对策】《应急避难场所　术语》GB/T 44012-2024 规定,应急避难场所是指新建、改造和指定的用于应急避难人员安置的具有一定生活服务保障功能的安全场所,包括防疫防空与防灾融合共建共用的方舱医院和人防掩蔽场所、人防疏散基地等。应急避难场所按行政级别可分为省级、市级、县级、乡镇(街道)级和村(社区)级五级;按分类管理需要、应对灾种、功能要求又可分为室内型、室外型,综合性、单一性(含特定)和紧急、短期、长期避难场所。

地震应急避难建筑属于应急避难场所的一类,设计应符合《防灾避难场所设计规范》GB 51143-2015(2021 年版)、《城市社区应急避难场所建设标准》建标 180-2017 及《人民防空工程兼作地震应急避难场所技术标准》DB13(J)T 111-2017 等的相关规定。《建筑工程抗震设防分类标准》GB 50223-2008 第 4.0.7 条规定,作为应急避难场所的建筑,其抗震设防类别不应低于重点设防类。

当建筑或地下车库局部兼具应急避难功能时,应保证该建筑局部应急避难功能空间满足《建设工程抗震管理条例》的有关规定。

【问题 14】 位于高烈度设防地区的学校、幼儿园等既有建筑进行加固改造时,是否必须采用隔震减震技术?

【分析与对策】《建设工程抗震管理条例》第二十一条规定,位于高烈度设防地区、地震重点监视防御区的学校、幼儿园、医院、养老机构、儿童福利机构、应急指挥中心、应急避难场所、广播电视等已经建成的建筑进行抗震加固时,应当经充分论证后采用隔震减震等技术,保证其抗震性能符合抗震设防强制性标准。

过去几十年,我国社会经济快速发展,建筑业大规模集中建设形成了大量既有建筑,抗震加固改造实际情况复杂多样。近年来,隔震减震技术快速发展,但在情况复杂多样的既有建筑改造加固应用中还有许多技术难题要解决,对于“两区八类”这些重要的防灾减灾建筑,应用时更要慎重。因此,“两区八类”既有建筑加固改造采用隔震减震技术,应充分论证技术可行性、有效性和可靠性等,以保证既有建筑的抗震性能满足抗震设防目标的要求。若采用隔震减震技术不能有效可靠进行加固改造工作,保证加固后建筑的抗震性能目标,应允许采用其他加固技术和方法。

【问题 15】 工程建设场地位于地震区划图分界线附近时,地震动参数是否可按勘察报告中建议的参数取用?

【分析与对策】 对于勘察报告中的建议参数和结论,应经综合分析判定后采用。

《建筑与市政工程抗震通用规范》GB 55002-2021 第 2.2.2 条条文说明指出:“采用什么样的参数、以何种方式来表征预期的地震地面运动,是进行工程抗震设防和设计首先需要解决的基本技术问题。根据《中华人民共和国防震减灾法》等法律法规的规定,由国务院地震主管部门负责编制并发布《中国地震动参数区划图》。《中国地震动参数区划图》GB 18306-2015 采用双参数,即基本地震动峰值加速度和基本地震动加速度反应谱特征周期,来表征地震地面运动。”因此,地震动参数应依据地震主管部门发布的《中国地震动参数区划图》GB 18306-2015 确定。

《建筑抗震设计标准》GB/T 50011-2010(2024 年版)附录 A 将地震动参数精确到县一级;《中国地震动参数区划图》GB 18306-2015 附录 C 将Ⅱ类场地地震动峰值加速度和基本地震动加速度反应谱特征周期精确到乡镇一级,乡镇人民政府所在地、县级以上城市可直接查表取值。工程建设场地应精确定位,按照《中国地震动参数区划图》GB 18306-2015 确定场地地震动参数,《中国地震动参数区划图》GB 18306-2015 图 A.1 分区界线附近的基本地震动峰值加速度应按就高原则或专门研究确定。勘察报告应根据工程精确定位,对照《中国地震动参数区划图》GB 18306-2015 提出准确的地震动参数。

【问题 16】 当工程结构处于发震断裂两侧 10 km 以内时,应计入近场效应对设计地震动参数的影响。但通用规范并未给出明确的量化标准,应该如何考虑?

【分析与对策】《建筑与市政工程抗震通用规范》GB 55002-2021 所谓的发震断裂,指的是全新世活动断裂(全新世期间或距今 12 000 年以来发生过位移的断层)中,近 500 年来发生过 $M \geq 5$ 级地震的断裂或今后 100 年内可能发生 $M \geq 5$ 级地震的断裂。已有资料显示,河北省内目前已查明活动断层 38 条,约占河北省已探明断层的 40%,其中全新世断层 13 条,晚更新世断层 25 条,在河北省北部、中东部平原和太行山前地带均有分布,其中位于

8 度区的活动断层有 16 条，7 度区的活动断层有 22 条。

破坏性地震震害表明，发震活动断层的地表迹线决定了严重震灾带的空间分布特征，发震断层沿线及其附近狭长地带的破坏最为严重，明显大于断层两侧的其他区域。发震断裂对震害的影响包括强震地面错动引起的破裂效应和强震地震动效应。

建筑结构通过综合考虑抗震设防烈度、土层覆盖层厚度及控制最小避让距离来减小地面破裂效应对建筑物的直接影响。《建筑抗震设计标准》GB/T 50011-2010（2024 年版）第 4.1.7 条对发震断裂的规定，适用于对错动产生的地面破裂效应影响。通过考虑近场系数对地震动参数的放大来考虑强震地震动效应对建筑物的影响。《建筑与市政工程抗震通用规范》GB 55002-2021 第 4.1.1 条第 1 款规定，当工程结构处于发震断裂两侧 10 km 以内时，应计入近场效应对设计地震动参数的影响。《建筑抗震设计标准》GB/T 50011-2010（2024 年版）第 3.10.3 条第 1 款规定，对处于发震断裂两侧 10 km 以内的建筑，地震动参数应计入近场影响，5 km 及以内宜乘以增大系数 1.5，5 km 以外宜乘以不小于 1.25 的增大系数。《建筑隔震设计标准》GB/T 51408-2021 第 4.1.4 条规定了隔震结构达到设防目标应考虑的近场效应地震作用增大系数。

一般情况下，近场效应系数可按《建筑抗震设计标准》GB/T 50011-2010（2024 年版）第 3.10.3 条取值；对隔震结构，当抗震设防目标满足《建筑隔震设计标准》GB/T 51408-2021 的要求时，按其规定取值。

2.2　结构计算与分析

【问题 1】 多、高层建筑结构分析模型与结构实际情况不符。

【分析与对策】 建筑结构分析模型应根据结构实际情况确定，所选取的分析模型应能较准确地反映结构中各构件的实际受力情况。这里所讲的模型除应针对结构体系和布置的复杂程度采用不同的平面、空间分析模型等外，更应注意结构计算简图中的节点、杆件布置是否与结构实际情况一致。

例如：某中学 5 层框架结构的教学楼原设计为 5 层框架，因结构布置调整成 6 层框架而没有对结构重新计算并加以分析，使计算简图、模型与实际结构不符。结构进行了重新计算，对图纸进行了修改。

若地下车库（人防）与高层主体相连成整体，或局部裙房与高层结构相连成整体，而设计按独立分开单体模型计算，未考虑相互影响关系，结果出现局部（地下室顶板或裙房的楼板与高层主体连接处）形成错层，并出现局部短柱。

综上所述，应准确地进行结构分析，正确确定结构模型和计算假定。

【问题 2】 计算地下室外墙时，如何确定计算模型？

【分析与对策】 地下室外墙仅使用整体建模计算的结果是不合理的。地下室外墙应根据地下室的层数和隔墙间距等具体的边界条件，按单跨或多跨单向板或双向板分析其内力，一般下端基础为固接，上端为铰接，当顶板沿外墙边缘开大洞（如楼梯间、窗井）时，则按自由端考虑。当存在柱与地下室外墙共同组合截面时，应考虑实际情况确定计算模型，有的形成单向板构件，有的是双向板构件，受力不同，边界条件也不同，与边界条件的关系也不同，应综合考虑确定正确的计算模型。

【问题 3】 工业建筑楼面活荷载取值是否必须按最低 4.0 kN/m^2 采用？

【分析与对策】 对《工程结构通用规范》GB 55001-2021 第 4.2.7 条、《建筑结构荷载规范》GB 50009-2012 附录 D 以及专门行业规范已有规定的工业建筑楼面活荷载，应按相关规定取值，其中强制性规范是必须遵守的最低要求。对目前规范尚无规定的情况，应由建设单位书面提供作为设计依据，并在设计任务书中明确。

此外，由于工业建筑的类型和生产场景较多，规范给出的数据仅适用于一般情况，楼面活荷载的取值尚应满足生产使用或安装检修等实际情况的要求。

【问题 4】 消防车道范围占板跨的一部分时，消防车荷载能按占道面积折减吗？

【分析与对策】《建筑结构荷载规范》GB 50009-2012、《工程结构通用规范》GB 55001-2021 给出的消防车活荷载限值，是考虑车轮最多同时存在及不利布置方式，将车轮的局部荷载作用在不同跨度板内，按结构效应的等效原则推导换算出的等效均布荷载，并不是将整辆车的重量除以占道面积进行的等效。因此，不能按消防车道占板跨的面积进行折减。

此外，规范给出的消防车活荷载适用于满载总重为 30 t 的大型车辆，对 55 t 或其他重量的消防车，应将车轮的局部荷载按结构效应的等效原则，重新换算等效均布荷载。当双向板楼盖板跨介于 3 m×3 m 到 6 m×6 m 之间时，应按跨度线性插值确定。当地下室顶板有覆土时，尚可考虑覆土对楼面消防车活荷载的影响，按《建筑结构荷载规范》GB 50009-2012 进行折减。

【问题 5】 活荷载折减系数、组合值系数、频遇值系数、准永久值系数的计算取值有误。

【分析与对策】《工程结构通用规范》GB 55001-2021 第 4.2.4、4.2.5 条规定了民用建筑楼面活荷载折减范围、程度，它们与房屋类别、构件类型和负荷面积密切相关。注意，当采用楼面等效均布活荷载方法设计墙、柱基础时，表 4.2.5 的活荷载折减系数仅适用于表 4.2.2 中第 1（1）项（包括住宅、宿舍、旅馆、医院病房、托儿所、幼儿园）且单层建筑楼面梁从属面积不超过 25 m^2 的情况，《工程结构通用规范》GB 55001-2021 中“办公楼”已从《建筑结构荷载规范》GB 50009-2012 中的第 1（1）项调整至第 1（2）项。

对于工业建筑的活荷载折减，《建筑结构荷载规范》GB 50009-2012 附录 D 所列的工业厂房，梁、墙、柱及基础可直接按规范规定取值；其他类型厂房，应根据生产工艺和行业标准确定，并由建设单位书面提供作为设计依据，且在设计任务书中明确。《工程结构通用规范》GB 55001-2021 第 3.1.13 条规定标准值大于 4 kN/m^2 的工业建筑楼面活荷载，分项系数可取 1.4，但对厂房中楼梯、卫生间、配套房间等局部区域，分项系数仍应取 1.5，注意在计算软件中进行换算或特殊处理，以满足规范的要求。

此外，组合值系数、频遇值系数和准永久值系数也是荷载组合中重要的计算参数，对结构的承载能力极限状态及正常使用极限状态下的设计均有重要影响，这些系数取值与活荷载的性质有关。目前计算软件一般有自动默认值，设计时应根据建筑房间功能核对计算软件中的这些参数并进行输入。当软件无法直接输入时，应进行换算或特殊处理，以满足规范的要求。

【问题 6】 计算未考虑双向地震、斜交构件方向的水平地震作用。

【分析与对策】《建筑抗震设计标准》GB/T 50011-2010（2024 年版）第 5.1.1 条第 3 款规定，质量和刚度分布明显不对称的结构，应计入双向水平地震作用下的扭转影响。同一建筑单元同一平面内质量、刚度分布不对称，或虽在本层平面内对称，但沿高度分布不对称的结构为质量和刚度分布明显不对称的结构。一般情况下，在规定水平力作用下，考虑偶然偏心影响的单向地震作用时，楼层的最大弹性水平位移（或层间位移）大于该楼层两端弹性水平位移（或层间位移）平均值的 1.2 倍时，可判定为结构的质量和刚度分布已处于明显不对称状态，此时，应计入双向地震作用的影响。计算模型中勾选考虑双向地震作用复核计算。

《建筑与市政工程抗震通用规范》GB 55002-2021 第 4.1.2 条第 1 款规定，当结构中存在与主轴交角大于 15° 的斜交抗侧力构件时，尚应计算斜交构件方向的水平地震作用。一般情况下，应沿结构两个主轴方向分别计算水平地震作用，考虑到地震可能来自任意方向，当有斜交抗侧力构件时，应考虑对各构件的最不利方向的水平地震作用，即与该构件平行方向的水平地震作用。需要注意的是，斜向地震作用计算时，结构底部总剪力以及楼层剪力等数值一般要小于正交方向计算的结果，但对于斜交抗侧力构件来说，其截面设计的控制性内力和配筋结果却往往取决于斜向地震作用的计算结果。因此，地震作用计算参数中应填写斜交抗侧力构件方向相应的附加角度进行复核计算。

【问题 7】 什么是刚域？计算时如何考虑刚域影响？

【分析与对策】 当构件截面相对其跨度较大时，构件交点处会形成相对的刚性节点区域，简称刚域。《高层建筑混凝土结构技术规程》JGJ 3-2010 第 5.3.4 条规定，在结构整体计算中，宜考虑框架或壁式框架梁、柱节点区的刚域影响，梁端截面弯矩可取刚域端截面的弯矩计算值。刚域尺寸的确定，会在一定程度上影响结构的整体分析结果。刚域长度尺寸可按《高层建筑混凝土结构技术规程》JGJ 3-2010 第 5.3.4 条中的式（5.3.4-1）至式（5.3.4-4）计算。

刚域尺寸的确定对结构刚度、构件截面配筋都有直接影响，涉及结构安全。设计计算时是否考虑刚域的影响，应根据结构具体情况综合分析确定，是考虑梁的刚域，还是柱的刚域，是考虑对刚度的影响，还是对配筋的影响。此外，实际工程中，柱上下截面、梁左右截面等与规范给出的理想计算条件可能不同，且构件类型多样，不同计算软件对刚域的考虑方法存在差异，设计时应对软件自动形成的刚域计算结果进行核对。

【问题 8】 如何验算桩基的水平承载力？

【分析与对策】 结构设计中对桩基竖向承载力的验算往往比较重视，但容易忽略桩基水平承载力的验算。桩基水平承载力的验算宜符合下列规定。

（1）《建筑抗震设计标准》GB/T 50011-2010（2024 年版）第 4.4.1 条规定了可不进行桩基抗震承载力验算的建筑类型，除此之外的建筑物应进行桩基水平抗震承载力验算。

（2）《建筑桩基技术规范》JGJ 94-2008 第 5.7.1 条规定，受水平荷载的一般建筑物和水平荷载较小的高大建筑物,应验算单桩基础或群桩中基桩的水平承载力。对于受水平荷载较大的设计等级为甲级、乙级的建筑桩基,其单桩水平承载力特征值应通过水平静载试验确定,其他情况的基桩可根据《建筑桩基技术规范》JGJ 94-2008 第 5.7 节的相关规定估算单桩水平承载力特征值。验算桩基的水平承载力时,应按照《建筑桩基技术规范》JGJ 94-2008 第 5.7.2 条第 7 款规定的不同工况将单桩水平承载力特征值乘以相应的调整系数。

【问题 9】 什么是结构的薄弱层、软弱层、转换层、框支层?《高层建筑混凝土结构技术规程》JGJ 3-2010 第 3.9.3、3.9.4 条中框支框架的含义是什么?托墙和托柱的梁设计有何不同?

【分析与对策】 薄弱层:该楼层的层间受剪承载力小于相邻上一层的 80%,结构强度判断。

软弱层:该楼层的侧向刚度小于相邻上一层的 70%,或小于其上相邻三个楼层侧向刚度平均值的 80%;高层混凝土结构可按《高层建筑混凝土结构技术规程》JGJ 3-2010 第 3.5.2 条判定;结构刚度判断。

转换层:转换层是设置转换结构构件的楼层,包括水平结构构件及其以下的竖向结构构件;转换结构构件是完成上部楼层到下部楼层的结构形式转变或上部楼层到下部楼层结构布置改变而设置的结构构件,包括转换梁、转换桁架、转换板等。在正常使用情况和地震作用下,转换构件将其上一层的竖向抗侧力构件(柱、抗震墙、抗震支撑等)的内力向下传递。部分框支剪力墙结构的转换梁亦称为框支梁。

框支层:如果一个结构单元的转换层以上为剪力墙,转换层以下为框架,那么转换层以下的楼层为框支层。

框支框架是指转换构件(如框支梁)及其下面的框架柱和框架梁,不包括不直接支承转换构件的框架。如考虑结构变形的连续性,在水平方向上与框支框架直接相连的非框支框架的抗震构造设计可适当加强,加强的范围可不少于相连的一个跨度。

框支梁一般指部分框支剪力墙结构中支承上部不落地剪力墙的梁,有了"框支剪力墙结构",才有框支梁。《高层建筑混凝土结构技术规程》JGJ 3-2010 中的"转换构件"包括转换梁,转换梁有更确切的含义,即包含上部托柱和托墙的梁,因此,传统意义上的框支梁仅是转换梁中的一种。

托墙或托柱的转换梁的不同设计要求见《高层建筑混凝土结构技术规程》JGJ 3-2010 第 10.2 节的有关条文。托柱的梁一般受力也是比较大的,有时受力成为空腹桁架的下弦,设计中应特别注意,规范还要求托柱转换梁在转换层宜在托柱位置设置正交方向的框架梁或楼面梁。

【问题 10】 结构进行抗震设计时,当计算出的第一振型或第二振型以扭转为主时应如何处理?

【分析与对策】 平面不规则、质量与刚度偏心的结构,在水平地震作用下,将产生扭转效应,而且不同振型的地震效应会严重耦联,导致严重震害。模拟地震振动台模型试验结果也表明,扭转效应会导致结构的严重破坏。

结构进行抗震设计时,若计算出第一振型为扭转为主的振型,或高层建筑结构以扭转为主的第一自振周期与平动为主的第一自振周期之比大于 0.9（A 级高度）或 0.85（B 级高度和复杂结构），说明结构的抗侧力构件布置不尽合理。此时应对结构方案进行调整，减小结构平面布置的不规则性，避免产生过大的偏心，宜满足《超限高层建筑工程抗震设防专项审查技术要点》（建质〔2015〕67 号）附件 1 表 2 中 1a 条的要求（考虑偶然偏心的扭转位移比不大于 1.2），或加强结构抗扭刚度，必要时可设置防震缝，将不规则的平面划分为若干相对规则的平面，以及进行抗震性能化设计、提高弹塑性位移角限值或进行扭转承载力专门分析等。

【问题 11】 剪重比不满足规范要求时如何处理？

【分析与对策】 抗震验算时的剪重比应符合《建筑抗震设计标准》GB/T 50011-2010（2024 年版）第 5.2.5 条的要求。剪重比小于第 5.2.5 条的规定时，应区分不同情况进行处理。当不满足最小地震剪力系数的楼层数不超过总楼层数的 10%时，可采用地震作用增大系数或修改自振周期折减系数的方法；如大于 10%，说明结构整体刚度偏小，宜调整结构总体布置，增加结构整体刚度；如果部分楼层相差较多，说明结构存在软弱层，应对结构体系进行调整，增加这些软弱层的抗侧刚度。

【问题 12】 框架结构采用框梁+加腋大板时，可按弹性板设计吗？

【分析与对策】 框梁大板体系，指的是在现浇混凝土楼盖中仅设置框架主梁，不设置次梁，楼板直接支撑在框架主梁上，一般多应用在覆土的地下室顶板，板跨或荷载较大时还可在板端部竖向加腋。

计算软件中，刚性板假定楼板平面内刚度无穷大，平面外刚度为零。弹性板 3 假定楼板平面内无限刚，而平面外的刚度是真实计算的，这种假定主要适用于厚板转换层结构的转换厚板，因为这类结构面内刚度大，面外刚度是传力的关键。弹性板 3 假定通过考虑厚板的面外刚度来改变传力路径，将荷载安全传递下去。弹性板 6 假定采用壳单元真实地计算楼板的面内刚度和面外刚度。理论上，这种假定最符合楼板的真实受力情况，可应用于任何工程；但在实际应用中，部分竖向楼面荷载会通过楼板的面外刚度直接传递给竖向构件，从而导致梁的弯矩和配筋减少，而过去所有关于梁的工程经验都是与刚性楼板假定前提下配筋安全储备相对应的，不建议轻易采用弹性板 6 假定。

因此，楼板假定需要根据工程结构特点和计算内容确定，确保计算结果的准确性和安全性。当地下车库顶采用框梁大板体系选择弹性板模型时，应注意以下问题：

①楼板内力计算考虑梁的竖向变形的影响，采用有限元模型；

②配筋方式与楼板假定的受力传力模式相符；

③考虑采用弹性板时一部分荷载由楼板传给柱，相应框梁计算荷载减小，偏于不安全，框架梁受剪承载力设计按刚性楼板假定复核。

【问题 13】 设计基本地震加速度为 7 度（0.15g）的地区，Ⅲ类、Ⅳ类场地的乙类建筑已按《建筑工程抗震设防分类标准》GB 50223-2008 提高一度采用抗震措施，是否还要按《建筑抗震设计标准》GB/T 50011-2010（2024 年版）第 3.3.3 条再提高半度采用建筑抗震构造措施？

【分析与对策】《建筑与市政工程抗震通用规范》GB 55002-2021 第 2.3.2 条第 2 款规定,重点设防类(乙类)建筑应按本地区抗震设防烈度提高一度的要求加强其抗震措施。《建筑抗震设计标准》GB/T 50011-2010(2024 年版)第 3.3.3 条规定,建筑场地为Ⅲ、Ⅳ类时,对设计基本地震加速度为 0.15g 和 0.30g 的地区,除本规范另有规定外,宜分别按抗震设防烈度 8 度(0.20g)和 9 度(0.40g)时各抗震设防类别建筑的要求采取抗震构造措施。

因此,先考虑建筑物重要性情况按《建筑与市政工程抗震通用规范》GB 55002-2021 第 2.3.2 条第 2 款的规定提高抗震措施,再结合工程具体情况,按《建筑抗震设计标准》GB/T 50011-2010(2024 年版)第 3.3.3 条的规定提高半度采取抗震构造措施。对设计基本地震加速度为 7 度(0.15g)的地区,Ⅲ类、Ⅳ类场地的乙类建筑,一般情况下,应按 8 度采取抗震措施,宜按 9 度采取抗震构造措施。

对《建设工程抗震管理条例》规定的高烈度设防地区和地震重点监视防御区的学校、医院等乙类建筑,尚应满足该区域设防地震下建筑正常使用的要求。由于《建筑抗震设计标准》GB/T 50011-2010(2024 年版)采用两阶段设计方法,抗震措施及抗震构造措施要求均为实现预期"小震不坏、中震可修、大震不倒"的抗震设防目标,对于达到设防地震下建筑正常使用要求的建筑结构,是否执行《建筑抗震设计标准》GB/T 50011-2010(2024 年版)第 3.3.3 条及其他抗震措施的规定,应按正常使用设计相关规范要求确定,也可结合《建筑抗震设计标准》GB/T 50011-2010(2024 年版)附录 M 的要求经分析后确定。

2.3 地基与基础

【问题 1】 地勘报告中,工程概况与建筑物不一致,设计选用的地基基础形式与勘察报告建议不同,或者设计施工图纸采用的地基处理形式与地勘报告建议不一致,是否可以?

【分析与对策】《建设工程勘察设计管理条例》第四十一条第(二)款规定,设计单位应根据勘察成果文件进行工程设计。结构设计人员应结合工程项目要求,核实地勘报告的适用性。如工程概况与建筑物不一致,应核实是否影响基础设计的选型及承载力。对于不适用的地勘报告应及时通知甲方,要求勘察单位补勘或者重新提供。

地基基础形式与勘察报告建议不同、设计施工图纸采用的地基处理形式与地勘报告建议不一致时,应充分重视勘察报告建议的地基基础选型方案及地基处理方案,与勘察单位沟通。如结构设计采用的方案与勘察报告建议不同,且勘察报告无相关参数支持时,应提出补充勘察参数或修改地基基础方案的审查意见。

【问题 2】 勘察等级为甲级的高层建筑,当采用复合地基方案时,是否必须进行专门论证?

【分析与对策】《高层建筑岩土工程勘察标准》JGJ/T 72-2017 第 8.4.1 条规定,勘察等级为甲级的高层建筑拟采用复合地基方案时,尚应进行充分论证。

复合地基主要适用于规程规定的勘察等级为乙级的高层建筑。勘察等级为甲级的地基,一般地基基础设计等级也为甲级。设计等级为甲级的地基基础强制性要求进行地基变形设计和满足承载力的计算。《建筑地基基础设计规范》GB 50007-2011 第 7.2.7 条规定,复合地基设计应满足建筑物承载力和变形要求。《建筑地基处理技术规范》JGJ 79-2012 第 3.0.5 条规定，按地基变形设计或应作变形验算且需进行地基处理的建筑物或构筑物，应对处理后的地基进行变形验算。这就要求地基处理设计应较准确合理地提供地基承载力特征值和变形计算的地基压缩模量等计算参数。

对于高度超过 100 m（含 100 m）和 30 层（含 30 层）以上的高层建筑或高层与低层层数相差超过 10 层的地基，不宜采用复合地基。复合地基计算时不同程度存在着地基压缩模量的计算错误，上部结构设计往往只要求压缩模量为多少，但不要求是什么土层、哪个部位的压缩模量，造成安全隐患。

因此对于勘察等级为甲级的高层建筑拟采用复合地基方案时，尚应进行充分论证。

【问题 3】《建筑地基基础设计规范》GB 50007-2011 第 3.0.1 条中提到的地基基础设计等级为甲级的“30 层以上的高层建筑”是否包括 30 层？层数相差超过 10 层的高低层连成一体建筑物是否为 ±0.000 以上相差的层数？

【分析与对策】 建筑物层数的划分应从 ±0.000 算起，不含 30 层；层数相差超过 10 层的高低层连成一体建筑物是指 ±0.000 以上相差的层数。

【问题 4】 如何确定《建筑地基基础设计规范》GB 50007-2011 第 5.2.4 条中式（5.2.4）中的基础埋置深度 d？

【分析与对策】《建筑地基基础设计规范》GB 50007-2011 中的式（5.2.4）是对“从载荷试验或其他原位测试、经验值等方法确定的地基承载力特征值”进行深度、宽度修正。这主要是因为，这些方法确定的地基承载力特征值，一般是取原状土土样进行试验，并没有考虑原状土的三向受力状态；而位于基底标高处的原状土是处于自重应力作用的三向受力状态，原状土的实际承载力要高于土工试验土样的承载力。同理，如果地基承载力特征值是通过深层平板载荷试验确定的，则不考虑深度修正。因此，式（5.2.4）中的基础埋置深度 d，可理解为“深度修正计算用深度”，并不一定是基础的物理埋深。

对于无地下室的结构，基础埋置深度一般从室外地面标高算起。在填方整平地区，可自填土地面算起。但当填土在上部结构施工后完成时，基础埋置深度应从天然地面标高算起。对于地下室，当采用箱形基础或筏基时，基础埋置深度自室外地面标高算起；当采用独立基础或条形基础时，基础埋置深度应从室内地面标高算起。

《建筑地基基础设计规范》GB 50007-2011 第 5.2.4 条条文说明指出，对主裙楼一体的结构，主体结构地基承载力的深度修正，宜将基础底面以上范围内的荷载，按基础两侧的超载考虑，当超载宽度大于基础宽度两倍时，可将超载折算成土层厚度作为基础埋深，基础两侧超载不等时，取小值。因此，地基承载力的修正深度取值应根据超载情况按计算超载力进行换算，计算超载力即为超载宽度范围内的土层竖向压力。当裙房基础为与主楼基础连为一体的筏板基础时，计算超载力可取最不利工况下裙楼筏板基底反力平均值；当裙房基础为条形基础或独立基础加防水板（下设软垫层）形式时，计算超载力可取防水板下实际地基反力（可取防水板自重和地下室地面建筑做法重量产生的反力）。此外，主体结构地基承载力特征值深度修正时尚应注意以下问题：

①当计算超载力时尚应考虑水浮力产生的不利影响；

②当主楼周围裙房或地下室超载情况不同时，应分别计算，并取最小值作为主楼深度修正计算用埋深；

③当超载计算考虑地下室顶板以上覆土重量时，应对主裙楼施工次序、沉降后浇带封闭及覆土回填时间等提出要求。

【问题 5】 如何根据地基基础设计等级确定变形验算？

【分析与对策】 根据《建筑地基基础设计规范》GB 50007-2011 第 3.0.2、3.0.3 条，地基基础设计等级为甲级、乙级的建筑物，以及表 3.0.3 中规定的可不作地基变形验算范围以外的丙级建筑物，均应进行地基变形验算。

《建筑桩基技术规范》JGJ 94-2008 第 3.1.4 条规定，设计等级为甲级的非嵌岩桩和非深厚坚硬持力层的建筑桩基，设计等级为乙级的体形复杂、荷载分布显著不均匀或桩端平面以下存在软弱土层的建筑桩基，软土地基多层建筑减沉复合疏桩基础，应进行桩基沉降计算。

建筑物的基础沉降变形允许值应符合《建筑地基基础设计规范》GB 50007-2011 表 5.3.4 和《建筑桩基技术规范》JGJ 94-2008 表 5.5.4 的规定。

【问题 6】 高层建筑处理后复合地基下存在软弱下卧层时应进行承载力和变形验算。如何考虑地基应力的扩散？如何考虑压缩模量的取值？

【分析与对策】 应明确地基处理后仍是地基，而不是桩基。计算下卧层应按地基的计算方法，沉降变形计算应由岩土勘察专业计算复合地基的复合（换算）模量；地基应力扩散应从基础底面计算。不应按桩基计算方法计算复合地基的沉降，可按分层总和法等进行沉降变形计算。

【问题 7】 如何考虑压实填土的要求？

【分析与对策】 关于基础部分，采用复合地基时，处理后的复合地基承载力特征值应通过试验确定，详见《建筑地基基础设计规范》GB 50007-2011 第 6.3.1、7.2.7、7.2.8 条等。压实填土包括分层压实和分层夯实的填土。当采用压实填土作为建筑地基持力层时，在平整场地前，应根据结构类型、填料性能和现场条件等，对拟压实的填土提出质量要求。未经检验查明以及不符合质量要求的压实填土，均不得作为建筑工程地基持力层。当裙房的独立柱基、条基置于高层建筑基坑开挖后的回填土上时，应对回填土施工质量提出要求，避免造成安全隐患。

【问题 8】 对于湿陷性黄土地基，采用复合地基处理仅有承载力要求；采用换填处理时，垫层材料不满足规范要求。

【分析与对策】 水泥土复合地基技术、CFG 桩（水泥粉煤灰碎石桩）、素混凝土桩、夯实水泥土桩、水泥土搅拌桩（成孔工艺无挤密作用）原则上不能用于湿陷性黄土地基，不符合《湿陷性黄土地区建筑标准》GB 50025-2018 的要求，采用上述方式复合地基处理仅能提高承载力，不能消除湿陷性；如地基处理需要消除湿陷性，宜采取《湿陷性黄土地区建筑标准》GB 50025-2018 中的挤密法。

采用垫层法时，湿陷性黄土未处理完，垫层下仍有未处理的湿陷性黄土层时，垫层材料可选用土、灰土和水泥土等，不应采用砂石、建筑垃圾、矿渣等透水性强的材料；当仅要求消除基底下 1~3 m 湿陷性黄土的湿陷量时，可采用土垫层；当同时要求提高承载力及增强水稳定性时，宜采用灰土垫层或水泥土垫层。

【问题 9】 对于纯地下建筑或地上单层建筑，处理地基是否需要沉降观测？

【分析与对策】《建筑与市政地基基础通用规范》GB 55003-2022 第 4.4.7 条、《建筑地基基础设计规范》GB 50007-2011 第 10.3.8 条要求对部分建筑物和市政工程在施工期间及使用期间进行变形监测。规范条文说明对监测的目的进行了解释：①保证建筑与市政工程及其周边环境的安全；②为工程设计、管理及科研提供变形资料，同时要求实测资料作为建筑物地基基础工程质量检查的依据。需要进行监测的工程范围主要为对地基变形有控制要求的、软弱和处理地基上的、加层扩建和采用新型基础及结构的、施工可能引起周边环境因素变化的建筑。因此，纯地下建筑或地上单层建筑应综合考虑其他方面因素后确定是否需要进行沉降监测。对监测主体单位、监测时机及监测技术的具体要求应符合相关规范的规定。

【问题 10】 如何确定基础构件的最小配筋率？

【分析与对策】《混凝土结构设计标准》GB/T 50010-2010（2024 年版）第 8.5.1 条规定了钢筋混凝土结构构件中纵向受力钢筋的最小配筋率；第 8.5.2 条规定，卧置于地基上的混凝土板，板中受拉钢筋的最小配筋率可适当降低，但不应小于 0.15%。但当筏板承受较大的向上水浮力且内力和变形由水浮力控制时，其受力模式不同于卧置于地基上的板，筏板的最小配筋率应按《混凝土结构通用规范》GB 55008-2021 第 4.4.6 条的规定取 0.20%和 $0.45f_t/f_y$ 中的较大值控制。对承受人防动荷载作用的底板，其最小配筋率尚应满足《人民防空地下室设计规范》GB 50038-2005（2023 年版）的规定。

对于桩基承台：柱下独立桩基承台的最小配筋率不应小于 0.15%，柱下独立两桩承台按《混凝土结构设计标准》GB/T 50010-2010（2024 年版）中的深受弯构件配置纵向受拉钢筋、水平及竖向分布筋；条形承台梁的纵向主筋应符合《混凝土结构设计标准》GB/T 50010-2010（2024 年版）关于最小配筋率的规定。

【问题 11】 设计独立基础时台阶的宽高比不满足要求。

【分析与对策】 独立基础分为无筋扩展基础和扩展式基础。无筋扩展基础，必须满足台阶宽高比要求，否则会发生脆性破坏。扩展式基础一般是配筋基础，其构造要求台阶宽高比小于或等于 2.5，这是采用规范公式计算配筋的前提条件，其基于试验结果，旨在保证基底反力呈直线分布，如不满足配筋计算是不安全的。基础每层台阶的高度应满足《建筑地基基础设计规范》GB 50007-2011 的要求，基础高度应满足最小直锚段的长度不小于 $20d$（d 为柱中的纵向受力钢筋的最大直径）的钢筋锚固长度要求。

【问题 12】 若建筑采用独立基础或者桩基础，基础持力层为岩石，基岩面高差起伏较大，则相邻基础间的水平净距如何控制？

【分析与对策】 当基岩面高差起伏较大，且都使用岩石地基时，同一建筑物可采用多种基础形式。地基基础计算一般应进行地基承载力验算、变形验算及稳定性验算。对岩石地基,上部结构荷载在岩体内的应力扩散与岩体组分、构造、展布、强度、刚度、稳定性等都有关系,应综合分析判定,并根据情况进行变形验算、稳定性验算。当基岩面高差起伏大时,基础下岩体还可能存在临空面,应验算向临空面倾覆和滑移的稳定性。

相邻独立基础或桩基础(端承桩或部分端承桩)间的水平距离或竖向高差应以各自应力扩散范围不相互影响为原则,当客观条件限制而无法避免时,应考虑应力重叠产生的影响。

当岩石面起伏较大且埋深较大时,宜采用摩擦型桩基础。

【问题13】 基础采用平板式筏板加下柱墩时,在柱墩加厚区域上部钢筋是否需要满足以柱墩厚度计算的最小配筋率?

【分析与对策】《混凝土结构通用规范》GB 55008-2021 第4.4.6条第3款规定,对于卧置于地基上的钢筋混凝土板,板中受拉普通钢筋的最小配筋率不应小于0.15%。因此,最小配筋率主要适用于受拉钢筋,用于防止受弯、受拉钢筋混凝土构件少筋脆性破坏。

一般情况下,带柱墩平板式筏板基础支座承受负弯矩,跨中承受正弯矩,支座处顶部钢筋受压,底部钢筋受拉。顶部受压钢筋不必满足最小配筋率要求。当因特殊情况,筏板产生反向弯矩或筏板呈整体受拉状态,导致筏板支座顶部钢筋可能出现受拉时,则应满足柱墩厚度最小配筋率的要求。

【问题14】 当高层建筑与相连裙房之间不设沉降缝时,与主楼连接的裙房基础底板厚度是否采用与主楼筏板相同的厚度?

【分析与对策】 当高层建筑与相连的裙房之间不设沉降缝时,宜在裙房一侧设置用于控制沉降差的后浇带。若设计需要与主楼相连的裙房或其基础分担或扩散高层主楼荷载,则应满足规范中对地基土质、底板厚度、裙房刚度、后浇带位置等的技术规定;若无须要,则与主楼连接的裙房基础底板厚度可采用与主楼筏板不同的厚度,但应考虑主、裙楼间的地基选型、变形验算和协调情况,采取加强措施避免产生不利影响的差异沉降。

【问题15】 场地为抗震不利地段,勘察及设计文件未注明采取的针对性措施。

【分析与对策】 地震灾害调查发现,由场地地基破坏引起的建筑损坏、倒塌占很大比重,且修复困难。《建筑与市政工程抗震通用规范》GB 55002-2021 第3.1.2条规定,对不利地段,应尽量避开;当无法避开时应采取有效的抗震措施。规范列出的不利地段情形包括软弱土,液化土,条状突出的山嘴,高耸孤立的山丘,陡坡,陡坎,河岸和边坡的边缘,平面分布上成因、岩性、状态明显不均匀的土层(含故河道、疏松的断层破裂带、暗埋的塘浜沟谷和半填半挖地基),高含水量的可塑黄土,地表存在结构性裂缝等。

不是所有的抗震不利地段都要进行地震作用放大,或仅通过放大地震作用解决所有抗震不利地段。局部凸出地形应放大设计地震动参数并考虑地震作用下场地边坡、地基和基础的稳定。场地地基土层内若存在软土、未固结土,在强震作用下将发生大变形,进而引起基础及上部结构破坏,其抗震预防的关键环节是对薄弱部位的源头进行处理,以及对可能发生的地基过大沉降、不均匀沉降甚至失稳的防治。故河道或河岸边缘的建筑应注意液化或流化引起的地基失稳。破裂带效应现象一般在断层附近一定区域，地震陡坎、鼓包、凹陷等变形明显，一般应进行避让。

设计时，对规范明确给出措施的不利地形、液化土和软土地基的不利地段情形，应严格执行。规范未明确给出措施的不利地段情形，应充分考虑现场实际情况，分析该不利地段可能产生的地基破坏模式或现象，有针对性地采取有效措施，并在设计文件中注明。可供采取的措施有：采用深基础、桩基础或进行地基处理；放大场地地震作用；加强基础和上部结构的整体性和刚度；提高地基沉降验算限制指标；合理设置沉降缝；避免采用对不均匀沉降敏感的结构形式等。

【问题 16】 强夯、换填、水泥粉煤灰碎石桩复合地基的抗震承载力调整系数如何确定？

【分析与对策】《建筑与市政工程抗震通用规范》GB 55002-2021 第 3.2.1 条规定，验算天然地基抗震承载力时，地基抗震承载力应取地基承载力特征值与地基抗震承载力调整系数的乘积，且地基抗震承载力调整系数应根据地基土的性状取值，但不得超过 1.5。

目前，对于处理地基的抗震承载力调整系数，设计规范标准未给出规定。各类处理地基抗震承载力相关研究及试验资料缺乏，且缺乏强震下处理地基承载力不足的震害资料。

因此，建议从动强度提高和可靠度允许降低的角度考虑。

（1）强夯、换填地基材料一般为匀质材料，在强夯、换填材料范围内土体的抗震承载力可参考《建筑抗震设计标准》GB/T 50011-2010（2024 年版）的规定进行调整。

（2）水泥粉煤灰碎石桩属于增强体复合地基，受力比较复杂，可考虑仅对桩间土部分地基承载力进行抗震承载力调整，调整系数根据桩间土性质按《建筑抗震设计标准》GB/T 50011-2010（2024 年版）的规定确定。当需要对增强体进行抗震承载力调整时，应进行充分研究。

2.4　钢筋混凝土结构

【问题 1】 短柱设计应注意什么问题？

【分析与对策】 短柱是钢筋混凝土结构中按内力计算值得到的剪跨比不大于 2、柱净高与柱截面高度之比不大于 4 的柱。短柱常出现在框架结构、框架-剪力墙结构、框架-筒体结构中的标准层和设备层，框架柱间砌筑不到顶的隔墙和窗间墙处（此时应注意计算的方向，柱子的截面高度应选沿填充墙平面内的柱子截面尺寸，而不是选取柱子截面尺寸的最大值），以及楼梯间休息平台梁相连处及与雨篷梁相连处的框架柱、错层结构高低层相交处的框架柱、楼梯间的梯柱等。短柱的变形特征为剪切型，属脆性破坏，对抗震不利，设计和施工图审查时应引起注意。

剪跨比不大于 2 及因填充墙设置或楼梯平台梁、雨篷梁的设置，形成柱净高与柱截面高度之比不大于 4 的短柱，沿柱全高箍筋间距不应大于 100 mm，剪跨比不大于 2 的柱箍筋的体积配箍率不应小于 1.2%，9 度一级时不应小于 1.5%，此时的 1.2%和 1.5%为构造要求，不受钢筋种类的影响，不能进行等强代换。还应注意当抗震等级为一级时，柱箍筋加密区的最大间距不应大于6倍纵筋直径，箍筋最小直径为10 mm。

《高层建筑混凝土结构技术规程》JGJ 3-2010第6.4.2条注3规定，对剪跨比不大于2但大于1.5的柱，轴压比限值应降低，对剪跨比小于1.5的柱，轴压比限值应专门研究并采取特殊构造措施。因此，设计中应尽量避免出现，无法避免时，可采取如下措施：控制轴压比，轴压比限值至少比规范规定限值降低0.1；采用性能好的箍筋形式，如井字复合箍、复合螺旋箍、连续复合箍筋等，体积配箍率应高于对短柱的要求；在框架柱中增加芯柱或型钢；加斜向X形交叉筋承担剪力；等等。

【问题2】 抗震设计的多层框架结构采用独立基础，在室外地面以下靠近地面处设置拉梁时，结构整体计算模型如何选取？

【分析与对策】 室外地面以下靠近地面处设置拉梁的多层框架结构，在进行整体抗震计算时，有的设计人员仅假定上部结构嵌固在拉梁顶面处进行一次性整体计算。这种计算方法虽然可以使底层柱在拉梁顶面以上的配筋较为合理，但拉梁层以下基础顶面以上框架柱的配筋、底层顶板框架梁的配筋以及底层拉梁的配筋未必合理，因为柱的真正嵌固部位在基础顶面，应再补充一次结构整体计算。其方法是：仍将拉梁层设置为一层，将上部结构嵌固在基础顶面处进行计算。此时应定义拉梁层楼板全房间开洞，并采用弹性楼板总刚分析；拉梁的抗震构造措施应符合框架梁的要求，不设箍筋加密区或箍筋直径不满足规范要求等都是不正确的。整体计算时不能遗漏拉梁上可能存在的填充墙等荷载，并注意计算简图应与实际相符。

若多层框架结构设置接近室外地面处的拉梁层，回填土会有一定的约束作用，但与真正的地下室有很大的区别，回填土的相对刚度比取多少合适，影响因素很多，很难定量确定，一般应考虑回填土的刚度贡献。回填土的相对刚度比取值大了，会使拉梁及底层顶板框架梁的配筋偏小；反之，又会使框架柱的配筋偏小。所以，框架梁（含拉梁）和柱的最终配筋宜取上述两次计算结果中的较大值。

【问题3】 框架梁、柱中心线不重合时采取什么加强措施？

【分析与对策】 依据《高层建筑混凝土结构技术规程》JGJ 3-2010第6.1.7条和《建筑抗震设计标准》GB/T 50011-2010（2024年版）第6.1.5条，若梁柱中心线不能重合，在地震作用下则可能导致核心区受剪面积不足，给柱带来不利的扭转效应。在计算中应考虑偏心对梁柱节点核心区受力和构造的不利影响，以及梁荷载对柱子的偏心影响。当梁、柱中心线之间的偏心距大于柱截面在该方向宽度的1/4时，可采取增设梁水平加腋及加强柱的箍筋等措施。

【问题4】 框架结构中楼梯间设计应注意什么问题？

【分析与对策】 对于框架结构，楼梯间的布置不应导致结构平面特别不规则；楼梯构件与主体结构整浇时，应计入楼梯构件对地震作用及其效应的影响，应进行楼梯构件的抗震承载力验算；结构设计时宜采取构造措施，减少楼梯构件对主体结构刚度的影响。

减少楼梯构件对主体结构刚度影响的构造措施，可结合工程具体情况确定。一般情况下，宜采取将楼梯平台与主体结构脱开的方案，尤其是楼梯偏置时；也可采取在每梯段下端梯板与平台或楼层之间设置水平脱离缝的方法，参见国家标准图集《混凝土结构施工图平面整体表示方法制图规则和构造详图（现浇混凝土板式楼梯）》（22G101-2），此时应注意楼梯柱的设置及截面面积应满足框架柱的要求。

当楼梯构件与主体结构整浇时，楼梯板起斜撑的作用，对主体结构的刚度、承载力及整体结构的规则性影响很大，使整体结构的周期变短，与楼梯构件相连的框架柱内力增大，设计时应注意加强。地震作用下，楼梯斜板处于非常复杂的受力状态，首先是明显的轴向受力，其次是竖向受剪，受压时尚存在不可忽略的面内弯矩和扭矩。楼梯踏步斜板设计时，除了要考虑恒载和活载的作用外，还应考虑地震作用下的复杂受力状态，按面外拉弯、面内压弯剪构件进行设计，梯板上部筋应拉通布置，梯板侧边根据抗震等级设暗梁或加筋，参见《混凝土结构施工图平面整体表示方法制图规则和构造详图（现浇混凝土板式楼梯）》（22G101-2）。

楼梯休息平台梁普遍存在较大的轴力，而且受力状态复杂，尤其以直接支撑楼梯踏步的梁最为复杂，处于拉、弯、剪的复合受力状态；顺梯方向的梯梁，位于框架柱和踏步斜板之间，直接传递斜板的地震效应，处于受压状态，且轴力最大。与框架柱、楼梯柱相连的楼梯平台梁设计时应满足规范对框架梁的构造要求，与楼层相关的楼面梁、框架梁段可参照楼梯休息平台的梁段设计，参见《混凝土结构施工图平面整体表示方法制图规则和构造详图（现浇混凝土板式楼梯）》（22G101-2）。

楼梯是防火及地震时的主要疏散通道，楼梯柱作为特殊的结构构件，设计时应注意加强。当楼梯板与主体结构整浇时，楼梯柱宜按框架柱的要求设计；当楼梯柱由楼面梁支承且平台板与主体结构脱开时，楼梯柱的截面尺寸宜满足框架柱的要求，当柱宽度尺寸受限时，应控制柱截面宽度≥200 mm，并相应加大柱截面高度尺寸，楼梯柱箍筋宜全高加密。

楼梯间两侧填充墙与柱之间的拉结要求应满足《建筑抗震设计标准》GB/T 50011-2010（2024 年版）第 13.3.4 条，楼梯构件的材料要求见《建筑抗震设计标准》GB/T 50011-2010（2024 年版）第 3.9.2 条。

【问题 5】 框架梁的配筋设计应注意什么问题？

【分析与对策】《混凝土结构通用规范》GB 55008-2021、《建筑与市政工程抗震通用规范》GB 55002-2021、《混凝土结构设计标准》GB/T 50010-2010（2024 年版）、《建筑抗震设计标准》GB/T 50011-2010（2024 年版）和《高层建筑混凝土结构技术规程》JGJ 3-2010 等都规定了框架梁设计应符合的相关要求。

抗震设计时应对最大、最小配筋加以控制。框架梁梁端的最大纵向受力钢筋配筋率不宜大于 2.5%，不应大于 2.75%；当梁端受拉钢筋配筋率大于 2.5%时，受压钢筋的配筋率不应小于受拉钢筋的一半。但规范强调了受压区高度与有效高度之比为强制性条文，梁端计入受压钢筋的混凝土受压区高度和有效高度之比，一级不应大于 0.25，二、三级不应大于 0.35，这是为了防止在地震作用效应组合下，截面发生非延性的混凝土区域破坏（超筋破坏）。而最小配筋率的要求则是为了防止截面承载力过小，在地震作用效应组合下，混凝土开裂后即发生钢筋拉断的破坏。规范规定的考虑抗震作用的纵向钢筋配筋率的数值是在非抗震要求的基础上，根据各抗震等级的受力情况进行适当调整而确定的。因此，应特别注意框架梁的纵向受力钢筋配筋率与抗震等级有关,与采用的钢筋强度等级、混凝土的强度等级有关。最小配筋率是双控。抗震等级为一级时支座配筋百分率取 0.40%和 $0.80f_t/f_y$ 中的较大值,二级时取 0.30%和 $0.65f_t/f_y$ 中的较大值,三、四级时取 0.25%和 $0.55f_t/f_y$ 中的较大值;抗震等级为一级时跨中配筋百分率取 0.30%和 $0.65f_t/f_y$ 中的较大值,二级时取 0.25%和 $0.55f_t/f_y$ 中的较大值;三、四级时取 0.20%和 $0.45f_t/f_y$ 中的较大值。

对于框架梁端纵向受压钢筋(底面)和纵向受拉(顶面)钢筋的比值,除计算确定外,一级不应小于 0.5,二、三级不应小于 0.3。如果设计能满足这些要求,一般将受压区的实际配筋计入,则受压区高度的强制性要求较易满足。如果受压区配筋不满足 $A_s'/A_s \geq 0.5$(一级)或 $A_s'/A_s \geq 0.3$(二、三级),就不能保证受压高度与有效高度之比值的要求,这将减小梁的位移延性系数,影响梁的变形能力,必须修改。可以减少梁端支座配筋或加大跨中下部钢筋,满足比值要求的足量的梁底面钢筋可增加负弯矩区的塑性转动能力,还能防止在地震中梁底出现正弯矩时过早屈服和严重破坏,保证承载力和变形能力的正常发挥。

对于框架梁,当出现大小跨相连和长悬臂时,如果仅在支座处标注一次配筋,很可能造成小跨支座处配筋率超过 2.0%后,箍筋没有增大一级、跨中配筋与支座配筋之比小于 0.3(二、三级)或 0.5(一级)的情况,出现这种情况时建议在支座两侧进行原位标注配筋,将大跨的部分配筋锚入框架柱内或者将小跨的箍筋直径增大一级,也可增加小跨框架梁的截面高度和跨中配筋;当框架梁的梁高小于 400 mm 时,应注意加密区的箍筋间距不应大于 1/4 梁高;当框架梁的受力纵筋采用直径为 12 mm 的钢筋时,还应注意加密区的箍筋间距不应大于 $8d$ 或 $6d$ 的要求。

综上所述,框架梁必须严格控制纵向钢筋最大、最小配筋率和混凝土受压区高度和有效高度之比等满足规范的要求,以保证建筑物的抗震性能和安全。

【问题 6】 如何解决剪力墙结构连梁超筋问题?

【分析与对策】 设计中为减少或避免连梁超筋,可采用减小连梁截面高度或其他减小连梁刚度的措施。对于高连梁,建议设置水平缝,使一根高连梁成为大跨高比的两根或多根连梁,其破坏形态可从剪切破坏变为弯曲破坏。刚度折减是对抗震设计而言的,对非抗震设计的结构,不宜对连梁刚度进行折减。因此,在进行抗震设计时,连梁刚度折减系数的取值,应满足连梁正常使用极限状态的要求,一般与设防烈度有关,设防烈度高时可多折减一些,设防烈度低时宜少折减一些,但连梁刚度折减系数一般不小于 0.5。当连梁刚度折减系数取值小于 0.5 时,与之相连的抗震墙墙肢设计应加强,同时连梁本身仍必须满足非抗震设计的承载能力和正常使用极限状态的设计要求。为避免在正常使用条件下或较小的地震作用下连梁上出现裂缝,可采取调幅后的弯矩不小于调幅前按刚度不折减计算的弯矩(完全弹性)的 80%(6~7 度)或 50%(8~9 度),并不小于风荷载作用下的连梁弯矩。

【问题 7】 框架结构、框架-抗震墙结构和大开间剪力墙结构中,一端与框架柱相连或与剪力墙顺接、另一端与梁或剪力墙平面外连接的楼面梁,是否有抗震等级或者抗震构造的要求?

【分析与对策】 结构构件的抗震设计,是在非抗震设计基础上增加抗震的计算和构造要求,并且当地震内力不是构件设计的控制内力时,只需满足构造要求。

问题中所述楼面梁按其受力特征可以分为以下两类。

①作为抗侧力构件承担或传递其从属部分结构的地震剪力时，需考虑地震作用的影响，则有抗震等级和抗震构造要求。

②若仅承受楼面竖向荷载，不承担、不传递地震剪力，则无抗震等级的要求，可按一般混凝土构件的计算和构造要求设计。但不建议出现此种设计情况。

因此，问题中所述楼面梁，与框架柱相连或与剪力墙顺接一端应满足抗震等级或者抗震构造的要求。

【问题 8】 与剪力墙或梁平面外相交的梁，其边支座纵向受力钢筋的锚固应如何确定？

【分析与对策】（1）与剪力墙平面外相交，梁高大于墙厚两倍或跨度及荷载较大时，墙肢平面外会承受较大的弯矩，不宜与未采取措施的剪力墙垂直相交。梁跨度、荷载和截面较小时，计算及构造设计应采取相应措施。计算时按梁端铰接，构造设计在有条件时可采取在梁、墙交接部位设置暗柱或加大梁头等方法。

与梁平面外相交，按计算是铰接或刚接，确定钢筋锚固长度。

（2）梁的边支座上部纵向受力钢筋锚固，当支座尺寸不能满足直线锚固要求时，可采用钢筋端部加机械锚头的锚固方式，伸至支座外侧纵向钢筋内边，包括机械锚头在内的水平投影锚固长度不应小于按设计要求取值 $0.35l_{ab}$①、$0.4l_{ab}$、$0.6l_{ab}$。也可采用钢筋端部设 90° 弯钩的形式，其形式主要有如下三种情况。

①水平直段长度≥$0.35l_{ab}$，弯折段长度为 $15d$，要求平直段伸至支座尽端，用于设计铰接时。

②水平直段长度≥$0.4l_{ab}$（$0.4l_{abE}$②），弯折段长度为 $15d$，要求平直段伸至支座尽端。用于框架中层端节点处框架梁上下纵向钢筋的弯折锚固时。用于支座为剪力墙时，下部纵向钢筋锚固长度为 $12d$。

③水平直段长度≥$0.6l_{ab}$，弯折段长度为 $15d$，要求平直段伸至支座尽端，用于设计充分利用钢筋抗拉强度时。

（3）非框架梁边支座下部纵向钢筋直锚长度为 $12d$（带肋钢筋），如支座尺寸不能满足要求，可在伸至墙外侧钢筋内侧且大于 $7.5d$（带肋钢筋）后，末端带 135° 弯钩，弯钩长度为 $5d$。

（4）纵向受力钢筋的 90° 弯折锚固方式，是指钢筋水平伸至支座外侧纵向钢筋内边并向节点内弯折，其包含弯弧在内的水平投影长度不应小于 $0.35l_{ab}$、$0.4l_{ab}$、$0.6l_{ab}$，弯折钢筋在弯折平面包含弯弧端的投影长度不应小于 $15d$。其中水平直段长度为 $0.35l_{ab}$、$0.4l_{ab}$、$0.6l_{ab}$ 应满足相应要求，不能减小，混凝土及抗震设计的相关规范中有明确示意。有些设计在水平直段钢筋某处贴焊短钢筋的做法，规范没有推荐。设计中可采取减小纵向钢筋受力筋直径或加宽支承长度等方法满足水平直段长度的要求。实际工程中因支座长度限制无法满足水平直

① l_{ab} 为受拉钢筋的基本锚固长度。

② l_{abE} 为抗震设计时纵向受拉钢筋的基本锚固长度。

段长度,而将水平段减短些,弯折段加长些,以使总长度满足锚固长度 l_a[①] 或 l_{aE}[②] 的做法不妥。

【问题9】 单层钢筋混凝土柱工业厂房采用现浇结构时,纵向为框架,是否需要设置纵向柱间支撑?

【分析与对策】 单层钢筋混凝土柱厂房是指全装配式单层混凝土结构,是由预制的钢筋混凝土柱子、屋架和屋面板等构件,通过装配连接形成的排架结构。其跨度大、柱子高,主要抗侧力结构是屋架和柱子组成的横向排架。海城和唐山地震中,这类装配式厂房遭到较重的震害,甚至柱断房塌,暴露了抗震薄弱环节。

震害表明,厂房纵向的地震作用,不能仅仅依靠大型屋面板传递,必须利用屋盖系统(屋架和天窗架)的各种支撑、纵向柱列的柱间支撑、柱顶圈梁和卧梁、围护墙的圈梁以及独立基础间的基础系梁等,构成合理的地震作用传递途径,形成整体的空间受力体系。纵向柱列的柱间支撑是不可缺少的抗侧力构件。

近年来,有的单层钢筋混凝土柱厂房采用现浇结构,其横向保持了装配式的排架受力体系,而纵向采用了框架的受力体系,并按混凝土结构房屋的相关抗震规定进行设计。此时,厂房纵向的地震作用有明确的、合理的传递途径,可以不再设置柱间支撑。

【问题10】 如何理解《建筑抗震设计标准》GB/T 50011—2010(2024年版)第6.4.6条"抗震墙的墙肢长度不大于墙厚的3倍时,应按柱的有关要求进行设计"?仅一个方向是上述情况,是否要执行该条文?

【分析与对策】(1)对于 h_w[③]/b_w[④]$\leqslant 3$ 的抗震墙,墙肢按柱进行设计,是指抗力设计。抗震墙与柱都是压弯构件,其压弯破坏状态以及计算原则基本相同,但是其截面配筋构造有很大不同,因此柱截面和墙截面的配筋计算方法也各不相同。为此规范设定了按柱或按墙进行截面设计的分界点。

(2)墙肢按抗震墙输入计算,配筋设计时,应将计算纵向受力钢筋按相应抗震等级的框架柱钢筋配置方式配置在墙肢的端部(墙肢中部可按构造配纵筋),箍筋按框架柱设置加密区。

(3)对于"L"形、"T"形、"十"字形抗震墙,两个方向的墙肢高度与厚度之比仅有一个方向的 $h_w/b_w \leqslant 3$,该段墙肢也建议按上述办法处理。

(4)《高层建筑混凝土结构技术规程》JGJ 3—2010第7.1.7条规定,当墙肢的截面高度与厚度之比不大于4时,宜按框架柱进行截面设计。可参照上面所述内容理解此条文。

【问题11】 框架结构中,框架柱纵筋采用并筋形式,独立基础高度不满足《建筑地基基础设计规范》GB 50007—2011第8.2.2条对钢筋锚固的要求。

【分析与对策】 框架柱采用并筋形式,根据《混凝土结构设计标准》GB/T 50010—2010(2024年版)第4.2.7条,并筋应按单根等效钢筋进行计算,适用于钢筋保护、保护层厚度、钢筋锚固长度等构造要求。框柱采用并筋形式,独立基础钢筋的锚固长度应满足《建筑地基

① l_a 为非抗震设计时纵向受拉钢筋的最小锚固长度。

② l_{aE} 为抗震设计时纵向受拉钢筋的最小锚固长度。

③ h_w 为抗震墙墙肢长度。

④ b_w 为抗震墙墙肢厚度。

基础设计规范》GB 50007-2011 第 8.2.2 条的要求。

【问题 12】 剪力墙结构外墙角部开设角窗时需采取哪些加强措施?

【分析与对策】 建筑物的四角是保证结构整体的重要部位,设置角窗,破坏了墙体结构的连续性和封闭性,削弱了结构的抗扭转能力,地震作用无法直接传递,对结构抗震不利,尤其是结构的扭转效应明显时,应避免设置。抗震设防烈度为 9 度的剪力墙结构和 B 级高度的剪力墙结构不应在外墙设置角窗。抗震设防烈度为 7 度和 8 度时,高层剪力墙不宜在外墙角部开设角窗,必须设置时应加强其抗震措施:

①抗震计算时应考虑扭转耦联影响;

②角窗房间的楼板宜适当加厚,宜取不小于板跨的 1/30 及 120 mm,配筋适当加强,并宜配置双层双向钢筋,角窗两侧墙肢间的楼板宜设暗梁;

③宜提高角窗两侧墙肢的抗震等级,并按提高后的抗震等级满足轴压比限值的要求;

④角窗两侧墙肢厚度不宜小于 250 mm;

⑤转角剪力墙端部宜采用“L”等带有翼墙的截面形式;

⑥加强角窗窗台挑梁的配筋和构造;

⑦角窗两侧墙肢沿全高设置约束边缘构件。

【问题 13】 穿层柱的设计应注意什么问题?

【分析与对策】 穿层柱一般高度较大,设计时应复核软件定义的计算长度。在强刚、分层模型中,穿层柱会被强制打断,计算长度不符合实际情况。另外,穿层柱在两个主轴方向实际计算长度不同时,要分别核算。

此外,由于穿层柱侧向刚度比同层同截面的框架柱小,小震作用下分配到的计算地震作用较小,配筋也较小;中、大震作用下,结构进入弹塑性阶段后,由于穿层柱的存在,地震作用的分配较复杂。为防止穿层柱抗震能力不足,需采取抗震加强措施,通常可采用的加强措施有:

①结构安全等级为一级,结构重要性系数取 1.1;

②小震下穿层柱分配到的地震计算剪力不应小于同层其他柱,同时应根据调整后的水平剪力乘以 1.25 倍的柱高作为地震作用下产生的弯矩,与其他荷载产生的弯矩进行组合后作为配筋的内力;

③抗震等级提高一级;

④进行抗震性能化设计,中震下要求穿层柱满足抗剪弹性、抗弯不屈服;

⑤加强穿层柱上、下端相连梁、板的整体性,适当加大梁板通长筋配置。

【问题 14】《混凝土结构通用规范》GB 55008-2021 第 4.3.6 条与《建筑与市政工程抗震通用规范》GB 55002-2021 第 4.1.2 条第 3 款对大跨度、长悬臂构件进行竖向地震作用分析的条件不一致,如何把控?

【分析与对策】 地震作用包括水平向地震作用和竖向地震作用。竖向地震作用计算范围的确定主要考虑两个方面:①地震危险性水平(地震烈度),在高烈度区,尤其是近震区,地震竖向分量不可忽略,竖向震害较多;②不同类型结构或构件的竖向地震作用效应的程度,其与结构类型、自重、跨度、自震周期等密切相关。现行规范中各种类型的结构或构件的竖向地震作用计算要求是大量计算分析和经验的总结。

《建筑与市政工程抗震通用规范》GB 55002-2021 第 4.1.2 条第 3 款规定,抗震设防烈度不低于 8 度的大跨度、长悬臂结构和抗震设防烈度 9 度的高层建筑物、盛水构筑物、贮气罐、储气柜等,应计算竖向地震作用。本条款适用于混凝土结构、钢结构等各种结构类型。其中给出的大跨度、长悬臂结构的界定见表 2-1。

表 2-1　不同设防烈度下的跨度与悬挑长度

设防烈度	跨度/m	悬挑长度/m
8 度	≥24	≥2.0
9 度	≥18	≥1.5

《混凝土结构通用规范》GB 55008-2021 第 4.3.6 条规定,大跨度、长悬臂的混凝土结构或结构构件,当抗震设防烈度不低于 7 度(0.15g)时应进行竖向地震作用计算分析。条文说明给出了大跨度、长悬臂的混凝土结构或结构构件的范围,一般指跨度大于 24 m 的楼盖结构、跨度大于 8 m 的转换结构、悬挑长度大于 2 m 的悬挑结构。与《建筑与市政工程抗震通用规范》GB 55002-2021 相比,区别在于“跨度大于 8 m 的转换结构”和抗震设防烈度的要求,设计时两者的规定均应遵守。

《高层民用建筑钢结构技术规程》JGJ 99-2015 第 5.3.1 条规定,大跨度、长悬臂结构, 7 度(0.15g)、8 度抗震设计时应计入竖向地震作用。条文说明给出了大跨度、长悬臂的范围,指跨度大于 24 m 的楼盖结构、跨度大于 12 m 的转换结构、悬挑长度大于 5 m 的悬挑结构。

《空间网格结构技术规程》JGJ 7-2010 第 4.4.1、4.4.2 条规定, 8 度区周边支承的中小跨度网架结构和其他网架结构、9 度区的各种网架结构、7 度区矢跨比小于或等于 1/5 的网壳结构、8 度或 9 度区的各种网壳结构应进行竖向抗震验算。

《门式刚架轻型房屋钢结构技术规范》GB 51022-2015 中未有竖向地震作用计算的规定。

《建筑抗震设计标准》GB/T 50011-2010(2024 年版)对单层钢结构厂房规定,8、9 度时,支撑跨度大于 24 m 屋盖横梁的托架以及设备荷重较大的屋盖横梁,应计算其竖向地震作用;对大跨屋盖建筑规定,7 度时,矢跨比小于 1/5 的单向平面桁架和单向立体桁架结构应进行水平向以及竖向地震作用计算。

可见,各种类型的结构或构件的规定较多,设计时应先结合概念确定进行竖向地震作用的计算范围,除应满足专门规范的要求外,尚应满足全文强制性通用规范的要求。

【问题 15】 设计遇到单跨框架结构时,应注意哪些问题?

【分析与对策】 单跨框架结构是指整栋建筑全部或绝大部分采用单跨框架的结构,不包括仅某个主轴方向有局部为单跨框架的框架结构和框架-剪力墙结构中的单跨框架。对位于建筑物一侧的跨度及范围较大的单跨框架,或平面内开洞较大,使单跨部分与其他部分多跨框架的变形不易协调者,应按单跨框架结构处理。

单跨框架由于整体约束冗余度低,其延性较多跨框架差。震害调查表明,单跨框架结构震害严重。因此,规范对单跨框架结构的抗震应用提出限制要求。

设计时应要求改变结构形式,将其设计为框架-剪力墙结构或多跨框架结构。当必须采用单跨框架结构时,应采取充分有效措施,以下设计措施可供参考。

(1)对于一、二层的丙类建筑单跨框架结构,应至少采取抗震等级提高一级的抗震措施;其中较大跨度单跨框架结构,尚宜采用抗震性能化设计方法。

(2)对于两层以上的多层丙类建筑单跨框架结构,应综合抗震设防烈度、建筑功能等因素,加强结构延性和抗倒塌能力,除提高抗震等级、轴压比和罕遇地震下的位移角限值外,尚宜采用抗震性能化设计方法。抗震性能水准应充分考虑规范要求、功能要求、受力和刚度情况等因素综合确定。

(3)对于甲、乙类建筑及高层丙类建筑应按规范规定,不应采用单跨框架结构。

【问题 16】 框架梁支承在剪力墙开洞连梁上时,应注意哪些问题?

【分析与对策】 剪力墙或核心筒的连梁是剪力墙的主要耗能构件,对保证结构延性耗能能力非常重要。同时,由于连梁跨高比较小,易发生剪切或剪压脆性破坏。若将框架梁或次梁支撑在连梁上,则连梁额外增加集中竖向和弯扭荷载,更容易在地震作用下发生剪压或剪压扭破坏;同时,破坏后连梁对框架梁或次梁的支撑作用急剧下降,导致梁受力状态发生较大变化,产生不利影响。

《高层建筑混凝土结构技术规程》JGJ 3-2010 第 7.1.5 条规定,楼面梁不宜支承在剪力墙或核心筒的连梁上。条文说明解释:楼面梁支承在连梁上时,连梁产生扭转,一方面不能有效约束楼面梁,另一方面连梁受力十分不利,因此要尽量避免。

因此,应首先尽量避免将框架梁或次梁支承于连梁上。如确有困难时,可参考如下措施:

①连梁承载力按设防烈度下抗剪弹性、抗弯不屈服进行抗震性能化设计,剪压比按大震控制;

②采用设置吊筋的做法,吊筋按承担 100%楼面梁集中力设计,详见《建筑物抗震构造详图(多层和高层钢筋混凝土房屋)》(20G329-1);

③加强连梁腰筋等抗扭构造措施;

④支撑框架梁或楼面梁的上部、下部钢筋加强在连梁内的锚固要求。

【问题 17】《混凝土结构通用规范》GB 55008-2021 第 4.4.4 条规定,矩形截面框架梁的截面宽度不应小于 200 mm,矩形截面框架柱的边长不应小于 300 mm。此处框架梁是否包括住宅剪力墙结构的连梁?

【分析与对策】 根据条文说明,本条是本规范第 2.0.9 条的量化规定,混凝土结构构件的最小截面尺寸,除需要考虑满足结构可靠性(安全性、实用性、耐久性)设计的基本要求外,还要考虑设计中没有考虑到的某些偶然因素,要留有适当的安全冗余度;同时还要考虑混凝土结构防水与防火、普通混凝土和预应力钢筋布置、混凝土浇筑等施工要求,以提供结构抵御风险的基本能力。

因此，混凝土矩形截面框架梁、柱构件最小截面除抗震承载力外，尚需考虑很多因素，设计要留有适当的安全冗余度，增强抵御风险的基本能力。一般情况下，应满足第 4.4.4 条的量化规定，对楼梯休息平台柱、设备管井或通风井角柱以及局部出屋面楼梯间的框架柱等情况，当有充分的技术措施，能满足第 2.0.9 条关于混凝土构件性能的要求时，由相关责任主体判定截面的具体尺寸。

第 4.4.4 条同时规定了剪力墙的截面最小厚度，高层为 160 mm，多层为 140 mm。

剪力墙结构是指以剪力墙及因剪力墙开洞形成的连梁组成的结构，连梁是剪力墙洞口上方的墙体，连梁的截面宽度可与墙厚相同。

【问题 18】 楼板内如果使用 CRB600H 钢筋，最小配筋率是否可为 0.15%？钢筋混凝土梁下挂板、梁上起钢筋混凝土墙是否需要满足单侧受弯构件最小配筋率？

【分析与对策】《混凝土结构通用规范》GB 55008−2021 第 4.4.6 条第 2 款规定，除悬臂板、柱支撑板之外的板类受弯构件，当纵向受拉钢筋采用强度等级 500 MPa 的钢筋时，其最小配筋率应允许采用 0.15%和 $0.45f_t/f_y$ 中的较大值。《混凝土结构设计标准》GB/T 50010−2010（2024 年版）第 8.5.1 条条文说明指出，受拉钢筋的最小配筋率采用由 0.20%和 $0.45f_t/f_y$ 双控的方式，但由于主力钢筋已由 335 N/mm^2 提高到 400~500 N/mm^2，实际上配筋水平已有明显提高，但受弯板类构件的混凝土强度一般不超过 C30，配筋基本全都由配筋率常数限值控制，对高强度钢筋，其强度得不到发挥。故对此类情况的最小配筋率常数限值由原规范的 0.20%改为 0.15%，实际配筋效果基本与原规范持平，仍可保证结构的安全。因此，规范将 0.20%调低为 0.15%的原因是配筋基本由配筋率常数限值控制及可以保证结构的安全。

因此，《CRB600H高强钢筋应用技术规程》DB13（J）/T 207−2016 中 CRB600H钢筋的屈服强度标准值为 540 N/mm^2，抗拉强度设计值为 430 N/mm^2。对 CRB600H 钢筋，为充分发挥钢筋强度，应允许按《混凝土结构通用规范》第 4.4.6 条第 2 款执行。需要注意的是，不适用于悬臂板。

对结构中次要的钢筋混凝土受弯构件，当构造所需截面高度远大于承载的需求时，纵向配筋率可按《混凝土结构设计标准》GB/T 50010−2010（2024 年版）第 8.5.3 条计算确定。根据该条条文说明，对于截面厚度很大而内力相对较小的非主要受弯构件，该类构件可遵循少筋混凝土的概念，由于承载力较高允许延性降低。此外，对该类构件的计算除进行承载力计算外，还应满足裂缝、刚度等的要求。对结构中的女儿墙、翻边、立面造型挑沿等，在满足上述要求的情况下，方可执行第 8.5.3 条的规定。

【问题 19】 对屋顶托楼梯间框架柱或其他部位局部托 1~2 层高度柱的情况，其下部的梁、柱构件是否需满足《混凝土结构通用规范》GB 55008−2021 第 4.4.10、4.4.11 条对转换梁、转换柱的要求？

【分析与对策】《混凝土结构通用规范》GB 55008−2021 第 4.4.10、4.4.11 条规定了转换梁、转换柱的设计要求。该条条文说明指出，转换梁是带转换层结构中的转换结构构件，转换梁包括部分框支剪力墙的框支梁以及梁上托柱的框架梁；转换柱是带转换层结构中的重要构件，转换柱包括部分框支剪力墙结构中的框支柱和框架核心筒，以及框架-剪力墙等结构体系中支撑托柱转换梁的框架柱。由于转换梁、转换柱受力复杂，破坏后后果严重，所以提出了基本或最低配筋构造要求。

《高层建筑混凝土结构技术规程》JGJ 3-2010 对相关术语的定义为：转换层是指设置转换结构构件的楼层，包括水平结构构件及其以下的竖向结构构件；转换结构构件是指完成上部楼层到下部楼层的结构形式转变或上部楼层到下部楼层结构布置改变而设置的结构构件，包括转换梁、转换桁架、转换板等，部分框支剪力墙结构的转换梁亦称为框支梁。

《高层建筑混凝土结构技术规程》JGJ 3-2010 第 10.2.1 条规定，在高层建筑结构的底部，当上部楼层部分竖向构件（剪力墙、框架柱）不能直接连续贯通落地时，应设置结构转换层，形成带转换层的高层建筑结构。本条条文说明指出，第10.2 节规定的带转换层的高层建筑结构主要包括：①底部带托墙转换层的剪力墙结构（部分框支剪力墙结构）；②底部带托柱转换层的筒体结构（即框架-核心筒、筒中筒结构中的外框架密柱在房屋底部通过托柱转换层转变为稀柱框架的筒体结构）。对于在房屋高处设置转换层的结构仅供参考；对于仅有个别结构构件进行转换的结构，如剪力墙结构或框架-剪力墙结构中存在个别墙体或框架柱在底部进行转换的结构可参照有关转换梁、柱的要求进行设计。

《混凝土结构通用规范》GB 55008-2021 第 4.4.10、4.4.11 条条文说明中的“带转换层结构”，应指上部楼层部分竖向构件（剪力墙、框架柱）不能直接连续贯通落地时，设置了结构转换层的结构。具体类型包括部分框支剪力墙结构、带托柱转换层的筒体结构、存在个别墙体或框架柱进行转换的剪力墙结构或框架-剪力墙结构。《混凝土结构通用规范》GB 55008-2021 的用语中无《高层建筑混凝土结构技术规程》JGJ 3-2010 中的“高层”和“底部”等定语，并在条文说明中加入了“框架-剪力墙等结构体系”。因此，《高层建筑混凝土结构技术规程》和《混凝土结构通用规范》对转换梁、转换柱的规定内容相同，但适用范围发生了变化，原《高层建筑混凝土结构技术规程》第 10.2 节的规定仅适用于一定范围，即两种特定类型且底部转换的结构，其他类型仅供参考。

因此，对屋顶托楼梯间框架柱或其他部位局部托 1~2 层高度柱的情况，一般情况下应符合《混凝土结构通用规范》GB 55008-2021 第 4.4.10、4.4.11 条的规定；当个别情况下该类转换构件承载力很高时，可适当降低延性要求，参照规范的原则执行。

【问题 20】 高层建筑周边大地下车库，高层主楼筏板基础高于地库筏板很多（高差很大，最大将近一层），是否可行？

【分析与对策】 当高层主楼筏板基础高于地库基础时，建筑地基相当于在高层主楼下的地基范围形成了局部凸起。目前，通常的地基理论基于半无限刚性体的假定，而该局部凸起地基可能在不均匀、高强度竖向压力作用下发生侧向形变，进而引起沉降不均匀变形或侧向失去稳定的安全问题，对上部结构将产生严重的破坏。设计应予以避免；当无法避免时，应进行专门研究和论证，采取有效措施保证局部凸起地基在包括地震、人防等各种工况下的侧向形变；当无法保证时，应调整建筑方案。

可供考虑的措施包括但不限于以下方面：

①提高高层主楼的地基承载力，或采用桩基础；

②加大高层建筑基础边缘至局部凸起地基边缘的水平距离；

③考虑局部地形效应的影响进行地震作用放大；

④进行地震工况下的地基的稳定性验算；

⑤进行侧向土体支挡结构形变验算,严格控制水平变形;

⑥加强支挡结构墙背回填土体的设计、施工和检测要求。

【问题21】 多层建筑是否需要严格控制周期比不大于0.9?

【分析与对策】 建筑结构周期通常指的是结构物在自由振动状态下完成一个完整振动所需的时间,与建筑的高度、质量分布和刚度等因素有关。周期比一般指不同方向上的结构周期之比,其本质上是刚度比,常用控制指标有两个:结构扭转为主的第一自振周期与平动为主的第一自振周期之比,反映了结构抗扭刚度与平动刚度的强弱关系;结构两个平动方向的周期比,反映了结构在不同平面方向上刚度的不均匀性。

根据《建筑抗震设计标准》GB/T 50011-2010(2024年版)第3.4.3条第3款及第3.4.1条条文说明,扭转周期比大于0.9,混合结构扭转周期比大于0.85时,属抗扭转刚度弱,判定为特别不规则结构,结构设计应采取比《建筑抗震设计标准》GB/T 50011-2010(2024年版)第3.4.4条等要求更加有效的措施。

因此,按目前的规范要求,需要进行扭转周期比验算,不满足时应采取特殊加强措施。

【问题22】 民用建筑地下室顶板及地下室外墙,冻土深度至室外地坪部分的混凝土是否需要执行《建筑与市政工程防水通用规范》GB 55030-2022中第4.1.5条抗渗等级不应低于P10的规定?

【分析与对策】《建筑与市政工程防水通用规范》GB 55030-2022第4.1.5条第4款规定,地下工程迎水面主体结构应采用防水混凝土,寒冷地区抗冻设防段防水混凝土抗渗等级不应低于P10。根据其条文说明,本条款是针对寒冷地区有抗冻融要求的地下结构,可通过提高混凝土的设计抗渗等级,增加混凝土的密实性(不透水性),减少外界水的渗入等措施减少冻害的发生。

河北省大部分地区均属于寒冷地区,建筑地下室不允许发生冻融破坏,因此判定是否存在冻融环境是执行该条的关键。

《混凝土结构耐久性设计标准》GB/T 50476-2019第2.1.6条名词解释将冻融环境定义为混凝土结构或构件经受反复冻融作用的暴露环境;第5.1.1条规定,冻融环境下混凝土结构的耐久性设计,应控制混凝土遭受长期冻融循环作用引起的损伤;第5.1.2条规定,长期与水体直接接触并会发生冻融循环的混凝土结构构件,应考虑冻融作用。根据相关条文说明,饱水的混凝土在反复冻融作用下会造成内部损伤,发生开裂甚至剥落,导致骨料裸露。与冻融破坏有关的环境因素主要有水、最低温度、降温速率和冻融循环次数。混凝土的冻融损伤只发生在混凝土内部含水量比较充足的情况(混凝土内部保水度高于85%)下。冰冻地区与雨、水接触的露天混凝土构件应按冻融环境进行耐久性设计。冰冻前不饱水的混凝土且在冻融循环过程中不接触外界水分的混凝土构件,也可不考虑抗冻要求。

综上,民用建筑地下室顶板及地下室外墙,应考虑冰冻线以上的发生水侵蚀情况、混凝土外侧保护层的有效性和可靠性等冻融环境条件确定是否执行该条款。对长期无地下水侵蚀且采取多重建筑防水构造加强防水措施的情况,发生冻融破坏的可能性极低,应允许不执行该条款。

【问题 23】 某项目建筑高度为 27 m，底部 2 层为商业网点，上部 7 层为住宅建筑，是按住宅建筑还是按其他民用建筑进行结构设计？是否执行《高层建筑混凝土结构技术规程》JGJ 3-2010 的规定？

【分析与对策】《高层建筑混凝土结构技术规程》JGJ 3-2010 适用于 10 层及 10 层以上或房屋高度大于 28 m 的住宅建筑以及房屋高度大于 24 m 的其他高层民用建筑混凝土结构。条文说明对规范的适用范围进行了补充说明：有的住宅建筑层高较大或底部布置层高较大的商场等公共服务设施，其层数虽不到 10 层，但房屋高度已超过 28 m，这些住宅建筑仍应按本规程进行结构设计。高度大于 24 m 的其他民用建筑结构（不含单层及体育场馆、航站楼、大型火车站等大跨度空间结构）是指办公楼、酒店、综合楼、商场、会议中心、博物馆等高层民用建筑。

因此，对住宅建筑带底层商业网点的项目，其主要功能仍为居住建筑，属于规范规定中的住宅建筑，房屋高度可按 28 m 控制。

【问题 24】 对于《建筑地基基础设计规范》GB 50007-2011 第 8.4.5 条的配筋要求，内外墙均需满足吗？具有多层地下室时每层都要满足吗？

【分析与对策】《建筑地基基础设计规范》GB 50007-2011 第 8.4.5 条规定，采用筏形基础的地下室，钢筋混凝土外墙厚度不应小于 250 mm，内墙厚度不宜小于 200 mm。墙的截面设计除满足承载力要求外，尚应考虑变形、抗裂及外墙防渗等要求。墙体内应设置双面钢筋，钢筋不宜采用光面圆钢筋，水平钢筋的直径不应小于 12 mm，竖向钢筋的直径不应小于 10 mm，间距不应大于 200 mm。《高层建筑筏形与箱形基础技术规范》JGJ 6-2011 第 6.2.9 条规定与之相同。

本条属于第 8.4 节高层建筑筏形基础，对多层建筑可参考执行。本条放在地基基础章节，主要是基于地基-基础-上部结构协同受力变形对底部墙体的影响，应采取构造加强措施，因此内外墙均应符合规范要求。需满足构造的地下室层数与地基反力、基础刚度、筏板跨度等均有关，可根据基础内力、变形计算经综合分析确定，一般不宜小于剪力墙的长度。

【问题 25】 防火墙应直接设置在建筑基础或具有相应耐火性能的框架、梁等承重构件上，当条件不具备时，能否采用楼板加厚以及加设暗梁等措施后将防火墙直接支撑在楼板上？

【分析与对策】《建筑设计防火规范》GB 50016-2014（2018 年版）第 6.1.1 条、《建筑防火通用规范》GB 55037-2022 第 6.1.1 条规定，防火墙应直接设置在建筑的基础或具有相应耐火性能的框架、梁等承重结构上，并应从楼地面基层隔断至结构梁、楼板或屋面板的底面。《建筑防火通用规范》GB 55037-2022 第 6.1.3 条规定，防火墙的耐火极限不应低于 3 h。甲、乙类厂房和甲、乙、丙类仓库内的防火墙，耐火极限不应低于 4 h。也就是说，要保证防火墙在火灾时发挥作用，应确保防火墙的结构安全，相应支承框架的耐火极限不应低于防火墙的耐火极限。若防火墙落在楼板上，则楼板的耐火极限最低也必须为 3 h。

《建筑防火通用规范》GB 55037-2022 第 5.1.4 条规定，建筑中承重的下列结构或构件应根据设计耐火极限和受力情况等进行耐火性能验算和防火保护设计，或采用耐火试验验证其耐火性能：①金属结构或构件；②木结构或构件；③组合结构或构件；④钢筋混凝土结构或构件。《建筑设计防火规范》GB 50016-2014（2018 年版）附录“各类建筑构件的燃烧性能和耐火极限”列出的楼板耐火极限最高为2.65 h。《建筑结构设计统一技术措施》DB13(J)05-2002、《建筑结构专业技术措施》(北京市建筑设计研究院有限公司)中楼板作为防火墙的承重构件时,可与消防审查部门协商,采用板底喷涂防火涂料或包防火板等措施。

【问题26】 剪力墙结构外墙的墙肢较短,导致洞口两侧的边缘构件和纵横墙交接处的边缘构件叠加,此时边缘构件的配筋是分别算出两个墙肢处边缘构件的配筋面积再相加,还是整体就算一个,不考虑叠加?是均匀配筋,还是应该集中到边缘配筋?

【分析与对策】 对“T”形、“L”形、“I”形剪力墙肢,目前软件均按拆分为矩形墙肢进行计算,计算结果给出的墙端计算配筋数值应集中配置在墙体两端主要受力区域内。设计时当边缘构件叠加或因间距较小而合并的,除应保证叠加或合并后的总配筋量符合计算要求外,尚应保证矩形墙肢两端受力区域内的配筋量满足计算值的要求。对软件自动形成的边缘构件配筋应进行人工核对调整。

【问题27】 高层多塔楼与大底盘地下车库相连结构体系,车库的层高与主楼层高不一致,在大底盘地下车库顶板与主楼楼板之间形成错层,设计应注意哪些问题?

【分析与对策】 在错层结构中,错开的楼层不应规定为一个刚性楼板,计算分析模型应能反映错层影响。地下车库顶板与相邻楼盖结构高差超过梁高范围的,宜按错层结构考虑,此时,车库顶板应单独算一个标准层,不应按主楼局部升板或降板考虑。

高层塔楼计算宜考虑对相关范围(一般为两跨的地下室范围)的影响,带两跨车库结构一起参与计算。大底盘地下车库单独计算时,也应综合考虑相连高层塔楼对车库结构的影响,建立复核模型对比验算,进行包络设计。

主楼楼盖与地下车库错层处,应保证水平力的可靠有效传递。具体措施包括加强错层构件的配筋和延性,加设构造竖向腋角。当高层主楼错层处水平传力构件为梁柱时,在错层梁间加腋;当水平传力构件为墙时,在错层板间加腋。具体加腋节点可参见相关图集和统一技术措施。

【问题28】 带地下室的高层建筑,若嵌固端为基础顶,地下一层顶板是否仍要满足应该满足的C30、180 mm厚、配筋率为0.25%的构造要求?

【分析与对策】《建筑抗震设计标准》GB/T 50011-2010(2024年版)第6.1.14条第1款规定:“地下室顶板应避免开设大洞口;地下室在地上结构相关范围的顶板应采用现浇梁板结构,相关范围以外的地下室顶板宜采用现浇梁板结构;其楼板厚度不宜小于180 mm,混凝土强度等级不宜小于C30,应采用双层双向配筋,且每层每个方向的配筋率不宜小于0.25%。”这是地下室顶板作为上部结构嵌固部位的要求。若嵌固端为基础顶时,不要求必须满足规范规定的嵌固端的构造要求,但考虑地下室顶板处实际存在的嵌固作用,应适当加强措施。

【问题29】 对于地下室挡土墙、顶板(有覆土),根据《建筑与市政工程防水混凝土通用规范》GB 55030-2022第4.1.5条第3款应控制裂缝宽度,最大裂缝宽度是否按0.2 mm控制?对屋面等环境类别为二a类的混凝土构件,如果有防水做法,裂缝应按多少控制?

【分析与对策】 混凝土结构构件相对容易产生裂缝，裂缝不仅影响工程项目的结构性能，也影响工程项目的正常使用性能，包括对用户心理层面的影响。《混凝土结构通用规范》GB 55008-2021 第 2.0.8 条规定，混凝土结构应从设计、材料、施工、维护各环节采取控制混凝土裂缝的措施；对允许出现裂缝的混凝土构件，应根据构件类别与环境类别控制受力裂缝宽度，使其不致影响设计工作年限内的结构受力性能、使用性能和耐久性能。《建筑与市政工程防水混凝土通用规范》GB 55030-2022 第 4.1.5 条第 3 款规定，地下工程迎水面主体结构应采用防水混凝土，防水混凝土的裂缝宽度不应大于结构允许限值，并不应贯通。

对建筑地下室外墙、顶板、屋面板，虽然建筑专业采取了防水措施，但防水工程的有效性和使用年限未经实践工程充分验证，且地下室、屋面渗漏、返潮等现象屡见不鲜，因此这些混凝土构件环境类别应按二类环境考虑，当存在腐蚀环境时，尚应考虑腐蚀作用。各类环境下计算裂缝的控制指标应满足专门规范的相关规定。

【问题 30】 一些剪力墙住宅结构中，因南部外墙开设较大门窗洞口，基本没有水平向墙肢，或仅有极少量墙肢，或横向剪力墙端柱，而结构周期、位移等计算结果均满足规范要求，如何把握？

【分析与对策】 基于抗震概念设计的剪力墙和框架-剪力墙结构应在两个方向均匀布置剪力墙，且宜使两个方向的抗侧刚度接近。单向少墙剪力墙结构在少墙方向的结构抗侧刚度，由短肢体墙与楼面梁构成的框架以及楼板与剪力墙面外形成的弱框架共同提供。目前，常用的设计计算软件考虑了剪力墙面外刚度，但未进行面外承载力验算，仅对面内承载力进行配筋与校核。常规双向均匀布置的剪力墙结构墙面外受力较小，设计中不予考虑或按常规设计可以包含该不利因素，不至于影响结构安全。而单向少墙结构，由于该方向布置面内剪力墙较少，因此另一方向剪力墙的面外作用及效应不容忽视。如果仍按普通剪力墙结构进行设计，少墙方向的结构设计可能存在较大的安全隐患。

设计应避免采用此种结构形式，当无法避免时应注意核实所用计算软件和模型与实际情况是否一致，周期、位移等各项指标能否真实反映结构的地震响应。

【问题 31】 某剪力墙住宅结构，嵌固端在基础顶，因在主楼下设置地下车库，导致南北侧地下室外墙大部分取消，仅在横向剪力墙端部设置端柱，且计算结果未显红，如何把握？

【分析与对策】 首先，应注意核实计算模型和计算结果的合理性。计算模型中应将地下室顶板至高层主楼 ±0.000 楼板之间的外墙土墙（剪力墙）按一层标准层输入，核实底层外墙取消后楼层层间刚度比、抗剪承载力比是否符合规范要求，避免形成底层薄弱层或软弱层。

此外，当南北侧地下外墙开洞大于地上首层外墙洞口尺寸，并且由于地下车库顶板上主楼外挡土墙的实际影响，上、下层结构布置存在一定程度的突变，结构内力将出现多次重新分配，传力途径不直接，因此应采取充分措施保证竖向及水平荷载可靠传力至基础。

【问题 32】 地下室有防水时，对于外墙的外侧保护层厚度，《地下工程防水技术规范》GB 50108-2008 与《人民防空地下室设计规范》GB 50038-2005（2023 年版）分别规定为 50 mm 及 30 mm，怎么执行？

【分析与对策】《地下工程防水技术规范》GB 50108−2008 第 4.1.7 条规定,防水混凝土结构,结构厚度不应小于 250 mm,裂缝宽度不得大于 0.2 mm,并不得贯通,钢筋保护层厚度应根据结构的耐久性和工程环境选用,迎水面钢筋保护层厚度不小于 50 mm。本条中的钢筋是指受力钢筋。

《混凝土结构设计标准》GB/T 50010−2010(2024 年版)第 8.2.2 条第 4 款规定,对地下室墙体采取建筑防水做法或防水措施,与土层接触一侧钢筋的保护层厚度可适当减少,但不应小于 25 mm。

规范对保护层厚度以及结构厚度、裂缝宽度、抗渗等级等结构自防水的高标准规定,实际上是考虑到防水层失效概率高、渗漏水质量问题频发等提出的。实践证明,当建筑防水层、混凝土施工有可靠的保证时,正常的保护层也能保证结构的防水要求。此外,增加保护层厚度,对于一些高大的挡土墙来讲,其外侧因承受拉力而导致开裂的可能性将大幅增加,开裂后地下水沿裂缝渗透的可能性也将大幅增加,并不有利于结构的防水和安全。

因此,对民用建筑地下室,可根据建筑防水做法或防水措施的有效性、施工质量保障情况,取保护层厚度为 30~35 mm。当有人防要求时,尚应满足现行国家和地方相关规范的规定。

【问题 33】 关于剪力墙结构底部加强区边缘构件的选型,当底部加强区范围墙体截面、厚度发生变化时,是否仍可按各墙肢的底层轴压比情况确定?

【分析与对策】《高层建筑混凝土结构技术规程》JGJ 3−2010 第 7.2.14 条第 1 款规定,一、二、三级剪力墙底层墙肢底截面的轴压比大于限值时,以及部分框支剪力墙结构的剪力墙,应在底部加强部位及相邻的上一层设置约束边缘构件。

轴压比是影响剪力墙在地震作用下塑性变形能力的重要因素,轴压比小,延性大,轴压比越高,延性越小。剪力墙墙肢的塑性变形能力除与轴压比有关外,尚与纵向配筋、截面形状、相对受压区高度、墙两端约束程度有关。在墙端设置约束边缘构件可提高剪力墙的塑性变形能力。当截面轴压比较小时,即使不设约束边缘构件,剪力墙也具有较好的延性和耗能能力;当轴压比大到一定值时,就需设置约束边缘构件,使墙肢端部成为箍筋约束混凝土,具有较大的受压变形能力;当轴压比更大时,即使设置约束边缘构件,在强烈地震下,剪力墙有可能被压溃,丧失承担竖向荷载的能力。

剪力墙底部加强区是塑性铰形成和发展的主要部位,需要较大的塑性耗能能力。因此,规范以"底层墙肢底截面"代表整个底部加强区,当底部加强区范围内因剪力墙厚度、材料强度发生变化而导致轴压比变化并超过限值时,也应设置约束边缘构件提高塑性变形能力。

【问题 34】 住宅剪力墙结构筏板基础中,山墙处的冲切计算是否需要考虑不平衡弯矩的影响?

【分析与对策】 山墙冲切计算是否要考虑不平衡弯矩的影响要视情况而定,由《建筑地基基础设计规范》GB 50007−2011 第 8.4.8 条第 2 款可知,当要考虑墙体根部弯矩影响时可按式(8.4.7-1)计算,也就是当墙体根部弯矩的影响较大时应考虑不平衡弯矩的影响,反之可不考虑。

【问题 35】 楼梯间、人流通道设置钢丝网加强，是采用单侧设置，还是双侧均要设置？

【分析与对策】《建筑抗震设计标准》GB/T 50011-2010（2024 年版）第 13.3.4 条第 5 款规定，楼梯间和人流通道的填充墙，尚应采用钢丝网砂浆面层加强。地震灾害时，楼梯间和人流通道是人员逃生的关键通道，楼梯间和人流通道内不应发生杂物掉落、墙体倒塌等影响快速疏散和导致人员伤亡的事件。采用钢丝网砂浆面层加强墙体，可有效保障墙体的整体性和稳定性。从图 2-1 所示的甘肃积石山地震中某中学的现场震害调查照片可以看出，走廊墙体面层未见钢丝网，在地震下破坏严重，门窗洞口处墙体面层因应力集中极易掉落伤人。具体采用单侧设置，还是双侧设置钢丝网加强，设计时应结合具体工程墙体整体性和稳定性等情况，以保障人员安全疏散的原则确定。

图 2-1　甘肃积石山地震某中学走廊墙体破坏

【问题 36】 后砌填充墙拉结筋是否可以采用光圆钢筋植筋方法与梁柱连接？

【分析与对策】《混凝土结构后锚固技术规程》JGJ 145-2013 第 3.4.1 条规定，用于植筋的钢筋应使用热轧带肋钢筋或全螺纹螺杆，不得使用光圆钢筋和锚入部位无螺纹的螺杆。《混凝土结构加固设计规范》GB 50367-2013 第 4.2.3 条规定，当混凝土结构的后锚固件为植筋时，应采用热轧带肋钢筋，不得使用光圆钢筋。这是因为光圆钢筋握裹力较差，为保证植筋效果，明确规定植筋不能采用光圆钢筋。《砌体结构工程施工质量验收规范》GB 50203-2011 第 9.2.3 条规定，填充墙与承重墙、柱、梁的连接钢筋，当采用化学植筋的连接方式时，应进行实体检测。锚固钢筋拉拔试验的轴向受拉非破坏承载力检验值应为 6.0 kN。抽检钢筋在检验值作用下应基材无裂缝、钢筋无滑移宏观裂损现象；持荷 2 min 期间荷载值降低不大于 5%。

后砌填充墙拉筋直径和数量一般为抗震构造要求，与连系梁、构造柱等共同保证填充墙的整体性。因此，在满足验收规范的要求下，允许采用光圆钢筋植筋。

此外，设计图纸一般要求填充墙拉结筋应预留，现场为便捷施工，往往采用后锚固技术。当采用植筋方式时，应注意以下隐患：钻孔深度不能满足植筋要求，植筋所钻孔道粉末未全部清除或清空不彻底，植筋胶质量参差不齐、注入孔内数量不足，以及植筋胶固结期间施工扰动等问题。设计文件中应补充钻孔深度、植入钢筋伸出主体构件长度、植筋胶质量、施工等要求，对工作年限为 50 年的结构胶，应通过耐湿热老能力和耐长期应力作用能力的检验。

2.5 砌体结构

【问题1】 计算砌体结构中房屋的层数计算时,地下室是否算一层?

【分析与对策】(1)全地下室:全部地下室埋置在室外地坪以下或小部分结构露出地面而无窗洞口的地下室。此时可视全地下室在地震作用时与土体共同工作而无动力放大作用,按《建筑抗震设计标准》GB/T 50011-2010(2024年版)表7.1.2进行房屋层数限制时可不作为一层考虑,但应保证地下室结构的整体性及其与上部结构的连续性。

(2)半地下室:房间地面低于室外设计地面的平均高度大于该房间平均净高的1/3且小于或等于1/2者。半地下室作为一层使用,开有较大的采光和通风窗洞口,此时按《建筑抗震设计标准》GB/T 50011-2010(2024年版)表7.1.2进行房屋层数限制时应作为一层考虑。

(3)嵌固条件好的半地下室若同时满足下列各项条件,按《建筑抗震设计标准》GB/T 50011-2010(2024年版)表7.1.2进行房屋层数限制时可不作为一层考虑。

①半地下室顶板和外挡土墙采用现浇钢筋混凝土。

②当半地下室开有窗洞处并设置窗井时,内横墙延伸至窗井外挡土墙并与其相交形成封闭的窗井。

③上部外墙均与半地下室墙体对齐,与上部墙体不对齐的半地下室内的纵、横墙总量分别不大于30%。

④半地下室室内地面至室外地面的高度大于地下室净高的二分之一,地下室周边回填土采用灰土,回填土压实系数不小于0.94。

(4)多层住宅若有一层地下室且地下室层高不大于2.2 m,地下室外墙无窗洞口或仅有很小的通风洞口,对地下室截面削弱很少,地下室大部分埋置在室外地面以下或高出地面部分不超过900 mm,室外回填土采用灰土,回填土的压实系数不小于0.94,按《建筑抗震设计标准》GB/T 50011-2010(2024年版)表7.1.2进行房屋层数限制时也可不作为一层考虑。

【问题2】 计算砌体结构中房屋的层数及高度时,坡屋面阁楼层是否算为一层?

【分析与对策】 对于顶层上有突出屋面建筑或带阁楼层坡屋面建筑的多层砌体房屋,突出屋面的楼层或阁楼层,一般仍需计入房屋的高度和层数。对带阁楼的坡屋面,房屋总高度应算到阁楼层山墙尖的1/2标高高度处。

但对突出屋面的小建筑,当其重力荷载代表值小于标准层1/3层时,可不计入层数和高度的控制范围;对斜屋面下的小建筑,当实际有效使用面积或重力荷载代表值小于顶层30%时,可不计入层数和高度的控制范围。阁楼层有使用功能,作为储藏或居住之用时,分为以下两种情况:①最低处高度在1.5 m以上时应算为一层;②最低处高度不超过1.5 m,算至山墙尖1/2处的高度超过3 m时也应算为一层。

对突出屋面的小建筑、斜屋面下的小建筑的地震作用效应,当采用底部剪力法时,宜乘以增大系数3,此增大部分不应往下传递,但与该突出部分相连的构件应予以计入;当采用振型分解法时,突出屋面部分可作为一个质点。抗震构造措施应参照突出屋面的楼、电梯间采用。

【问题3】 多层砌体房屋中砌体墙段的局部尺寸不满足《建筑抗震设计标准》GB/T

50011-2010(2024 年版)表 7.1.6 的要求时,如何处理?

【分析与对策】 砌体房屋局部尺寸的限制是为使结构中各墙段能均匀分配地震剪力,避免因部分薄弱部位的失效,而造成整栋结构的破坏甚至倒塌。局部尺寸不足时,应采取局部加强措施弥补,且最小宽度不宜小于 1/4 层高和《建筑抗震设计标准》GB/T 50011-2010(2024 年版)表 7.1.6 所列数据的 80%。局部加强措施主要是为了提高墙段的承载力和抗倒塌能力,可结合工程情况参考如下措施。

(1)在墙垛内增设构造柱。当采用构造柱加强墙垛时,构造柱在内外墙交接处设置一个,也可在洞口两侧分设两个。可适当加大构造柱的截面或配筋。

(2)局部墙段内均应配置通长水平拉结钢筋。

(3)采用不小于 20 mm 厚的水泥砂浆钢丝网加强。

(4)当墙段搁置有大梁或承担较大面外弯矩时,应考虑其不利影响,计算墙段承载力。

(5)当砌体墙段的局部尺寸小于规范规定的最低限值时,不应作为承重墙体计算,可不计算,按填充墙处理。

此外,不得将不满足局部尺寸要求的砌体墙段改为钢筋混凝土墙段,以免造成新的抗剪承载力的不均匀,也不应在砌体墙段中设置截面过大的钢筋混凝土柱以承担地震剪力。

【问题 4】 抗震设防类别为重点设防类时,抗震横墙的间距、房屋的高宽比、墙段的局部尺寸、墙体拉结网片的设置、构造柱和圈梁的设置及配筋不满足规范的要求时,如何处理?

【分析与对策】 重点设防类的多层砌体房屋按《建筑抗震设计标准》GB/T 50011-2010(2024 年版)表 7.1.2 查取本地区设防烈度,其层数应减少一层且总高度应降低 3 m,且不应采用底部-抗震墙砌体房屋。

对于学校、医院等抗震设防分类为重点设防类的建筑,其抗震横墙的间距应满足《建筑抗震设计标准》GB/T 50011-2010(2024 年版)表 7.1.5 的要求,圈梁和构造柱的设置、配筋应满足《建筑抗震设计标准》GB/T 50011-2010(2024 年版)表 7.3.1、表 7.3.3、表 7.3.4 和第 7.3.2 条的要求,高宽比宜满足《建筑抗震设计标准》GB/T 50011-2010(2024 年版)表 7.1.4 的要求,局部尺寸宜满足《建筑抗震设计标准》GB/T 50011-2010(2024 年版)表 7.1.6 的要求。根据《建筑工程抗震设防分类标准》GB 50223-2008 第 3.0.3 条第 2 款,重点设防类的建筑,应按高于本地区抗震设防烈度一度的要求加强其抗震措施,即 6、7、8 度设防时,应分别按 7、8、9 度采取抗震措施,即应按 7、8、9 度查表设计。不少设计者在查上述表格时,依然采用本地区的抗震设防烈度,因此就出现了不满足规范要求的情况。

【问题 5】 跨度不小于 6 m 的大梁下仅设构造柱,应采取什么措施?

【分析与对策】 跨度不小于 6 m 的大梁下仅设构造柱,不满足《建筑抗震设计标准》GB/T 50011-2010(2024 年版)第 7.3.6 条"跨度不小于 6 m 大梁的支承构件应采用组合砌体等加强措施,并满足承载力要求"的规定。组合砌体包括砖砌体和钢筋混凝土面层或钢筋砂浆面层的组合砌体构件、砖砌体和钢筋混凝土构造柱组合墙。当采用组合砌体加强措施时,应满足《砌体结构设计规范》GB 50003-2011 第 8.2 节的计算和构造要求。当梁下设置构造柱时,不论墙垛大小,均不能按一般构造柱的构造要求对待,梁下构造柱承担梁传来的弯矩作用，应考虑柱在压、弯、剪联合作用下的受力状态，应通过计算确定墙垛和柱的配筋，不应仅按一般构造柱设置配筋。对跨度不小于 6 m 的大梁下的支承构件，建议此处的构造柱尺寸应取不小于墙厚×（梁宽+每边宽出梁宽 50 mm），纵筋直径不小于 14 mm。当墙下采用条形砖基础时，柱下在基础内设 800 mm×800 mm 的混凝土柱垫，或根据计算设计混凝土基础，纵筋应符合受拉钢筋的锚固要求。

【问题 6】 根据《建筑抗震设计标准》GB/T 50011-2010（2024 年版）第 7.3.2 条，底部楼层构造柱间的墙体中设置的通长水平拉结钢筋网片是否可计入墙体抗震抗剪承载力？

【分析与对策】 标准要求所有多层砌体房屋中构造柱间的墙体，按 6、7 度时底部 1/3 楼层，8 度时底部 1/2 楼层，9 度时全部楼层，设置通长的水平钢筋网片，这样房屋底部均变为约束配筋砌体，提高了墙体的抗震、抗倒塌能力，底部各层墙体除了有构造柱约束之外又增加了水平钢筋网片，对底部各层墙体的抗震、抗剪能力有一定的提高。标准对水平网片的加强是作为抗震构造措施提出的，当在计算中发现底部抗震、抗剪强度不足时，也可以将其计入承载能力，但配筋量宜适当增大，以满足配筋砌体墙的要求。

【问题 7】 多层砌体房屋中，构造柱纵向钢筋和箍筋的强度等级有无要求？构造柱箍筋在纵向钢筋搭接区有无特殊要求？

【分析与对策】 构造柱中的纵向钢筋和箍筋均属于构造配筋，规范只规定了最少根数和直径，钢筋的强度等级均应遵守《建筑抗震设计标准》GB/T 50011-2010（2024 年版）第 3.9.3 条的要求。

在钢筋搭接区范围的箍筋间距需要加密，这是混凝土结构构件的构造要求。对于构造柱在纵向钢筋搭接区的箍筋也应加密。

【问题 8】 砌体填充墙容易被忽略的墙体稳定问题，应如何考虑和解决？

【分析与对策】 填充墙为自承重墙，包括框架或排架结构的砌体围护墙或内隔墙、单层厂房轻钢屋盖的砌体内隔墙等，其高厚比验算是砌体结构的重要构造措施之一。实际工程中高大填充墙存在施工时稳定破坏、自重下稳定破坏、地震和火灾等偶然作用时稳定破坏的安全隐患，设计时易被忽略。砌块填充墙厚度及高度的关系参见表 2-2，当超出表 2-2 中的范围时，应考虑加厚墙体或采用其他填充类型，按《砌体结构设计规范》GB 50003-2011 及各类砌块的专门规范进行高厚比验算及墙体稳定设计，并采取防止开裂、加强连接的构造措施。高厚比验算时对构造柱、壁柱及圈梁作用的影响，应注意以下方面。

（1）不考虑构造柱、壁柱及圈梁作用时的自承重墙，按《砌体结构设计规范》GB 50003-2011 中的式（6.1.1）验算，高厚比计算中的计算高度 H_0 按《砌体结构设计规范》GB 50003-2011 第 5.1.3 条取值。

①墙砌至楼盖或梁底，$H_0=H$（H 为构件高度）。

②墙上端为自由端，$H_0=2H$。

③墙两侧与主体结构柱或横隔墙有联系（上端非自由端），其联系间距为 s。$s \leqslant H$ 时，认为横向联系的距离起控制作用，《砌体结构设计规范》GB 50003-2011 规定 $H_0=0.6s$；$s>2H$ 时，认为横向联系不起作用，仍按①计算 H_0；$2H \geqslant s>H$ 时，高度方向与横向共同起作用，《砌

体结构设计规范》GB 50003-2011 规定 $H_0=0.4s+0.2H$。

④对于墙两侧与主体结构柱或横隔墙有联系，上端为自由端的情况，规范未进行明确规定，可将 H 定义为墙高的 2 倍，再应用上面的规定确定墙的计算高度。

表 2-2　常用砌体自承重墙允许计算高度 $[H_0]$

材料	块材规格（长 × 宽 × 高）/（mm × mm × mm）	墙体厚度/mm	无门窗洞口/mm	不同 b_s/s（有门窗洞口）下的 $[H_0]$/mm					
				0.3	0.4	0.5	0.6	0.7	0.8
轻集料混凝土小型空心砌块、普通混凝土小型砌块	390 × 90 × 190	90	3 200	2 800	2 700	2 500	2 400	2 300	2 200
	390 × 140 × 190	140	4 500	3 900	3 800	3 600	3 400	3 200	3 100
	390 × 190 × 190	190	5 400	4 800	4 500	4 300	4 100	3 900	3 800
烧结多孔砖	240 × 115 × 90（P 型）	120	4 100	3 600	3 400	3 300	3 100	2 900	2 900
		240	6 900	6 000	5 800	5 500	5 200	4 900	4 800
	190 × 90 × 90（M 型）	90	3 200	2 800	2 700	2 500	2 400	2 300	2 200
	190 × 140 × 90（M 型）	140	4 700	4 100	3 900	3 700	3 500	3 300	3 200
	190 × 190 × 90（M 型）	190	5 900	5 200	4 900	4 700	4 500	4 200	4 100
烧结空心砖	240 × 115 × 90	120	3 100	2 700	2 600	2 400	2 300	2 200	2 100
	190 × 190 × 115	190	4 900	4 300	4 100	3 900	3 700	3 500	3 400
	240 × 180 × 115	180	4 600	4 100	3 900	3 700	3 500	3 300	3 200
蒸压加气混凝土砌块	600 × 125 × 200（250、300）	125	3 200	2 800	2 700	2 600	2 400	2 300	2 200
	600 × 150 × 200（250、300）	150	3 900	3 400	3 200	3 100	2 900	2 800	2 700
	600 × 200 × 200（250、300）	200	5 200	4 500	4 300	4 100	3 900	3 700	3 600
	600 × 250 × 200（250、300）	250	6 500	5 700	5 400	5 200	4 900	4 600	4 500

注：①本表的允许计算高度是根据构造要求的墙体允许高厚比 $[\beta]$ 计算所得的，未考虑带壁柱和带构造柱情况的墙。砌筑砂浆强度等级为 M5（Mb5、Ms5）。计算公式：$[H_0]=\mu_1\mu_2[\beta]h$。

②s 为相邻横墙或混凝土主体结构构件（柱或墙）之间的距离；b_s 为在宽度 s 范围内的门窗洞口总宽度；μ_1 为自承重墙允许高厚比的修正系数，按现行《砌体结构设计规范》GB 50003、《混凝土小型空心砌块建筑技术规程》JGJ/T 14、《蒸压加气混凝土建筑应用技术规程》JGJ/T 17 取值，μ_2 为有门窗洞口墙允许高厚比的修正系数，$\mu_2=1-0.4\frac{b_s}{s}$。

③当洞口高度不大于墙高的 1/5 时，按无门窗洞口取值。

④确定填充墙的允许计算高度尚应根据周边支承或拉接条件确定。

⑤当 s 不大于 $\mu_1\mu_2[\beta]h$ 时，墙的高厚比可不受本表限制。

（2）对于考虑构造柱、壁柱及圈梁作用时的自承重墙，注意事项如下。

①构造柱可以增加墙允许高度，但作用有限。根据《砌体结构设计规范》GB 50003-2011 式（6.1.2），即 $\mu_c=1+\gamma b_c/l$，当墙厚为 240 mm，b_c=500 mm，l=3 000 mm 且为砖砌体时，μ_c=1.25。实际工程能做到如此密的构造柱已经很不容易，也仅能提高允许值 25%。

②壁柱对墙允许高度的增加比构造柱明显。按《砌体结构设计规范》GB 50003-2011 式（6.1.1）计算时将墙厚或矩形柱与 H_0 相对应的边长 h 换算成带壁柱墙截面的 h_T 即可。当墙厚为 240 mm，壁柱高、宽均为 490 mm，间距为 3 000 mm 时，其折算厚度为 388 mm。允许

高度比不加壁柱提高 1.6 倍。

③构造柱和壁柱对增加墙允许高度的作用相似,只是规范采用了不同的公式来表达。构造柱用的是提高系数,壁柱用的是增大折算厚度。

④墙的两侧没有横向支承或仅一侧有横向支承时,圈梁对提高墙的允许高度没有任何作用。

《砌体结构设计规范》GB 50003-2011 第 6.1.2 条的表达有以下三个方面:①验算带壁柱墙的高厚比;②验算带构造柱墙的高厚比;③验算壁柱间墙或构造柱间墙的高厚比。带壁柱墙或带构造柱墙要满足①、②的高厚比要求后,壁柱或构造柱才能视为壁柱间墙或构造柱间墙的侧向支点。此时壁柱间墙或构造柱间墙的局部稳定还不能满足规范要求,可以通过设圈梁来解决问题。当 $b/s \geqslant 30$(b 为圈梁宽度)时,圈梁可视作壁柱间墙或构造柱间墙的不动铰支点。

另外,自承重墙除了稳定要求的高厚比验算,还应满足平面外风荷载及地震作用下的抗弯承载力要求。

2.6 钢结构与组合结构

【问题 1】 如何设置门式刚架轻型房屋钢结构的支撑系统?

【分析与对策】 门式刚架轻型房屋钢结构的自重小,构件截面较薄,支撑系统对结构性能的发挥起重要作用。门式刚架轻型房屋钢结构的支撑系统一般由柱间支撑、屋面横向支撑、屋面纵向支撑、刚性系杆、隅撑等组成,既对刚架横向平面内受力提供面外支承,又承担刚架纵向水平荷载和作用。设置时注意以下几点。

(1)在每个温度区段、结构单元或分期建设的区段、结构单元应设置独立的支撑系统,与刚架结构一同构成独立的空间稳定体系。

(2)柱间支撑与屋盖横向支撑应布置在同一开间,以组成完整的空间稳定体系。

(3)柱间支撑应设在侧墙柱列,当有内柱列时尚应在内柱列设置柱间支撑;当有吊车时,每个吊车跨两侧柱列均应设置吊车柱间支撑。不同柱列间的支撑抗侧刚度与其承担的屋面面积相匹配;若无法实现不同柱列间的抗侧刚度与其承受的风或地震作用相匹配,应进行空间分析,以确定内力在各列支撑上的分配。

(4)柱间支撑的形式有门式刚架、圆钢或钢索交叉支撑、型钢交叉支撑、方管或圆管人字支撑等。首先,同一柱列不宜混用刚度差异大的支撑形式。这是因为,在同一柱列刚度差异大的支撑形式不能协同工作,造成支撑内力分配不均衡,引起在支撑开间的相邻开间内纵向系杆产生附加内力。其次,在同一柱列设置的柱间支撑共同承担该柱列的水平荷载,水平荷载应按各支撑的刚度进行分配,当同一柱列为单一支撑形式,则假定各支撑分得的水平力均相同。

(5)屋面端部横向支撑应布置在房屋端部和温度区段第一或第二开间,当布置在第二开间时应在房屋端部第一开间抗风柱顶部对应位置布置刚性系杆,刚性系杆承受抗风柱顶传递来的风荷载,按压杆设计。

(6)在刚架转折处(边柱柱顶、屋脊及多跨刚架的中柱柱顶)应沿房屋全长设置刚性系杆。刚性系杆由檩条兼作时，应满足压弯构件的承载力、刚度和稳定性要求。

（7）对设有带驾驶室且起重量大于 15 t 的桥式吊车的跨间，应在屋盖边缘设置纵向支撑；在有抽柱的柱列，沿托架长度应设置屋面纵向支撑。

实腹式门式刚架的梁、柱翼缘受压时，应在受压翼缘侧布置隅撑与檩条或墙梁连接，可以对刚架构件提供支撑，减小刚架构件平面外无支撑长度。

【问题 2】 进行门式刚架轻型房屋钢结构的刚架计算时，《工程结构通用规范》GB 55001-2021 第 4.6.5 条规定，主要受力结构风荷载放大系数最小为 1.2，是否需要与《门式刚架轻型房屋钢结构技术规范》GB 51022-2015 第 4.2.1 条中的风荷载系数 1.1 进行连乘？

【分析与对策】 根据《门式刚架轻型房屋钢结构技术规范》GB 51022-2015 第 4.2.1 条，垂直于建筑物表面上的风荷载标准值计算时要乘以系数 β。本条条文说明指出，门式刚架轻型房屋钢结构属于对风荷载比较敏感的结构，计算主刚架时，系数 β 取 1.1，这是对基本风压的适当提高；计算檩条、墙梁和屋面板及其连接时，取 1.5，这是考虑阵风作用的要求。通过系数 β 使《门式刚架轻型房屋钢结构技术规范》GB 51022-2015 的风荷载和国家标准《建筑结构荷载规范》GB 50009-2012 的风荷载基本协调一致。

《建筑结构荷载规范》GB 50009-2012 第 8.1.2 条规定，基本风压应采用按本规范规定的方法确定的 50 年重现期的风压，但不得小于 0.3 kN/m²。对于高层建筑、高耸结构以及对风荷载比较敏感的其他结构，基本风压的取值应适当提高，并应符合有关结构设计规范的规定。

《工程结构通用规范》GB 55001-2021 第 4.6.1 条规定，垂直于建筑物表面上的风荷载标准值，应在基本风压、风压高度变化系数、风荷载体型系数、地形修正系数和风向影响系数的乘积基础上，考虑风荷载脉动的增大效应加以确定。第 4.6.5 条规定，当采用风荷载放大系数的方法考虑风荷载脉动的增大效应时，风荷载放大系数应按下列规定采用：①主要受力结构的风荷载放大系数应根据地形特征、脉动风特性、结构周期、阻尼比等因素确定，其值不应小于 1.2；②围护结构的风荷载放大系数应根据地形特征、脉动风特性和流场特征等因素确定，且不应小于 $1+\dfrac{0.7}{\sqrt{\mu_z}}$，其中 μ_z 为风压高度变化系数。

综上，对主体结构，《门式刚架轻型房屋钢结构技术规范》GB 51022-2015 的系数 β 是考虑风荷载比较敏感而对基本风压的适当提高，而《工程结构通用规范》GB 55001-2021 第 4.6.5 条的风荷载放大系数是考虑风荷载脉动的增大效应的影响。根据《工程结构通用规范》GB 55001-2021 第 4.6.1 条的要求，两者范畴不同，应进行连乘。而对檩条、墙梁和屋面板及其连接，《门式刚架轻型房屋钢结构技术规范》GB 51022-2015 的系数 β 与《工程结构通用规范》GB 55001-2021 第 4.6.5 条的风荷载放大系数均为考虑风荷载脉动的增大效应的影响，应进行包络取值。

【问题 3】 门式刚架斜梁的平面外计算长度问题应怎样考虑？

【分析与对策】 根据《门式刚架轻型房屋钢结构技术规程》GB 51022-2015 第 7.1.6 条第 2 款，实腹式刚架斜梁的平面外计算长度，应取侧向支承点间的距离；当斜梁两翼缘侧向支承点间的距离不等时,应取最大受压翼缘侧向支承点间的距离。

隅撑对门式刚架梁平面外计算长度的影响,主要取决于隅撑-冷弯薄壁型钢檩条体系与斜梁受压翼缘的相对刚度,隅撑不能作为梁固定的侧向支撑,而仅仅是弹性支座。隅撑-冷弯薄壁型钢檩条体系具有足够的相对刚度,能使主梁受压翼缘在隅撑支撑点没有侧向位移从而达到完全支撑条件。根据理论分析,隅撑支撑梁的计算长度不小于隅撑间距的2倍。梁下翼缘面积越大,则隅撑的支撑作用相对越弱,计算长度就越大。

当屋面斜梁和檩条之间设置的隅撑满足《门式刚架轻型房屋钢结构技术规程》GB 51022-2015第7.1.6条第4款时,下翼缘受压的屋面斜梁的平面外计算长度可考虑隅撑的作用。

【问题4】 门式刚架结构屋面檩条计算在什么情况下勾选"屋面板能阻止檩条上翼缘侧向失稳"选项?在什么情况下勾选"构造能保证风吸力作用下翼缘受压的稳定性"?

【分析与对策】 当门式刚架轻型房屋檩条计算考虑蒙皮效应时,应注意压型钢板及其连接应满足的各项技术条件。屋面板与檩条的连接方式包括直立缝锁边连接(图2-2)、扣合式连接(图2-3)、螺钉(栓)连接(图2-4)。当屋面板与檩条有牢固的连接,即采用螺钉、螺栓等与檩条牢固连接,屋面板能阻止檩条上翼缘侧向失稳和扭转,屋面板材有足够的刚度且屋面板厚度不小于0.6 mm(《建筑与市政工程防水通用规范》GB 55030-2022第3.6.2条)时,勾选"屋面板能阻止檩条上翼缘侧向失稳"。当受压翼缘有内衬板约束且能防止檩条截面扭转时,檩条下翼缘的整体稳定可不进行计算,勾选"构造能保证风吸力作用下翼缘受压的稳定性"。此外,屋面板与檩条的连接方式及要求与建筑压型钢板选型、屋面构造、屋面排水、温度作用、施工等均有关系,设计时应综合考虑并在图纸中应注明。

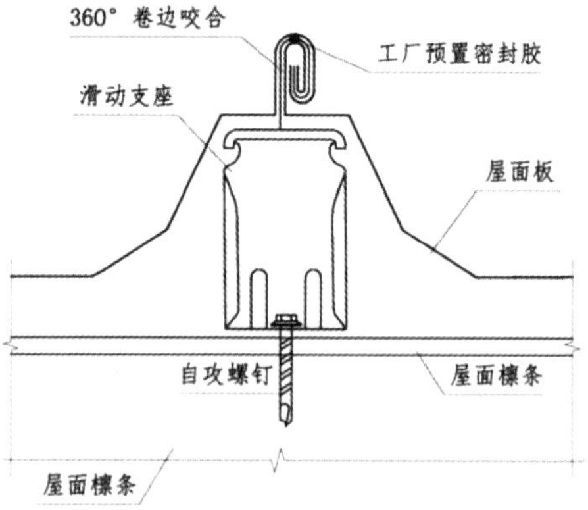

图2-2 直立缝锁边连接

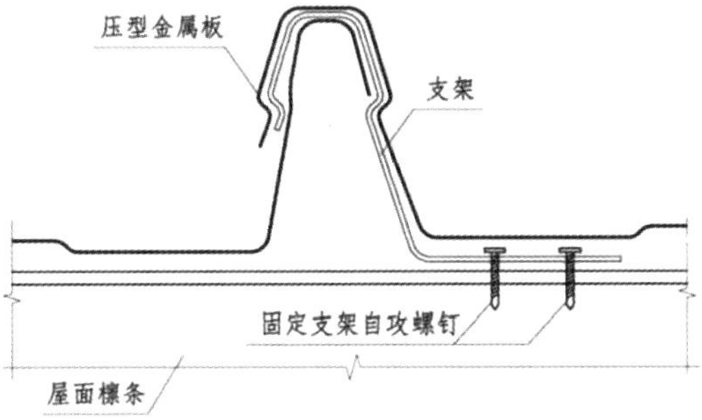

图 2-3　扣合式连接

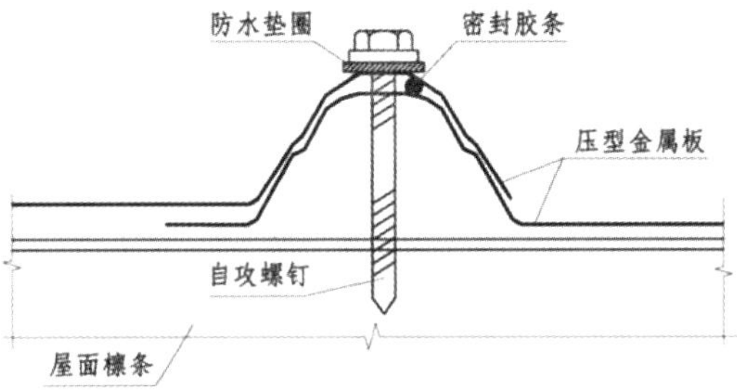

图 2-4　螺钉连接

【问题 5】 带吊车的门式刚架结构，吊车梁可以兼作刚性系杆么？

【分析与对策】 对于带有吊车的门式刚架结构，吊车运行时的纵向、横向制动力作用会对钢柱产生水平和竖向轴力、侧向弯矩，一般应结合柱间支撑在吊车梁标高处设置纵向传力杆件形成抗侧力体系。同时，纵向传力构件对钢柱平面外形成侧向支撑。

当利用吊车梁兼作纵向传力构件时，需要根据吊车梁与钢柱（纵向传力体系）中心的偏心程度、钢柱刚度、吊车荷载大小、吊车梁刚度等综合确定，不能一概而论。当吊车梁中心与钢柱中心基本重合时，吊车梁可以作为钢柱平面外的侧向支撑；当吊车梁中心与钢柱中心偏差较大时，水平纵向水平力将对钢柱产生附加扭矩，需要采取必要措施甚至计算后，吊车梁才能作为纵向传力构件及钢柱平面外的侧向支撑。通常吊车荷载较小时，可采用在吊车梁的上、下翼缘设置隅撑与柱子外翼缘相连的方案；但当吊车荷载较大时，应单独设置纵向系杆。

【问题 6】 对于门式刚架厂房，柱脚连接是否须满足《建筑抗震设计标准》GB/T 50011-2010（2024 年版）第 8.2.8 条相关条文的要求？

【分析与对策】《建筑抗震设计标准》GB/T 50011-2010（2024 年版）第 8 章为多层和高层钢结构房屋，第 9.2 节单层钢结构房屋也不包括轻型钢结构厂房；单层的轻型钢结构厂房的抗震设计，应符合专门的规定。

对单层钢结构房屋，应符合《建筑抗震设计标准》GB/T 50011-2010（2024 年版）第 9.2.16 条的规定。《门式刚架轻型房屋钢结构技术规范》GB 51022-2015 第 3.4.3、10.2.15 条等对柱脚设计进行了规定，对柱脚抗震承载力控制未明确计算公式，但该规范第 1.0.3 条要求“尚应符合国家现行有关标准的规定”。《建筑抗震设计标准》GB/T 50011-2010(2024年版)要求按照多遇地震设计的钢结构柱脚与基础连接的极限承载力高于钢柱的塑性受弯承载力,是为了保证地震发生时柱脚的连接破坏晚于钢柱破坏,体现强连接弱构件的原则。

门式刚架轻型房屋钢结构自重轻,构件截面较小,刚度亦较小,在地震作用时产生的地震力小,大多数情况下是风荷载、吊车荷载控制的,地震作用组合不起控制,但也存在一些特殊情况,设计应结合工程实际情况,进行柱脚抗震承载力控制设计,保证地震作用下柱脚节点不先于钢柱破坏。

【问题7】 对于门式刚架结构,钢吊车梁、纵向系杆、柱间支撑、屋面支撑等构件的耐火极限是多少?屋面板和檩条、墙梁有耐火极限要求吗?

【分析与对策】 钢结构构件的设计耐火极限能否达到要求,是关系到建筑结构是否安全的重要指标。《建筑设计防火规范》GB 50016-2014(2018年版)对各类结构构件的最低耐火极限要求如表2-3所示。

表2-3 构件的设计耐火极限

单位:h

构件类型	建筑耐火等级			
	一级	二级	三级	四级
柱、柱间支撑	3	2.5	2	0.5
楼面梁、楼面桁架、楼盖支撑	2	1.5	1	0.5
楼板	1.5	1	厂房、仓库:0.75 民用建筑:0.5	厂房、仓库:0.5
屋顶承重构件、屋盖支撑、系杆	1.5	1	0.5	—
上人平屋面板	1.5	1	0.5	—
疏散楼梯	1.5	1	厂房、仓库:0.75 民用建筑:0.5	—

注:①建筑物中的墙等其他建筑构件的设计耐火极限应符合现行国家标准《建筑设计防火规范》GB 50016的规定。
②一、二级耐火等级的单层厂房(仓库)的柱,其设计耐火极限可按表中规定降低0.5 h。
③一级耐火等级的单层、多层厂房(仓库)设置自动喷水灭火系统时,其屋顶承重构件的设计耐火极限可按表中规定降低0.5 h。

《建筑钢结构防火技术规范》GB 51249-2017第3.1.1条规定:“钢结构构件的设计耐火极限应根据建筑的耐火等级,按现行国家标准《建筑设计防火规范》GB 50016的规定确定,柱间支撑的设计耐火极限应与柱相同,楼盖支撑的设计耐火极限应与梁相同,屋盖支撑和系杆的设计耐火极限应与屋顶承重构件相同。”

其中,柱间刚性系杆属于柱间支撑系统,其耐火极限应同柱间支撑。当柱间平面内设有防火墙时,尚应满足防火墙的耐火极限要求。

钢吊车梁的耐火极限应不低于相应楼(屋)面梁的耐火极限要求,但当兼作柱平面外约束或纵向支撑时应按柱要求。

对支撑防火墙的钢构件或火灾破坏后可能引起防火墙倒塌的钢构件,其耐火极限尚不应低于防火墙的耐火极限要求。防火墙的耐火极限不应低于3 h,甲、乙类厂房和甲、乙、丙类仓库内的防火墙耐火极限不应低于 4 h。

屋盖承重构件指用于承受屋面荷载的主要结构构件，例如组成屋盖网架、网壳、桁架的构件和屋面梁、支撑等。屋面檩条一般不当作屋盖承重构件，但当檩条同时起屋盖结构系统的支撑作用时，则应当作屋盖承重构件。当檩条仅对屋面板起支承作用时，在火灾中仅影响局部屋面板，不会造成结构整体失效，其耐火极限可不作要求，但应满足燃烧性能要求；当檩条除支承屋面板外，还兼作纵向系杆，对主结构（如屋架）起到侧向支撑作用时，檩条破坏可能导致主体结构失去整体稳定性，造成整体倾覆，此类檩条耐火极限不应低于其所支撑的屋面梁。

《建筑防火通用规范》GB 55037-2022 第 6.1.1 条规定，防火墙与建筑外墙、屋顶相交处，防火墙上的门、窗等开口，应采取防止火灾蔓延至防火墙另一侧的措施。防火墙两侧的屋面板和檩条、墙面板和墙梁应按建筑专业要求，确定耐火性能要求（当防火墙不高出屋面时，防火墙两侧第一开间的屋面板和檩条有耐火极限要求）。

【问题 8】 当钢结构柱脚采用外露式柱脚时，设计中按《建筑抗震设计标准》GB/T 50011-2010（2024 年版）第 8.2.8 条第 5 款、第 9.2.16 第 4 款验算不满足要求，如何处理？

【分析与对策】 震害表明，外露式柱脚破坏的特征是锚栓剪断、拉断或拔出。柱脚锚破坏，会使钢结构倾斜，严重者导致坍塌。一般的外露式柱脚，从力学的角度看，作为半刚性考虑更加合适。与钢柱根部截面的全截面屈服承载力相比，柱脚在多数情况下由锚栓屈服所决定的塑性弯矩较小。这种柱脚受弯时的力学性能，主要由锚栓的性能决定。如锚栓受拉屈服后能充分发展塑性，则承受反复荷载作用时，外露式柱脚的恢复力特性呈典型的滑移型滞回特性。但实际的柱脚，往往在锚栓截面未削弱部分屈服前，螺纹部分就发生断裂，难以有充分的塑性发展。也就是说，理论上讲，柱脚锚栓的滞回曲线是存在的，而且很好，但工程实际中做不到，实际没有滞回曲线，所以它的抗震性能很差。采用刚接外露式柱脚时，多、高层钢结构房屋应满足《建筑抗震设计标准》GB/T 50011-2010（2024 年版）第 8.2.8 条的要求，单层钢结构厂房应满足《建筑抗震设计标准》GB/T 50011-2010（2024 年版）第 9.2.16 条的要求。当钢结构采用外露式柱脚时，地脚锚栓的直径和数量很大。因此，当层数较少的钢结构采用外露式柱脚时，可加大柱脚底板平面尺寸，以减少地脚锚栓的数量和减小直径；也可采用埋入式柱脚或外包式柱脚，以减少地脚锚栓的数量和减小直径。

【问题 9】 多层钢结构采用外包式柱脚时，底层柱的计算长度算到短柱顶还是基础顶？若柱脚顶设拉梁或混凝土短柱线刚度不小于底层钢柱线刚度的 10 倍，底层柱的计算长度可否算至短柱顶？

【分析与对策】 钢结构柱脚包括外露式柱脚、埋入式柱脚、外包式柱脚三类。不论采用何种柱脚形式，底层柱计算高度应从能满足嵌固要求的基础顶面算起。

柱脚设计时应结合结构布置情况选取合理的形式，并满足相关的计算假定和构造要求。钢柱外包式柱脚由钢柱脚和外包混凝土组成，均位于混凝土基础顶面以上，其中外包混凝土高度不应小于钢柱截面高度的 2.5 倍。外包高度范围为外包混凝土与钢柱组合受力段，仍属于钢柱的一段，应满足受弯、受剪、受压承载力计算及构造要求。因此，采用外包式柱脚的底层柱计算长度应算到基础顶。

外包式柱脚在外包段顶设置拉梁可减小外包段的计算内力,提高外包段的线刚度可降低整层钢柱的计算长度系数,但降低程度应通过计算分析确定。当设置拉梁层时,也可按照拉梁上一层钢柱、拉梁下型钢混凝土柱的形式设计,此时底层柱计算长度可算至拉梁层顶,型钢混凝土柱在基础中可靠锚固。

【问题 10】 钢框架结构的多遇地震和风荷载下的位移角限值,如何控制?

【分析与对策】 层间位移角限值是结构水平刚度的指标。限制结构层间位移的主要目的为:①保证结构具有必要的刚度,控制其基本受力状态;②保证固定或连接在结构上的建筑填充墙板、隔墙和幕墙等非结构构件的完好,避免产生明显损伤。

钢材具有高强轻质以及较好的弹性和延性性能,其结构抗震承载力和变形性能优于钢筋混凝土结构。目前,对于多、高层民用钢结构框架房屋,《建筑抗震设计标准》GB/T 50011-2010(2024 年版)、《钢结构设计标准》GB 50017-2017、《高层民用建筑钢结构技术规程》JGJ 99-2015 的层间位移角取值基本统一为:风荷载标准值作用下或多遇地震作用下取 1/250(《建筑抗震设计标准》GB/T 50011-2010(2024 年版)条文说明解释为,钢结构在弹性阶段的层间位移限值,日本建筑法施行令定为层高的 1/200,参照美国加州规范(1988)对基本自振周期大于 0.7 s 的结构的规定,取 1/250),罕遇地震取 1/50。此外,《钢结构设计标准》GB 50017-2017 规定,风荷载作用下,可根据室内装修要求、墙壁有无、维护结构适应变形情况,允许设计时适当从严或放宽。因此,钢结构层间位移角限值,除保证主体结构处于弹性状态,尚应满足填充墙等非结构构件的变形要求。

因此,填充墙的层间位移角的要求与填充墙的形式、破坏程度及其与主体结构的连接构造密切相关。目前,填充墙类型较多,设计时应优先选用技术成熟的填充墙及连接构造,采用新材料或新技术时应进行专门研究论证,必要时进行试验研究。《钢结构住宅技术规程》DB13(J)/T 275-2018 第 7.3.7 条规定了钢框架结构住宅的层间位移角,其中风荷载作用下为 1/400,多遇地震下为 1/350,罕遇地震下为 1/100。

【问题 11】 地上为钢框架结构,地下为钢骨柱加钢筋混凝土梁,地下的抗震等级如何确定?

【分析与对策】 抗震等级是结构和构件延性要求的重要指标,不同抗震等级体现不同的延性要求。我国抗震规范按照抗震设防类别、设防烈度、房屋高度及结构类型、跨度、部位等规定了各类结构构件的抗震等级,即延性水准,实现预期的“小震不坏、中震可修、大震不倒”的抗震设防目标。

对于带地下室的钢结构房屋,上部钢结构、地下室结构,宜分别按各自结构类型和整体建筑的抗震设防类别、设防烈度、房屋高度确定抗震等级,使其与类似规模和形式的建筑具有大致相同的延性水准。因此,对地下为钢骨柱加钢筋混凝土梁的情况,宜结合整体建筑的抗震设防类别、设防烈度、房屋高度,按《建筑与市政工程抗震通用规范》GB 55002-2021 第 5.4.1 条的规定确定抗震等级。当地下室结构的刚度和受剪承载力相对上部楼层较大,地下室顶板可作为上部结构的嵌固部位时,地下一层的抗震等级应与上部结构相同,地下一层以下抗震构造措施的抗震等级可逐层降低一级,但不应低于四级。地下室中无上部结构的部分,抗震构造措施的抗震等级可根据具体情况采用三级或四级。

【问题 12】 某钢框架结构带一层地下室，建筑功能对地下室混凝土框架柱有最大截面要求，首层钢框架柱截面缩小下延地下一层是否可行？

【分析与对策】《高层民用建筑钢结构技术规程》JGJ 99-2015 第 3.4.2 条规定，钢框架柱应至少延伸至计算嵌固端以下一层，并且宜采用钢骨混凝土柱，以下可采用钢筋混凝土柱。《建筑抗震设计标准》GB/T 50011-2010（2024 年版）第 8.1.9 条规定，钢结构房屋的地下室设置应满足下列要求。①设置地下室时，框架-支撑（抗震墙板）结构中竖向连续布置的支撑（抗震墙板）应延伸至基础；钢框架柱应至少延伸至地下一层，其竖向荷载应直接传至基础。②超过 50 m 的钢结构房屋应设置地下室。

钢框架柱下延一层，主要为满足对首层钢柱的嵌固作用。当无法下延或下延困难时，应采取充分措施保证对首层钢柱的足够嵌固和可靠传力。当首层钢框架柱截面缩小下延地下一层时，可参考《建筑抗震设计标准》GB/T 50011-2010（2024 年版）第 6.1.14 条第 3 款的原则进行节点承载力、钢板、钢材截面设计。

【问题 13】 钢框架梁潜在塑性铰区，易忽略采取措施，应采取哪些措施？当钢框架结构按《钢结构设计标准》GB 50017-2017 第 6.2.7 条验算满足要求时，钢框架梁是否还需要考虑设置侧向支承？

【分析与对策】《建筑与市政工程抗震通用规范》GB 55002-2021 第 5.3.2 条规定，框架结构以及框架-中心支撑结构和框架-偏心支撑结构中的无支撑框架，框架梁潜在塑性铰区的上、下翼缘应设置侧向支承或采取其他有效措施，防止平面外失稳破坏。该条款针对钢框架梁潜在塑性铰区的措施是为了保证框架梁塑性耗能能力的同时，防止钢框架梁面外失稳破坏。其中的侧向支承方式可包括：水平隅撑、侧向隅撑、加劲肋、可靠连接的混凝土楼板或刚性铺板。侧向支承的设置位置为塑性铰区上、下翼缘，塑性铰区位置在梁端 0.15 倍梁跨附近，当梁跨度较大时，可设置多道支撑或加劲肋。

对部分无法设置侧向支承的框架梁，经大震弹塑性验算后框架梁截面不出现塑性铰，可认为是采取了其他有效措施。

此外，根据《钢结构设计标准》GB 50017-2017 第 10.4.3 条，上翼缘有可靠连接的楼板或刚性铺板的工字钢梁，塑性铰截面满足正则化长细比不大于 0.3 时，可保证下翼缘的侧向失稳，无须采取措施。理论上，截面进入塑性后，梁端下翼缘宽度或厚度足够大且压应力较低时，梁下翼缘不会失稳。但需要注意，该条款放在第 10 章“塑性及弯矩调幅设计”中，有严格的适用范围；而且限值 0.3 是否适用于不确定的罕遇地震作用工况并非明确（第 17.3.4 条给出的限值尚与延性等级有关）。因此，建议一般情况下，对出现塑性铰的截面仍应满足《建筑与市政工程抗震通用规范》GB 55002-2021 的构造要求。

《钢结构设计标准》GB 50017-2017 第 6.2.7 条规定了支座承担负弯矩且梁顶有混凝土楼板时框架梁下翼缘稳定性的计算要求，而《建筑与市政工程抗震通用规范》GB 55002-2021 规定了抗震构造要求，两者均应满足。

【问题 14】 大跨度钢与混凝土组合梁未进行施工阶段验算。

【分析与对策】 在钢结构次梁设计时，一般考虑现浇楼板的作用按组合构件进行承载力、挠度和稳定性验算。钢与混凝土组合梁的翼板一般采用现浇混凝土板、混凝土叠合板或压型钢板混凝土组合板。但在楼板施工阶段,现浇混凝土只能作为荷载加载在钢梁之上,由于组合梁的钢梁截面较小,当跨度较大时或承载复核较大时,可能会导致钢梁挠度过大甚至稳定性不足而发生破坏。因此,对较大跨度的钢与混凝土组合梁应注意进行施工阶段验算。

【问题 15】 组合结构中钢管混凝土柱与钢梁、型钢混凝土梁或钢筋混凝土梁如何连接?

【分析与对策】 组合结构中钢管混凝土柱与钢梁、型钢混凝土梁或钢筋混凝土梁的连接宜采用刚性连接,钢管混凝土柱与钢梁也可采用铰接连接。当采用刚性连接时,对应钢梁上、下翼缘或钢筋混凝土梁上、下边缘处应设置水平加劲肋,设置在柱内的水平加劲肋应留有混凝土浇筑孔,设置在柱外的水平加劲肋应形成加劲环肋。加劲肋的厚度与钢梁翼缘等厚,且不宜小于 12 mm。

矩形钢管混凝土柱与钢梁的连接节点可采用隔板贯通节点、内隔板节点、外环板节点和外肋环板节点。圆形钢管混凝土柱与钢梁的连接节点可采用外加强环节点、内加强环节点、钢梁穿心式节点、牛腿式节点和承重销式节点。

【问题 16】 组合结构中如何选用抗剪栓钉?

【分析与对策】 组合结构中为发挥栓钉传递剪力的作用,栓钉的直径、长度、间距宜正确选定,满足抗剪、抗滑移等计算要求。抗剪栓钉直径规格宜选用 19 mm 和 22 mm,其长度不宜小于 4 倍栓钉直径,水平和竖向间距不宜小于 6 倍栓钉直径且不宜大于 200 mm。栓钉中心至型钢翼缘边缘的距离不应小于 50 mm,栓钉顶面的混凝土保护层厚度不宜小于 15 mm。

【问题 17】 组合结构中如何选用型钢混凝土柱脚?

【分析与对策】 组合结构中型钢混凝土柱可根据不同的受力特点,采用型钢埋入基础底板(承台)的埋入式柱脚或非埋入式柱脚。考虑地震作用组合的偏心受压柱宜采用埋入式柱脚;偏心受拉柱应采用埋入式柱脚。

无地下室或仅有一层地下室的型钢混凝土柱的埋入式柱脚,其型钢在基础底板(承台)中的埋置深度除应符合《组合结构设计规范》JGJ 138-2016 第 6.5.4 条规定外,尚不应小于柱型钢截面高度的 2 倍。

型钢混凝土偏心受压柱嵌固端以下有两层及两层以上地下室时,可将型钢混凝土柱伸入基础底板,也可伸至基础底板顶面。当伸至基础底板顶面时,纵向钢筋和锚栓应锚入基础底板并符合锚固要求;柱脚应按非埋入式柱脚计算其受压、受弯和受剪承载力,计算中不考虑型钢作用,轴力、弯矩和剪力设计值应取柱底部的相应设计值。

2.7 建筑隔震与消能减震设计

【问题 1】 减震设计说明未明确性能化设计目标;地基基础设计不满足设防地震正常

使用;未进行大震弹塑性分析。

【分析与对策】 消能减震结构应结合建筑实际需求选择性能水准和性能目标,满足《建筑消能减震技术规程》JGJ 297-2013 第 6.5 节的相关要求,图纸中宜明确性能化设计目标;上部结构按设防地震计算,地基基础相关设计应按设防地震结果计算;消能子结构中梁、柱、墙构件应考虑罕遇地震作用效应和其他荷载作用标准值的效应,其值应小于构件极限承载力。

【问题 2】 隔震设计中,橡胶隔震支座主要包含哪些技术参数?

【分析与对策】 根据《橡胶支座　第 3 部分:建筑隔震橡胶支座》GB 20688.3-2006,建筑隔震橡胶支座是指由多层橡胶和多层钢板或其他材料交替叠置结合而成的隔震装置,包括天然橡胶支座(LNR)、铅芯橡胶支座(LRB)和高阻尼橡胶支座(HDR)。建筑隔震橡胶支座的性能要求包括支座材料、制作和支座竖向压缩/拉伸、剪切、转动、疲劳力学性能及耐久性能的要求,主要技术参数包括形状系数、竖向刚度、竖向极限压应力、竖向极限拉应力、水平变形、水平刚度、屈服后刚度、等效阻尼比等,设计专项说明中应对上述技术参数进行明确要求。

形状系数包括第一形状系数和第二形状系数。第一形状系数 S_1 为支座中单层橡胶层的有效承压面积与其自由侧面表面积之比。为了保证橡胶隔震支座在竖向荷载作用下的承载力,要求第一形状系数 $S_1 \geqslant 15$。第二形状系数 S_2 为内部橡胶层直径与内部橡胶总厚度之比。为了控制橡胶支座的稳定性,要求第二形状系数 $S_2 \geqslant 5$。如果第二形状系数不能满足此要求,压应力设计值应适当降低:当 $5>S_2 \geqslant 4$ 时,降低 20%;当 $4>S_2 \geqslant 3$ 时,降低 40%。

橡胶隔震支座的水平变形指支座上下连接板间的相对位移,通常就是隔震层的变形。根据《建筑抗震设计标准》GB/T 50011-2010(2024 年版)第 12.2.3 条第 1 款,隔震支座在表 2-4 所列的压应力下的极限水平变位,应大于其有效直径的 0.55 倍和支座内部橡胶总厚度的 3 倍这两者的较大值。根据《建筑隔震设计标准》GB/T 51408-2021 第 4.6.7 条,隔震支座产品的水平极限变形或水平极限位移应以产品型检报告为准,隔震橡胶支座产品的水平极限变形不应低于各层橡胶厚度之和的 4 倍。隔震支座对应于罕遇地震水平剪力的水平位移,在考虑结构扭转对每个隔震支座的影响后,每个橡胶隔震支座的水平位移,除特殊规定外,不应超过该支座有效直径的 0.55 倍和支座内部橡胶总厚度的 3 倍这两者的较小值;对特殊设防类建筑,在极罕遇地震作用下可取各层橡胶厚度之和的 4 倍,并宜设置超过极罕遇地震下位移的限位装置。

竖向极限压应力指橡胶支座在无任何水平变形的情况下可承受的最大压应力,根据《建筑隔震橡胶支座》JG/T 118-2018,橡胶隔震支座极限压应力不应小于 90 MPa。《建筑抗震设计标准》GB/T 50011-2010(2024 年版)第 12.2.3 条第 3 款、《建筑隔震设计标准》GB/T 51408-2021 第 4.6.3 条规定,橡胶隔震支座在重力荷载代表值的竖向压应力设计值不应超过表 2-4 中的规定,当隔震支座外径小于 300 mm 时,其平均压应力限值对于标准设防类建筑为 10 MPa。在建筑设计工作年限内,隔震支座刚度、阻尼特性变化不应超过初期值的 ±20%;橡胶支座的徐变量不应超过内部橡胶支座总厚度的 5%。

表 2-4 橡胶隔震支座压应力限值

建筑类别	特殊设防类建筑	重点设防类建筑	标准设防类建筑
重力荷载代表值的压应力限值/MPa	10	12	15

根据《建筑隔震设计标准》GB/T 51408-2021 第6.2.1条,罕遇地震作用下隔震橡胶支座的最大竖向压应力不应超过表2-5所规定的限值。当隔震橡胶支座直径小于300 mm时,其压应力限值可适当降低。隔震橡胶支座的竖向拉应力不应超过表2-6所规定的限值,且同一地震动加速度时程曲线作用下出现拉应力的支座数量不宜超过支座总数的30%。隔震支座验算最大压应力和最小压应力时,应考虑水平及竖向地震作用同时作用产生的最不利轴力;其中水平和竖向地震作用产生的应力应取标准值。

表 2-5 隔震橡胶支座在罕遇地震下的最大竖向压应力限值

建筑类别	特殊设防类建筑	重点设防类建筑	标准设防类建筑
压应力限值/MPa	20	25	30

表 2-6 隔震橡胶支座在罕遇地震下的竖向拉应力限值

建筑类别	特殊设防类建筑	重点设防类建筑	标准设防类建筑
拉应力限值/MPa	0	1.0	1.0

【问题3】 隔震建筑的隔震层以上结构是否按《建筑抗震设计标准》GB/T 50011-2010(2024年版)第3.4.3条进行规则性判断?是否需要控制周期比和扭转位移比?

【分析与对策】《建筑隔震设计标准》GB/T 51408-2021 第1.0.5条规定,隔震建筑房屋高度、规则性、结构类型、隔震层设置等超过相关标准的规定时,宜按本标准附录A采用结构抗震性能设计方法进行补充分析和论证。因此,结构规则性应符合《建筑抗震设计标准》GB/T 50011-2010(2024年版)。《建筑隔震设计标准》GB/T 51408-2021 第4.1.3条规定,对不规则的隔震建筑,尚应采用时程分析法进行补充计算。此外,《建筑隔震设计标准》GB/T 51408-2021 第4.3.3、6.3.15条等也有对不规则隔震建筑的限制规定。

《建筑隔震设计标准》GB/T 51408-2021 第4.1.1条的条文说明指出,一般情况下,不管上部结构是否存在扭转不规则,隔震结构的扭转规则性都可以通过隔震层的设计加以解决。当隔震层上部结构规则时,可参考国家标准《建筑抗震设计标准》GB/T 50011-2010(2024年版)的相关方法计入扭转影响。也就是说,扭转不规则性,需要进行隔震层的设计加以解决,且上部结构计算应考虑扭转的影响。

通过部分案例在时程分析法下的对比研究,当满足《建筑隔震设计标准》GB/T 51408-2021 第4.6.2条第4款“隔震层刚度中心与质量中心宜重合,设防烈度地震作用下的偏心率不宜大于3%”的规定时,隔震后上部结构层间扭转位移比、绝对扭转位移比大幅降低。此外,由于地震中的隔震结构变形及扭转变形将主要反映在隔震层,《建筑隔震设计标准》GB/T

51408-2021 第 4.1.1 条对各隔震支座在罕遇地震下考虑扭转影响的水平位移进行了限制。

因此，对于隔震结构，隔震层在满足设防地震下的隔震层偏心率以及隔震支座在罕遇地震下考虑扭转影响的水平位移限值的条件下，一般情况下均可满足扭转位移比要求。

隔震结构主周期（前三阶周期）基本由隔震层确定。橡胶隔震支座方案通过将铅芯支座布置在周边，能够有效控制结构扭转效应；摩擦摆支座能够自适应控制结构扭转；结构扭转耦联影响已在设计中考虑。因此，一般隔震模型，可不考虑周期比。

【问题 4】 规范未给出隔震层偏心率的计算公式，其应如何计算？

【分析与对策】《建筑隔震设计标准》GB/T 51408-2021 第 4.6.2 条第 4 款规定，隔震层刚度中心与质量中心宜重合，设防烈度地震作用下的偏心率不宜大于 3%。偏心率是衡量地震作用下结构扭转响应的指标，使隔震层刚度中心位置与上部结构质量中心位置接近，可降低结构的扭转反应。

偏心率应按 X 和 Y 两个方向计算，现行规范有相关公式，计算时取该方向的偏心距除以结构该方向的弹性半径。偏心距为结构该方向总地震力合力线到隔震层刚度中心的距离，弹性半径是反映楼层扭转刚度与该方向平动刚度相对关系的参数，详见计算软件的技术规定。

【问题 5】 隔震项目地上为剪力墙结构，隔震层在地下，是否按照框支剪力墙结构要求设计？

【分析与对策】 剪力墙结构采用隔震技术时，一般上部结构剪力墙和隔震支座之间设置托墙转换梁来传递内力。转换梁的设计应按《建筑隔震设计标准》GB/T 51408-2021 的规定进行，设计定义为关键构件，承载力计算应满足设防地震下弹性的要求，延性构造满足《建筑隔震设计标准》GB/T 51408-2021 第 6.3.18 条的规定。

【问题 6】 在进行大震弹塑性时程分析时，对采用隔震结构的建筑，在选波时如何考虑？

【分析与对策】 对于房屋高度大于 60 m 的隔震建筑，不规则的建筑，或隔震层隔震支座、阻尼装置及其他装置的组合复杂的隔震建筑，尚应采用时程分析法进行补充计算。每条地震加速度时程曲线计算所得结构底部剪力不应小于振型分解反应谱法计算结果的 65%，多条时程曲线计算所得结构底部剪力的平均值不应小于振型分解反应谱法计算结果的 80%。

地震波的选取应与计算地震水准目标的反应谱对应，对于场地特征周期，小震与中震相同，大震+0.05，极罕遇地震+0.1。对隔震结构和消能减震结构，还应考虑阻尼比影响。大震时反应谱法的阻尼比应提高，选用高阻尼反应谱作为选波目标。

【问题 7】 采用消能减震技术的建筑结构，消能子结构是否必须按“关键构件”设定其性能水准？

【分析与对策】 消能子结构是指与消能部件直接连接的主体结构单元。消能子结构直接承受着消能器产生的荷载，子结构在地震中的性能对消能器作用的发挥起到了决定性作用。

《建筑消能减震技术规程》JGJ 297-2013第6.4.2条第1款规定，消能子结构中的梁、柱和墙构件宜按重要构件设计，并应考虑罕遇地震作用效应和其他荷载作用标准值的效应，其值应小于构件极限承载力。这是规范提出的消能子结构抗震性能要求，其中的“重要构件”并非一定是“关键构件”。

《建筑工程消能减震技术标准》DB13(J)/T 8422-2021第6.3.2条规定，第一类抗震设防目标应满足罕遇地震作用组合下的荷载标准值小于材料最小极限值计算的构件极限承载力；第二类抗震设防目标应满足罕遇地震作用组合下的荷载标准值小于材料标准值计算的构件承载力。因此，消能子结构的抗震性能要求还与建筑抗震设防分类和设防标准有关。

然而，消能子结构是主体结构的一部分，加强子结构会使其在地震中吸收更多的能量，阻尼器吸收地震能量的作用反而被削弱，同时加强后层间变形的减小也导致阻尼器对地震能量的吸收减少，消能子结构的性能定义过高，对阻尼器耗能不利，设计上难于实现。因此，在设计子结构时，应保证其在地震作用下充分发挥作用，使消能减震结构达到相应预设的减震性能目标。

【问题8】 减隔震工程的验收程序有哪些？应核查哪些主要内容？

【分析与对策】 隔震工程应进行检验批、分项工程、子分部工程、竣工验收等验收程序。核查内容应按《建筑隔震工程施工及验收规范》JGJ 360-2015附录A进行记录。需要特别注意的是，建筑隔震工程上部结构验收和竣工验收时，均应对隔震缝和柔性连接进行验收检查。分项工程可按支座安装、阻尼器安装、柔性连接安装、隔震缝进行划分；检验批可按楼层、结构缝或施工段进行划分；支座和阻尼器等材料进厂检验，可按进场批次、生产厂家、规格划分；由于隔震技术的特殊性，隔震构造与传统抗震构造有较大区别，为保证隔震工程的质量，设计、咨询单位应进行全过程跟踪。

消能减震工程的消能部件工程应作为主体结构分部工程的一个子分部工程进行质量验收。消能减震工程应进行消能器进场验收、消能部件子分部工程有关安全及功能的见证取样检测检验、消能部件子分部工程观感质量检查检验，并应满足设计和《建筑消能减震技术规程》JGJ 297-2013、《建筑工程消能减震技术标准》DB13(J)/T 8422-2021的相关要求。

2.8 改扩建工程

【问题1】 改扩建工程缺少既有建筑竣工图纸及相关设计文件，如何处理？

【分析与对策】《既有建筑鉴定与加固通用规范》GB 55021-2021第3.1.2条规定，当既有建筑的工程图纸和资料不全或已失真时，应进行现场详细核查和检验。当存在既有建筑图纸和资料缺失或失真时，应由具备相应资质的单位根据实际核查、测量及检测，并以其结果为依据，保证结构鉴定与加固的可靠性。

【问题2】 改扩建结构的设计工作年限应如何确定？

【分析与对策】 既有建筑改扩建部分的设计工作年限，应按下列原则确定。

（1）由业主和设计单位共同确定，但不能低于国家相应要求。

（2）当扩建部分的结构与原结构脱开时，新结构的设计使用年限应按新建结构确定。

（3）当扩建部分的结构与原结构相连且荷载传至原结构时，扩建部分结构的设计使用年限按新建结构确定，原结构剩余使用年限到期前，应重新进行可靠性鉴定，鉴定结果认为原结构工作正常，可继续延长使用年限。

（4）当改建工程进行结构加固时，新结构设计使用年限与原结构的剩余使用年限相关，确定原则如下。

①当原结构剩余设计使用年限不大于 30 年时，新结构设计使用年限宜按 30 年考虑；也可结合建筑使用情况和业主需求，采用原结构的剩余使用年限，原结构剩余使用年限到期前，应重新进行可靠性鉴定，鉴定结果认为该结构工作正常，可继续延长使用年限。

②当原结构剩余设计使用年限大于 30 年且结构的改造材料中含有合成树脂或其他聚合物成分时，新结构设计使用年限宜按 30 年考虑；当业主要求采用原结构的剩余使用年限时，其所使用的胶和聚合物的黏结性能，应通过耐长期应力作用能力的检验。对使用胶粘方法或掺有聚合物材料加固的结构、构件，尚应定期检查其工作状态。检查的时间间隔由设计确定，但第一次检查时间不应迟于 10 年。

【问题 3】 改扩建结构设计使用原有结构图纸时应注意的问题有哪些？

【分析与对策】 由于实际施工可能与设计图纸存在差异，《民用建筑可靠性鉴定标准》GB 50292-2015 中明确规定应按照结构的实际状况（材料强度、截面尺寸、荷载、配筋、构造等）进行鉴定，并按照鉴定报告进行设计。即：当现场检测的材料强度不低于原设计强度时，宜按原设计图纸明确的强度等级采用；当现场检测的材料强度低于原设计强度时，应按现场检测的强度采用。构件几何尺寸应按照实际检测值采用。不能盲目地仅根据原设计图纸进行改扩建设计。

【问题 4】 改扩建结构当既有建筑需要鉴定时，应注意什么事项？

【分析与对策】（1）应依据现行《既有建筑鉴定与加固通用规范》GB 55021、《建筑抗震鉴定标准》GB 50023 的规定确定鉴定标准。根据不同后续使用年限，应采用不同的鉴定方法。

（2）既有建筑工程鉴定时，应对下列内容进行分析评价：

①改造前的既有建筑物的安全性和抗震性能；

②改造对既有建筑物的安全性和抗震性能的评价；

③受改造影响的结构构件的材料强度、几何尺寸、配筋、承载能力、设计构造等。

（3）现场检测抽样应符合下列规定：

①应对原有建筑结构构件的现状进行普查；

②对改造直接受影响的结构构件的材料强度、构造及配筋等进行的检测，其抽样量应按《建筑结构检测技术标准》GB/T 50344-2019 中的 B 类检测类别执行；

③对既有建筑物其余部位材料强度、构造及配筋等进行的检测，其抽样量应按《民用建筑可靠性鉴定标准》GB 50292-2015 的规定执行。

【问题5】 既有建筑结构鉴定报告是否需进行施工图审查?

【分析与对策】《既有建筑鉴定与加固通用规范》GB 55201-2021 第6.1.1条规定,既有建筑经技术鉴定或设计确认需要加固时,应依据鉴定结果和委托方的要求进行整体结构、局部结构或构件的加固设计和施工。因此,技术鉴定结果是设计和施工的基本依据。《房屋建筑和市政基础设施工程施工图设计文件审查管理办法》和《房屋建筑和市政基础设施工程施工图设计文件审查标准》DB13(J)/T 8452-2021明确要求对施工图设计文件(含勘察文件,以下简称施工图)进行审查,未明确要求对建筑鉴定报告的专项审查。根据2023年2月8日石家庄市住房和城乡建设局印发的《关于进一步加强城市房屋安全鉴定管理的通知》(2023-17)中的"四、建立鉴定结论争议调处机制",审查、设计单位应及时向委托检测、鉴定方反馈信息。

既有建筑结构检测鉴定报告作为建筑结构加固设计和施工的重要依据,直接关系工程安全、质量和经济成本,因鉴定报告失准、失真甚至虚假引起的工程事故并不少见。设计人在改造前,按照既有建筑修缮、改造的设计范围、内容,向建设单位提出检测鉴定需求,可使检测鉴定报告的内容更有针对性,使设计依据完整、准确,避免建设单位因为检测、鉴定报告内容不完整二次委托检测鉴定。设计和审查单位应对作为设计依据的检测鉴定报告的有效合理性进行分析判断,当鉴定报告存在内容深度不足、自相矛盾、违反国家现行相关标准的规定等情况时,应提出补充或修改意见。此外,既有建筑结构鉴定报告有效期与鉴定类型和建筑物使用情况有关,加固改造时应落实鉴定报告的有效性。

【问题6】 改造或加建工程是否必须提供安全鉴定报告及抗震鉴定报告?局部改造时,是否可以不进行抗震鉴定和主体结构的抗震验算?

【分析与对策】《既有建筑鉴定与加固通用规范》GB 55021-2021 第2.0.4条第1款规定,既有建筑的鉴定应同时进行安全性鉴定和抗震鉴定。从广义上讲,结构安全性包括抗震安全性,但考虑到我国既有房屋安全管理的历史和现状,规范中明确将正常使用条件下的安全性鉴定和考虑地震作用下的抗震鉴定加以区分。尽管如此,在实际鉴定工作中,两者通常是相互补充的,鉴定机构在进行房屋安全性鉴定时,也不能忽视抗震性能的评估。

《既有建筑鉴定与加固通用规范》GB 55021-2021 第4.1.2条规定,当仅对既有建筑的局部进行安全性鉴定时,应根据结构体系的构成情况和实际需要,仅进行至某一层次。条文说明指出,委托方需要鉴定的范围及层次与实际需求直接相关,虽然规范第4.1.1条给出了系统和完整的鉴定评级层次和标准,但是仍然可以根据实际需要仅进行至某一层次。一般而言,无论进行至哪一层次,均应从第一层次开始逐级向上一层次鉴定。

因此,规范是为了强调抗震鉴定的重要性,才作出既有建筑的鉴定应同时进行安全性鉴定和抗震鉴定的规定,若是仅对局部出具安全性鉴定报告,是无法包含抗震鉴定部分的。因此,当符合《既有建筑鉴定与加固通用规范》GB 55021-2021 第4.1.2条进行局部安全性鉴定的要求时,可不进行抗震鉴定。既有建筑的局部改造,一般指局部楼面水平构件增减、个别构件承载能力提升等,可以是一个构件、一片构件、一层或几层构件。工程实际情况复杂多样,局部改造程度对主体结构的影响,无法用量化标准统一规定。结合既有建筑结构的现状,当经综合分析判定局部结构改造对主体结构的影响可忽略时,可仅对局部构件及其影响范围进行安全性鉴定。应当注意，既有建筑加固设计不应只考虑局部加固处理的片面做法，应系统考虑结构的整体牢固性，防止局部加强导致结构刚度或强度突变，或形成新的薄弱部位。

【问题 7】 对需要改变功能或延长工作年限的既有建筑的加固改造，检测鉴定报告仅是对建筑的现状的检测鉴定，加固设计单位能否要求检测单位根据改变后的功能或后续工作年限重新进行鉴定？

【分析与对策】《既有建筑鉴定与加固通用规范》GB 55021-2021 第 3.1.1 条规定，既有建筑鉴定与加固前，应查阅工程图纸、搜集资料，并应对建筑物使用条件、使用环境、结构现状等进行现场调查、检测，必要时应进行监测。其工作的范围、内容、深度和技术要求，应满足鉴定与加固工作的需要。第 3.1.2 条规定，当既有建筑的工程图纸和资料不全或已失真时，应进行现场详细核查和检测。第 3.1.3 条第 3 款规定，既有建筑结构构件的材料性能检测结果和变形、损伤的检测、监测结果，应能为结构鉴定提供可靠的依据。检测和监测结果须根据既有建筑鉴定与加固的目的，结合建筑实际情况进行综合分析，切忌未经综合分析直接给出鉴定结论。

现场调查、检测和监测是后续鉴定与加固的前期工作和重要基础，其准确性和科学性决定了后续工作的正确性和合理性。调查、检测与监测的范围、内容、深度和技术要求，应充分支撑鉴定与加固需求。"鉴定与加固工作的需要"是由工作承担单位提出的，并由建设单位委托有资质的检测单位进行。因此，检测鉴定报告是否满足鉴定或加固工作承担单位提出的需求，也要由相关工作承担单位进行综合判定，未经判定的检测鉴定报告不应作为鉴定或加固设计依据。

对竣工 5 年内且竣工验收资料完整的工程，经设计复核和现场检查评定后，竣工验收资料可代替鉴定报告，作为改造设计依据。当竣工资料不能满足改造需求时，尚应进行针对性检测鉴定。

【问题 8】 既有建筑装修改造，原建筑使用性质不变，但重新进行了分割（房间功能重新划分、隔墙位置变化等），是否算未改变功能？消防改造工程中，建筑房间功能发生变化，但结构荷载设计没有改变，结构是否认为改变了使用功能？车间改为办公楼，或车间改为仓库，或宿舍改为旅馆等，若耐火等级、抗震设防类别不变，荷载相同甚至还会变小，是否认为是规范意义上的"建筑用途改变"或"改变现有使用功能"？

【分析与对策】《既有建筑鉴定与加固通用规范》GB 55021-2021 第 3.1.3 条第 3 款规定，检测、监测结果未经综合分析，不得直接作出鉴定结论。既有建筑在建筑用途或使用环境改变前应进行鉴定。既有建筑鉴定与加固前，应查阅工程图纸、搜集资料，并应对建筑物使用条件、使用环境、结构现状等进行现场调查、检测，必要时应进行监测。部分建筑改变用途后，即使按规范标准确定的荷载不变或变小，但使用环境、结构现状等也要进行调查、检测，并且检测结果要结合改造需求、标准要求进行综合分析，才能作出鉴定结论。

既有建筑装修改造，原建筑使用性质不变，但重新进行了分割（房间功能重新划分、隔墙位置变化等），属于改变建筑布局，不属于改变建筑用途，但属于改建，应进行鉴定。既有建筑车间改为办公楼，或车间改为仓库，或宿舍改为旅馆，其他条件不变的情况，属于改变建筑用途,应进行鉴定。两种情况调查、检测和监测的工作的范围、内容、深度和技术要求,应满足各自鉴定与加固工作的需要。

【问题9】 已主体验收未竣工验收的项目搁置多年后续建,抗震设防烈度、荷载取值及荷载分项系数按现行规范还是项目实施时的规范执行?

【分析与对策】《既有建筑鉴定与加固通用规范》GB 55021-2021中的"既有建筑"是指"已建成可以验收的和已投入使用的建筑"。已办理施工许可证(在有效期内)或完成阶段性验收但未完成竣工验收的建筑,处于工程建造期,不在规范的适用范围内,设计时可参照其中的条款。

对搁置多年后续建的情况,当仍按原设计图纸施工时,应允许执行原标准,但主管部门或政策法规另有规定的除外;当进行功能改造或加固设计时,抗震设防烈度、荷载取值及荷载分项系数等应符合现行规范和标准的要求。当考虑剩余工作年限折减地震作用时,应重新界定建筑结构的设计工作年限。续建前应对原工程资料、搁置情况、结构现状等参考《既有建筑鉴定与加固通用规范》GB 55021-2021的要求进行现场调查,必要时进行检测、评定或鉴定。当条件不具备、执行现行规范确有困难而考虑降低标准时,应经政府主管部门批准许可。

【问题10】 既有办公楼改为养老机构时怎么掌握抗震设防类别?

【分析与对策】 既有建筑改变使用功能时,应根据改造后的建筑功能,按《建筑工程抗震设防分类标准》GB 50223-2008及国家相关政策法规确定建筑抗震设防类别及设防标准。《建设工程抗震管理条例》规定,对位于高烈度设防地区、地震重点监视防御区的养老机构等已经建成的建筑进行抗震加固时,应保证其抗震性能符合抗震设防强制性标准。此处的"抗震设防强制性标准"包括《建筑工程抗震设防分类标准》GB 50223-2008。因此,当既有办公楼改为养老机构时,抗震设防类别应按重点设防类。对要求提升抗震设防类别的既有建筑,改造前应进行充分的可行性研究,确保技术方案和技术措施的可行性、可靠性、有效性及经济性。当技术方案和技术措施不可行,需降低改造标准时,应报政府相关主管部门批准。

【问题11】 A类建筑进行抗震鉴定时,是否需按现行规范折减与原设计比较取较大值,进行包络设计?

【分析与对策】《既有建筑鉴定与加固通用规范》GB 55021-2021第5.1.4条规定,A类和B类建筑的抗震鉴定,应允许采用折减的地震作用进行抗震承载力和变形验算,应允许采用现行标准调低的要求进行抗震措施的核查,但不应低于原建造时的抗震设计要求。规范规定的抗震鉴定的基本原则仍是在技术可行的条件下尽可能提高建筑的抗震性能。

根据《既有建筑鉴定与加固通用规范》GB 55021-2021第5.3.3条,对于A类和B类建筑中规则的多层砌体房屋和多层钢筋混凝土房屋,允许采用以楼层综合抗震能力指数表达的简化方法进行抗震能力验算,但仍要求不低于原建造时的抗震要求。

《既有建筑鉴定与加固通用规范》GB 55021-2021第5.1.4、5.3.3条中"不低于原建筑时的抗震设计要求"适用于抗震承载力验算、变形验算、抗震措施核查。第5.3.2条"上述参数不应低于原建造时抗震设计要求的相应值"中的参数是指抗震承载力验算时的水平地震影响系数和承载力抗震调整系数。

因此，A 类建筑进行抗震鉴定，应采用现行规范规定的方法进行抗震性能验算，同时应满足原建造时的抗震设计要求，取以上两者的不利值鉴定构件的抗震承载力、变形及抗震措施。

【问题 12】既有建筑进行加固设计时，涉及荷载增加或者基础加固时，原有地勘报告是否可用？若无地勘报告，是否应补充地勘后方可进行？

【分析与对策】岩土工程勘察报告为建筑设计和施工的技术依据。当既有建筑上部荷载增加较多、经初步分析可能引起地基或基础加固时，应根据工程建筑改造情况提出场地岩土勘察具体要求。勘察应按现行规范和标准进行，给出符合加固设计要求的技术参数和建议结论，原有地勘的数据可作为当前勘察的参考。

当既有建筑可能涉及基础加固时，应慎重、综合进行技术可行性和经济性分析。首先，基础加固需要考虑对上部结构充分卸载的技术方案，保证重新加载后新增加部分与原基础部分能协同工作受力，否则可能引起原基础局部破坏的安全问题；此外，原地勘报告，特别是年代较久远的，现行勘察规范标准与原勘察标准可能因可靠性要求、土层性质、湿陷性或液化土判别方法和标准的变迁，对地基加固处理有新的要求。因此，在加固技术可靠性和经济性的基础上，应综合考虑这些因素对改造方案的影响。

【问题 13】当对老旧建筑进行加固设计时，预制的楼、屋面板往往无设计资料，检测做压板试验，也难以完全覆盖，此时结构怎么考虑楼板的加固设计？

【分析与对策】《既有建筑鉴定与加固通用规范》GB 55021-2021 第 3.1.1 条规定，既有建筑鉴定与加固前，应查阅工程图纸、搜集资料，并应对建筑物使用条件、使用环境、结构现状等进行现场调查、检测，必要时应进行监测。其工作的范围、内容、深度和技术要求，应满足鉴定与加固工作的需要。第 3.1.2 条规定，当既有建筑的工程图纸和资料不全或已失真时，应进行现场详细核查和检测。

预制的楼、屋面板房屋多为 20 世纪建造的，加固设计单位应搜集资料并进行现场调查，然后提出明确的检测、鉴定需求，建设单位应委托具有资质且技术能力能满足检测需求的检测单位进行检测与鉴定。

每种加固方法和技术都有其适用范围和应用条件，不能随意扩大其适用范围，或忽视其应用条件，以免考虑不周而酿成安全质量事故。《混凝土结构加固设计规范》GB 50367-2013 中的粘贴钢板加固法、粘贴碳纤维复合材料加固法等直接加固法，适用于钢筋混凝土构件（《混凝土结构设计标准》GB/T 50010-2010（2024 年版）第 2.1.5 条将其定义为“配置受力普通钢筋的混凝土结构”）。对预制楼板加固采用这些加固方法，应有充分的科学试验或论证依据。

因此，对预制楼、屋面板老旧房屋进行改造加固，应进行可行性分析，尽量不增加楼、屋面荷载，优先考虑增设次梁、增设现浇层形成叠合受力板等加固方法。

【问题 14】已建成门式刚架厂房屋顶加设光伏太阳能板，当校核承载力时，屋面活荷载及分项系数如何取值？

【分析与对策】《既有建筑鉴定与加固通用规范》GB 55021-2021 第 4.2.2 条第 1 款规定,当鉴定原结构、构件在剩余设计工作年限内的安全性时,应按不低于原建造时的荷载规范和设计规范进行验算;第 2 款规定,当出于结构加固、改变用途或延长工作年限的目的而鉴定原结构、构件的安全性时,应在调查结构上实际作用的荷载及拟新增荷载的基础上,按现行规范与标准的规定进行验算。

程绍革在《通用规范实施后既有建筑鉴定的几点思考》中指出,实际工程中可以采取如下处理原则。①荷载原则上按现行规范取值。当建筑改变使用功能,或是需要进行静载作用下的加固时,按现行规范取值。如果未改变使用功能导致荷载增加,可按原设计标准取值。②分项系数实质上是可靠性指标的体现,因此对既有建筑而言,原则上可按原设计标准取值,但当构件因静载作用下的承载力不足需要加固时,建议按现行规范取值,以达到现行规范的可靠性水准。也就是说,在涉及静载下的安全性时,恒、活荷载及其分项系数应按《工程结构通用规范》GB 55001-2021 的规定取值,地震作用的分项系数可按原规范取值。

在门式刚架厂房屋顶加设光伏太阳能板,增加了屋面恒荷载,当按原建造时的荷载规范和设计规范验算无须要进行结构加固时,可按原设计标准取值;当按原建造时的荷载规范和设计规范验算需要进行结构加固时,加固后的结构应满足现行规范与标准的规定及可靠性水准。

2.9 超限高层建筑工程抗震设防设计和审查

【问题 1】 何为超限高层建筑工程?

【分析与对策】 超限高层建筑工程是指超出国家现行规范、规程所规定的适用高度和适用的结构类型的高层建筑工程,或者结构布置特别不规则的高层建筑工程,以及按照有关规范及政府管理规定应进行抗震设防专项审查的高层建筑工程。超限高层建筑工程包括以下几种。

(1)高度超限工程:房屋高度超过规定,包括超过《建筑抗震设计标准》GB/T 50011-2010(2024 年版)第 6 章钢筋混凝土结构和第 8 章钢结构的最大适用高度,超过《高层建筑混凝土结构技术规程》JGJ 3-2010 第 7 章中有较多短肢墙的剪力墙结构、第 10 章中的错层结构和第 11 章中的混合结构的最大适用高度的高层建筑工程。房屋高度超过表 2-7 中规定值的高层建筑工程为高度超限工程。

(2)规则性超限工程:房屋高度不超过规定,但建筑结构布置属于《建筑抗震设计标准》GB/T 50011-2010(2024 年版)、《高层建筑混凝土结构技术规程》JGJ 3-2010 规定的特别不规则的高层建筑工程。同时满足表 2-8 中三项及以上判定规则的高层建筑工程为规则性超限工程。

表 2-7　高度超限工程房屋高度限值

单位：m

结构类型		6 度	7 度（0.10g）	7 度（0.15g）	8 度（0.20g）	8 度（0.30g）	9 度
混凝土结构	框架	60	50	50	40	35	24
	框架-抗震墙	130	120	120	100	80	50
	抗震墙	140	120	120	100	80	60
	部分框支抗震墙	120	100	100	80	50	不应采用
	框架-核心筒	150	130	130	100	90	70
	筒中筒	180	150	150	120	100	80
	板柱-抗震墙	80	70	70	55	40	不应采用
	较多短肢墙	140	100	100	80	60	不应采用
	错层的抗震墙	140	80	80	60	60	不应采用
	错层的框架-抗震墙	130	80	80	60	60	不应采用
混合结构	钢框架-钢筋混凝土筒	200	160	160	120	100	70
	型钢（钢管）混凝土框架-钢筋混凝土筒	220	190	190	150	130	70
	钢外筒-钢筋混凝土内筒	260	210	210	160	140	80
	型钢（钢管）混凝土外筒-钢筋混凝土内筒	280	230	230	170	150	90
钢结构	框架	110	110	110	90	70	50
	框架-中心支撑	220	220	200	180	150	120
	框架-偏心支撑（延性墙板）	240	240	220	200	180	160
	各类筒体和巨型结构	300	300	280	260	240	180

注：若平面和竖向均不规则（部分框支结构指框支层以上的楼层不规则），其高度应比表内数值降低至少 10%。

表 2-8　规则性超限工程判定规则一类（不论高度是否大于表 2-7 中的限值）

序号	不规则类型	简要含义	备注
1a	扭转不规则	考虑偶然偏心的扭转位移比大于 1.2	参见《建筑抗震设计标准》GB/T 50011-2010（2024 年版）第 3.4.3 条
1b	偏心布置	偏心率大于 0.15 或相邻层质心相差大于相应边长的 15%	参见《高层民用建筑钢结构技术规程》JGJ 99-2015 第 3.2.2 条
2a	凹凸不规则	平面凹凸尺寸大于相应边长的 30%	参见《建筑抗震设计标准》GB/T 50011-2010（2024 年版）第 3.4.3 条
2b	组合平面	细腰形或角部重叠形	参见《高层建筑混凝土结构技术规程》JGJ 3-2010 第 3.4.3 条
3	楼板不连续	有效宽度小于 50%，开洞面积大于 30%，错层大于梁高	参见《建筑抗震设计标准》GB/T 50011-2010（2024 年版）第 3.4.3 条
4a	刚度突变	相邻层刚度变化大于 70%（按《高层建筑混凝土结构技术规程》考虑层高修正时，数值相应调整）或连续三层变化大于 80%	参见《建筑抗震设计标准》GB/T 50011-2010（2024 年版）第 3.4.3 条和《高层建筑混凝土结构技术规程》JGJ 3-2010 第 3.5.2 条

续表

序号	不规则类型	简要含义	备注
4b	尺寸突变	竖向构件收进位置高于结构高度的20%且收进大于25%,或外挑大于10%和4 m,多塔	参见《高层建筑混凝土结构技术规程》JGJ 3-2010第3.5.5条
5	构件间断	上下墙、柱、支撑不连续,含加强层、连体类	参见《建筑抗震设计标准》GB/T 50011-2010(2024年版)第3.4.3条
6	承载力突变	相邻层受剪承载力变化大于80%	参见《建筑抗震设计标准》GB/T 50011-2010(2024年版)第3.4.3条
7	局部不规则	局部的穿层柱、斜柱、夹层、个别构件错层或转换,或个别楼层扭转位移比略大于1.2	已计入1~6项者除外

注:①深凹进平面在凹口设置连梁,当连梁刚度较小,不足以协调两侧的变形时,仍视为凹凸不规则,不按楼板不连续的开洞对待。
②序号a、b不重复计算不规则项。
③局部的不规则,视其位置、数量等对整个结构影响的大小判断是否计入不规则的一项。

同时具有表2-9中的两项或同时具有表2-8和表2-9中某项不规则的高层建筑工程也为规则性超限工程。

表2-9 规则性超限工程判定规则二类(不论高度是否大于表2-7中的限值)

序号	不规则类型	简要含义	备注
1	扭转偏大	裙房以上的较多楼层考虑偶然偏心的扭转位移比大于1.4	不与表2-8中的1项重复计算
2	抗扭刚度弱	扭转周期比大于0.9,超过A级高度的结构扭转周期比大于0.85	
3	层刚度偏小	本层侧向刚度小于相邻上层的50%	不与表2-8中的4a项重复计算
4	塔楼偏置	单塔或多塔与大底盘的质心偏心距大于底盘相应边长的20%	不与表2-8中的4b项重复计算

具有表2-10中的一项不规则的高层建筑工程也是规则性超限工程。

表2-10 规则性超限工程判定规则三类(不论高度是否大于表2-7中的限值)

序号	不规则类型	简要含义
1	高位转换	框支墙体的转换构件位置:7度超过5层,8度超过3层
2	厚板转换	7~9度设防的厚板转换结构
3	复杂连接	各部分层数、刚度、布置不同的错层,连体两端塔楼高度、体型或沿大底盘某个主轴方向的振动周期显著不同的结构
4	多重复杂	结构同时具有转换层、加强层、错层、连体和多塔等复杂类型的3种及以上

注:仅前后错层或左右错层属于表2-8中的一项不规则,多数楼层同时前后、左右错层属于本表的复杂连接。

(3)屋盖超限工程:屋盖的跨度、长度或结构形式超出《建筑抗震设计标准》GB/T 50011-2010(2024年版)第10章及《空间网格结构技术规程》JGJ 7-2010、《索结构技术规程》JGJ 257-2012等空间结构规程规定的大型公共建筑工程(不含骨架支承式膜结构和空气支承膜结构)。

除上述三种超限工程外，其他高层建筑工程如表 2-11 所示。

表 2-11　其他高层建筑工程

序号	简称	简要含义
1	特殊类型高层建筑	《建筑抗震设计标准》《高层建筑混凝土结构技术规程》《高层民用建筑钢结构技术规程》暂未列入的其他高层建筑结构，特殊形式的大型公共建筑及超长悬挑结构，特大跨度的连体结构等
2	大跨屋盖建筑	空间网格结构或索结构的跨度大于 120 m 或悬挑长度大于 40 m，钢筋混凝土薄壳跨度大于 60 m，整体张拉式膜结构跨度大于 60 m，屋盖结构单元的长度大于 300 m，屋盖结构形式为常用空间结构形式的多重组合、杂交组合以及屋盖形体特别复杂的大型公共建筑

注：表中大型公共建筑的范围，可参见《建筑工程抗震设防分类标准》GB 50223-2008。

具体工程的界定遇到问题时，可从严考虑或向全国超限高层建筑工程抗震设防审查专家委员会、工程所在地省超限高层建筑工程审查专家委员会咨询。

【问题 2】 超限高层建筑工程抗震设防专项审查在哪个阶段进行？需提交什么资料？

【分析与对策】 超限高层建筑工程抗震设防专项审查应在初步设计阶段进行，施工图审查时应落实专项审查确定的抗震设防目标和措施。超限高层建筑工程抗震设防专项审查需提交的资料如下。

（1）超限高层建筑工程抗震设防专项审查申报表和超限情况表（至少 5 份）。申报表应包括以下内容：基本情况、抗震设防依据、勘察报告基本数据、基础设计概况、建筑结构布置和选型、结构分析主要结果、超限设计的抗震构造、需要附加说明的问题等。制表人可根据工程项目的具体情况对以上内容进行增减。参考表样详见《超限高层建筑工程抗震设防专项审查技术要点》。

（2）建筑结构工程超限设计的可行性论证报告（至少 5 份）。应说明其超限的类型（对高度超限、规则性超限工程，如高度、转换层形式和位置、多塔、连体、错层、加强层、竖向不规则、平面不规则；对屋盖超限工程，如跨度、悬挑长度、结构单元总长度、屋盖结构形式与常用结构形式的不同、支座约束条件、下部支承结构的规则性等）和超限的程度，并提出有效控制安全的技术措施，包括抗震、抗风技术措施的适用性、可靠性，整体结构及其薄弱部位的加强措施，预期的性能目标，屋盖超限工程尚包括有效保证屋盖稳定性的技术措施。

（3）建设项目的岩土工程勘察报告。应包括岩土特性参数、地基承载力、场地类别、液化评价、剪切波速测试成果及地基基础方案。当设计有要求时，应按规范规定提供结构工程时程分析所需的资料。处于抗震不利地段时，应有相应的边坡稳定评价、断裂影响和地形影响等场地抗震性能评价内容。

（4）结构工程初步设计计算书（主要结果，至少 5 份）。

（5）初步设计文件（建筑和结构工程部分，至少 5 份）。设计深度应符合《建筑工程设计文件编制深度的规定》的要求，设计说明要有建筑安全等级、抗震设防分类、设防烈度、设计基本地震加速度、设计地震分组、结构的抗震等级等内容。

（6）当参考使用国外有关抗震设计标准、工程实例和震害资料及计算机程序时，应提供理由和相应的说明。

(7)进行模型抗震性能试验研究的结构工程,应提交抗震试验方案,提供抗震试验数据和研究成果。如有提供应有明确的适用范围和结论。

(8)进行风洞试验研究的结构工程,应提交风洞试验报告。

【问题3】 超限高层建筑抗震设计的可行性论证报告有什么具体要求?

【分析与对策】 超限高层建筑抗震设计的可行性论证报告主要包含以下内容。

(1)封面(工程名称、建设单位、设计单位、合作或咨询单位)。

(2)效果图(彩色;可单列,也可置于封面或列于工程简况中)。

(3)设计名册(设计单位负责人和建筑、结构主要设计人员名单,单位和注册资格章)。

(4)目录及具体内容。

①工程简况(地点、周围环境、建筑用途和功能描述,必要时附平、剖面示意图)。

②设计依据(批件、标准和资料,可含咨询意见及回复)。

③设计条件和参数。

(a)设防标准(含设计使用年限、安全等级和抗震设防参数等)。

(b)荷载(含特殊组合)。

(c)主要勘察成果(岩土的分布及描述、地基承载力、剪切波速和覆盖层厚度、不利地段的场地稳定评价等)。

(d)结构材料强度和主要构件尺寸。

④地基基础设计。

⑤结构体系和布置(传力途径、抗侧力体系的组成和主要特点等)。

⑥结构超限类别及程度。

(a)高度超限分析或屋盖尺度超限分析。

(b)不规则情况分析或非常用的屋盖形式分析。

(c)超限情况小结。

⑦超限设计对策。

(a)超限设计的加强措施(如结构布置措施、抗震等级、特殊内力调整、配筋等)。

(b)关键部位、构件的预期性能目标。

⑧超限设计的计算及分析论证(以下论证的项目应根据超限情况自行调整)。

(a)计算软件和计算模型。

(b)结构单位面积重力和质量分布分析(后者用于裙房相连、多塔、连体等)。

(c)动力特性分析(对多塔、连体、错层等复杂结构和大跨屋盖,须提供振型)。

(d)位移和扭转位移比分析(用于扭转比大于1.3和分块刚性楼盖、错层等)。

(e)地震剪力系数分析(用于须调整才可满足最小值要求的情况)。

(f)整体稳定性和刚度比分析(后者用于转换、加强层、连体、错层、夹层等)。

(g)多道防线分析(用于框剪、内筒外框、短肢较多等结构)。

(h)轴压比分析(底部加强部位和典型楼层的墙、柱轴压比控制)。

(i)弹性时程分析补充计算结果分析(与反应谱计算结果的对比和需要的调整)。

(j)特殊构件和部位的专门分析(针对超限情况具体化,含性能目标分析)。

(k)屋盖结构、构件的专门分析(挠度、关键杆件稳定和应力比、节点、支座等)。

(l)控制作用组合的分析和材料用量预估(单位面积钢材、钢筋、混凝土用量)。

⑨总结。

(a)结论。

(b)下一步的工作、问题和建议(含试验要求等)。

(5)论证报告正文(内容不要与专项审查申报表、计算书简单重复,可利用必要的图、表)。

(6)初步设计建筑图、结构图、计算书(作为附件,可另装订成册)。

(7)报告及图纸的规格(A3,文字分两栏排列,大底盘结构的底盘等宜分两张出图,效果图和典型平、剖面图宜提供电子版)。

【问题 4】 超限高层建筑抗震设计的计算书应包含什么内容?

【分析与对策】(1)计算软件和模型:软件名称和版本及力学模型。

(2)主要计算输入参数:设防烈度(基本加速度)、设计地震分组、场地类别、所计入的单向或双向水平及竖向地震作用、抗震等级、周期折减系数、阻尼比、输入地震时程记录的时间、地震名、记录台站名称和加速度记录编号、风荷载、雪荷载和设计温差、主要构件的截面尺寸、材料强度、结构荷载布置。

(3)上部结构主要计算结果:结构自振特性(周期、扭转周期比,对多塔、连体类和复杂屋盖含必要的振型),整体计算结果(对高度超限、规则性超限工程,含侧移、扭转位移比、楼层受剪承载力比、结构总重力荷载代表值和地震剪力系数、楼层刚度比、结构整体稳定、墙体(或筒体)和框架承担的地震作用分配等;对屋盖超限工程,含屋盖挠度和整体稳定、下部支承结构的水平位移和扭转位移比等),主要构件的轴压比、剪压比(钢结构构件、杆件为应力比)、配筋等。

(4)地基基础主要计算结果:地基承载力验算(包括地基处理或桩基承载力计算)、地基变形计算、基础冲切验算等。

(5)中震和大震计算书应根据设定的计算性能目标提供相应的输入参数、计算模型和结果。

(6)借鉴国外经验时,应区分抗震设计和非抗震设计,了解是否经过地震考验,并判断是否与该工程项目的具体条件相似。

(7)对超高很多或结构体系特别复杂、结构类型特殊的工程,提供实际工程的动力特性测试。

【问题 5】 抗震设防专项审查主要审查什么内容?

【分析与对策】(1)建筑抗震设防依据。

(2)场地勘察成果及地基和基础的设计方案。

(3)建筑结构的抗震概念设计和性能目标。

(4)总体计算和关键部位计算的工程判断。

(5)结构薄弱部位的抗震措施。

(6)可能存在的影响结构安全的其他问题。

对于特殊体型(含屋盖)或风洞试验结果与荷载规范规定相差较大的风荷载取值,以及特殊超限高层建筑工程(规模大、高宽比大等)的隔震、减震设计,宜由相关专业的专家在抗震设防专项审查前进行专门论证。

【问题6】 超限高层建筑工程设计和审查应遵循哪些基本原则?

【分析与对策】(1)严格执行规范、标准的强制性条文,并能全面准确理解规范、标准的内涵并正确运用。

(2)对高度超限或规则性超限工程,不应同时具有转换层、加强层、错层、连体和多塔等五种类型中的四种及以上的复杂类型;当房屋高度在《高层建筑混凝土结构技术规程》JGJ 3-2010规定的B级高度范围内时,比较规则应按《高层建筑混凝土结构技术规程》JGJ 3-2010执行,其余应针对其不规则项的多少、程度和薄弱部位,明确提出为达到安全而比现行规范、规程的规定更严格的具体抗震措施或预期性能目标;当房屋高度超过《高层建筑混凝土结构技术规程》JGJ 3-2010规定的B级高度以及房屋高度、平面和竖向规则性等三方面均不满足规定时,应提供达到预期性能目标的充分依据,如试验研究成果、所采用的抗震新技术和新措施以及不同结构体系的对比分析等的详细论证。

(3)对屋盖超限工程,应对关键杆件的长细比、应力比和整体稳定性控制等提出比现行规范、规程的规定更严格的、更有针对性的具体措施或预期性能目标;当屋盖形式特别复杂时,应提供达到预期性能目标的充分依据。

(4)在现有的技术、经济条件下,当结构安全与建筑形体等方面出现矛盾时,应以结构安全为重;建筑方案(包括局部方案)设计应服从结构安全。不应采用严重不规则的建筑结构方案。

(5)对超限超高很多或结构体系特别复杂、特别不规则结构,当没有可供借鉴的设计依据时,应选择整体结构、结构构件、部件或节点模型进行抗震性能试验研究。

(6)超限高层建筑工程、复杂高层建筑工程,一般都要进行性能化设计。需要综合考虑使用功能、设防烈度、结构不规则程度和类型、结构发挥延性变形的能力、造价、震后各种损失及修复难易等因素,对选定的抗震性能目标提出技术和经济可行性综合分析和论证。

(7)应体现抗震概念设计与计算分析并重的原则,设计者应通过已有的工程经验,结合抗震概念设计,精准地进行结构分析,有针对性地采取抗震措施,必要时采用抗震试验验证,满足结构工程抗震设计的特殊要求。

(8)超限高层建筑工程抗震设防设计标准不应低于现行规范要求。超限高层建筑工程抗震设计和专项审查必须满足国家现行有关标准及规定。

【问题7】 高度超限和规则性超限工程应注意的抗震概念设计有哪些?

【分析与对策】(1)各种类型的结构应有其合适的使用高度、单位面积自重和结构截面尺寸。结构的总体刚度适当,变形特征合理,楼层最大层间位移和扭转位移比尽量符合规范、规程的要求。

(2)应满足多道设防的要求。框架与墙体、筒体结构中,框架部分地震剪力的调整宜依据其超限程度比规范的规定适当增加;超高的框架-核心筒结构,其混凝土内筒和外框之间的刚度宜有一个合适的比例,框架部分计算分配的楼层地震剪力,除底部个别楼层、加强层及其相邻上下层外，多数不低于基底剪力的 8%，且最大值不宜低于 10%，最小值不宜低于 5%。主要抗侧力构件中沿全高不开洞的单肢墙，应针对其延性不足采取相应措施。

（3）当结构超高时应从严掌握规则性的要求，明确竖向不规则和水平向不规则的程度，应注意楼板局部开大洞导致较多数量的长短柱共用和细腰形平面可能造成的不利影响，避免过大的地震扭转效应。对不规则建筑的抗震设计要求，可依据抗震设防烈度和高度的不同有所区别。当在主楼与裙房间设置防震缝时，缝宽应适当加大或采取其他措施。

（4）应避免软弱层和薄弱层出现在同一楼层。

（5）转换层应严格控制上下刚度比；墙体通过次梁转换和柱顶墙体开洞，应有针对性地加强措施。水平加强层的设置数量、位置、结构形式，应在满足位移指标的前提下尽量避免刚度过大的突变；伸臂构件上下弦杆应贯通核心筒的墙体，墙体在伸臂斜腹杆的节点处应采取措施避免应力集中导致破坏。

（6）多塔、连体、错层等复杂体型的结构，应尽量减少不规则的类型和程度；应注意分析局部区域或沿某个地震作用方向上可能存在的问题，分别采取相应的加强措施。对复杂的连体结构，宜根据工程具体情况（包括施工），确定是否补充不同工况下各单塔结构的验算。

（7）当几部分结构的连接薄弱时，应考虑连接部位各构件的实际构造和连接的可靠程度，必要时可取结构整体模型和分开模型计算的不利情况，或要求某部分结构在设防烈度下保持弹性工作状态。

（8）注意加强楼板的整体性，避免楼板的削弱部位在大震下受剪破坏；当楼板开洞较大时，宜进行截面受剪承载力验算。

（9）出屋面结构和装饰构架自身较高或体型相对复杂时，应参与整体结构分析，材料不同时还要适当考虑阻尼比不同的影响，应特别加强其与主体结构的连接部位。

（10）当高宽比较大时，应注意复核地震下地基基础的承载力和稳定性。

（11）应合理确定结构的嵌固部位。

【问题 8】 屋盖超限工程应注意的抗震概念设计有哪些？

【分析与对策】 大屋盖广泛用于体育馆、会展中心、车站、机场候机楼、剧院、仓库及大型工业厂房建筑中。常用的结构形式为网壳、网架、空间桁架、双向张弦梁结构等新奇特的大屋盖建筑。结构布置上强调屋盖及下部支承结构的质量、刚度分布均衡，确定结构的整体性和传力明确，局部和整体稳定。大屋盖建筑有单向传力体系和空间传力体系。单向传力体系指平面拱、单向平面桁架、单向主体桁架、单向张弦梁等结构形式。空间传力体系有网架、网壳、双向主体平行架、双向张弦梁和弦支穹顶等结构形式。

（1）单向传力体系。单向传力体系的主要抗震措施是保证垂直于主结构方向的水平地震力传递及主结构的稳定性。因此，强调屋盖支撑系统布置的重要性。其次，单向主体桁架中与屋面同层的两（多）根主弦杆也应设置斜杆。同时，当桁架支座采用下弦节点支承时，必须采取有效措施确保支座处桁架不发生平面外扭转，如设置纵向桁架。

（2）空间传力体系。空间传力体系重点应保证结构刚度均匀和整体性，避免出现薄弱环节。但有时由于建筑造型和功能要求往往在大屋盖上开洞或局部有凸出装置，这样就造成结构刚度不均匀。如某项目屋面开大洞，审查时，要求对屋盖结构进行有限元分析，结果屋盖结构布置进行了大的调整。又如某项目屋盖采用网架,由于局部造型凸出屋面圆筒,进行有限元计算,结果表明大震作用下屋盖振型复杂,洞口处刚度严重不均很难达到抗震要求,必须采取加周边封闭桁架支撑的措施。网架水平刚度较弱,沿周边应设置封闭支撑。下弦支撑时,下弦周边应设置封闭的水平支撑。单层网壳必须采用节点刚接。对于三边支承、一边开口的屋盖结构,应在开口边局部增加结构杆件形成边桁架,提高开口刚度及整体性。

(3)支承屋盖的结构体系。支承屋盖的结构体系可以是钢筋混凝土框架、框架-剪力墙、型钢混凝土结构、钢结构等。需注意的是应与屋盖结构协同工作,应充分考虑上部屋盖地震响应特点,避免采用不规则结构布置而使屋盖产生过大的地震扭转效应。常用的支承结构有混凝土框架结构、框架-剪力墙结构、钢框架结构、伞状柱结构等。

大跨度屋盖结构的重要设计原则是屋盖的地震作用能有效地通过支座向下传递,地震作用能有效地通过支座传递给下部结构和基础。传递途径应合理,明确直接。地震力的传递途径及承受水平力的支座是设计关注的重点,也是超限审查关注的重点。支承点的布置应根据屋盖竖向和水平地震作用情况均衡布置;支座的构造应符合计算模型的边界条件假定并具有足够的承载力和满足变形要求。

【问题 9】 如何界定凹凸不规则、组合平面和楼板开大洞?

【分析与对策】 超限判定中有时凹凸不规则、组合平面和楼板开大洞容易混淆。一般来说,凹凸不规则和组合平面是从结构的平面体系来考察结构的不规则性,而楼板开大洞是从水平构件的连续性来考察结构的不规则性。通俗地说,如果结构的每层平面布置接近,其不连续部位的顶部没有楼板(没盖儿),一般认为是凹凸不规则或组合平面,而各层楼板布置不尽相同,且不连续部位上部有楼板(有盖儿)则认为是楼板开大洞。

【问题 10】 抗震性能化设计主要应关注哪些内容?

【分析与对策】 建筑结构的抗震性能化设计,应根据实际需要和可能,具有针对性。可分别针对整个结构,结构的局部或关键部位,结构的关键部件、重要构件、次要构件,以及建筑构件和机电设备支座的性能目标进行设定。具体应解决好承载力和构造(高承载力低延性和低承载力高延性)以及变形控制问题。在结构计算分析时应特别关注材料强度指标(设计值、标准值和极限值)的选取及荷载组合、阻尼比、刚度调整、周期调整等参数的选用。

性能化设计时针对不同情况要求结构或构件处于中震弹性,不屈服,不应出现塑性,抗剪处于弹性,抗弯不屈服。一般地震作用中震弹性高于小震弹性,小震弹性已基本满足中震不屈服。但在抗震等级为特一级、一级甚至二级时应关注:在小震作用下由于进行内力调整,按规范要求乘地震力放大系数(结构内力分析乘调整系数);场地分析处于不利地段时乘放大系数;处于地震断裂带附近,应考虑近震影响,乘地震力放大系数等。并且采用的荷载已考虑组合系数、材料系数等。这时宜设计成中震弹性,若中震不屈服则可能小于小震弹性。如果设计时取中震不屈服,应取中震和小震结果中的较大值。

性能化设计应强调抗剪承载力高于抗弯承载力(强剪弱弯)。

连接节点的力学模型或假定应传力明确,适当增加赘余度,节点抗震构造应强于杆件(强节点弱杆件)。

性能化设计目标，在保证达到设防标准后，应考虑技术、经济的合理性。

【问题 11】 B 级高度的超限高层是否需要做中、大震下的性能化设计？

【分析与对策】《超限高层建筑工程抗震设防专项审查技术要点》（2015 年版）第九条规定：当房屋高度在《高层建筑混凝土结构技术规程》JGJ 3-2010 规定的 B 级高度范围内时，比较规则的应按《高层建筑混凝土结构技术规程》JGJ 3-2010 执行，其余应针对其不规则项的多少、程度和薄弱部位，明确提出为达到安全而比现行规范、规程的规定更严格的具体抗震措施或预期性能目标；当房屋高度超过《高层建筑混凝土结构技术规程》JGJ 3-2010 规定的 B 级高度以及房屋高度、平面和竖向规则性等三方面均不满足规定时，应提供达到预期性能目标的充分依据，如试验研究成果、所采用的抗震新技术和新措施以及不同结构体系的对比分析等的详细论证。

《高层建筑混凝土结构技术规程》JGJ 3-2010 第 5.1.12、5.1.13 条等规定了 B 级高度的高层建筑结构抗震计算要求，包括采用至少两个不同力学模型的结构分析软件进行整体计算，宜考虑平扭耦联计算结构的扭转效应及振型数量，采用弹性时程分析法进行补充计算，宜采用弹塑性静力或弹塑性动力分析方法补充计算等。第 3.11.1 条条文说明对各类超高或不规则建筑的性能化目标选择给出了示例建议，当房屋高度超过 A 级高度时，可考虑选用 C 级或 D 级性能目标。

因此，B 级高度的超限高层一般需考虑抗震性能化设计，实际工程情况复杂，选择性能目标时，应征求业主和有关专家的意见。

【问题 12】 如何选择弹塑性分析的计算分析方法？

【分析与对策】 抗震性能化设计有两种分析方法：等效弹性和静力或动力非线性方法。《建筑抗震设计标准》GB/T 50011-2010（2024 年版）规定：构件总体上处于开裂阶段或刚刚进入屈服阶段，可取等效刚度和等效阻尼，按等效线性方法估算；构件总体上处于承载力屈服之极限阶段，宜采用静力或动力弹塑性分析方法估算；构件总体上处于承载力下降阶段，应采用计入下降段参数的动力弹塑性分析方法估算。《高层建筑混凝土结构技术规程》JGJ 3-2010 规定：第三、四性能水准结构，允许采用等效弹性的方法计算竖向构件和关键部位构件的组合内力；但是第五性能水准结构抗震性能必须通过弹塑性计算加以深入分析。

【问题 13】 超限建筑工程时程分析地震波的选取需要注意满足什么要求？

【分析与对策】（1）数量要求：不少于 3 组，一般取 7 组或 7 组以上。当取 3 组地震波时，采用 2 组天然波和 1 组人工波；当采用 7 组及 7 组以上地震波时，天然波的数量不应少于总数的 2/3。

（2）频谱特性要求：选取地震波的平均地震影响系数曲线与振型分解反应谱法所用的地震影响系数曲线相比，在对应结构主要振型的周期点上相差不大于 20%。计算结果在结构主方向的平均底部剪力不小于振型分解反应谱法计算结果的 80%，每条地震波的计算结果不小于 65%。

（3）有效峰值要求：输入地震加速度的最大值按《建筑抗震设计标准》GB/T 50011-2010（2024 年版）表 5.1.2-2 采用。当地震波双向或三向输入时，其加速度最大值按 1（水平主向):0.85(水平次向):0.65(竖向)调整。

(4)持时要求:从地震波首次达到该时程曲线最大峰值的 10%的那一点算起,到最后一点达到最大峰值的 10%为止,持续时间一般不小于结构基本周期的 5 倍和 15 s。

【问题 14】 超限高层建筑工程抗震性能设计需补充哪些计算分析?

【分析与对策】 结构超限情况不同,结构的计算内容不同。一般情况下,除按规范进行小震弹性抗震验算外,超限高层建筑应补充以下计算分析内容。

(1)多遇地震作用下,应补充结构弹性时程分析,计算结果取时程法的包络值(平均值)和振型分解反应谱法的较大值。

(2)至少采用两个不同力学模型的结构分析软件进行整体计算。一般认为,SATWE 和 YJK 属于相同的力学模型。

(3)罕遇地震作用下,结构应进行弹塑性分析,对弹塑性层间位移角、钢材(钢筋)的受拉塑性应变及混凝土的受压损伤程度、结构薄弱部位、整体结构的承载力不发生下降等抗震性能进行深入分析。

(4)按照预期性能目标,对中震、大震水准下结构构件及连接节点的承载力进行验算。

(5)对于超长结构,应进行温度作用下的楼板应力分析。

(6)对于复杂节点,应进行详细的有限元分析。

(7)对于大跨度结构,应进行施工安装过程分析。

【问题 15】 超限建筑底部剪力系数不满足规范时如何调整?

【分析与对策】 结构总地震剪力以及各层的地震剪力与其以上各层总重力荷载代表值的比值,应符合抗震规范的要求,对Ⅲ、Ⅳ类场地尚宜适当增加。当结构底部计算的总地震剪力偏小需调整时,其以上各层的剪力、位移也均应适当调整。

基本周期大于 6 s 的结构,计算的底部剪力系数比规定值低 20%以内,基本周期为 3.5~5 s 的结构比规定值低 15%以内,即可采用规范关于剪力系数最小值的规定进行设计。基本周期在 5~6 s 的结构可以插值采用。

6 度(0.05*g*)设防且基本周期大于 5 s 的结构,当计算的底部剪力系数比规定值低但按底部剪力系数 0.8%换算的层间位移满足规范要求时,即可采用规范关于剪力系数最小值的规定进行抗震承载力验算。

【问题 16】 何时应考虑施工过程对超限高层建筑结构的影响?

【分析与对策】 超限高层在进行以下计算分析时应考虑施工过程影响。

(1)超限高层在进行重力荷载作用效应分析时,应考虑施工过程对柱、墙、斜撑等构件的轴向变形的影响。

(2)结构弹塑性分析应考虑施工过程的影响,以施工全过程完成后的内力为初始状态。

(3)当带加强层的超限高层在施工工序及连接构造上采取减小竖向温度变形及轴向压缩差的措施时,结构分析模型应能反映施工措施的影响。

(4)钢框架-核心筒结构内筒先于外围框架施工时,应考虑施工阶段筒体在风力及其他荷载作用下的不利状态；应验算在混凝土浇筑之前外围型钢结构在施工荷载及可能的风荷载作用下的承载力、稳定及变形，并据此确定钢结构安装与浇筑楼层混凝土的间隔层数。

（5）大跨度连体结构、屋盖结构应对吊装及合拢过程中结构的承载力、稳定及变形进行验算。

【问题 17】 超限高层建筑工程的抗震加强措施有哪些？

【分析与对策】 超限高层的抗震加强措施主要包括三个方面：提高承载力，提高延性，加强抗震薄弱部位。

（1）提高承载力的措施有：抗震等级、内力调整、轴压比、剪压比、钢材的材质选取等方面的加强。

（2）提高延性的措施有：增设芯柱、约束边缘构件、型钢混凝土或钢管混凝土构件，以及减震耗能部件等。

（3）加强抗震薄弱部位应在承载力和细部构造（保证延性、连接可靠）两方面采取相应的综合措施。

【问题 18】 超限高层建筑工程的地基与基础设计应满足哪些基本要求？

【分析与对策】（1）地基基础类型合理，基础优先选用整体性好的筏板基础，地基持力层选择可靠。

（2）正确分析主楼和裙房设置沉降缝的利弊。

（3）建筑物总沉降量和差异沉降量控制在允许的范围内。

第 3 章

房屋建筑工程给水排水专业

3.1 设计文件编制深度

【问题 1】 给水排水专业施工图技术性审查应包括以下主要内容。

【分析与对策】（1）是否符合工程建设强制性标准（强制性条文）。

（2）是否符合民用建筑节能强制性标准，对执行绿色建筑标准的项目，还应当审查其是否符合绿色建筑标准。

（3）注册执业人员以及相关人员是否按规定在施工图上签字（设计、校对、审查等）。

（4）法律、法规、规章规定必须审查的其他内容。

【问题 2】 验收规范中的强制性条文是否属于审图内容？

【分析与对策】《实施工程建设强制性标准监督规定》对工程建设过程中各阶段实施强制性标准监督有明确分工规定。该规定第六条的具体分工如下。

建设项目规划审查机关应当对工程建设规划阶段执行强制性标准的情况实施监督。

施工图设计文件审查单位应当对工程建设勘察、设计阶段执行强制性标准的情况实施监督。

建筑安全监督管理机构应当对工程建设施工阶段执行施工安全强制性标准的情况实施

监督。

工程质量监督机构应当对工程建设施工、监理、验收等阶段执行强制性标准的情况实施监督。

根据该规定的分工,审图机构对验收规范中的强制性条文无审查责任。

【问题3】关于《房屋建筑和市政基础设施工程施工图设计文件审查管理办法》第十一条第(七)款"法律、法规、规章规定必须审查的其他内容"的问题。

【分析与对策】《中华人民共和国建筑法》《建设工程质量管理条例》中有关于设计选用的设备、材料等"不得指定生产厂、供应商"的规定。《建设工程勘察设计管理条例》中有设计文件应符合"国家规定的建设工程勘察、设计深度要求"的规定。《城市供水条例》中有关于不得在城市公共供水管道上直接装泵抽水和不得擅自将自建设施供水管网系统与城市公共供水管网系统连接的规定。《城市节约用水管理规定》中有用水单位及新建住宅应当安装分户计量水表的规定及应当采取循环用水的规定。《河北省民用建筑节能条例》中有建筑面积在30 000 m^2以上、用水量较大的新建公共建筑和建筑面积在100 000 m^2以上的新建住宅小区,应配套建设中水回用设施的规定。住房城乡建设部和河北省建设行政主管部门推广新技术和限制、禁止使用落后技术的规定等都在施工图审查之列。

3.2 建筑室外给水排水

【问题1】自建供水设施的供水管道与城镇供水管道的连接问题。

【分析与对策】《城市供水条例》第三十二条规定,禁止擅自将自建设施供水管网系统与城市公共供水管网系统连接。《建筑给水排水与节水通用规范》GB 55020-2021第3.1.4条规定,自建供水设施的供水管道严禁与城镇供水管道直接连接。该强制性条文的条文说明中明确:"禁止擅自将自建设施供水管网系统与城市公共供水管网系统连接;因特殊情况确需连接的,必须经城市自来水供水企业同意,报城市供水行政主管部门和卫生行政主管部门批准,并在管道连接处采取必要的防护措施。"当需要将城镇给水作为自备水源的备用水或补充水时,无论自备水源系统供水水质是否符合或优于城市给水水质,都不能将自备水源的供水管道与城镇给水管道(即城市自来水管道)直接连接,必须将城市给水管道的水放入自备水源系统的贮水(或调节)池,通过自备水源系统的加压设备后使用。城镇给水的放水口与贮水(或调节)池溢流水位之间必须有有效的空气隔断。非生活用水管道更不得与城市自来水管道直接连接,包括通过防污断阀或倒流防止器的连接也是不允许的。

【问题2】二次加压与调蓄设施不得影响城镇给水管网正常供水的问题。

【分析与对策】《城市供水条例》第三十五条规定,不允许在城市公共供水管道上直接装泵抽水。二次供水不能影响城镇整体供水管网的运行安全,二次供水系统如选择不合理、设备质量不合格、工程施工质量不符合要求、验收不严格、运行管理不善等都可能对城镇供水管网水质、水量和水压造成影响。当采用管网叠压供水设施时,应在进水管上设倒流防止器,并应得到城市供水主管部门的批准。另外,叠压供水设施生产厂家很多,有省级或省级以上质量技术监督部门的检测报告、设备生产许可证及卫生行政主管部门颁发的卫生许可证的厂家方能选用。叠压供水设施的技术性能应符合现行国家及行业标准的要求。

【问题 3】《建筑给水排水与节水通用规范》GB 55020-2021 第 3.2.3 条要求室外给水管网干管应成环状布置，如项目只有一个建筑物是否室外供水管网也要成环？

【分析与对策】 建筑与小区由城镇管网直接供水或区域二次加压的给水管网干管，应在室外或地下室内成环状布置。地块内建筑重要性小、建筑面积不大、用水量小的一栋或两栋建筑，其供水干管可根据实际情况成枝状布置。

【问题 4】 室外联合供水管网的设计问题。

【分析与对策】 建筑物的低压室外消防给水系统可与生产、生活给水管道系统合用，合用系统的设计流量应为最大消防设计流量与生活、生产用水量最大设计流量之和（淋浴用水量按 15%计，浇洒及洗刷等火灾时能停用的用水量可不计）。如果当地自来水管理部门有“生活、消防等用水分别计量”的要求时，应按自来水管理部门的要求执行，应各自独立设置。

【问题 5】 市政给水压力不明确，给水压力与各单体入户压力概念不清，合二为一。

【分析与对策】 市政管网供水压力指市政供水公司提供的建设项目附近市政道路供水管网水压，并非项目入户管网水压，设计说明应补充明确具体数值；设计应根据市政压力分别计算各单体入户压力，并且该压力应满足最不利点卫生器具工作压力。

【问题 6】 水表的设置问题。

【分析与对策】 水表的设置应满足《建筑给水排水设计标准》GB 50015-2019、《民用建筑节水设计标准》GB 50555-2010 的规定。

《建筑给水排水设计标准》GB 50015-2019 第 3.5.16 条规定下列部位应设置水表：建筑物的引入管、住宅的入户管；公共建筑内按用途和管理要求需计量水量的水管；根据水平衡测试的要求进行分级计量的管段；根据分区计量管理需设水表计量的管段。《民用建筑节水设计标准》GB 50555-2010 第 6.1.9 条第 3 款规定，住宅小区及单体建筑引入管上应设计量水表。另外，需要单独计量的机房或用水设备也要设置水表。

【问题 7】 室外喷泉、涌泉及人可能进入戏水的水景、水池等是否属于亲水性水景？是否可用市政或地下水补水？

【分析与对策】 人体与水景按接触程度分为非直接接触和直接接触。非直接接触是指游人仅在水景外观赏。直接接触包括非全身接触和全身接触，也称亲水性。非全身接触是指游人参与水上娱乐，仅有部分身体可能与水接触，如允许游人划船的水面、流渠；全身接触是指游人可能全身浸入水中进行戏水活动，如旱喷泉、戏水喷泉等。

是否属于亲水性水景根据以上解释并结合实际情况判定。非亲水性室外景观水体不得采用市政自来水和地下井水补水。

【问题 8】《室外排水设计标准》GB 50014-2021 第 3.3.6 条规定，城镇已建有污水收集和集中处理设施时，分流制排水系统不应设置化粪池；《城乡排水工程项目规范》GB 55027-2022 第 4.2.11 条也要求逐步取消化粪池。设计时是否要取消化粪池？

【分析与对策】根据当地主管部门的要求执行。

【问题 9】 化粪池应设置通气管，通气管的设置有哪些要求？当化粪池分格设置时，是否要求每格都设置通气管？

【分析与对策】通气管可在化粪池顶板或顶板下侧壁上引出，并且通气管宜高空排放，且根据工程具体情况将通气竖管设在安全、不影响交通、不影响人员嗅觉感受的角落或隐蔽处。通气竖管顶端应设通气帽，通气管、通气竖管管径为 DN100。

化粪池通气管的具体做法参见图集《室外排水设施设计与施工——钢筋混凝土化粪池》（22S702）。

【问题 10】 雨水蓄水池的溢流口设置在室内的问题。

【分析与对策】雨水蓄水池的溢流口不宜设置在室内，当必须设置在室内且溢流口低于室外地面时，应符合下列要求：

①应设自动提升泵排除溢流雨水，溢流提升泵的排水标准应按 50 年降雨重现期 5 min 降雨强度设计；

②提升泵应采用双路电源；

③进蓄水池的雨水管应设超越管且应重力排水；

④雨水蓄水池应设溢流水位报警装置，报警信号引至物业管理中心。

【问题 11】 大底盘小区的地下室顶板上室外区域设置海绵设施是否有意义？

【分析与对策】海绵小区的设置本身就是一个多措施的收集处理工程，目的是减少外排雨水量，在覆土深度满足要求的情况下，下渗还是有作用的，否则对于大底盘的项目，若没有下渗，单一的采用收集无论占地还是造价都相对较高。因此在海绵小区的设计中，需要统筹考虑下渗、透水铺装、雨水花园以及雨水收集等措施的实施，共同来满足年径流总量控制率及污染物控制率的要求。

【问题 12】 下凹绿地的蓄水容积可以满足雨水年径流总量控制率的要求，但建筑物屋面采用内排雨水，且此部分雨水无法排至下凹绿地，此情况的调蓄设施如何设置？

【分析与对策】（1）下凹绿地的调蓄容积满足整个用地红线内海绵城市降雨总量控制率的要求时，可以将屋面内排雨水直接排入室外雨水管网，然后排至市政雨水管网。

（2）分期建设的项目应每期分别建设满足海绵城市降雨总量控制率的调蓄设施，如两期建设时间比较接近，可考虑在二期合并建设。

【问题 13】 海绵设计汇水分区不合理。

【分析与对策】海绵汇水分区的划分属于建筑专业、景观专业的设计工作，本专业可在前期阶段与其协调配合并提出合理化建议，使分区有利于海绵城市汇水的实施。

海绵汇水分区应根据屋面排水、道路高程、水流径向综合考虑，结合项目建设用地的地形、地貌，以及周边市政道路雨水排水条件，在满足项目规划指标的前提下，合理划分汇水分区。

【问题14】 设有雨水控制利用设施的小区，室外雨水口设置在道路的硬化面是否认定为违反《建筑给水排水与节水通用规范》GB 55020–2021第4.5.10条的强制性条文？

【分析与对策】 雨水控制利用设施为下凹绿地、雨水花园、浅沟等入渗系统时，室外雨水口应设置在下凹绿地、雨水花园等调蓄设施内，设置高度应高于调蓄设施的有效水位；当路面采用透水混凝土等透水地面时，雨水口可设在路上，可以认为属于溢流雨水口，雨水先通过透水路面下渗，再通过雨水口溢流。

当利用雨水调蓄池作为雨水控制利用设施时，雨水口可设置在道路的硬化面，雨水通过雨水管道收集进入调蓄池，超过雨水调蓄池控制能力的雨水溢流进入市政雨水管道。

改造项目有条件的建议按此条执行。

【问题15】 中水的设置要求及设计问题。

【分析与对策】 应严格执行《河北省民用建筑节能条例》第十九条的规定：建筑面积在30 000 m^2以上、用水量较大的新建公共建筑和建筑面积在100 000 m^2以上的新建住宅小区，应当配套建设中水回用设施。各地、市的要求严于省规定时，应执行各地、市的规定。

中水部分设计应说明原水性质、来源，处理站的位置、占地面积、处理水量，设计进、出水水质，主要的平面布置，采用的工艺流程，等等。

中水原水不得采用医疗废水、放射性废水、生物污染废水、重金属及其他有害有毒物质超标的排水。

中水管道严禁与生活饮用水管道连接。自来水补水应从水箱上部、顶部接入，补水口最低点高出溢流边缘的空气间隙不应小于150 mm。

中水给水管道应采取防止误接、误用、误饮的措施。

中水管网中所有组件和附属设施的显著位置应配置“中水”耐久标识，中水管道应涂浅绿色，埋地、暗敷中水管道应设置连续耐久标志带。中水管道取水接口处应配置“中水禁止饮用”的耐久标识。

中水设计如需二次深化设计，在设计中应明确且要经过施工图审查通过后才能施工，但应满足同时设计、施工、验收使用。

【问题16】 中水可以用于居住建筑冲厕吗？可以作为水景的补水吗？

【分析与对策】《健康住宅评价标准》T/CECS 462–2024第6.4.2条规定，中水等非传统水源不进入住宅户内用水系统。除地方规定有要求外，不建议中水回用于居住建筑冲厕。中水用于景观水体补水时，其氨氮指标应高于现行国家标准《城市污水再生利用　景观环境用水水质》GB/T 18921–2019的要求，不建议中水用于娱乐性水景补水。

【问题17】 根据《住房和城乡建设部关于发布〈房屋建筑和市政基础设施工程危及生产安全施工工艺、设备和材料淘汰目录（第一批）〉的公告》（中华人民共和国住房和城乡建设部公告2021年第214号），市政基础设施工程禁止使用污水检查井砖砌工艺。小区室外污水检查井是否属于市政基础设施范畴？砖砌化粪池与隔油池是否也不能使用？

【分析与对策】 小区室外污水检查井禁止采用砖砌工艺;砖砌化粪池与隔油池虽未禁止使用,但住房和城乡建设部办公厅《房屋市政工程禁止和限制使用技术目录(2022 年版)(征求意见稿)》中要求设区市、县(区)主城区建设工程和存在地下水源的区域不得采用砖砌化粪池。

【问题 18】 室外阀门井、消防井是否要求设防坠网?

【分析与对策】 阀门井深度超过规定深度的,建议加装防坠网。安装防坠网的深度应该根据井的深度、地面水平面、周围环境等因素而定,当井深大于 1.5 m 时或地面水平面高于井口时建议加装防坠网。

3.3 室内给水排水

【问题 1】 倒流防止器选型应满足对应的防回流污染的危害程度的要求,对于减压型倒流防止器的设置位置应提起注意,不应设置在有毒空气污染环境,不应设置在泄水阀排水口可能被淹没的位置。

【分析与对策】 当采用减压型倒流防止器时,可设置在地面以上的不会被泄水排水淹没的位置,或设置在地下室有排水设施的位置。如倒流防止器设在室外水表井中,水表井应设自动排水设施,不应和雨污水井直接连接。

【问题 2】《建筑给水排水与节水通用规范》GB 55020-2021 第 3.3.1 条第 1 款规定,建筑物内的生活饮用水水池与消防水水池(箱)并列设置时,应有各自独立的池(箱)壁。生活饮用水水池与生产等水池并列时如何执行?

【分析与对策】 如生产等水池的水质能达到《生活饮用水卫生标准》GB 5794-2022 的规定,生活水池可以与其共用池壁,否则应有各自独立的池壁。

【问题 3】 根据《建筑给水排水与节水通用规范》GB 55020-2021 第 3.3.6 条,给水加压、循环冷却等设备不得设置在卧室、客房及病房的上层、下层或毗邻上述房间,不得影响居住环境。消防稳压装置是否有同样的要求?当宿舍、客房、病房等房间上方必须设置消防水箱间或热水水箱间等机房时,在采取隔音防震措施后,机房是否可以设置在上述房间的上方?

【分析与对策】(1)给水加压、循环冷却等设备不得毗邻上述房间或布置在其正上方、正下方。当采用架空层隔开上述位置时,架空层空腔净高不应小于 600 mm。

(2)对于消防稳压设备、热水循环泵等产生振动和噪声的设备,均应满足上述要求。

(3)即使宿舍、客房、病房等房间上方采取双层楼板的隔音防震措施,也应尽可能避免设置在上述房间的上层。

(4)环境质量要求高的房间上方及屋面大型设备等可采用浮筑基础。

【问题 4】 根据《建筑给水排水与节水通用规范》GB 55020-2021 第 3.4.4 条,用水点处水压大于 0.20 MPa 的配水支管应采取减压措施。是否必须采用减压阀减压?阀门调节是否可行？

【分析与对策】 阀门可以用于控制管道内的流体流量，但并不能直接起到减压的作用，当管道中的流体流速较高时，闸阀可以通过适当限制管道的流量来减缓流体的速度从而起到减压的作用。当用水点处水压大于 0.20 MPa 时应采用减压阀减压，避免采用阀门调节进行减压。

【问题 5】《建筑给水排水与节水通用规范》GB 55020–2021 第 2.0.10 条要求，设备与管道应方便安装、调试、检修与维护。如何界定是否符合要求？

【分析与对策】（1）明装或吊顶内安装的管道、设备应尽量沿墙、梁布置；任一管道、设备或阀门检修时应有检修人员回转操作空间，同时不得影响其他任何系统的正常运行。

（2）墙槽、管窿、埋地或垫层内布置管道，应沿墙、梁平行布置，合理布置检修口（孔），使检修时破坏最小，且不应影响其他系统正常运行和使用。

（3）设备机房内管道设备间距应符合《建筑给水排水设计标准》GB 50015–2019 相关间距要求。需就地检修的设备附件应设置检修场地；需起吊运输的设备应保证设备安装、检修、更换时，起吊通路空间尺寸满足起吊运输要求，且不应影响其他系统的正常运行使用。

（4）管道井尺寸，应满足相关计量、检测仪表安装要求（含其前后直管段长度要求），且仪表读数方便，不应被遮挡；当任一管线需检修、更换操作时，不得影响其他系统管线的正常运行。

【问题 6】《建筑给水排水与节水通用规范》GB 55020–2021 第 3.3.1 条第 5 款规定，生活饮用水水池（箱）、水塔应设置消毒设施。在设计时，只在水泵吸水管上设置紫外线消毒器是否可以认为满足规范要求？

【分析与对策】 生活给水系统可采用以下消毒方法进行消毒：紫外线消毒法、二氧化钛光催化消毒法、臭氧消毒法、二氧化氯消毒法。推荐采用紫外线消毒法和二氧化钛光催化消毒法。

（1）市政直供给水系统若需要设置消毒装置，直接在引入管上设置。

（2）采用贮水箱（池）二次供水系统时，在水箱处设置消毒装置或在水泵吸水管或出水管处设置紫外线或光催化氧化均可。当二次加压供水系统的贮水设备的有效贮水容积超过 12 h 的用水量时，应采用在水箱设置消毒装置的消毒方式。

（3）采用管网叠压供水系统时，宜根据消毒装置承压能力在水泵吸水管或者出水管处设置消毒装置。

【问题 7】《建筑给水排水与节水通用规范》GB 55020–2021 第 3.3.4 条条文说明中要求在生活水泵房设置地面集水报警装置，设计中要实现此要求的具体做法是什么？

【分析与对策】 地面集水报警装置产品也就是常说的漏水检测器，它可以对机房是否积水进行实时监测，当机房地面有积水时，装置在现场会发出声音报警，提醒管理人员。同时，监控主机采集到集水检测器的异常后，会第一时间向管理人员发送短信、语音报警，确保管理人员能够及时收到报警通知。

【问题8】 倒流防止器和止回阀的设置问题。

【分析与对策】 止回阀是引导水流单向流动的阀件,并有削弱水锤力的作用,它的关闭是靠水流停止流动时阀瓣自身重力或弹簧力的作用,它的开启则是在水流压力作用下完成的。它不能使水的上下游之间形成有效的空气隔断,故它不能有效地防止倒流污染。倒流防止器由两个单向阀和中间的空气室构成,当水流前进方向的水压突然升高时,两个单向阀都关闭,两个单向阀中间的水排出,形成一空气隔断室,有效地防止了水的倒流污染。因此设置了倒流防止器的管路上,可以不必再安装止回阀。但是在要求防倒流污染的管路上,仅装止回阀不能满足要求。从城镇生活给水管网直接抽水的叠压供水设备的吸水管上应设倒流防止器。住宅户内使用的各种热水炉的供水管上可不设倒流防止器。

此外生活、消防合用水池系统中,应在消防泵出口设倒流防止器,以避免对生活用水造成水质影响。

倒流防止器在同一个系统中不应重复设置,以免阻力过大。

【问题9】 给水排水立管无法避免穿消防控制室时,对管道采取包砌的方式是否可行?

【分析与对策】 不可行。《建筑防火通用规范》GB 55037-2022 第4.1.8条第5款规定,消防控制室内不应敷设或穿过与消防控制室无关的管线。

【问题10】 学校建筑供水入口处是否必须设泄水阀?

【分析与对策】 依据《中小学校设计规范》GB 50099-2011 第10.2.4条规定,在寒冷及严寒地区的中小学校中,教学用房的给水引入管上应设泄水装置。有可能产生冰冻部位的给水管道应有防冻措施。

【问题11】《建筑给水排水设计标准》GB 50015-2019 第3.6.13条第5款规定,敷设在垫层或墙体管槽内的管材,不得采用可拆卸的连接方式。不锈钢管的环压、卡压连接方式,是否属于可拆卸的连接方式?不锈钢管能否用于卫生间支管或户内埋地支管?

【分析与对策】《建筑给水排水与节水通用规范》GB 55020-2021 第3.2.6条条文说明指出,生活饮用水给水管道敷设的位置要方便安装和维修,不影响结构安全和建筑物的使用,暗装时不能埋设在结构墙板内,暗设在找平层内时要采用抗耐蚀管材,且不能有机械连接件。机械连接方式包括可拆卸连接。环压、卡压属于机械连接方式,但不属于可拆卸连接方式。可拆卸连接包括卡套式和卡环式。

【问题12】《建筑给水排水设计标准》GB 50015-2019 第4.4.1条第4款规定,排水管道不得穿过变形缝、烟道和风道;当排水管道必须穿过变形缝时,应采取相应技术措施。地下室自然排烟窗井是否属于烟道或风道?有排水管穿越是否需采取措施?

【分析与对策】 烟道是排放各种烟气的管道、井道。自然排烟窗井不属于烟道或风道,不建议穿越。如确需穿越,应征得暖通专业同意,排水管应采取防烟防高温措施。

【问题13】 住宅建筑的客厅和阳台连通(阳台和客厅之间没有封闭),阳台设置洗衣机排水管可行吗(《建筑给水排水设计标准》GB 50015-2019 第4.4.1条第6款规定,排水管不得穿越住户客厅、餐厅）？住宅建筑的西厨（西式厨房）与餐厅合并设计，此时洗涤盆的排水管算穿越餐厅吗？

【分析与对策】《住宅设计规范》GB 50096-2011 对阳台、起居室（客厅）有明确的定义，这是两个不同的空间，即使阳台和客厅之间没有封闭，阳台也不能算作客厅，所以此种情况下洗衣机排水管是可以穿越阳台的。

厨房与餐厅合并设计的，洗涤盆的排水立管可以不算穿越餐厅。

【问题 14】 屋面雨水必须设置溢流口吗？屋顶雨水系统的溢流设施是按整个屋面考虑，还是按汇水面考虑？

【分析与对策】 屋面雨水溢流设施是保证屋面结构安全的重要组成部分，溢流设施可根据工程特点优先选用各种形式的溢流口，溢流排水不得危害建筑设施和行人安全。当无条件设置土建溢流口时，应设置溢流管道系统。溢流管道系统应独立设置，不得与其他系统合用。一旦降雨强度超过设计重现期的强度或者考虑雨水斗堵塞时，雨水将通过溢流设施排除，保证屋面不会严重积水。

工程设计中，溢流设施高出屋面的高度不能大于屋面最大积水高度。溢流设施设置高度遵循的原则为：溢流口底离屋面高+堰前水头<屋面最大积水高度（屋面最大积水高度由结构专业允许的屋面活荷载确定）；汇水面分界线标高<溢流口底离屋面高+堰前水头时，按整个屋面考虑，汇水面分界线标高≥溢流口底离屋面高+堰前水头时，按汇水面考虑。

【问题 15】 根据《建筑给水排水设计标准》GB 50015-2019 第 4.7.1 条第 3 款，当底层生活排水管道的排水横管长度不大于 12 m 时可不设通气管，具体如何执行？

【分析与对策】（1）在公共建筑、住宅排水系统中，不应为了减少通气管数量而将多户卫生间排水横管串联集中排出。

（2）排出横管长度不应大于 12 m，是指排出横管起点的洁具排水口到室外检查井的距离不应超过 12 m，首层可不设通气管。

【问题 16】 根据《饮食建筑设计标准》JGJ 64-2017 第 4.1.6 条的规定，厨房区域的直接上层设置厨房是否可以？

【分析与对策】 采取同层排水或严格的防水措施后，厨房区域的直接上层可以设置厨房。

【问题 17】 管道井内地漏是否可以采用密闭地漏？若排水不及时，是否可以采用机械活瓣地漏？

【分析与对策】 管道井内采用密闭地漏经常出现排水不及时水泡电梯、房间的情况。机械活瓣地漏为无水封地漏，规范中严禁以机械活瓣代替水封。可采取管道井内设置无水封直通式地漏，连接地漏的管道末端间接排水或室外设水封井等措施，以解决管道井内返臭味的问题。

【问题 18】 生活泵房、消防泵房毗邻时，排水沟能否连通，两泵房共用一个集水坑？

【分析与对策】 生活泵房、消防泵房不能用排水沟连通，宜分设集水坑。

消防水泵房与生活水泵房之间的隔墙为防火隔墙,《建筑防火通用规范》GB 55037-2022第6.1.1、6.2.1条及条文说明中明确规定,防火隔墙不宜自墙体上设置开口。设置的开口应采取阻止火势和烟气蔓延的措施。连通的排水沟会导致火势、烟气在消防水泵房、生活水泵房之间蔓延。

当受条件限制必须共用一个集水坑时需满足以下要求:

(1)防止废水倒灌:排水管连通需要采取措施防止废水倒灌到给水泵房中。

(2)防止火灾扩散:排水管连通需要采取措施防止火灾扩散,避免火灾造成给水泵房、消防泵房互相影响。

【问题19】《建筑给水排水与节水通用规范》GB 55020-2021第4.4.4条第5款规定,空调设备冷凝水的排水应采取间接排水的方式。间接排水应如何实现?是否可以埋地排至室外雨水箅子或雨水井?

【分析与对策】 空调凝结水排出管的管口与散水或其他承接排水设施间留有空气间隙,即可实现间接排水,最小空气间隙详见《建筑给水排水设计标准》GB 50015-2019第4.4.14条。严禁未加水封直接埋地排至室外雨水箅子或雨水井,防止检查井不良气味窜至室内。

【问题20】《住宅建筑规范》GB 50368-2005第5.1.7条规定,阳台地面构造应有排水措施。不设置用水设备的阳台是否需要设置排水立管及地漏等排水设施?仅有壁挂式太阳能热水箱的阳台是否必须做排水设施?

【分析与对策】 设计时为封闭阳台且无用水设备时,可不设置排水设施;设计时为开敞式阳台或封闭阳台设有用水设备时,需设置地漏等排水设施;壁挂式太阳能热水箱属于用水设备,需设置排水设施。

【问题21】 排水沟或排水管道是否允许从底部穿越车库防火墙?

【分析与对策】 排水沟不允许穿越车库防火墙,排水管道可以穿越防火墙,穿防火墙的管道需根据《建筑设计防火规范》GB 50016-2014(2018年版)第6.1.6条进行封堵和采取防火措施。

【问题22】 底层生活排水管道长度大于12 m是否需设置通气管?采用自循环通气是否可行?

【分析与对策】 底层生活排水管道长度大于12 m需设置通气管,可采用伸顶通气、自循环通气。

【问题23】《建筑给水排水设计标准》GB 50015-2019删除了“标准较高建筑、10层及10层以上高层建筑卫生间生活污水立管应设通气立管”的规定,也删除了排水能力计算时的0.9系数,这个做法有一定争议,按标准设计是否安全可靠?

【分析与对策】 建议18层以上高层建筑设通气立管,18层及以下根据计算确定;排水能力计算按《建筑给水排水设计标准》GB50015-2019执行。

【问题 24】《建筑给水排水与节水通用规范》GB 55020-2021 第 4.3.6 条第 1 款规定，排水管道不得穿越客房等人员居住的房间。客房卫生间支管是否可在客房和走道降板空间或垫层内敷设？

【分析与对策】 当没有物理隔断时，建筑专业图纸上应明确，布置洗手盆、洗涤盆的区域为类走道（类卫生间、类厨房）区域，然后采用同层排水方式接入排水主管道。否则建议建筑专业加房间的物理隔断。

【问题 25】《建筑给水排水设计标准》GB 50015-2019 第 4.6.2 条规定，排水立管上连接排水横支管的楼层应设检查口。管道井的废水立管、喷淋末端试水专用排水立管，是否需要每层设置立管检查口？

【分析与对策】 管道井的排水、喷淋系统的试水，水质与雨水类似，若排水横干管埋地敷设，可参照执行《建筑给水排水设计标准》GB 50015-2019 第 5.2.25 条对雨水立管的规定，仅在底层立管上设置检查口。若底部开敞排至散水，则无须要设置立管检查口。

【问题 26】《民用建筑通用规范》GB 55031-2022 第 5.5.2 条规定，厨房专间、备餐区等清洁操作区内不应设置排水明沟，地漏应能防止浊气逸出。食堂主副食操作间能否设置明沟？

【分析与对策】 厨房专间：处理或短时间存放直接入口食品的专用操作间，包括冷荤间、裱花间、生食海鲜间等。

备餐区（间）：主、副食成品的整理、分装、分发及暂时置放直接入口食品的专用场所。

厨房专间、备餐间与食堂主副食操作间合建时需按此条执行，厨房专间、备餐间单独设置，则食堂主副食操作间可以设置明沟。

【问题 27】 住宅排水立管上层是厨房，下层是卧室，立管穿越卧室，立管用围护结构包覆，是否可行？

【分析与对策】 不可以。《建筑给水排水与节水通用规范》GB 55020-2021 第 4.3.6 条规定，排水管道不得穿越卧室、客房、病房和宿舍等人员居住的房间。其目的是防止排水管噪声对住宅的卧室、旅馆的客房、医院病房、宿舍等安静要求高的空间部位的环境影响。

【问题 28】 变电所的电缆夹层、电缆沟和电缆室必须设排水措施吗？

【分析与对策】 应设置排水措施。《建筑电气与智能化通用规范》GB 55024-2022 第 3.2.1 条第 6 款条文说明中明确规定，变电所尤其是设在地下室的变电所的电缆夹层、电缆沟容易进水，引起供配电系统故障，应采取防水、排水措施，必要时应设置排水设施，增设集水坑和排水泵。

【问题 29】 排水管道不得穿越食堂厨房和饮食业厨房的主副食操作、烹调、备餐、主副食库房的上方。

【分析与对策】《建筑给水排水与节水通用规范》GB 55020-2021 第 4.3.6 条和《民用建筑设计统一标准》GB 50352-2019 第 6.6.1 条对此部分的说法略有不同，应按给水排水专业强制性条文执行，食堂厨房和饮食业厨房的主副食操作、烹调、备餐、主副食库房的上方不得设置卫生间，即使采用同层排水措施也不可以。

【问题 30】《建筑给水排水与节水通用规范》GB 55020-2021 第 4.1.1 条规定，排水管道及管件的材质应耐腐蚀，应具有承受不低于 40℃排水温度且连续排水的耐温能力。根据此强制性条文要求，是否普通 UPVC（硬聚氯乙烯管）不能用于排水系统？

【分析与对策】 可以。UPVC 排水管可以用于长期排水温度≤40℃的场所，因为常用的民用建筑内的热水排放的机会或水量都是有限的，UPVC 管材及管件的维卡软化温度均≥70℃，瞬时的少量热水不足以对 UPVC 排水管道造成影响。但对于设置餐饮、公共食堂等热水量大、水温高的场所，不应选择 UPVC 排水塑料管，可选用耐高温的铸铁排水管或 HTPP（聚丙烯）高温静音排水管等管材。

【问题 31】《建筑给水排水与节水通用规范》GB 55020-2021 第 3.3.4 条规定，给水泵房应具备可靠的防淹和排水设施，而《民用建筑设计统一标准》GB 50352-2019 第 8.1.2 条第 6 款规定，集水坑不应设在生活给水泵房内。集水坑到底设在泵房内还是泵房外，审查中如何执行？

【分析与对策】《建筑给水排水设计标准》GB 50015-2019 第 3.3.17 条的条文说明中明确，设置于给水泵房内的仅为本机房排水用的集水井、排水泵不属于污废水泵房，仅为给水机房排水用的集水井、排水泵可以设置在给水机房内。主要基于卫生安全考虑，严禁生活水泵房的集水坑接纳其他生活污水。

【问题 32】《建筑给水排水与节水通用规范》GB 55020-2021 第 4.5.1 条规定，屋面雨水应有组织排放。如何定义有组织排放？是否必须有雨水管道和雨水斗或承雨斗？别墅等多层建筑坡屋面的排水是否算有组织排放？

【分析与对策】 屋顶排水方式分为有组织排水和无组织排水。无组织排水是指屋面雨水直接从檐口滴落至地面的一种排水方式，因不用天沟、雨水管等导流雨水，故又称自由落水。有组织排水是指通过特定的排水系统，如天沟、雨水口、雨水管等，有计划地将屋顶的雨水排至地面或地下管沟的一种排水方式。高层公共建筑的雨水排水系统含有雨水管道和雨水斗或承雨斗。面积不大的低矮建筑，有组织排水可以不设置排水管道，结合建筑外立面的形式或装饰造型等来实现。

【问题 33】 按《建筑给水排水设计标准》GB 50015-2019 第 6.3.7 条第 5 款的要求，公共浴室宜采用单管热水供应系统，而公共浴室热水使用温度为 37~40℃，此种系统如何满足《建筑给水排水与节水通用规范》GB 55020-2021 第 5.2.4 条规定的要求，即“集中热水供应系统的水加热设备，其出水温度不应高于 70℃，配水点热水出水温度不应低于 46℃”？

【分析与对策】 配水点热水出水温度指热水水嘴或混合阀单出热水时的出水水温，不应低于 46℃；单管集中热水供应系统采用冷热水混合的温控设备控制末端温度，与水加热设备出水温度无关。

【问题 34】《托儿所、幼儿园建筑设计规范》JGJ 39-2016（2019 年版）第 6.1.5 条规定，当设置集中热水供应系统时，应采用混合水箱单管供应定温热水系统，而《建筑给水排水设计标准》GB 50015-2019 第 6.2.6 条要求水加热设备出水温度高于单管供应定温热水系统的温度。该如何进行集中热水供应系统设计？

【分析与对策】单管集中热水供应系统采用冷热水混合的温控设备控制末端温度，与水加热设备出水温度无关。混合水箱单管供应定温热水系统可以有效避免烫伤问题，但混合水箱水温一般为 40℃，这也是军团菌最适宜的生长温度，因此可依据《建筑给水排水与节水通用规范》GB 55020-2021 第 5.2.3 条的条文说明采取消灭致病菌的有效措施。

【问题 35】《建筑节能与可再生能源利用通用规范》GB 55015-2021 第 5.2.3 条规定，太阳能系统应做到全年综合利用，根据使用地的气候特征、实际需求和适用条件，为建筑物供电、供生活热水、供暖或（及）供冷。一栋建筑有生活热水需求，设置太阳能系统供冬季采暖使用，这套太阳能系统必须在非采暖季供应生活热水吗？

【分析与对策】此条的条文说明中已明确，太阳能系统应做到能够全年运行工作，如设置太阳能系统仅供冬季采暖使用，其他季节闲置，则造成浪费投资、浪费资源，更不符合规范的全年运行的要求。

【问题 36】《建筑节能与可再生能源利用通用规范》GB 55015-2021 第 5.2.1 条规定，新建建筑应安装太阳能系统。工程设计中的微型建筑（例如门卫、换热站、生活水泵房，有的甚至在不见阳光的位置）、特殊建筑（例如地下车库、人防建筑）、不具备条件的建筑（轻钢屋顶）等，是否按单体必须设计太阳能系统？

【分析与对策】按《建筑节能与可再生能源利用通用规范》GB 55015-2021 第 5.2.1 条要求，新建建筑应安装太阳能系统，包含小型公共建筑，因此门卫需要设置太阳能系统。工业建筑也需要安装太阳能系统，目前此规范主要针对空调采暖系统的工业建筑，无空调采暖系统的工业建筑不在标准的范畴内，可根据审图要求，有条件的项目建议执行。

【问题 37】 十二层以上住宅楼，一层受条件限制，没有办法设置太阳能集热板，是否可以不设置太阳能热水？十二层及以下住宅是否可以采用太阳能光伏系统代替太阳能热水系统？

【分析与对策】住宅楼一层受条件限制没有办法设置太阳能集热板时，应采用其他可再生能源，如空气源热泵等。目前无相关政策明确十二层及以下住宅太阳能光伏系统可以代替太阳能热水系统。

【问题 38】 河北省民用建筑生活热水是否仍强制采用太阳能或空气源等可再生能源制备？

【分析与对策】继续按照河北省《关于规模化开展太阳能热水系统建筑应用的通知》（冀建科〔2014〕24 号）执行，强制采用太阳能、空气源等可再生能源热水系统。因地制宜推进土壤源、空气源、污水源以及生物质能、地热等可再生能源建筑应用技术。

【问题 39】《建筑节能与可再生能源利用通用规范》GB 55015-2021 第 3.4.1 条规定，按 60℃计的生活热水最高日总用水量不大于 5 m³ 或人均最高日用水定额不大于 10 L 的公共建筑，可以采用电直接加热作为生活热水系统的主体热源。上述条件之外的建筑需要采用可再生能源作为热源,建筑内所有有热水需求的点是否都要遵守?零星台盆,或少量淋浴,或离集中供热系统较远的热水需求点,是否可以采用电热水器?如何界定?

【分析与对策】 建筑的最高日总热水用水量大于或等于5 m^3或人均最高日用水定额大于10 L的公共建筑,需采用可再生能源作为热源,零星台盆、少量淋浴可以采用电热水器作为热源,用水点的总热水日用水量需小于5 m^3。当不满足时,可采用空气源热泵等可再生能源。

【问题 40】《建筑节能与可再生能源利用通用规范》GB 55015-2021第5.2.1条规定,新建建筑应安装太阳能系统。是否必须为太阳能热水系统?

【分析与对策】 太阳能系统可分为太阳能热利用系统、太阳能光伏发电系统和太阳能光伏光热(PV/T)系统,设计可选用太阳能光伏或太阳能热水系统,并满足《建筑节能与可再生能源利用通用规范》GB 55015-2021的相关要求。无稳定热水需求的建筑不应采用太阳能热水系统。

【问题 41】 公寓类建筑从节能上属于居住类建筑,按照《河北省建设厅关于执行太阳能热水系统与民用建筑一体化技术的通知》(冀建质〔2008〕611号)的要求需要设置太阳能热水系统,但是因条件限制没办法设置太阳能热水器,是否可以依据《建筑节能与可再生能源利用通用规范》GB 55015-2021用光伏发电替代?

【分析与对策】 公寓类建筑大多数没有阳台,无法设置阳台壁挂太阳能热水器。对于此类建筑,可实行"宜电则电,宜热则热",既有利于太阳能推广,又能有效降低项目落地成本。

【问题 42】《建筑给水排水与节水通用规范》GB 55020-2021第5.1.2条规定,老年照料设施、安定医院、幼儿园、监狱等建筑中的沐浴设施的热水供应应有防烫伤措施。施工图中该条文如何体现?

【分析与对策】 对水加热设备的热水供水温度进行控制,保持用水点处冷热水压力稳定与平衡,在系统或给水终端设置安全可靠的恒温混合阀,调节和恒定合理的出水温度,并在系统冷水或热水因故障中断供水时自动关断阀门停止供水。

【问题 43】《综合医院建筑设计规范》GB 51039-2014第6.4.5条规定,生活热水系统的水加热器出水温度不应低于60℃,系统回水温度不应低于50℃。是否可按《建筑给水排水设计标准》GB 50015-2019第6.2.6条执行,设置灭菌设施时,水加热设备的出水温度宜降低5℃为55~60℃?

【分析与对策】 可以。

【问题 44】 多个单体建筑共用一套太阳能热水系统供水,是否认定为每个单体均应用了太阳能设施?

【分析与对策】 多个单体共用一套太阳能热水系统可以认定为每个单体均利用了太阳能可再生能源。

【问题 45】 新建住宅建筑可否采用太阳能光伏发电,发电后再用于电热水器?

【分析与对策】 光伏发电再加热先是太阳能转化为电能,电能再转化为热能,每一次转化,都会损失能量,建议直接采用太阳能热水器。

【问题 46】 生活热水管道敷设的注意事项。

【分析与对策】(1)铜管、薄壁不锈钢管可根据建筑、工艺要求暗设或明设,暗设在墙体或垫层内的铜管、薄壁不锈钢管应采用塑覆管。

(2)塑料热水管宜暗设,明设时立管宜布置在不受撞击处,如不可避免,应在管外加防紫外线照射、防撞击的保护措施。

(3)热水管暗设不得直接敷设在建筑物结构层内,敷设在找平层或墙槽内的支管外径不宜大于 25 mm,管外壁的覆层厚度应≥20 mm。

(4)敷设在找平层、垫层内的支管宜采用热熔连接,可采用分水器向卫生器具配水,中途不得有连接配件,两端接口应明露,地面宜有管道位置的临时标识。

(5)热水管道穿过建筑物的楼板、墙壁和基础时应加套管,以防管道胀缩时损坏建筑结构和管道设备。

3.4　消防给水及灭火设施

【问题 1】 丁、戊类厂房和仓库如何设置室内消火栓系统?

【分析与对策】(1)单、多层丁、戊类厂房和仓库的火灾危险性较小,人员易疏散,宜按《建筑设计防火规范》GB 50016-2014(2018 年版)第 8.2.2 条第 1、2 款的规定,设置消防软管卷盘或轻便消防水龙。

(2)高层丁、戊类厂房和仓库的火灾危险性虽然较小,但建筑物高度和体积一般较大,火灾时人员疏散相对困难,故应设室内消火栓系统。

【问题 2】 某大型单、多层丁、戊类厂房,其中设有丙类中转库,各自划为单独的防火分区,丁、戊类厂房和丙类中转库如何进行消防给水设计?

【分析与对策】(1)当丁、戊类厂房和丙类中转库为各自独立防火分区,且疏散口完全独立分开时,丁、戊类厂房和丙类中转库消防给水系统可分别根据《建筑防火通用规范》GB 55037-2022 要求进行设置。

(2)当丙类中转库占地面积大于 300 m^2 时,应设室内消火栓系统。

(3)丙类中转库还应根据《建筑防火通用规范》GB 55037-2022 第 8.1.8 条要求,确定是否设置自动灭火系统。

【问题 3】 多层住宅的一层为独立的单间车库,若二层及以上住宅无须设置消防给水系统,一层独立的单间车库如何设置消防给水系统?

【分析与对策】 首先根据建筑专业定性,如每个单间车库之间的隔墙为防火墙,且是单独的出入口,可以分别按单独的车库考虑设置消防给水灭火系统;否则应按毗邻车库总数设置消防给水系统。

【问题4】当独立建设的地下车库内有设备用房或者其他附属功能时,是按照地下车库还是地下建筑进行消防设计?

【分析与对策】(1)设备用房为地下车库配建时,按地下车库进行消防设计。

(2)地下车库与其他功能区域相对独立,单独设置出入口,且设有严格防火分隔(如设防火墙、连接通道上设置甲级防火门等)措施时,地下车库与其他功能区域可以分别进行消防设计,即其他功能区域按地下建筑考虑单独进行消防设计。

【问题5】某建筑物包括地上部分、地下室和与其相连的地下车库,其地下室与地下车库相连处设甲级防火门,车库设置自动喷水灭火系统与消火栓系统,地上部分及其地下室是否也需同步设置?

【分析与对策】当地下车库与地上部分及地下室采用严格防火分隔(如连接通道上设置甲级防火门等)措施时,地上部分与地下室可分别按单栋建筑考虑。地上部分及其地下室是否设置消火栓系统和自动喷水灭火系统分别按《建筑防火通用规范》GB 55037-2022相关条文执行。

【问题6】老年照料设施或场所内的消防灭火设施如何设置?

【分析与对策】(1)依据《建筑设计防火规范》GB 50016-2014(2018年版)条文说明第5.1.1条,满足现行行业标准《老年人照料设施建筑设计标准》JGJ 450-2018中床位总数(可容纳老年人总数)大于或等于20床(人),为老年人提供集中照料服务的公共建筑,包括老年人全日照料设施和老年人日间照料设施。按《建筑防火通用规范》GB 55037-2022第8.1.9条第6款规定设置自动灭火系统,并宜采用自动喷水灭火系统。

(2)当按《建筑防火通用规范》GB 55037-2022第8.1.7条规定应设置室内消火栓系统时,应采用带消防软管卷盘的消火栓箱;如可不设置室内消火栓系统时,应按《建筑设计防火规范》GB 50016-2014(2018年版)第8.2.4条的要求,设置与室内供水系统直接连接的消防软管卷盘,消防软管卷盘的设置间距不应大于30 m。

(3)供老年人使用的、非集中照料的设施或场所,如老年学校(大学)、老年活动中心、老年服务中心(站)、社区养老服务中心等不属于老年人照料设施,应按《建筑防火通用规范》GB 55037-2022及其他消防规范要求设置灭火设施。

【问题7】建筑物的地下非机动车库(含自行车或电动自行车),消防灭火设施如何设置?

【分析与对策】(1)对于仅停放自行车的非机动车库,可视为该建筑的配套用房,其室内消防设计按该建筑性质确定。

(2)对于提供停放(含充电)电动自行车的非机动车库:①应设置带消防软管卷盘的室内消火栓系统;②所在建筑设置自动喷水灭火系统时,非机动车库应按中危险Ⅱ级设置自动喷水灭火系统;③所在建筑未设置自动喷水灭火系统时,非机动车库应设置局部应用自动喷水灭火系统;④自动喷水灭火系统应采用快速响应喷头;⑤消防用水条件有限的场所,可安装其他符合国家工程建设消防技术标准的细水雾、超细干粉等自动灭火设施；⑥灭火器配置应按民用建筑严重危险等级确定，火灾类别应按 A、B、E 类确定，宜采用水基型灭火器。

【问题 8】 对于层高较小的管道夹层（避难层除外），只走设备管线，无其他功能及可燃物，该夹层如何进行消防设计？

【分析与对策】（1）对于板底净高小于 1.8 m 的封闭式管道夹层，仅供人员猫腰或趴着检修，无其他使用功能，无可燃物，火灾时人员无法正常通行且难以开展消防救援作业，可不设室内消火栓，但应在检修出入口处设置消火栓（带消防软管卷盘或轻便消防水龙）。

（2）管道夹层是否设置自动灭火系统，应与所在的建筑物消防设计要求相一致；如一类高层公共建筑、大型商业综合体、火灾危险等级较高的建筑物一般均需设自动灭火系统，此时管道夹层内也应设置自动灭火系统。

（3）检修出入口处应设灭火器。

【问题 9】 月子中心、母婴室如何进行消防设计？

【分析与对策】 无治疗功能的休养性质的月子中心，应按照旅馆建筑的要求进行消防设计；当其中设置医疗功能时，医疗部分应按照医疗建筑进行消防设计。

《民用建筑通用规范》GB 55031-2022 第 5.7.1 条规定，经常有母婴逗留的公共建筑内应设置母婴室。经常有母婴逗留的公共建筑一般为商业活动、医疗、公共活动、交通及社会民生服务等性质，因此母婴室消防设计应与所在公共建筑物的性质相一致。

【问题 10】 汽车 4S 店内有办公室、展厅修理车间等，如何进行消防设计？

【分析与对策】 汽车 4S 店整体按照公共建筑进行消防设计；大开间车辆销售区按展厅进行消防设计；车辆维修区和车辆停放区按修车库、汽车库进行消防设计。

【问题 11】 一个公共体育健身馆，设有篮球、羽毛球、乒乓球等体育设施，无观众席，体积大于 10 000 m^3，是否设置室内消火栓系统？

【分析与对策】 按《建筑防火通用规范》GB 55037-2022 第 8.1.7 条第 6 款中的单、多层民用建筑考虑，应设室内消火栓系统。

【问题 12】 成组布置的建筑物室内、室外消火栓用水量如何取值？

【分析与对策】 成组布置的建筑物室外消火栓设计流量按室外消火栓流量较大的相邻两座建筑物的体积之和确定，成组布置的建筑物室内消火栓设计流量按室内消火栓流量最大的单体建筑物确定。

【问题 13】 室外消火栓设计流量是根据建筑物体积确定的，建筑物体积是否包括地下部分及屋面上的机房、水箱间等？

【分析与对策】 当建筑的地上部分与地下部分连通（包括仅电梯与楼梯连通）时，建筑物体积应为所有建筑围合表面内的容积，包括地下部分的体积，该地下部分可看作建筑的地下层；当建筑的地上部分与地下部分完全不连通（包括电梯与楼梯均不连通）时，建筑的地上部分与地下部分可分开计算体积，地下部分（汽车库除外）按地下建筑考虑。

【问题14】 如何界定综合楼?

【分析与对策】 综合楼是由两种及两种以上用途(住宅除外)的楼层组成的公共建筑。《建筑设计防火规范》GB 50016-2014(2018年版)第1.0.4条条文说明指出,同一建筑内,可能会存在多种用途的房间和场所,如办公建筑内设置的会议室、餐厅、锅炉房等,其属于同一使用功能。即建筑内有几种用途的判定标准为:看不同使用性质的房间是否属于为同一用途服务的配套用房,如为本建筑物服务的汽车库、非机动车库和设备用房不单列为一种使用功能,若是就可以认定为同一用途,否则为另一用途。

【问题15】 住宅与其他使用功能的建筑合建时,室内、外消火栓系统如何设计?

【分析与对策】(1)当住宅与一种其他功能(商业网点除外)的建筑合建时,按公共建筑考虑设计;当住宅与两种及以上其他功能的建筑合建时,按综合楼考虑设计。

(2)室外消火栓设计流量按总建筑体积对应的《消防给水及消火栓系统技术规范》GB 50974-2014表3.3.2中公共建筑的消火栓设计流量取值。

(3)当住宅(包括设有商业服务网点的住宅)与其他使用功能的建筑合建时,住宅部分和非住宅部分的安全疏散、防火分区和室内消防设施配置,可根据各自的情况分别按照《消防给水及消火栓系统技术规范》GB 50974-2014表3.5.2中有关住宅建筑和公共建筑的规定执行,住宅部分和非住宅部分的室内消火栓设计流量可分别计算,取最大值;高位消防水箱容积也分别按照住宅部分和非住宅部分各自的情况确定消防水箱有效容积,取最大值。

(4)综合楼的火灾延续时间按《消防给水及消火栓系统技术规范》GB 50974-2014表3.6.2确定,多层综合楼火灾延续时间为2 h,高层综合楼火灾延续时间为3 h,室外消火栓系统和室内消火栓系统的火灾延续时间应一致。

【问题16】 除住宅外,组合功能公共建筑,如各自有独立的安全出口进行防火分隔,如何确定消火栓设计流量?

【分析与对策】(1)若为多层建筑,室内消火栓设计流量应根据建筑总体积按《消防给水及消火栓系统技术规范》GB 50974-2014表3.5.2中的不同功能分别计算,取最大值;

(2)若为高层建筑,室内消火栓设计流量应根据建筑总高度按《消防给水及消火栓系统技术规范》GB 50974-2014表3.5.2中的不同功能分别计算,取最大值。

【问题17】 如建筑物无须设室内消火栓系统,只需要设室外消火栓系统,是否可以不设置室外消防管网,只在消防水池设置取水口?

【分析与对策】 当同时满足以下条件时,可不设置室外消火栓管网,但建议市政进水管上至少设一个室外消火栓:

①设有储存室外消防用水的消防水池,消防水池设有供消防车取水的取水口,且建筑物在消防水池取水口的保护半径150 m范围内;

②该建筑为多层建筑,且无须设置消防水泵接合器;

③该消防水池符合《消防给水及消火栓系统技术规范》GB 50974-2014第4.3.7条的要求,取水口数量(一个取水口流量按10~15 L/s计)满足室外消火栓设计流量;

④该建筑室外消防设计流量不大于25 L/s;

⑤该建筑在当地消防站的保护范围内。

【问题 18】《消防给水及消火栓系统技术规范》GB 50974-2014 第 3.5.3 条中的“多层建筑”是否包含单层建筑？满足《消防给水及消火栓系统技术规范》GB 50974-2014 第 3.5.3 条的地下建筑的室内消火栓设计流量是否可减少？

【分析与对策】(1)此条中的“多层建筑”包含单、多层建筑。

(2)满足此条的地下建筑的室内消火栓设计流量不可减少。

【问题 19】《消防给水及消火栓系统技术规范》GB 50974-2014 表 3.5.2 中没有提及的餐厅、食堂、网吧、老年照料设施、培训中心等单、多层建筑，室内消火栓用水量如何选取？

【分析与对策】 对外餐厅、网吧参考《消防给水及消火栓系统技术规范》表 3.5.2 中的“商店”选取室内消火栓设计流量；对内餐厅、食堂、培训中心参考表中的“办公楼、教学楼”选取室内消火栓设计流量；对于老年照料设施，当体积小于 10 000 m^3 时室内消火栓设计流量为 10 L/s，大于 10 000 m^3 时为 15 L/s。

【问题 20】 消火栓箱能否在防火墙或防火隔墙上暗装？

【分析与对策】 消火栓箱不宜在防火墙或防火隔墙上暗装，确需暗装时，暗装开洞部位墙体的耐火极限应符合《建筑设计防火规范》GB 50016-2014(2018 年版)第 5.1.2 条的规定。

【问题 21】 建筑高度小于 54 m 的住宅，地上消火栓可为一股水柱，负一层为一层下跃的情况，负一层需要设置一股水柱还是必须设置两股水柱？

【分析与对策】 首先由建筑专业对负一层定性，再根据《消防给水及消火栓系统技术规范》GB 50974-2014 第 7.4.6 条的规定布置室内消火栓。

【问题 22】 超过 54 m 的住宅，是否可以采用双立管双栓？

【分析与对策】 不可以。《消防给水及消火栓技术规范》GB 50974-2014 中已经无双栓室内消火栓的内容，两个消火栓装在同一个消火栓箱内会降低消火栓系统的安全性，这种做法除规范另有规定外不应采用。

【问题 23】 冷库的穿堂或楼梯间设了室内消火栓，但冷藏间很大，消火栓不能保护到的情况怎么办？

【分析与对策】 由于冷库常年处于低温高湿环境，冷库内发生火灾的概率较小，并且初期火灾蔓延可控，因此在冷库的冷藏间内可不布置消火栓，但在冷库穿堂及楼梯间内设置的消火栓要满足其所在场所两支消防水枪的两股充实水柱同时达到任何位置的要求。

【问题 24】 室内消火栓布置是否需按防火分区设置？

【分析与对策】(1)室内消火栓按“同一平面”而不是“同一防火分区”有一或两股充实水柱同时达到任何部位的原则布置。

(2)防火分区采用防火墙和防火卷帘分隔时，火灾时消防卷帘会彻底放下，应按防火分区布置室内消火栓，不可跨防火分区借用；但采用防火门分隔时，可相互借用。

【问题25】 开闭所、消防控制室、变配电房、弱电机房等房间，是否需按《消防给水及消火栓系统技术规范》GB 50974-2014第7.4.6条满足有2支消防水枪的2股充实水柱同时达到？

【分析与对策】（1）《消防设施通用规范》GB 55036-2022第3.0.5条要求各层均应设置消火栓。

（2）《消防给水及消火栓系统技术规范》GB 50974-2014第7.4.6条规定了建筑物内任何部位要求消防水枪充实水柱同时达到的数量，开闭所、消防控制室、变配电房、弱电机房等房间应根据所在建筑物的充实水柱数量要求布置室内消火栓。

【问题26】 某建筑物的首层由若干单间商铺组成，且每间独立开门向室外，其室内消火栓的设置原则是什么？

【分析与对策】（1）当设在住宅首层的商铺被建筑专业定性为商业网点时，按《消防给水及消火栓系统技术规范》GB 50974-2014第7.4.15条执行，室内消火栓应至少满足一股充实水柱到达室内任何部位，并宜设置在户门附近。

（2）当设在住宅首层的商铺被建筑专业定性为普通商业时，其室内消火栓设置原则与公共建筑首层商铺相同，应执行《消防给水及消火栓系统技术规范》GB 50974-2014第7.4.6条的规定，即室内消火栓的布置应满足同一平面有两支水枪的两股水柱同时到达任何部位的要求。相邻各家可以共用消火栓，不必每家都设置两个，可一家商铺在门口只设一处消火栓，相邻各家可以相互借用。

【问题27】 室内消火栓立管在同层接出两个消火栓，是否可行？

【分析与对策】 根据《消防给水及消火栓系统技术规范》GB 50974-2014第8.1.6条，室内消火栓系统阀门、管网设置应保证每个防火分区在检修时仍有必要的消防用水。对于同一平面有两支消防水枪的两股充实水柱同时到达任何部位的建筑，检修时至少有一支消防水枪的一股充实水柱同时到达任何部位。

（1）如果两个消火栓不在同一防火分区，且无须要相互借用，可以一根消火栓立管接出两个消火栓。

（2）在既有建筑改造利用时，如果两个消火栓在同一防火分区，但不同时使用，可以一根消火栓立管接出两个消火栓。

（3）除以上两种情况外，不应一根消火栓立管接出两个消火栓。

【问题28】 组合建筑有《建筑防火通用规范》GB 55037-2022第8.1.9条第5款中规定的类型，分功能面积不超1 500 m^2，功能组合超3 000 m^2时，是否需设自动喷水灭火系统？

【分析与对策】 根据《建筑防火通用规范》GB 55037-2022第8.1.9条第5款，各功能的建筑面积（包含配套的办公部分）之和大于3 000 m^2，但各功能的建筑面积不大于1 500 m^2，此种情况下的组合建筑应设置自动喷水灭火系统。

【问题29】 总建筑面积大于3 000 m^2的办公建筑等单、多层公共建筑，设有送回风道系统（机械加压送风系统和机械排烟系统除外）时，如何设置自动喷水灭火系统？

【分析与对策】（1）当建筑物的全部房间、部分房间内设置送风管道或回风管道系统的集中空气调节系统时，房间通过风管连通，具有较高的火灾蔓延风险，建筑物内应全部设置自动喷水灭火系统。

（2）每一个防火分区独立设置送风管道或回风管道系统的集中空气调节系统时，同一防火分区内风管跨房间布置具有较高的火灾蔓延风险，应设置自动喷水灭火系统。

（3）若建筑内采用通风或新风管道系统，风管跨房间布置具有较高的火灾蔓延风险，需设置自动喷水灭火系统。

（4）各房间设置独立风管的空气调节系统时，不存在通过风管向其他房间传播火灾的风险，无须要设置自动喷水灭火系统。

（5）空调系统只有热媒管道穿越多个房间的系统可不设置自动喷水灭火系统。

【问题30】 综合医院大楼需设置自动喷水灭火系统时，B超室、X光室、DR（数字化X射线摄影）室、CT（计算机层析成像）室、MRI（磁共振成像）室、DSA（数字剪影血管造影）室、加速器室、导管室、负压隔离病房、无菌物品储藏间、中西医药房需要设自动喷水灭火系统吗？

【分析与对策】 综合医院大楼需设置自动喷水灭火系统时，相关要求如下。

（1）B超室、无菌物品储藏间、中西医药房等可采用自动喷水灭火系统；当药房内存在与水发生反应的药品时，应采用预作用系统。

（2）X光室、DR室、CT室、加速器室的通常做法是设置气体灭火系统或高压细水雾系统；设置气体灭火系统时，需设置防辐射泄压装置。

（3）MRI室因磁共振设备的工作特性，室内人机共存，且周围结构包含铅、磁屏蔽防护，无法设置自动喷水或气体灭火系统，可配置无磁灭火器。

（4）DSA室、导管室等介入治疗室，有创检查的设备机房及手术室不应设置自动灭火系统。

（5）负压隔离病房不应设置自动喷水灭火系统。

【问题31】 既有办公建筑未设自动喷水灭火系统，现进行改造，改造部分面积大于3 000 m²，不改变使用功能，局部改变房间布局，增加新风系统，新风系统通过风管与各房间相连，仅改造部分增设自动喷水灭火系统是否可行？

【分析与对策】 既有建筑改造应力求改善建筑消防安全性能、提升消防安全水平。

（1）根据《建筑防火通用规范》GB 55037-2022第8.1.9条第7款，改造部分应设置自动喷水灭火系统，相应的消防水池、自喷泵、屋顶消防水箱和增压稳压设备也必须按现行规范设置。

（2）其他未改造部分，宜增加自动喷水灭火系统，增加确有困难时，其消防安全水平也应不低于原消防安全水平。

【问题32】 某建筑同一防火分区内设有自动跟踪定位射流灭火系统和自动喷水灭火系统，系统用水量如何计算？

【分析与对策】 首先应分析确定同一防火分区内的自动跟踪定位射流灭火系统和自

动喷水灭火系统是否同时工作:①如两个系统同时工作,应按两个系统消防给水用水量之和计算;②如两个系统不同时工作,应按两个系统消防给水用水量的最大值计算。

【问题33】 设置喷淋的场所设有游泳池、浴室、溜冰场时,游泳池及溜冰场上方可不设喷头,游泳池及溜冰场周围的走道上方是否需要设置喷头?附设的淋浴室是否需要设置喷头?

【分析与对策】 除建筑内游泳池的水面、浴池的洗浴部位、溜冰场的冰面外,其他位置均应按《建筑防火通用规范》GB 55037-2022第8.1.9条之规定设置自动灭火系统。

【问题34】 寒冷地区地下车库内喷淋系统是否可以采用不充气单联锁预作用系统,还是必须采用充气双联锁预作用系统?

【分析与对策】 不充气单联锁预作用系统适用于准工作状态时严禁误喷或用于替代干式系统的场所,充气双联锁预作用系统适用于准工作状态时严禁管道充水的场所。普通地下车库内自动喷水灭火系统采用预作用式系统的目的是防止管道内的水结冻,故自动喷水灭火系统采用不充气单联锁和充气双联锁预作用系统均可。

【问题35】 二类高层宿舍楼的宿舍是否要设置喷头?

【分析与对策】(1)《建筑防火通用规范》GB 55037-2022第8.1.9条第2款规定,二类高层公共建筑及其地下、半地下室中的公共活动用房、走道、办公室、旅馆的客房、可燃物品库房,应设自动灭火系统。

(2)根据《宿舍建筑设计规范》JGJ 36-2016第7.1.7条,二类高层建筑的宿舍可不设喷头,故二类高层宿舍楼的宿舍内可不设喷头,而公共活动用房、走廊等其他部位应设自动灭火系统。

【问题36】 对于二类高层公寓,公寓内是否需设置自动喷水灭火系统?

【分析与对策】 公寓为非住宅类居住建筑,二类高层公寓应按二类高层公共建筑设置消防灭火系统。具体设计时,首先应根据建筑的实际用途来确定公寓内空间的性质,再按《建筑防火通用规范》GB 55037-2022第8.1.9条的规定,确定是否需设自动喷水灭火系统。比如,用作宿舍的普通学生公寓或普通职工公寓,可参考宿舍用途,公寓内不设自动喷水灭火系统,而高档学生公寓或高档职工公寓内建议设自动喷水灭火系统;酒店式公寓和商业公寓的功能复杂,用途种类多,火灾危险性大,公寓内应设自动喷水灭火系统。

【问题37】 设置了机械停车位的地下车库自动喷水灭火系统的设计流量如何计算?机械车库下层喷头类型如何选取?流量系数 K 值如何确定?

【分析与对策】(1)机械车库应按《自动喷水灭火系统设计规范》GB 50084-2017第5.0.1条确定作用面积及喷水强度,并按第9.1.3条计算顶板下及车架内喷头的流量之和。计算机械车库自动喷水灭火系统的设计流量时应附加车架内开启喷头流量:当仅有1层车架内置喷头时,计算开启车架内喷头数量为6只;当有2层及以上车架内置喷头时,计算开启车架内喷头数量为12只。

(2)机械车库下层车架首尾两端可采用边墙型喷头,并满足《自动喷水灭火系统设计规范》GB 50084-2017 第 7.2.6 条的要求;但顶部下的最上层喷头应采用直立型洒水喷头或干式下垂型洒水喷头。

(3)流量系数 K 可取 80。

【问题 38】 对于《自动喷水灭火系统设计规范》GB 50084-2017 第 5.0.2 条中的“民用建筑和厂房高大空间场所”,第 5.0.5 条中的“采用早期抑制快速响应喷头”的场所和第 5.0.6 条中的“采用仓库型特殊应用喷头”的场所,自动喷水灭火系统是否可以采用预作用系统?

【分析与对策】《自动喷水灭火系统设计规范》GB 50084-2017 第 5.0.2 条中已明确说明,此条只适用于湿式系统。《自动喷水灭火系统设计规范》GB 50084-2017 第 5.0.11 条中已明确说明,预作用系统的喷水强度应按本规范表 5.0.1、表 5.0.4-1~表 5.0.4-5 的规定值确定,故第 5.0.5、5.0.6 条不适用于预作用系统;确需采用预作用系统时,应进行项目消防专项论证。

【问题 39】 某丙类高架空间仓库,占地面积大于 1 500 m^2,净空高度大于 8 m,主要存储区采用货架式储存方式,该区域采用自动喷水灭火系统,顶部及货架内均设置喷头;其他大空间区域采用自动跟踪定位射流灭火系统。此种形式能否满足规范要求?

【分析与对策】 仓库及类似场所的主要存储区应首先按《自动喷水灭火系统设计规范》GB 50084-2017 第 5.0.4 条至第 5.0.8 条之规定设自动喷水灭火系统;其他大空间区域应首先考虑设自动喷水灭火系统,当确实有困难无法采用自动喷水灭火系统时,同时符合《自动跟踪定位射流灭火系统技术标准》GB 51427-2021 第 3.1.1、3.1.2 条规定,不存在遮挡射水水柱时,方可采用自动跟踪定位射流灭火系统。

【问题 40】《自动喷水灭火系统设计规范》GB 50084-2017 第 6.1.3 条第 7 款规定,湿式系统不宜选用隐蔽式洒水喷头。设计时如何处理?

【分析与对策】 隐蔽式喷头在实际使用中存在巨大的安全隐患,在设计时,中危险级Ⅰ级以上场所应严格限制使用,即使轻危险级和中危险级Ⅰ级场所也应尽量避免使用。

【问题 41】 自动扶梯底部设自动喷水灭火系统的问题。

【分析与对策】 如建筑物内需设置自动喷水灭火系统,则自动扶梯最下层(即自动扶梯开始起步所在层)的底部应设自动喷水灭火系统。

【问题 42】设有自喷系统的多层旅馆建筑客房套内卫生间是否必须设自动喷水灭火喷头?

【分析与对策】 原则上《建筑防火通用规范》GB 55037-2022 第 8.1.9 条中未明确具体位置或场所的,要求该建筑全部部位均应设置自动喷水灭火系统。

【问题 43】 高层住宅(例如建筑高度大于 54 m)只有地下车库设自动喷水灭火系统,高位消防水箱稳压管连接至车库环管需要减压吗?减压阀后的压力如何取值?此时喷淋泵出水管上是否还需设压力开关?

【分析与对策】 应设减压阀。阀后压力保证最不利处喷头静水压力不小于0.15 MPa。对于仅靠高位水箱稳压的自动喷水灭火系统,喷淋泵出水管上还需设压力开关,但由于依靠压力变化所需的时间较长,其喷淋泵主要依靠消防水箱出水管上的流量开关来控制启动。

【问题44】 地下车库等开敞空间内的自喷系统报警阀组,是否一定要求加设专用报警阀室?

【分析与对策】 报警阀组是消防给水设施中最重要的设备之一,平时和消防时均需更高的保护要求。平时需采取防冻、防误操作、防碰撞、防腐蚀和安全管理等措施,消防时需防火隔离保护,尤其是避免烧坏控制和信号部分。因此,报警阀组不允许直接裸露在不安全的、可能发生火灾的场所,以免消防员不能靠近操作,需要设置在有防火隔离保护的场所,最好的方式是专用房间。

【问题45】 如人防工程需设自动喷水灭火系统,其中的人防电站、密闭通道、防毒通道、洗消间、滤毒室等是否需设置喷头?

【分析与对策】 平战结合的人防工程应按平时使用功能确定是否需设置喷头。

【问题46】 消防水池检修人孔可以兼作取水口吗?

【分析与对策】 消防水池检修人孔可以兼作取水口,需满足如下条件:

①保证消防水池的有效容积能被全部利用,必要时可以作吸水坑;

②人孔的位置还应满足《消防给水及消火栓系统技术规范》GB 50974-2014 第4.3.7、7.2.6条之规定;

③人孔处设有防护措施(防坠网和密闭井盖),不得影响消防车取水。

【问题47】 消防水池分为两格或两座时,如何设置消防取水口?

【分析与对策】 应每格或每座消防水池均设置单独设置消防取水口,以保证其中一格检修时,不影响另一格消防水池及其消防取水口的使用;

【问题48】 两格或两座消防水池的吸水管如何设置?

【分析与对策】 应按国标图集《〈消防给水及消火栓系统技术规范〉图示》(15S909)第22页和《自动喷水灭火系统设计》(19S910)第52页图示布置,不建议采用其他方式。

【问题49】 消防泵房和消防水池是否可采用箱泵一体化消防给水泵站?

【分析与对策】(1)消防泵房和消防水池应优先选用钢筋混凝土结构形式,当确有困难时,可采用箱泵一体化消防给水泵站。

(2)箱泵一体化消防给水泵站宜在下列工程中使用:改造工程;丁、戊类厂房及仅设消火栓系统的多层丙类厂房;未设置地下室的新建多层民用建筑(不含厂房和仓库),且室外消火栓设计流量不大于25 L/s或仅设室外消火栓的工程。

(3)箱泵一体化消防给水泵站应在室外单独设置,应满足《建筑防火通用规范》GB 55037-2022 第4.1.7条、《消防给水及消火栓系统技术规范》GB 50974-2014 第5.5.10、5.5.11、5.5.15和5.5.16条之规定。

（4）消防水池与水泵房（包括消防水箱板材厚度和防腐性能、水箱内连接方式、泵房内钢结构规格、消防水泵和消防稳压设备性能要求等）、智能控制系统等应符合《装配式箱泵一体化消防给水泵站技术规程》T/CECS 623-2019的相关规定。

（5）应根据地基承载力、地面荷载和地下水位高度等进行结构验算；一体化泵站必须进行抗震设计。

（6）箱泵一体化消防给水泵站应为厂家生产的成套设备，不应采用分散采购消防水泵、控制柜、阀门、附件仪表等部件，由施工单位整合的建设模式。

（7）在设计运行条件以及正确使用、维护保养的条件下，使用寿命不低于50年。

（8）设计深度应符合《建筑工程设计文件编制深度规定（2016年版）》，并应包含并不限于以下内容：设计说明，设备平面图、剖面图或系统图，基础平面图、剖面图，预埋管道尺寸图，等等。

【问题50】 根据《消防给水及消火栓系统技术规范》GB 50974-2014第5.2.2条，高位消防水箱的设置位置应高于其所服务的水灭火设施。屋顶房间或机房内设置水灭火设施时，如何处理？

【分析与对策】 屋顶通风机房、送风机房、排烟机房等房间，当建筑专业计入建筑高度时，屋顶消防水箱应设置在其上一层；当屋顶水箱不能设置在其上一层时，屋顶消防水箱的设置高度应保证水箱最低有效水位高于其所设置的消火栓栓口高度；设有自动喷水灭火系统时，屋顶消防水箱有效水位可低于其最高部位喷头，但应按《消防设施通用规范》GB 55036-2022第3.0.13条，《消防给水及消火栓系统技术规范》GB 50974-2014第5.3.3条第2、3款和第5.3.4条，以及《自动喷水灭火系统设计规范》GB 50084-2017第10.3.2条的要求设置增压稳压设备。

【问题51】 室内外消火栓泵合用时，如何设管网和稳压设备？

【分析与对策】（1）室外采用高压或临时高压消防给水系统时，《消防给水及消火栓系统技术规范》GB 50974-2014第6.1.6条并未设定室内外消防给水系统合用的条件要求，临时高压消防合用系统可以合用水泵和管网，只设一套消防泵和一套管网，也可以合用消防泵，管网分设。但建议在实际设计中，只有室内外消防给水系统压力相近时，采用合用消防给水系统。

（2）若多栋建筑物采用室内外消防合用管网，应确保通过水泵接合器进入室内消火栓管网的水不能回流至室外管网，故各单体引入管上应设止回阀，水泵接合器进管处在止回阀之后。

（3）独立的室外临时高压消防给水系统应优先采用稳压泵维持系统的充水和压力。

【问题52】《消防给水及消火栓系统技术规范》GB 50974-2014第6.1.9条第2款规定，其他建筑应设置高位消防水箱，但当设置高位消防水箱确有困难，且采用安全可靠的消防给水形式时，可不设高位消防水箱，但应设稳压泵。此条中“安全可靠的消防给水形式”需满足什么条件？是否有其他方式可代替屋顶消防水箱？

【分析与对策】“安全可靠”一般是指设有消防水池、消防水泵、双路供水、消防双电源、自灌式吸水等,另外建议进行项目消防专项论证。

【问题53】(1)《消防给水及消火栓系统技术规范》GB 50974-2014第5.4.4条规定,临时高压消防给水系统向多栋建筑供水时,消防水泵接合器应在每栋建筑附近就近设置。如何理解每栋建筑附近就近设置?

(2)《消防给水及消火栓系统技术规范》GB 50974-2014第5.4.3条指出,每种系统的水泵接合器计算数量超过3个时,可根据供水可靠性适当减少。如何理解供水可靠性?

(3)《自动喷水灭火系统设计规范》GB 50084-2017、《自动跟踪定位射流灭火系统技术标准》GB 51427-2021等其他专项规范中无消防水泵接合器可适当减少的说明,如何处理?

【分析与对策】 水泵接合器的设置位置应便于消防人员顺利找到,且便于消防车使用,与室外消火栓或消防水池的距离宜为15~40 m。

(1)建筑群共用一个消防给水系统时,在每栋建筑外墙的一定范围内应设置水泵接合器,相邻建筑之间的消防水泵接合器可共用;在各栋建筑附近设置一个即可,不必每处都按系统流量满额设置,但整个系统的水泵接合器数量满足总流量要求。

(2)每辆消防车的供水流量一般为10~15 L/s,每个水泵接合器流量也是10~15 L/s;3个水泵接合器放在同一位置时,需对应停放3辆消防车,停放场地可能会存在困难;当设置3个水泵接合器时,最多可供流量45 L/s,室外消防用水量最大为45 L/s;因此每栋建筑的水泵接合器计算数量超过3个且场地受限时,可设置3个;但多栋建筑共用消防水泵接合器,分散设置后,消防水泵接合器总数应按消防系统设计流量计算确定,不应考虑减少。

《消防给水及消火栓系统技术规范》GB 50974-2014第5.4.4条至第5.4.9条都是可靠性的规定。

(3)自动喷水灭火系统和自动跟踪定位射流灭火系统不建议减少水泵接合器数量。

【问题54】 消防给水市政引入管上设置倒流防止器时,是否应在倒流防止器前增设一个室外消火栓?

【分析与对策】(1)当市政自来水供水流量和水压满足室外消火栓系统要求,室外消火栓给水系统由市政自来水供给时,每个市政自来水引入管上的倒流防止器前应增设一个室外消火栓。

(2)当消防水池储存全部室外消火栓用水量时,市政自来水引入管上的倒流防止器前可不设室外消火栓。

【问题55】 大中型幼儿园的室内消火栓系统如何设置?

【分析与对策】(1)大中型幼儿园是否需设置室内消火栓系统参照《建筑防火通用规范》GB 55037-2022第8.1.7条第6款中的“其他单、多层民用建筑”的设计要求;如未达到设置室内消火栓系统的要求,宜设消防软管卷盘或轻便消防水龙。

(2)如大中型幼儿园需设室内消火栓系统,室内消火栓系统设计流量参照《消防给水及消火栓系统技术规范》GB 50974-2014表3.5.2中“其他建筑”的要求。

【问题56】 各人防工程属于不同的防火分区,且各人防工程建筑面积均不大于

1 000 m² 且平时使用，是否需设自动喷水灭火系统？

【分析与对策】（1）人民防空工程中同层相邻的防护单元之间一般设置战时连通口，各相邻的防护单元面积之和即为此人民防空工程建筑面积。

（2）《建筑防火通用规范》GB 55037-2022 第 8.1.9 条第 11 款规定，人民防空工程建筑总面积大于 1 000 m² 且平时使用，应设自动喷水灭火系统。但平时使用的人防工程，还应符合《人民防空工程设计防火规范》GB 50098-2009 第 7.2.3 条之规定。

【问题 57】 地下车库消火栓箱的布置问题：（1）确实无条件时是否可布置在两排车位中间（如图 3-1 所示）？（2）车库是否可以采用非标消火栓箱，如减小箱体宽度？

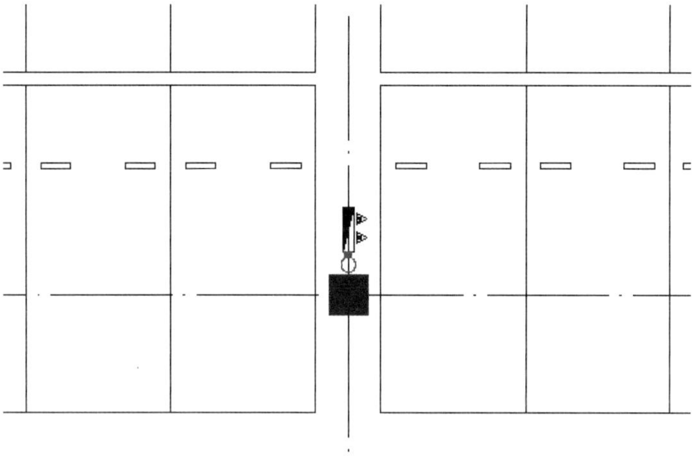

图 3-1　地下车库消火栓箱布置在两排车位中间示意

【分析与对策】（1）地下车库的室内消火栓的设置应方便使用和维护，消火栓箱门的开启角度不应小于 120°。

（2）消火栓箱的外形尺寸应根据《消火栓箱》GB/T 14561-2019 确定，严禁采用非标准消火栓箱；且消火栓箱宜采用玻璃门，紧急时可打破使用。

【问题 58】 变配电所是否属于特殊重要设备室？何种情况下采用自动灭火系统？

【分析与对策】 下列变配电所应设置自动灭火系统，并宜采用气体灭火系统：

①设置在高层民用建筑主体投影范围内的变配电所；

②设置在高层民用建筑裙房、地下室为高层民用建筑服务且有消防负荷的其他变配电所；

③设置在建筑面积大于 100 000 m² 的商业综合体内的变配电所；

④设置在地下室，为建筑面积大于 100 000 m² 的商业综合体服务且有消防负荷的变配电所。

【问题 59】《消防设施通用规范》GB 55036-2022 第 8.0.9 条规定："灭火剂的储存容器或容器阀应具有安全泄压和压力显示的功能，管网系统中的封闭管段上应具有安全泄压装置。安全泄压装置应能在设定压力下正常工作，泄压方向不应朝向操作面或人员疏散通道。”此安全泄压装置包括泄压口吗?

【分析与对策】气体灭火系统的灭火剂储存容器需要长期中高压储存灭火剂,有的储存容器的容器阀也需要同时承受相同的压力。除惰性气体灭火剂外,二氧化碳、七氟丙烷等灭火剂储存容器内的压力会随温度变化而变化,温度越高容器内部的压力越高,有的变化范围还较大。系统中的封闭管段,主要为启动气体储瓶与灭火剂储存容器或容器阀之间的管道、灭火剂储存容器或容器阀与选择阀之间的管道(如组合分配系统的集流管)。这些管道在系统发生误动作释放灭火剂或驱动气体,或系统正常启动后容器阀或选择阀不能正常打开时,容易因高压气体积聚而发生意外。另外,灭火剂储存容器在充装或维护补充灭火剂时,也可能发生超压现象。因此,灭火剂的储存容器或容器阀必须具有在超过其最大工作压力时紧急泄压的装置或功能,在系统中的封闭管段上必须设置安全泄压装置,防止因高压导致意外伤害事故。故此安全泄压装置不包括泄压口。

【问题60】灭火器的布置问题。

【分析与对策】(1)灭火器的正确选型是关键,应确定配置场所的火灾种类及其适用的灭火介质类型;应注意《消防设施通用规范》GB 55036-2022较《建筑灭火器配置设计规范》GB 50140-2005增加了F类火灾场所,F类火灾为烹饪器具内的烹饪物火灾,主要表现为B类火灾的特性,具有诱发复燃的高温边界。

(2)灭火器的配置必须与配置场所的危险等级、保护对象对灭火介质的敏感性匹配,应根据项目内各区域的功能,逐一对应火灾种类、危险等级、最大保护距离和最低配置基准,以确保项目内任何区域均合理配置灭火器。

(3)带电设备电压超过1 kV着火时,必须先断电再使用灭火器灭火,严禁带电灭火;建议在施工图设计说明中标注如下内容:“未断电时,不得使用灭火器扑救。”

(4)冷库配置的灭火器宜设置在穿堂或楼梯间内,可选用推车式灭火器,以增大灭火器保护距离。

【问题61】普通的地下车库的建筑灭火器可否采用推车式?

【分析与对策】《推车式灭火器》GB 8109-2023第6.7.1条规定,推车式灭火器应配有喷射软管,其长度不应小于4.0 m。普通地下车库可采用推车式灭火器,但车库内车辆停放的空隙较小,不容易保证推车式灭火器的尺寸在车辆空隙间顺畅通行,实际灭火中,手提式灭火器的使用较推车式灭火器灵活,更有利于及时有效地灭火,故推荐优先使用手提式灭火器。

【问题62】地下室消防排水如何设置?

【分析与对策】(1)地下室消防排水可采用地沟、集水坑及潜污泵联合排出,且消防排水设施应采用消防电源。

(2)地下室消防集水坑内应设两台排水泵(一用一备),且可自动同时使用。

(3)在满足建筑防火隔断的前提下,消防排水总量可跨防火分区叠加计算,但地下室下凹区域且有重要设备的用房应按满足消防排水总量设置消防排水设施。

(4)消防电梯集水坑不应接纳其他排水,集水坑不应设在电梯正下方;消防电梯与普通电梯不建议共用集水坑。

不是一个防火分区的消防电梯不应合用一个集水坑，同一个防火分区内的消防电梯可以合用；合用集水坑容积应放大 1.5 倍，且不小于 3 m^3，排水泵的排水量同时放大 1.5 倍，但不宜大于本建筑室内消防用水量。

【问题 63】 消防水池分两格（或两座），消防水泵房集水坑内潜污泵的流量按一格水池溢流还是两格水池同时溢流计算？

【分析与对策】 潜污泵的流量按一格水池溢流计算即可，两格消防水池的补水管同时发生事故的概率很低。为防止特殊情况发生，当集水坑水位达到溢流水位时两台潜污泵应可同时启动。

【问题 64】 从市政环网的一条供水管上接两根引入管、中间设有分段阀门，是否可以判定为两路进水？

【分析与对策】 当满足"市政给水厂至少有两条输水干管向市政给水管网输水"，"市政给水管网为环状管网"和"多层建筑且室外消防用水量不大于 25 L/s"这三个前置条件时，从市政供水环网的一条供水管上接两根引入管且中间设有分段阀门的做法，可以判定为两路进水。

3.5 绿色建筑设计

【问题 1】《绿色建筑评价标准》GB/T 50378-2019（2024 年版）第 4.2.7 条条文说明中的表 4.2.7 列举了部分室内给水管材，那么使用塑料给水管能否得分？排水与消防管采用什么管材才可以得分？

【分析与对策】《绿色建筑设计标准》DB13（J）8526-2023 第 7.2.3 条及条文说明中已明确，室内给水系统可采用铜管或不锈钢管，或采用相应产品标准所规定的静液压状态下热稳定性试验和冷热水循环试验合格的塑料管。给水系统采用以上管道均可以得分。消防管采用符合《消防给水及消火栓系统技术规范》GB 50974-2014 第 8.2.8 条规定的管材即可得分。排水管采用耐腐蚀、抗老化、耐久性能好的管材才能得分。

【问题 2】 施工图设计审查中给水排水专业绿色建筑需说明的内容。

【分析与对策】 应明确设计绿建星级，根据国标《绿色建筑评价标准》GB/T 50378-2019（2024 年版）及省标《绿色建筑评价标准》DB13（J）/T 8427-2021，所有的控制项必须进行说明及落实，包括：水资源利用方案，统筹利用各种水资源；给水排水系统方案；节水器具及设备的选择与非传统水源利用；系统设计及材料的选用；智慧用水系统；可再生能源的利用；建筑平均日用水量是否满足现行国家标准《民用建筑节水设计标准》GB 50555-2010 中节水用水定额的要求；绿化灌溉及空调冷却水系统采用的节水设备或技术；场地地表和屋面雨水径流，对场地雨水实施外排总量的控制；场地绿色雨水基础设施的设置。

第4章

房屋建筑工程暖通专业

4.1 设计文件编制深度

【问题1】 设计阶段应执行设计阶段的规范、规程，但有的审图公司要求必须注明施工、验收等内容，是否超设计范围？

【分析与对策】 按照《建筑工程设计文件编制深度规定（2016年版）》的要求，应该注明施工、验收等内容。

【问题2】 有的审图机构要求在设计说明中抄写强制性规范条文，如果未抄算违反强制性条文吗？

【分析与对策】 设计说明中是否抄写强制性规范条文取决于具体情况和目的。通常，设计说明至少应当提及或引用这些规范，以确保设计的合规性；不应该过度抄写法规文本，以免影响文档的条理性和专业性。某些情况下，可以通过附录或参考资料等形式提供更详细的规范信息。未抄写原文不能认为违反强条。

【问题3】 有的设计把通用规范都抄列到设计说明中，设计深度如何把握？

【分析与对策】（1）应明确采用的规范的名称及编号。

(2)关键引用的条文应注明。

不建议摘抄无关内容。

【问题4】关于供暖、空调末端的设计深度,在公共建筑无特殊条件的情况下,图纸是否可以标注二次设计?

【分析与对策】根据《绿色建筑评价标准》DB13(J)/T 8427-2021第5.1.6条及条文说明的要求,集中供暖、空调应设计到位,否则无法保障室内热环境。分体空调作为冬季供热唯一热源时,要求同上,否则违反《民用建筑通用规范》GB 55031-2022第2.1.6条。

【问题5】通用规范中废止的其他规范的强条是按普通条文要求还是不再要求,是否有明确的规定?

【分析与对策】通常只是废止强制属性,但作为一般性条文仍须遵守,也有完全作废的情况,应根据规范编制说明判断。

4.2 供暖设计

【问题1】散热器系统是否可用柔性泡沫橡塑作为保温材料?

【分析与对策】散热器系统可以使用柔性泡沫橡塑作为保温材料,应注明材料的导热系数或热阻、密度、吸水率以及燃烧性能达到B1级别。

【问题2】柔性泡沫橡塑保温材料的密度要求为40~80 kg/m³,实际是否可按下限采购?

【分析与对策】应符合现行国家标准《柔性泡沫橡塑绝热制品》GB/T 17794的技术要求。

【问题3】热力公司要求热计量表管径与水管管径相同,设计是否可以不按80%的流量选择小一到两号的热计量表?

【分析与对策】热计量表的口径选择应基于实际的流量需求。如果入户管道的管径较大,而实际流量较小,那么选择一个较小口径的热计量表可以更准确地测量实际流量。遇到上述情况设计院应提出技术建议。

【问题4】《托儿所、幼儿园建筑设计规范》JGJ 39-2016(2019年版)第6.2.9条规定了走廊、楼梯间等部位的供暖设计温度。这些部位是否一定要设置供暖设施?

【分析与对策】设计应执行规范要求,以负荷计算为依据,通常情况下热负荷占比较小的区域,可以把负荷划归到周边房间,如建筑的内走廊,不设供热末端也能满足温度需求。

楼梯间的热负荷一般较大,有条件时宜设置供暖设施。本条的供暖设计温度要求也是"宜符合"。

【问题5】住宅小区内的配套公共建筑,如供暖时间段与住宅不一致,是否需要为其单独敷设室外供暖管网?

【分析与对策】 同一项目居住建筑和公共建筑外线分别敷设与否对使用结果区别不大，从计量处分开，能够实现单独调节即可。末端温控调节和系统可变流量调节装置才是节能的重点。

【问题 6】 热水辐射供暖系统的分集水器设总体温控阀，同时负担不同朝向盘管，或者一套分集水器负担多个主要功能房间的情形，是否符合《绿色建筑评价标准》DB13（J）T 8427-2021 第 7.1.2 条的控制项要求？

【分析与对策】 分集水器前的总温控阀对不同朝向、不同功能的房间不能实现温度调控功能。标准图集提供的选择适用于不同场景，设计时应区别对待，合理采纳。

住宅建筑因其使用和布局的特殊性，分室温控的作用不明显，通常可以采用总阀控制。

【问题 7】 公共建筑项目是否允许设置电热空气幕作为减少冷风渗透的措施？电热空气幕的使用是否需执行《建筑节能与可再生能源利用通用规范》GB 55015-2021 第 3.2.3 的要求？

【分析与对策】 电热空气幕的功率非常大，不符合《建筑节能与可再生能源利用通用规范》GB 55015-2021 第 3.2.3 的要求，应禁止使用。应该在方案设计和运行管理方面采取措施解决冷风渗透问题。

【问题 8】 由于客观原因，新建燃气锅炉房烟囱高度无法满足《锅炉大气污染物排放标准》GB 13271-2014 的要求，采用什么技术措施能解决烟囱不能高空排放的困难？

【分析与对策】 锅炉烟囱的具体高度按环保部门批复的环境影响评价文件确定，并按批复要求改进净化措施，降低污染气体排放浓度，比如按要求降低 50%的排放浓度。

【问题 9】 供暖管道穿建筑物基础、伸缩缝、沉降缝、防震缝、防火墙时应采取什么措施？

【分析与对策】《民用建筑供暖通风与空气调节设计规范》GB 50736-2012 第 5.9.7 条规定，穿越建筑物基础、伸缩缝、沉降缝、防震缝的供暖管道，应采取预防建筑物下沉而损坏管道的措施，如在管道穿过基础或墙体处埋设大口径套管，其内填以弹性材料等。供暖管道不宜穿过防火墙，确需穿过时，《民用建筑供暖通风与空气调节设计规范》GB 50736-2012 第 5.9.8 条规定应预埋钢套管，并在穿墙处一侧设置固定支架，管道与套管之间的空隙应采用耐火材料封堵。具体要求详见《防火封堵材料》GB 23864-2023 和《建筑防火封堵应用技术标准》GB/T 51410-2020。

【问题 10】《建筑节能与可再生能源利用通用规范》GB 55015-2021 中第 3.2.25 条第 2 款规定，建筑物热力入口处必须设置热量表作为该建筑的热量结算点。对于厂房和学校等非营业类的项目，是否在换热站设一处总热计量表整体计量即可？

【分析与对策】 计量不仅是为了费用结算，也是节能管理的需要。《工业建筑节能设计统一标准》GB 51245-2017 第 5.2.3 条条文说明指出，热源调节是供暖调节的最基本措施。供暖调节和供暖计量都是供暖节能的要求。

【问题 11】 单体建筑供暖改造时如单体资用压头不够，可否在该楼前设置供暖循环泵来增加压力?

【分析与对策】 改造项目应遵守《既有建筑维护与改造通用规范》GB 55022-2021。供暖、通风及空调系统改造的内容,应根据建筑物的用途、规模、使用特点、室外气象条件、负荷变化情况等因素,通过比较对用户的影响程度后确定。具体注意事项详见《建筑节能与可再生能源利用通用规范》GB 55015-2021 第 4.3.8 条。

【问题 12】 设置热水辐射供暖系统的办公建筑,是否每个房间都要设置温控器?

【分析与对策】 多房间共用环路的系统即使各房间设置温控器也没有实际意义,只有从环路上分开才能做到分室调节。目前规范没有明确要求热水辐射供暖系统一定要分室控制,有条件时宜采取高标准设计。

【问题 13】《民用建筑供暖通风与空气调节设计规范》GB 50736-2012 中对于散热器要求每个房间独立温控,热水辐射供暖系统是否也要满足民用建筑(住宅除外)每个不同使用功能和朝向的房间能做到独立温控?

【分析与对策】 目前规范没有明确要求热水辐射供暖系统一定要分室设计温度控制装置,有条件时宜采取高标准设计,根据房间功能与环路布置条件设计温控器,确保用户可以根据实际需求调控室内温度,获得更舒适的室内环境。

【问题 14】 南北房间合用分集水器,可以采用总体温控吗?

【分析与对策】 如果采用总体温控,一组分集水器只能负担同一朝向的房间;如果采用分环路温控,同一组分集水器可以负担不同朝向的房间。住宅建筑因其使用和布局的特殊性,一般采用总阀控制。

【问题 15】 消防水箱间、消防水泵房未设供暖防冻设施。

【分析与对策】 应按照《消防设施通用规范》GB 55036-2022 第 3.0.10 条第 3 款的要求设计。

【问题 16】 室内外气象参数有误或不全怎么办?

【分析与对策】 例如承德地区一部分为寒冷地区,一部分为严寒地区(围场、隆化及丰宁),更有坝上等地区,设计时,其计算参数可参考就近或地理环境相近的城市确定。当从《民用建筑供暖通风与空气调节设计规范》GB 50736-2012 等现有资料中查不到时,宜咨询当地气象部门,或以周边最不利条件为依据。设计应注明室内设计参数,避免产生纠纷。

【问题 17】 住宅热水辐射供暖系统是否必须按图示要求在户内分集水器处或立管顶端设置连通管?

【分析与对策】 为便于检修维护,建议在工程中预留一些接口。简配设计不违反强条,但会给日后使用造成不便。

【问题 18】 不供暖项目是否需要采取节能措施?

【分析与对策】 满足《建筑节能与可再生能源利用通用规范》GB 55015-2021 第 1.0.2 条条文说明情况的,无须要执行通用规范 。

【问题 19】 对于办公楼(多见于厂区办公)的供暖设施,甲方采用单(分)体空调或多联机,后期让专业厂家设计,这种做法是否允许?

【分析与对策】 依据《民用建筑通用规范》GB 55031-2022 第 2.1.6 条,寒冷地区的民用建筑应配置供暖设备,故设计阶段应达到规范要求。

【问题 20】 空调系统与散热器系统共用一个水系统,两个系统阻力差别较大,系统无阻力平衡措施。

【分析与对策】 根据《民用建筑供暖通风与空气调节设计规范》GB 50736-2012 第 5.9.2 条,散热器供暖系统的供水和回水管道应在热力入口处与空调系统分开设置环路,同时设置调节装置。

当室内有不同的系统形式,需要的介质温度、阻力差别较大或使用时间不一致时,宜按不同参数分别设置室外管网。

当各系统需要的参数差距较小,经过经济技术比较后确定采用同一管网时,各建筑的冷热水设计回水温度均不应低于区域冷热站的设计回水温度,并在建筑物入口分系统设置调节控制装置,必要时可设置换热系统、混水泵或多级输送泵。

【问题 21】 水箱间、水泵房、个别小厂房采用电暖器、暖风机供暖是否可行?商业网点或办公楼等热负荷较小采用燃气炉供暖时,该燃气炉的热效率按什么标准执行?

【分析与对策】 采用电直接加热方式采暖应符合《建筑节能与可再生能源利用通用规范》GB 55015-2021 第 3.2.2 条至第 3.2.4 条规定的条件。

额定热负荷小于 100 kW,最大供暖工作水压不大于 0.6 MPa,采用大气式或全预混式燃烧的供暖炉按照《燃气采暖热水炉》GB 25034-2020 执行。

【问题 22】 散热器、集分水器的温控阀可以竖向安装吗?

【分析与对策】 对内置式传感器不建议竖向安装,因为阀体和表面管道的热效应可能导致恒温控制器的错误动作,应确保恒温阀的传感器能够感应到室内环流空气的温度,不得被窗帘盒、散热器罩等覆盖。温包内置式温控阀应水平安装。温包外置式温控阀没有要求。

【问题 23】 住宅一梯三户,供暖支管可以直接从立管上接出吗?

【分析与对策】 可以。户数较多的供暖系统,建议采用分集水管连接,否则不利于调节平衡。

【问题 24】 使用电暖器、电热油灯等时,对电气专业有何要求?

【分析与对策】《民用建筑供暖通风与空气调节设计规范》GB 50736-2012 第 5.5.8 条规定,安装于距地面高度 180 cm 以下的电供暖元器件,必须采取接地及剩余电流保护措施。

【问题 25】 中小学校、托儿所、幼儿园设置辐射供暖系统时,室温控制是否可以采用总体控制方式?

【分析与对策】 依据《托儿所、幼儿园建筑设计规范》JGJ 39-2016(2019 年版)第 6.2.7

条、《中小学校设计规范》GB 50099-2011 第 10.1.6 条的规定,中小学校、托儿所、幼儿园供暖系统应满足分室控温要求。是否采用总体控制应根据盘管布置情况和房间设计温度确定。

【问题 26】 设有燃气的公用房、燃气(燃油)锅炉房的事故排风系统是否可以二次设计?

【分析与对策】 不可以二次设计。《燃气工程项目规范》GB 55009-2021 第 5.3.7 条规定,燃气相对密度小于 0.75 的用户燃气管道当敷设在地下室、半地下室或通风不良场所时,应设置燃气泄漏报警装置和事故通风设施。《城镇燃气设计规范》GB 50028-2006(2020 年版)第 10.2.21 条第 2 款也规定,地下室、半地下室、设备层和地上密闭房间敷设燃气管道时,应有独立的事故机械通风设施。《锅炉房设计标准》GB 50041-2020 第 15.3.7 条强制性要求设在其他建筑物内的燃油、燃气锅炉房的锅炉间,应设置独立的送排风系统。

【问题 27】 工业厂房是否必须采取室温自动控制措施?是否必须设热计量装置?

【分析与对策】《工业建筑节能设计统一标准》GB 51245-2017 第 5.2.8 条规定,对于需要分室自动控制室温的散热器供暖系统,散热器前应安装恒温控制阀。按照《工业建筑节能设计统一标准》GB 51245-2017 第 5.2.3 条,供暖调节和供暖计量都是供暖节能的要求。《工业建筑供暖通风与空气调节设计规范》GB 50019-2015 第 5.9.1 条规定,集中供暖系统应按能源管理要求设置热量表。

【问题 28】《宿舍、旅馆建筑项目规范》GB 55025-2022 第 2.0.16 条规定,公共管道阀门、用于总体调节和检修的设施部件,应设置在公共空间内。单管垂直串联系统立管始末端的阀门是否属于此类阀门?

【分析与对策】 单管垂直串联系统立管两端的阀门属于此类阀门,设计时应遵守规范要求。当传统系统形式不能满足新规范要求时,应重新考虑新的方案。

【问题 29】 单管跨越式供暖系统一般采用三通恒温阀,为定流量系统。这种情况如何执行《建筑节能与可再生能源利用通用规范》GB 55015-2021 第 3.2.22 条“间接供热系统二次侧循环水泵应采用调速控制方式”?

【分析与对策】 恒温阀通过自力式感温实时调节混合或分水比例,每个三通恒温阀的开度变化都会影响管路特性曲线;用户改变室内温度设定即改变阀门特性也会影响水力曲线。上述情况都会引起管路压差变化,变频泵适配压差变化调节转速实现变流量,所以水泵采用调速控制方式同样具有节能意义。

4.3 空调通风设计

【问题 1】 气体灭火后排风是否必须按照事故通风标准设置?(《民用建筑供暖通风与空气调节设计规范》GB 50736-2012 第 6.3.9 条第 6 款规定,排风口与机械送风系统的进风口的水平距离不应小于 20 m;当水平距离不足 20 m 时,排风口应高出进风口,并不宜小于 6 m。)

【分析与对策】 气体灭火残余气体与烟气一样属于有害气体，送排风口只有保持一定间距才能保证室内的换气效率。所以气体灭火后与排风机同时工作的进风机宜参考此要求。

【问题 2】 通风（空调）管道穿过前室、楼梯间等防烟部位应采取什么措施？

【分析与对策】 当通风（空调）管道或排烟管道必须穿越前室、楼梯间等防烟部位时，应设置土建夹层，将管道置于防烟部位之外；也可设置 70 ℃关闭的防火阀，并做好洞口防火封堵。

【问题 3】 地上变配电室设置气体灭火系统，是否可以利用可开启外窗通风，不再设置事故通风系统？

【分析与对策】 灭火后的防护区应通风换气，地下防护区、无窗或设固定窗的地上防护区，应设置机械排风装置，排风口宜设在防护区的下部，排风应直通室外。当气体灭火后的地上房间不能通过自然通风将有害气体直接排放至室外时，应设置机械通风。

【问题 4】《民用建筑供暖通风与空气调节设计规范》GB 50736-2012 第 6.1.4 条规定，设有机械通风的房间，人员所需的新风量应满足该规范第 3.0.6 条的要求。如果未设机械通风，是否可以不设置机械新风，利用外窗满足新风要求？

【分析与对策】 本条只是针对机械通风时的换气量作出的技术要求，不能过度理解为取代新风系统设计的理论依据。

《民用建筑暖通空调设计统一技术措施（2022）》第 1.5.5 条说明指出：①对于建筑内人员密集（例如教室、公共餐厅等），或者室内热源使用需求存在较大差别（大开间办公室等）的公共场所，由于使用过程中 CO_2 散发量较大（人员密集），或者不同人员对室内环境参数（温度、湿度、新风量、噪声等）的要求不一，采用开窗等自然通风方式有时无法取得室内人员的一致意见，因此这时宜设置机械新风系统；②对于个人使用的房间（例如酒店客房、个人办公室以及居住建筑的卧室和起居室等），经过分析论证后确保在空调使用时段内自然通风（包括外窗可开启方式）能够达到新风量要求，并符合项目建设单位的要求时，可以不设置机械新风系统。

【问题 5】 关于《民用建筑供暖通风与空气调节设计规范》GB 50736-2012 第 3.0.6 条关于新风的规定，是否理解为所有公共建筑都需要设计新风系统？如小区物业这种建筑面积不大的办公建筑，仅设置冬季供暖和夏季分体空调，是否也需要设置新风系统？能否明确一个设置标准？

【分析与对策】 分体空调通常用于规模小、使用率和舒适度要求都很低的使用场所，开窗通风解决新风需求时可以接受室内温度、湿度的波动，无须保证舒适空调的连续性，具有（空调功能）间歇使用的特点。相比于集中空调、半集中空调系统，分体空调不会影响整体系统的节能，所以使用分体空调的项目不要求必须设置新风系统。

【问题 6】《民用建筑供暖通风与空气调节设计规范》GB 50736-2012 第 6.3.2 条第 3 款规定，建筑物全面排风系统吸风口的布置，应满足用于排出密度大于空气的有害气体时，位于房间下部区域的排风口,其下缘至地板的距离不大于 0.3 m。比空气重的标准是什么?

【分析与对策】排出空气的密度可以参照《工业建筑供暖通风与空气调节设计规范》GB 50019-2015 第 6.3.9 条,当放散气体的相对密度大于 0.75,可视为比空气重。

【问题 7】学校教室的通风换气标准在《中小学校设计规范》GB 50099-2011 中有明确规定,而《中小学校教室换气卫生要求》GB/T 17226-2017 分别对小学、初中、高中教室的通风换气标准提出了要求,在设计中如何选择?

【分析与对策】应按照《中小学校教室换气卫生要求》GB/T 17226-2017 的要求设计。《中小学校教室换气卫生要求》GB/T 17226-2017 相比之前的规范提高了要求,并引入教室换气制度措施,增强了可行性,可见有关部门对中小学校教室环境卫生条件的重视程度。实验证明,依靠自然通风,即使遵循课间换气制度的要求,多数教室内的二氧化碳浓度仍然高于 0.1%,甚至达到 0.4%,远远超出《中小学校教室换气卫生要求》GB/T 17226-2017 的要求,所以中小学校教室设置新风系统是必要的。

【问题 8】地上燃气明厨是否需要设置事故通风系统?

【分析与对策】需要设置事故通风。厨房全面通风量一般大于事故通风量,可以兼作事故通风系统。《城镇燃气设计规范》GB 50028-2006(2020 年版)第 10.5.3 条规定,商业用气设备设置在地下室、半地下室(液化石油气除外)或地上密闭房间内时,应设置独立的机械排风系统,并且事故通风时的换气次数不应小于 12 次/h。

【问题 9】公共厨房是否需要设置补风?

【分析与对策】《民用建筑供暖通风与空气调节设计规范》GB 50736-2012 第 6.3.5 条第 2 款规定,采用机械排风的区域,当自然补风满足不了要求时,应采用机械补风。厨房相对于其他区域应保持微负压,补风量应与排风量相匹配,且宜为排风量的 80%~90%。严寒和寒冷地区宜对机械补风采取加热措施。

【问题 10】采用风机盘管、多联机等空调系统且有可开启外窗时,是否必须设置集中新风系统?

【分析与对策】使用集中冷热源空调系统的建筑,开窗通风行为对能耗影响很大,而且不能保证房间的舒适度和洁净度,失去了空调建筑的意义。另外,通过门窗缝隙解决新风问题并达到新风量的标准要求时,将与节能标准对门窗气密性的设计要求发生矛盾,所以上述空调形式宜设计新风系统。

技术措施提倡开窗通风的理论是基于保证舒适度和满足节能标准,并且结合地域条件和空调形式作出的,不是任何地方任何时候都适合。

【问题 11】《建筑节能与可再生能源利用通用规范》GB 55015-2021 第 3.2.19 条规定,严寒和寒冷地区采用集中新风的空调系统时,除排风含有毒有害高污染成分的情况外,当系统设计最小总新风量大于或等于 40 000 m^3/h 时,应设置集中排风能量热回收装置。如何理解条文中的“系统设计最小总新风量”?最小总新风量的计算基准是某个新风系统,还是整体建筑?如是整体建筑,是每个新风系统都需要设置热回收装置,还是达到某个比例即可?

【分析与对策】 规范提到了“严寒和寒冷地区”和“集中新风的空调系统”两个适用条件，并考虑了建设规模的因素，故此条是建立在技术和经济比较基础上的节能措施，即超过 40 000 m^3/h 最小总新风量的建设项目节能效果显著，所以应对建筑内使用率较高的场所全面设置新风热回收装置，让业主切实受益。

【问题 12】 设置在地下车库内的建筑面积较小、人员较少的设备用房值班室，可否将设置的排风设施作为人员最小新风量的保证措施？

【分析与对策】 作为长期使用的值班用房，新风从室外直接引入才符合卫生要求。污染物浓度标准参见《室内空气质量标准》GB/T 18883-2022。

【问题 13】 空气源热泵系统中，为了增强系统稳定性，经常设置闭式稳流罐，其有效容积如何确定？

【分析与对策】 空气源热泵的产品型号和技术质量水平差距很大，应根据厂家具体技术资料确定。在保证系统稳定性的同时，设备能效尚应符合《建筑节能与可再生能源利用通用规范》GB 55015-2021 第 3.2.9、3.2.10 条规定的技术要求。

【问题 14】 如何设置地下车库内的一氧化碳（CO）探测器？依据的规范是什么？多大面积设置一个？

【分析与对策】 目前，地下车库 CO 检测仪的设置要求尚无国家规范，CO 检测仪的设置源于《石油化工可燃气体和有毒气体检测报警设计规范》GB 50493-2009（现已废止）中“有毒气体检测器距释放源不宜大于 1 m”的规定。考虑到此规定主要针对高危化工区域，地下车库 CO 检测仪的数量设置主要根据防火分区划分以及面积大小等因素来考虑，也可根据检测仪厂家提供的样本参数设置，一般 300~400 m^2 设一个，安装高度建议距地面 1.8~2.0 m。

【问题 15】 平时利用的柴油发电机房的储油间是否需设置事故通风系统？

【分析与对策】 液化石油气气瓶间、燃气调压间、燃气锅炉间及油泵间的可燃气体浓度报警装置，应与房间事故通风机联动，并应与燃气供气母管或燃油供油母管的总切断阀联动；设有防灾中心时，应将信号传至防灾中心。

民用建筑柴油发电机房储油间不存在潜在有害气体泄漏风险，可不设置事故通风系统，但应采用防爆型风机。

【问题 16】 LNG（液化天然气）加气、加氢罩棚是否需设置通风器？

【分析与对策】 在规范允许的规模下一般无须要设置。当罩棚顶部设有封闭空间时，封闭空间内应采取通风措施，并应设置氢气浓度报警装置。顶棚内表面应平整，且避免死角，不得积聚氢气。

【问题 17】 发电机房排风是否需要防爆？

【分析与对策】 燃气燃油发电机房需要设置防爆型通风机，因为轻柴油的闪点小于 60 ℃。

【问题18】《工贸企业重大事故隐患判定标准》规定,存在粉尘爆炸危险的不同建(构)筑物、不同防火分区不得共用一套除尘系统。冶金行业中,焦炭、煤均存在粉尘爆炸危险,物料在存储、转运过程中产生的扬尘,需要通过除尘系统进行净化排放,如果不同建(构)筑物分别设置除尘系统,整个厂区需设很多除尘器,会造成初投资增多、运行维护费用高、管理困难。针对此类厂区,如何执行?

【分析与对策】 工业项目有其习惯性做法和相应的安全措施,当与现行技术标准违背时,应组织专家进行技术论证,综合评定。

【问题19】《住宅设计规范》GB 50096-2011 仅规定无外窗的卫生间应设共用排气道,但是《关于住宅设计有关问题的通知》(冀建质〔2003〕318号)又明确卫生间必须设排风道进行屋面排放,有外窗的住宅卫生间是否可以采用自然通风?

【分析与对策】 卫生间设置机械排风的目的在于控制气流方向,维持异味房间微负压。详见绿建评价标准健康舒适控制项。

【问题20】 UPS(不间断电源)间是否需要设置事故通风系统?

【分析与对策】 USP室内放置蓄电池会有微量氢气产生,为了防止氢气积聚、扩散和爆炸,应设置排风系统;同时应设有带报警功能的氢气浓度检测仪,与风机联锁;风机应选用防爆型,并设置导除静电的接地装置。若设置有气体灭火系统,应设计灭火后的事故通风系统。

【问题21】 根据《工业建筑供暖通风与空气调节设计规范》GB 50019-2015第6.3.9条第2款,设置多台墙壁式排风机时,风机需要同时启动吗?

【分析与对策】 对周围环境无不良影响时,可以采用壁式风机;若无外墙,或需要避开人员活动区域,就不能采用壁式风机。根据规范要求,需要同时启动风机。

【问题22】 关于存放各类物品的库房,规范未明确其通风换气次数,设计通风时应如何确定这一参数?

【分析与对策】 根据存放物品挥发气体的允许浓度限值经过计算确定。

【问题23】 各类厂房、库房设置自然通风窗时,在缺少各类计算参数时如何确定通风窗的面积?是否可按照建筑面积的百分比进行设置?如何取值?

【分析与对策】 出现缺少计算参数的主要原因是生产目的不确定,但至少要明晰自然通风的设计目标,工艺要求较高的项目严禁采取估算的方法进行设计。

室内外压差是自然通风的原动力,与主导风向风压、建筑体型高度、热压等关系密切,所以只关注窗户面积没有实际意义。

【问题24】 工业建筑一般采用机械通风,外部环境满足什么条件时可采用自然通风?

【分析与对策】 无法一概而论,与很多因素有关,包括:设计要求的换气次数、风向、风力、主导风向、建筑夹角、园区建筑布局,以及建筑单体的形状、进深、高度、窗分布、窗开启形式,等等。可参照同地区的成功经验进行设计。

【问题 25】 建筑综合体餐饮场所是否可以使用燃气？

【分析与对策】 超过一定规模的建筑禁止使用。

根据《关于加强超大城市综合体消防安全工作的指导意见》（公消〔2016〕113 号），建筑面积大于 100 000 m^2 的超大综合体设置在地下的餐饮场所严禁使用燃气。

根据《大型商业综合体消防安全管理规则》XF/T 3019-2023，大于 50 000 m^2 的综合体中设置在地下且建筑面积大于 150 m^2 或座位数大于 75 座的餐饮场所禁止使用燃气（此标准适用于已建成并投入使用的建筑）。

【问题 26】 公共建筑供暖用的壁挂炉间已有外窗通风，是否考虑机械通风（事故通风）？

【分析与对策】 壁挂炉设在地下室、半地下室应有手动和自动两种启动方式的防爆机械通风装置，并应设置防爆型燃气和 CO 泄漏自动报警切断装置，并应和机械通风装置联锁；自然排气式采暖壁挂炉应设置在有换气装置的设备间。

【问题 27】 人员密集场所设置空气调节系统且新风设计风量满足要求，但实际通风效果欠佳。

【分析与对策】 人员密集场所新风量大，空调区域应设置相应的排风通道，设计应进行送排风平衡计算。

【问题 28】 住宅建筑未设置机械通风系统或新风口，不满足供暖和空调季节换气次数 1.0 次/h 的要求，设计深度如何把握？

【分析与对策】 根据《住宅新风系统技术标准》JGJ/T 440-2018 第 3.0.1 条和《住宅建筑规范》GB 50368-2005，住宅一般应满足自然通风条件。寒冷地区或严寒地区需要供暖的住宅建筑，为了节能和空气品质，宜设置新风系统。

【问题 29】 空调冷热水系统的压差旁通管管径如何选取？

【分析与对策】 空调冷热水系统的压差旁通管管径应根据旁通阀最大设计流量确定。

（1）对于冷水机组定流量系统，若设置多台相同容量的冷水机组，旁通阀的设计流量就是一台冷水机组的流量；若设置多台不同容量的冷水机组，旁通阀的设计流量按照大机组的流量来确定。

（2）对于冷水机组变流量系统，旁通调节阀的最大流量由单台冷水机组的最小允许流量确定；当机组大小搭配时，旁通阀的最大设计流量为各台冷水机组允许的最小流量中的最大值。

【问题 30】 餐厅排风可否作为厨房补风？

【分析与对策】 利用餐厅排风作为厨房补风是通常做法，设计时应注意通风系统的防火要求。厨房的排风量大，需要大量的补风；冬、夏季餐厅排风温度优于室外空气，卫生条件符合要求，作为补风可以节约能源，改善厨房的工作环境。设计时可以把厨房的部分补给风量安排在餐厅新风系统中，这样既可以提高餐厅的空气品质，抑制厨房油烟溢出，又可以使机组处理后的空气得到最有效的利用。

【问题31】《民用建筑供暖通风与空气调节设计规范》GB 50736-2012第5.3.5条规定,管道有冻结危险的场所,散热器的供暖立管或支管应单独设置。如何理解“冻结危险的场所”?

【分析与对策】 一般指楼梯间,或仅供门厅的供暖立管。

【问题32】 厨房排油烟风道与防火排烟风道可以共用吗?

【分析与对策】 不可以共用。《民用建筑供暖通风与空气调节设计规范》GB 50736-2012第6.3.5条第4款规定,厨房排油烟风道不应与防火排烟风道共用。

【问题33】 超低能耗卫生间的排风如何设置?

【分析与对策】 住宅卫生间设置变压式风道(配设防火止回阀),预留排气扇电源插座。排风管接至风道处设置保温密闭型电动风阀,与排风扇联锁启闭。能源环境一体机处于停止状态:当排风扇启动时,能源环境一体机中的新风机联动启动,为卫生间补风;当排风扇关闭时,能源环境一体机中的新风机联动关闭。能源环境一体机停用期间(过渡季节),由排风扇为卫生间排风,同时打开外窗进行自然补风。

公共卫生间通风形式:公共卫生间通过排风道单独排风,并设置补风措施。卫生间排风扇定时开启。卫生间排风竖井连接的风管上应设置密闭性能好的电动风阀,并与排风机联锁启闭,保证建筑气密性。设独立补风系统,补风与排风应具有良好的气流组织,补风量宜为排风量的80%~90%;补风管道应保温,防止结露;补风管道上设置的电动保温密闭阀与排风扇联动控制。在排风扇未开启时,保温电动气密阀应关闭严密,不得漏风。管道穿越竖井或外墙应封堵严密。当排风扇开启时,保温电动气密阀开启,室外空气通过补风管道进入补风。大一些的卫生间也可设置显热热回收通风装置。

【问题34】 对于住宅与商业组合形式的建筑,商业供暖采用分体空调,仅预留分体空调是否可行?

【分析与对策】 分体空调仅用于供冷时,可以预留。《民用建筑通用规范》GB 55031-2022第2.1.6条规定,民用建筑应配置满足基本使用功能需要的设备设施。严寒、寒冷地区的商业建筑保证冬季供热属于基本使用功能,必须设计到位。

【问题35】 空调冷凝水管径与坡度是否必须按照《民用建筑暖通空调设计统一技术措施(2022)》第4.7.16条选择?

【分析与对策】 可以参考最新技术措施设计。

4.4 节能设计

【问题1】 管道的保温可否直接选用《公共建筑节能设计标准》GB 50189-2015附录D“管道与设备保温及保冷厚度”中的厚度?

【分析与对策】 根据《公共建筑节能设计标准》GB 50189-2015,设计人员可以通过查阅标准中附录D“管道与设备保温及保冷厚度”中的表格,方便地选用所需要的绝热厚度数据。

这些绝热厚度是在特定的适用条件范围内确定的，设计人员在使用时应首先注意其适用条件。当实际工程超出适用条件，如建筑节能等级不同时，保温厚度要求也不一样，设计人员应按照标准规定的方法重新进行计算以确定所需的绝热厚度。

【问题 2】 对于被动式建筑中经常有人员停留的房间，是否需要设置二氧化碳（CO_2）浓度检测装置，联锁热回收新风换气机组的启停？

【分析与对策】 执行设计标准中明确的内容即可。《超低能耗公共建筑节能设计标准》DB13（J）/T 8506-2022 第 5.4.5 条规定，在人员密度相对较大且变化较大的房间，宜根据室内 CO_2 浓度检测值进行新风需求控制，排风量也宜适应新风量的变化以保持房间的正压。

【问题 3】《建筑节能与可再生能源利用通用规范》GB 55015-2021 第 5 章“可再生能源建筑应用系统设计”中的第 5.4 节为“空气源热泵系统”，是否可以认为空气源热泵空调也属于可再生能源利用？河北省是否把空气源热泵空调列为可再生能源？

【分析与对策】 空气源热泵系统在河北省已被列为可再生能源。

【问题 4】 空气源热泵兼顾制冷和供暖，因为冬季制热量折减很严重，是否要求执行《民用建筑供暖通风与空气调节设计规范》GB 50736-2012 第 8.2.2 条“电动压缩式冷水机组的总装机容量，应根据计算的空调系统冷负荷值直接选定，不另作附加；在设计条件下，当机组的规格不能符合计算冷负荷的要求时，所选择机组的总装机容量与计算冷负荷的比值不得超过 1.1”？

【分析与对策】《民用建筑供暖通风与空气调节设计规范》GB 50736-2012 第 8.2.2 条中不包括空气源热泵。

【问题 5】《建筑节能与可再生能源利用通用规范》GB 55015-2021 第 5.4.1 条条文说明中没有体现出空气源多联式空调（热泵）室内、外机组之间的连接管长和高差修正系数，如何计算？

【分析与对策】 应以有关的技术资料为依据，各厂家技术水平有区别。

【问题 6】 循环水泵、通风机选型时未对其能效等级提出要求，或仅注明了效率，未说明水泵、风机的形式、比转速、压力系数、轮毂比等，不能确定其能效是否满足要求。

【分析与对策】 违反《建筑节能与可再生能源利用通用规范》GB 55015-2021 第 3.2.16 条规定。应在设备表中直接注明循环水泵、通风机能效等级或节能参数，便于施工采购到符合要求的节能产品。

【问题 7】 采用空气源热泵系统制热时，空气源热泵机组未注明冬季设计工况状态（冬季供暖、空调室外计算温度、相对湿度）下的制热量、制热性能系数（COP）。

【分析与对策】 违反《建筑节能与可再生能源利用通用规范》GB 55015-2021 第 5.4.1、5.4.3 条规定。一般空气源热泵机组样本中的制热量为标准工况（室外空气干球温度为 7 ℃，湿球温度为 6 ℃）下的制热量，工程应根据当地室外气象参数、融霜工况对机组制热量进行修正,计算修正后的COP,并应符合《建筑节能与可再生能源利用通用规范》GB 55015-2021第5.4.3条的要求。图纸中也应明确标注设计工况下热泵机组的制热量和COP。

【问题8】 对于体育场馆或风雨操场这种净高大于9 m,设置分层空调,上部设置机械排风(电动自然通风窗),下部设置多联机(中央空调)的系统,因场馆内已经设置了机械排风(电动自然通风窗),是否可以不设置新风系统?

【分析与对策】 考虑到季节差异,过渡季节在保证卫生要求的情况下可以采用排风方式通风换气;冬夏供热制冷季节仍应以有组织的新风系统配合空调工况,并且新风量达到40 000 m^3/h时还要求采取全热回收措施,否则建筑气密性要求就失去了意义。

【问题9】 工业厂房中布置的办公辅助用房(分散或集中),是否需要执行《民用建筑供暖通风与空气调节设计规范》GB 50736-2012第3.0.6条的规定?是否需要执行与公共建筑有关的节能设计标准?

【分析与对策】 暖通专业关于《民用建筑供暖通风与空气调节设计规范》GB 50736-2012第3.0.6条应以房间功能对标执行;其他内容由建筑专业判断,统一执行。

【问题10】 冷库属于特殊功能的工业建筑,没有对应的节能设计标准,如何执行建筑节能通用规范?

【分析与对策】 工业项目所采用的技术方法和措施是否符合规范要求,由对应的责任主体判定,房建审查部门只对建筑节能负责。

建筑节能设计包括:保温隔热,减少冷热损失,优化布局,空调、供热设备节能自控。

工艺范畴的节能包括:①制冷设备节能;②运行节能;③管理节能;④制冷剂的选择。

【问题11】 如何理解《建筑节能与可再生能源利用通用规范》GB 55015-2021第1.0.2条条文说明中的“不适用于没有设置供暖、空调系统的工业建筑”?变配电室降温用空调器是否属于设有空调系统?

【分析与对策】 配电室降温设施不属于空调设施。配电室降温设施在极端天气时用于保证设备正常工作,属于工艺需要,通常室内外温差不大,不会产生冷量损耗。

生产工艺产热使用空调设备降温,有别于《建筑节能与可再生能源利用通用规范》GB 55015-2021中基本规定涵盖的情况,是机电设备正常工作的应急需要,但降温设备应采用节能型产品。

4.5 防烟排烟设计

【问题1】《建筑防火通用规范》GB 55037-2022、《消防设施通用规范》GB 55036-2022实施后,《建筑设计防火规范》GB 50016-2014(2018年版)、《建筑防烟排烟系统技术标准》GB 51251-2017的所有强制性条文明确废止,通用规范中部分条款没有明确执行要求和数据,设计如何执行?

【分析与对策】 因目前与《建筑防火通用规范》GB 55037-2022、《消防设施通用规范》

GB 55036-2022 对标的新标准未出台,《建筑设计防火规范》GB 50016-2014（2018 年版）、《建筑防烟排烟系统技术标准》GB 51251-2017 与《消防设施通用规范》GB 55036-2022 仍然保留的条款,其计算公式、计算标准、参考表格目前仍可适用于防烟排烟系统设计,如《建筑防烟排烟系统技术标准》GB 51251-2017 中的第 3.2.1 条。《消防设施通用规范》GB 55036-2022 未保留的强制性条款,设计时可以参考执行,如《建筑防烟排烟系统技术标准》GB 51251-2017 第 4.4.7 条对排烟风速的规定,其只是由强制性条款改为非强制性条款。应该强调的是,所有规范、标准中的非强制性条款,是为设计者提供的参考依据,而不是强条才执行,非强条就不执行,设计时应结合项目情况合理确定。

【问题 2】 暖通专业防烟排烟施工图纸上是否需要标注自然排烟相关设计参数?

【分析与对策】 需要标注。《建设工程消防设计编制深度与查验标准》DB13（J）/T 8550-2023 第 7.2.2 条规定:采用自然排烟的场所平面图应表达防火分区、防烟分区及其名称（编号）、面积,吊顶形式、空间净高、储烟仓厚度、清晰高度,挡烟垂壁形式、位置及底部距地高度,排烟窗、补风窗的有效面积;采用机械排烟系统的场所平面图应表达防火分区、防烟分区及其名称（编号）、面积,吊顶形式、空间净高、储烟仓厚度、清晰高度,挡烟垂壁形式、位置及底部距地高度,排烟风机的计算风量、排烟口（吸入口）标高、喷淋设置情况、排烟口规格尺寸等,计算单个排烟口最大允许排烟量和实际排烟量,采用补风时的计算补风量、补风口风速。自然排烟和机械排烟宜分别采用列表方式表达。各设计院可制定自己的制式表格。

注意事项:自然排烟窗开窗面积和位置应与建筑专业表述一致,并与建筑专业配合校核无误;对于建筑物的固定窗、可熔性采光带、应急排烟窗、挡烟垂壁、自然补风设施等与建筑专业疏散要求、立面效果等有关的内容,由建筑专业负责设计、审查;吊顶未特殊说明均为密实,当采用镂空吊顶时应在图纸特殊说明。

【问题 3】 设计中无法区分高大空间和中庭空间。高大空间和中庭的定义是什么?

【分析与对策】 高大空间是指公共建筑、工业建筑中空间净高大于 6 m 的场所。靠外立面通高的二层门厅,周边使用场所采用固定的防火分隔（防火墙、满足防火要求的防火玻璃等）与贯通空间分隔的,按高大空间设计。住宅等居住建筑中如果有局部空间净高或房间净高超过 6 m 的房间,也应视为高大空间,需按照《建筑防烟排烟系统技术标准》GB 51251-2017 第 4.6.3 条执行。

中庭（atrium）是一个源自古罗马建筑的术语,指的是房屋或公共建筑内部的一个开放的垂直空间,通常顶部有覆盖,四周环绕着建筑物,并贯穿建筑物的多个楼层。上海地标《建筑防排烟系统设计标准》DG/TJ 08-88-2021 对中庭的定义为:贯通三层或三层以上、对边最小净距离不小于 6 m,贯通空间的最小投影面积大于 100 m^2 的室内空间,且二层或二层以上周边设有与其连通的使用场所或回廊。（中庭不包括厂房仓库,不包括住宅室内客厅等上空。）

【问题 4】 根据《建筑防烟排烟系统技术标准》GB 51251-2017 第 4.6.5 条关于中庭排烟量的规定,如何理解“中庭周围场所”的概念?当回廊包围中庭时,与回廊相连的其他房间设置自然或机械排烟,算不算中庭周围场所?

【分析与对策】 算中庭周围场所。《建筑防烟排烟系统技术标准》GB 51251-2017第4.1.3条条文说明指出,中庭周围场所是指与中庭相连的每层使用房间,如果有回廊,则是指与回廊相连的各使用房间。

【问题5】 高大空间相关问题。

(1)连通二层的酒店大堂等通高处(二层无卷帘、墙体等固定隔断),是否按中庭计算排烟量?二层通高洞口边缘处的挡烟垂壁高度是否受限?为提高通高空间的储烟仓厚度,提高通高空间的排烟口最大允许排烟量,减少排烟口个数是否可加大挡烟垂壁高度(二层其他空间不受此影响)?

(2)售楼处等净高大于6 m,局部贯穿二层的门厅位置,与需要排烟的疏散走道直接连通,但挑高部分的总面积不大于100 m^2,按照高大空间处理难度较大,是否可以按照自然排烟开窗5%处理?

(3)对于办公建筑首层、局部二层的挑高大堂,建筑专业因疏散问题将此场所定义为扩大前室,暖通专业应设置排烟系统还是加压送风系统?如按排烟考虑,排烟量如何规定?

(4)对于公共建筑中较小的共享空间或中庭(如十几平方米,竖向2~3层),无论自然排烟还是机械排烟都很难满足排烟要求,是否可通过防火卷帘封闭此部分空间,不设排烟设施?

【分析与对策】(1)按中庭计算排烟量。二层与其他功能连接洞口边缘处建议设置防火卷帘,火灾时全部落下,可有效增加储烟仓高度。如果设置挡烟垂壁,即使加大二层的挡烟垂壁高度也不能阻挡一层的火灾烟气蔓延,烟气模型见《建筑防烟排烟系统技术标准》GB 51251-2017第4.6.9条。

(2)对于建筑面积不大于300 m^2、净高大于6 m且不贯通(采用墙体、防火卷帘等固定隔断进行完全分隔)的多个楼层的门厅等空间,当采用自然排烟时,其自然排烟窗(口)开启的有效面积可以按照不小于该门厅地面面积的5%设置。

(3)根据《建筑防烟排烟系统技术标准》GB 51251-2017第3.2节,及时有效地自然排烟是疏散、避难空间防烟的一种措施。即疏散、避难空间的防烟可以通过机械加压送风方式来实现,也可以通过自然排烟方式来实现。当建筑的大堂作为扩大前室且大堂挑高较高时,该扩大前室的空间体积较大,难以通过机械加压送风系统来保持扩大前室所需的正压,且大堂内往往设有茶饮、休息、展台等设施,本身具有一定的火灾危险性,又要兼顾扩大前室的疏散功能,故应设置排烟系统。具体排烟系统的设计应根据大堂的高度、面积和与周边场所的连通情况按中庭或高大空间处理,有条件时应优先采用自然通风。

(4)对于公共建筑中较小的共享空间或中庭,建筑专业可通过防火卷帘完全封闭此空间,但是不排除该区域有可燃物体,或失能老年人、智障儿童,不能排除有人员疏散风险,故也应按规范要求设置排烟设施。由于面积较小,无论自然通风还是机械排烟都很难满足排烟要求,这不是不设置排烟设施的理由,可以和建筑专业协商共同解决该问题,讨论该区域是否有必要设置,或是否可以靠外墙布置。

【问题6】 采用挡烟垂壁划分防烟分区时,挡烟垂壁设计的深度常常满足《建筑防烟排烟系统技术标准》GB 51251-2017第4.6.2条的要求,但完全忽略《建筑防烟排烟系统技术标准》GB 51251-2017 第 4.2.2 条的要求或不满足《建筑防火通用规范》GB 55037-2022 第 7.1.5 条的要求。

例 1：走道或房间采用挡烟垂壁划分防烟分区，自然通风，空间净高 3.0 m，设计清晰高度采用 1.5 m，挡烟垂壁高度采用 0.6 m，底距地 2.4 m，这种设计完全忽略了《建筑防烟排烟系统技术标准》GB 51251-2017 第 4.2.2 条的要求。

例 2：走道采用挡烟垂壁划分防烟分区，机械排烟，走道净高 2.4 m，设计清晰高度采用 1.2 m，挡烟垂壁高度采用 0.5 m，底距地 1.9 m，这种设计不满足《建筑防火通用规范》GB 55037-2022 第 7.1.5 条的要求。

如何综合《建筑防烟排烟系统技术标准》GB 51251-2017 第 4.2.2、4.6.2 条和《建筑防火通用规范》GB 55037-2022 第 7.1.5 条的要求，合理选取挡烟垂壁设计深度？

【分析与对策】 走道或房间划分防烟分区时，应同时满足下述三点要求。

（1）必须首先满足《建筑防火通用规范》GB 55037-2022 第 7.1.5 条中"疏散通道、疏散走道、疏散出口的净高度均不应小于 2.1 m"的规定。故走道、敞开楼梯间挡烟垂壁底部距地净距不应小于 2.1 m。

（2）依据《建筑防烟排烟系统技术标准》GB 51251-2017 第 4.6.2 条，当采用自然排烟方式时，储烟仓的厚度不应小于空间净高的 20%，且不应小于 500 mm；当采用机械排烟方式时，不应小于空间净高的 10%，且不应小于 500 mm。

（3）根据《消防设施通用规范》GB 55036-2022 第 11.3.2 条，设置机械排烟系统的场所应结合该场所的空间特性和功能分区划分防烟分区。防烟分区及其分割应满足有效蓄积烟气和阻止烟气向相邻防烟分区蔓延的要求。根据《〈消防设施通用规范〉GB 55036-2022 实施指南》对该条的解释，挡烟垂壁高度不应小于储烟仓厚度，且不小于空间净高的 20%。

当空间高度比较低，难以满足以上三点时，对于机械排烟，可以考虑将吊顶改为开孔率和均匀性均符合要求的通透型吊顶，排烟口设置在吊顶内。若最终还不能满足要求，则需重新审视建筑方案的合理性，及早优化设计方案，方案阶段应考虑内走道的净高或自然排烟的条件等。

对于既有建筑，可参考《河北省既有建筑改造利用消防设计审查导则（试行）》执行，必须执行现行技术标准而没有条件（防排烟竖井、疏散等条件）时，在维持原有建筑功能的基础上，可执行原有技术标准。对于人员密集等特殊建筑，必要时需进行消防专家论证或消防安全性能验证（热烟试验、数值模拟分析）。

【问题 7】 对于首层前室（包括扩大前室）同时兼作大堂（大厅）的这种情况（交通核在建筑的中心部位），存在以下几个问题：

①首层大厅面积小于 50 m²，无外窗但直通室外，防烟、排烟怎么考虑？

②首层大厅面积大于 50 m²，无外窗但直通室外，防烟、排烟怎么考虑？

③首层大厅面积大于 100 m²，通过门斗通室外，防烟、排烟怎么考虑？

如果做排烟，那么如何考虑机械排烟（包括补风）、自然通风？如果外窗面积无法实现自然通风，必须做机械排烟，加压送风怎么做？

【分析与对策】（1）首层大厅，无外窗但直通室外，无论面积大小，由于扩大前室通向室外的疏散门面积作为自然补风使用，不应计入开窗面积，故其都被视为无自然通风防烟条件。当首层扩大前室仅作为人员疏散通道，不增加进入前室的疏散门时，可与楼层的前室加压送风系统合用，设置机械加压送风系统。当扩大前室无自然通风条件，外门或进入前室的疏散门数量较多，确保室内正压有困难时，应设置独立的机械加压送风系统，其送风量按30 $m^3/(h\cdot m^2)$计算和按前室疏散门的门洞（含外门）断面风速≥0.7 m/s计算，取大值。扩大前室通向室外的疏散门面积作为自然补风使用，不应计入开窗面积。

（2）按《建筑防烟排烟系统技术标准》GB 51251-2017第3.2节，及时有效地自然通风是疏散、避难空间防烟的一种措施，即疏散、避难空间的防烟可以通过机械加压送风方式来实现，也可以通过自然通风方式来实现。

当建筑的大堂作为扩大前室且大堂挑高较高时，该扩大前室的空间体积较大，难以通过机械加压送风系统来保持扩大前室所需的正压。与此同时，大堂内往往设有茶饮、休息、展台等设施，本身具有一定的火灾危险性，又要兼顾扩大前室疏散功能。此时需考虑大堂的建筑条件，如无自然通风条件，可设置机械排烟来实现扩大前室防烟。

【问题8】 关于防烟排烟风管耐火极限要求的相关问题。《建筑防烟排烟系统技术标准》GB 51251-2017对排烟风管均有耐火极限要求，但汽车库排烟风管采用防火风管似乎必要性不大。汽车库排烟风管必须采用耐火极限不低于0.5 h的防火风管吗？防烟排烟风管耐火极限做法如何控制？对于防烟排烟风管，在施工图设计中仅明确其耐火极限要求是否满足设计深度的要求？是否需要指定风管具体材质和做法？有哪些材质和做法？后期由甲方自行选取满足耐火极限管道的做法是否可行？

【分析与对策】《建筑防烟排烟系统技术标准》GB 51251-2017第3.3.8、4.4.8、4.5.7条规定了防烟排烟风管的耐火极限要求。《建筑工程设计文件编制深度规定（2016年版）》第1.0.5条第3款规定，施工图设计文件应满足设备材料采购、非标准设备制作和施工的需要。所以在设计时不仅需标注耐火极限要求，还应该提供具体做法及施工工艺，确保实际使用中风管能满足耐火完整性及隔热性的要求。

另外，防烟排烟风管耐火极限在消防验收中是重要的一项，防烟排烟风管需满足规范规定的耐火极限，但图集没有给出对应的耐火极限（如0.5 h）的防火管道做法。图纸中只提出耐火极限要求是不够的，会影响施工招投标预算，如个别工程由于施工单位未理解具体工艺做法，未重视或是忽略，造成消防验收不通过，不得不后期进行整改，造成施工成本的增加和工期的延误，所以施工图纸说明或图纸中应明确防火风管耐火极限的相应做法和材质。

钢板风管的防火保护方法很多，以下为三大类常用具有耐火极限风管的具体做法，可供设计人员参考。

1）复合防火风管

（1）国标图集《防排烟及暖通防火设计审查与安装》（20K607）在第127~131页中提供了工业一体化硅酸钙复合板防火包覆做法：这种复合板是以防火用无石棉纤维增强硅酸钙板和岩棉板为夹芯层，外表面采用彩钢板（厚度不小于0.35 mm）为保护层，内表面为铝箔贴面，通过机械化自动复合流水线工艺制成的板材。工业一体化硅酸钙复合板技术参数见表4-1。

表 4-1　工业一体化硅酸钙复合板技术参数

芯材表观密度/(kg/m³)		芯材厚度/mm		导热系数/[W/(m·K)]		燃烧性能	耐火极限/h
硅酸钙防火板	岩棉	硅酸钙防火板	岩棉	硅酸钙防火板	岩棉		
170	120 ± 10	20 ± 5%	30 ± 2	≤0.055 (≤0.078)	≤0.043	不燃 A 级	1.0
170	120 ± 10	30 ± 4%	30 ± 2	≤0.055 (≤0.078)	≤0.043	不燃 A 级	2.0

注:关于硅酸钙防火板的导热系数,括号外的数值对应于平均温度 70 ℃,括号内的数值对应于平均温度 1 000 ℃。

(2)双面彩钢无机硅晶复合风管做法:内外层彩钢板厚度≥0.2 mm,芯材层采用单层结构的无机硅晶板,风管板材整体燃烧性能达到不燃 A1 级,芯材密度≥320 kg/m³。在温度为 70 ℃的条件下,芯材导热系数≤0.053 W/(m·K);在温度为 900 ℃的条件下,芯材导热系数≤0.085 W/(m·K)。某系列双面彩钢无机硅晶复合风管厚度见表 4-2。

表 4-2　某系列双面彩钢无机硅晶复合风管厚度

耐火极限/h	0.5	1.0	1.5~2.0	3.0
复合风管厚度/mm	20	30	40	50

(3)防腐耐火型镁质高晶板装配式风管:风管板材厚度根据管径大小按规范配型,管径边长≤1 000 mm,厚度选用 5 mm,管径边长>1 000 mm,厚度选用 8 mm,燃烧性能为不燃 A1 级,耐火极限为 2 h,游离氯离子含量低于 0.5%,抗折荷载≥1 500 N,通风耐压≥2 500 Pa,风管组装方式可以采用不燃 A1 级金属角条配件拼装,风管连接可采用不燃 A1 级金属法兰条配件连接,法兰密封材料宜采用阻燃柔性密封材料。

2)金属风管外包防火板

国标图集《防排烟系统设备及部件选用与安装》(22K311-5)第 73~81 页提供了金属风管外包覆的常见构造,常用具有耐火极限的风管制作材料的厚度可按表 4-3 的规定确定。

表 4-3　金属风管外包防火板主要材料厚度

耐火极限/h	岩棉厚度(≥100 kg/m³)/mm	(防火板)硅酸钙板材厚度/mm
0.5~1.0	50	8
2.0	50	9
3.0	50	12

注:漂珠防火包覆可参见图集做法。

3)金属风管外覆柔性毡状隔热材料

(1)钢板风管外覆防火柔性包覆系统:钢板风管包覆材料采用夹筋铝箔封装式硅酸盐纤维防火柔性卷材,卷材密度为 96 kg/m³,最高耐温 1 200 ℃。在温度为 280 ℃的条件下,导热系数≤0.054 W/(m·K);在温度为800 ℃的条件下,导热系数≤0.176 W/(m·K)。材料燃烧性能应达到不燃A1级,烟气毒性等级应达到ZA1级。表4-4给出了某系列不同耐火极限硅酸盐纤维防火柔性卷材厚度,可供设计时参考。

表4-4 某系列不同耐火极限硅酸盐纤维防火柔性卷材厚度

耐火极限/h	0.5	1.0	1.5	2.0
防火包覆层厚度/mm	30	30	60	60

(2)包覆材料采用板状防火棉钢板风管包覆材料采用新型板状防火棉材质,最高使用温度不低于1 050 ℃,密度为110 kg/m³,燃烧性能为不燃A1级,憎水率不低于98%,不含有石棉成分。外覆面采用阻燃加筋铝箔贴面。风管的整体燃烧性等级达到A2级,烟气毒气等级达到ZA1级。表4-5给出了某系列板状防火棉不同耐火极限防火包覆层厚度作为参考。

表4-5 某系列板状防火棉不同耐火极限包覆层厚度

耐火极限/h	0.5	1.0	1.5	2.0
板状防火棉厚度/mm	50	50	60	60

(3)镀锌风管+离心玻璃棉做法要求:0.5 h耐火极限系统采用容重为48 kg/m³、厚度≥50 mm的绝热玻璃棉,外侧复合进口长效耐水阻燃FFR贴面,贴面水洗前后氧指数均应≥28%,且变化<1%;1.0 h耐火极限系统采用容重为64 kg/m³、厚度≥60 mm的绝热玻璃棉,外侧复合进口长效耐水阻燃FFR贴面,贴面水洗前后氧指数均应≥28%,且变化<1%。

(4)镀锌风管+防火纤维棉卷材做法要求:0.5 h、1.0 h、1.5 h耐火极限风管均采用防火轻质柔性卷材包裹系统,密度为96 kg/m³,厚度为50 mm,最高耐温1 200 ℃,在温度为800 ℃的条件下,导热系数≤0.27 W/(m·K)。

设计时可以参考以上资料,在设计说明写明防烟排烟管道耐火极限的具体做法及施工工艺,并注明"应有国家防火建筑材料质量监督检验中心出具的耐火极限检测报告,且现场实际做法应与报告中描述的一致"。

另外,防烟排烟及补风风管室外管道不应有处于火场的可能性,所以不用考虑耐火极限要求。

【问题9】 排烟风管和加压送风金属管道设在竖井内时,是否需要做防火板包裹?

【分析与对策】 加压风管和排烟管道均需满足《建筑防烟排烟系统技术标准》GB 51251-2017第3.3.8、4.4.8条的耐火要求。土建管道井本身具有1 h耐火极限的性能,可避免火灾时火和烟气通过排烟管道蔓延。当加压风管和排烟管道独立设置在土建竖井中时,可以不用再做防火包裹或采用耐火风管。

另外,多个排烟或加压管道共用竖井时,需要采用防火风管或做防火包裹,这些管道的耐火极限不应低于 0.5 h。

吊顶内的排烟、补风管道设计如果已经考虑满足规范的耐火完整性和耐火隔热性要求，风道外可不再包覆防火材料。

【问题 10】 加压送风或排烟系统的风道，不限制使用土建风道，土建风道密闭光滑的措施有哪些？《建筑机电工程抗震设计规范》GB 50981-2014 第 5.1.1 条第 3 款规定，排烟风道、排烟用补风风道、加压送风和事故通风风道的选用应符合下列规定：① 8 度及 8 度以下地区的多层建筑，宜采用镀锌钢板或钢板制作；②高层建筑及 9 度地区的建筑应采用热镀锌钢板或钢板制作。根据此规范，不能使用土建风道。这两条冲突，是否可采用土建风道？

【分析与对策】（1）土建风道密闭光滑主要是对管道内表面的粗糙度、管道的密闭性具有一定的要求，需减少流动阻力及管道漏风量。一般土建风道由于施工空间受限，人工抹灰技术无法把控，所以加压送风机的压出段及排烟风机的吸入段风道应采用不燃材料制作，且不应采用土建风道；补风机的压出段风道宜采用不燃材料制作。加压风机或补风机的吸入段及排烟风机的压出段可采用混凝土风道，土建风道应密闭、光滑，风速不应大于 8 m/s，且应复核土建风道阻力以及送风机或排烟风机的风压值，确保送风或排烟效果。

（2）《消防设施通用规范》GB 55036-2022 虽然未将“不应采用土建风道”的规定作为强制性条文，但是其仍作为一般性条文继续有效。土建风道难以满足粗糙度、管道的密闭性及管道漏风量等要求（一般土建风道没有现场检测方法），故地上的防烟排烟系统不宜使用土建风道。

（3）排烟风道、排烟用补风风道、加压送风和事故通风风道的选用应满足《建筑机电工程抗震设计规范》GB 50981-2014 第 5.1.1 条第 3 款规定。新建建筑竖向防烟排烟管道采用非金属不燃材料时，应明确管道内表面的光滑度指标及管道的密闭性、漏风量的要求，并校核选用的加压送风机或排烟风机的公称风量，在计算风压条件下不应小于计算所需风量的 1.2 倍。若采用成品管道，应有适用的检测标准，否则不能使用成品管道。

（4）既有建筑改造受条件限制而采用土建风道时，设计应明确风道内表面光滑度指标及管道密闭性的要求，且风机的风量与风压应与之相匹配。

【问题 11】 首层门斗处两道门上方的可开启外窗是否可以作为自然排烟窗？首层门斗能否作为疏散外门补风？

【分析与对策】 首层门斗处两道门上方的可开启外窗不可以作为自然排烟窗。根据《建筑防烟排烟系统技术标准》GB 51251-2017 第 4.3.3 条第 2 款，自然排烟窗（口）的开启形式应有利于火灾烟气的排出，并且烟气应从排烟窗（口）直接排至室外。门斗含两道窗，烟气先排至门斗再排出，不利于烟气排出。解决方案为，在层高允许的情况下，门斗内侧不到顶封顶，留出门斗顶部上部空间（储烟仓内）设置自然通风窗直接开向室外。

首层门斗如果是不带闭门器的平开门，可以当作疏散外门，可以作为疏散外门补风，如果是旋转门或自动门不能作为疏散外门，也不能作为补风。

【问题 12】 地上大于 50 m^2 而小于 100 m^2 的无窗房间有直接面对室外的外门，是否需要排烟？外门处于储烟仓内的可开启部分，是否可以作为自然排烟口计入自然排烟面积？

【分析与对策】 根据《建筑防火通用规范》GB 55037-2022 第 8.2.5 条,地上面积大于 50 m^2 小于 100 m^2 的无窗房间,且经常有人停留或可燃物较多的,应设置排烟设施。外门可能为自闭门、防火门、电动门等,不能独立承担自然通风的排烟功能,有对外的条件时,应要求建筑专业开设外窗,优先满足自然通风条件。

对于直接开向室外的外门,外门上部储烟仓内有可开启的部分,且能方便开启的,可以作为自然通风面积,另须保证外门不自闭。

【问题 13】《建筑防火通用规范》GB 55037-2022 第 8.2.2 条第 5 款仅规定了"建筑面积大于 300 m^2 的地上丙类库房"需要排烟,其他丙、丁类库房无须排烟吗?地下丙类库房也无须排烟吗?

【分析与对策】《建筑防火通用规范》GB 55037-2022 第 8.2.5 条规定,建筑中下列经常有人停留或可燃物较多且无可开启外窗的房间或区域应设置排烟设施:①建筑面积大于 50 m^2 的房间;②房间的建筑面积不大于 50 m^2,总建筑面积大于 200 m^2 的区域。根据条文说明,本条文建筑包括工业建筑与民用建筑、独立的地下和半地下工业与民用建筑、平时使用的人民防空工程、地铁车站、隧道工程的辅助用房、城市综合管廊工程的辅助用房等。故本条也适用于地下丙、丁类厂房和仓库。应根据实际使用情况确定前提条件,即确定房间或区域内是否经常有人停留或可燃物较多,满足第 8.2.5 条的均需设置排烟设施。

【问题 14】 厂房总面积大于 5 000 m^2,单个建筑面积不大于 5 000 m^2 的丁类车间,是否需设排烟设施?单个建筑面积不大于 300 m^2 的丙类库房,但总面积超过 300 m^2,是否需设排烟设施?

【分析与对策】 建筑面积不大于 5 000 m^2 的丁类生产车间(除高温生产工艺)是指采用防火墙分隔的单个车间面积,故无须排烟。当多个库房之间采用防火墙、甲级防火门分隔,且每个库房至少有一个直接对室外的安全出口时,可以理解为单个库房面积,无须排烟。

【问题 15】《建筑防火通用规范》GB 55037-2022 第 8.2.5 条规定,房间的建筑面积不大于 50 m^2,总建筑面积大于 200 m^2 的区域需排烟。此条中的 200 m^2 是否指的是一个防火分区的面积?另外,在进行住宅地下室自然排烟计算时,如有的房间(面积小于 50 m^2)有自身外窗,且此房间到顶,计算此房间所在的防火分区排烟面积时是否需考虑此房间?有防火门的配电室、热计量间等房间是否需考虑在内?

【分析与对策】 总建筑面积大于 200 m^2 的区域是指在同一个防火分区内均相邻(连在一起)的区域的总面积超过 200 m^2,未相邻(未连在一起)的可不算在 200 m^2 以内。

在进行住宅地下室自然排烟计算时,排烟面积计算可按内走道面积加一个最大的无窗房间面积,不包含房间(面积小于 50 m^2)有自身外窗的房间面积,有防火门的配电室、热计量间均不用考虑在内。

【问题 16】 当每间房间的建筑面积小于或等于 50 m^2,这些房间的总建筑面积大于 200 m^2 时,在房间内可以不设置排烟设施,但应在房间外的公共区域设置排烟设施。在计算公共区域排烟量时,计算排烟量的建筑面积是否包括无窗房间的面积?根据《石家庄市消防设计审查疑难问题操作导则》(2023 年版)第 8.2.18 条，当走廊采用机械排烟时，排烟系统计算排烟量不应小于 20 000 m^3/h，其是否与《建筑防烟排烟系统技术标准》GB 51251-2017 第 4.6.3 条第 4 款冲突？

【分析与对策】(1)计算排烟量的建筑面积应包括无窗房间的面积，对于需设置排烟设施的地下室或地上无可开启窗的房间，当其面积小于 50 m^2 时，房间可不设排烟口，可通过走廊排烟。当走廊采用机械排烟时，排烟系统计算排烟量不应小于 20 000 m^3/h；当采用自然排烟时，在走道两端(侧)的排烟口应符合以下要求：

①走道两端均应设置面积不应小于 2 m^2 的排烟口；

②两端(侧)排烟口距离不应小于走道长度的 2/3；

③对于未设在走廊两端的外窗，例如设置在电梯厅外墙上的外窗，或走廊中间有休息厅，休息厅外墙上的窗，都可以认定为有效自然排烟窗，但是不能替代走廊两端的排烟窗。

(2)不冲突。《石家庄消防设计审查疑难问题操作导则》第 8.2.18 条规定的是无窗房间面积小于 50 m^2 时，房间的总建筑面积大于 200 m^2 时房间通过走道排烟的情况，而《建筑防烟排烟系统技术标准》GB 51251-2017 第 4.6.3 条第 4 款是指走道和房间分别排烟的情况。

【问题 17】 如何理解《建筑防火通用规范》GB 55037-2022 第 8.2.2 条第 10 款中的“其他厂房或仓库内长度大于 40 m 的疏散走道”？厂房内局部附属用房的走道为 40 m 时需要排烟吗，还是应该按照 20 m 设置排烟？

【分析与对策】 附属用房属于办公等公建类的，应按照 20 m 设置排烟。因为厂房内的附属用房一般为办公、检测、质检等办公性质的用房，具有民用建筑的使用特点，故应按照 20 m 的疏散走道设置排烟系统。

【问题 18】 当公共建筑走道两侧的房间并非全部需要排烟，仅个别房间需要排烟，那么走道的排烟应该执行《建筑防烟排烟系统技术标准》GB 51251-2017 第 4.6.3 条第 3 款还是第 4 款？第 4 款规定了公共建筑房间内与走道或回廊均需设置排烟时，走道与回廊的排烟量计算规则，条款中的“均”字怎么理解，是指与走道相连的所有房间都需要排烟才满足此条规定，还是只要有一个房间需要排烟就满足此条规定？

【分析与对策】 走道的排烟和与该走道相连的房间是否设置排烟设施有关，当其中有一个或一个以上的房间不设置排烟时，走道与回廊就应该按第 3 款的要求设置排烟；当这些房间均设有排烟时，可按第 4 款的要求设置排烟。走廊的排烟量按条文要求计算，不另外附加房间的排烟量。对于有可开启外窗的房间，当该窗的有效开启面积满足自然排烟要求时，都应认定是具有排烟设施的房间。

【问题 19】 走道采用自然排烟时，如果有与走道连通的无窗房间且该房间采用防火门(比如宾馆被服间、垃圾暂存间等)，走道是否可以执行《建筑防烟排烟系统技术标准》GB 51251-2017 第 4.6.3 条第 4 款的要求？

【分析与对策】 走道采用自然排烟时，如果与走道连通的个别房间，如卫生间、酒店的布草间、垃圾暂存间、开水间等辅助房间无外窗时，可按《建筑防烟排烟系统技术标准》GB 51251-2017 第 4.6.3 条第 4 款的要求执行。计算走道面积时，这些房间如果有防火门可仅考虑走道面积,如果没有防火门应考虑这些房间和走道的总面积。

【问题 20】《建筑防烟排烟系统技术标准》GB 51251-2017 第 3.2.2 条中的"开口",是否包含首层的疏散门?

【分析与对策】《建筑防烟排烟系统技术标准》GB 51251-2017 第 3.2.2 条规定,前室采用自然通风方式时,独立前室、消防电梯前室可开启外窗或开口的面积不应小于 2.0 m^2,共用前室、合用前室不应小于 3.0 m^2。对于前室在首层直通室外的疏散门,以及在连廊层通向室外连廊的门,除自闭门、防火门、旋转门外,可以计入自然通风面积。

【问题 21】 地下前室(合用前室)是否可通过风井自然通风?住宅建筑中地下两层,地下楼梯间、合用前室设自然防烟,设窗井,地下合用前室每层需设不小于 3 m^2 的可开启外窗,地下两层合用前室窗井的面积如何设置?地下两层合用前室窗井的面积是否可以按不小于 3 m^2 设置?

【分析与对策】 地下一层、地下二层的楼梯间可以采用窗井的方式自然通风,但应满足自然通风条件,即楼梯间最高部位设置面积不小于 1.0 m^2 的可开启外窗或开口,尚应在楼梯间的外墙上每 5 层内设置面积不小于 2.0 m^2 的可开启外窗或开口,且布置间隔不大于 3 层(其中 2.0 m^2 的可开启外窗或开口不包括最高部位设置的面积不小于 1.0 m^2 的可开启外窗或开口)。建筑高度大于 10 m 的地下三层及以下的楼梯间不可采用自然通风。(贴邻下沉式广场的楼梯间按地上楼梯间考虑。)

地下部分的独立前室、消防电梯前室、合用前室、共用前室可以采用窗井的方式自然通风,但每层窗井均宜独立设置,合用时,通风有效面积不小于各层前室要求的开窗面积之和。当窗井面积设置有困难时,各层应选用防火窗等措施防止火灾时上下层串联,火灾时可仅保留着火层自然通风窗的开启,窗井面积可以按一层前室不小于 2 m^2,合用前室不小于 3 m^2 设置。地下三层及以下前室,不可采用自然通风,应采取机械加压送风方式。窗井面积可以按一层前室不小于 2 m^2,合用前室不小于 3 m^2 设置。由于地下两层及以上共用窗井外窗开启无法保证,故对地下二层及以上的地下楼梯间,合用前室不建议采用自然通风。

【问题 22】 关于内走道排烟,讨论以下两个问题。

(1)是否可在内走道内加设防火门,将一个内走道分隔为两个走道,从而满足自然排烟条件?计算走道长度时,是否应该跨防火分区通长计算?

(2)很多项目地下车库借用住宅楼地下室楼梯间疏散,车库与楼梯间之间采用穿过住宅楼地下室的防火通道连通,有的项目每个单元的楼梯间都设防火通道与车库连通,此防火通道把住宅地下室分隔为两个或多个区域,每个区域的房间单个面积不大于 50 m^2,合计面积不超 200 m^2,每个区域的走道长度不大于 20 m,那么住宅地下室房间及走道(包括防火通道)是否应设消防烟排烟设施?

【分析与对策】(1)在确定疏散走道是否需要设置排烟系统时,不能不考虑实际需求而采用防火门将走道分隔成多段长度不大于 20 m 的分段,从而规避设置排烟系统的要求。疏散走道即使中间设防火门,仍视为一条疏散走道。即使总长度符合规定要求即设置排烟设施的疏散走道在中间采用防火门分成若干长度不大于 20 m 的分段,该疏散走道仍需要设置排烟系统，且每个分隔段均应划分为独立的防烟分区。走道长度按同一防火分区内的长度计算；非防火分区的走道上设置了防火门，按通长计算长度。人为地增加防火门会影响疏散的速度，增加疏散的难度，使被人员带入的烟和热等无法排出，增加造价，因此不能通过增设防火门来规避排烟要求。所有走道的防烟排烟措施均应遵循建筑专业所规定的人员疏散逃生的合理距离。

（2）根据《建筑防火通用规范》GB 55037-2022 第 8.2.5 条，住宅建筑地下车库借用主楼的楼梯疏散，该疏散通道采用防火分隔、防火门将储藏室走道分割为两段或多段，当每段储藏室走道长度不大于 20 m，且该走道面积及与其他相连的储藏室面积之和不大于 200 m^2，且无人员经常停留或无可燃物时，该段走道及其储藏室可不设置排烟系统。但是由于地下室空间相对密闭，建议加设自然窗井或其他通风设施。

【问题 23】 关于同一防火分区中的不同防烟分区，是否可以同时采用机械排烟和自然排烟的问题。

（1）礼堂舞台与观众区为同一防火分区，采用落地防火幕布划分为 2 个防烟分区，舞台采用机械排烟，观众区采用自然排烟，是否合理？

（2）建筑同一层内的多个防烟分区是否可以同时采用自然排烟和机械排烟？

【分析与对策】（1）火灾时落地防火幕布自动落下，舞台区与观众区可以看作由落地防火幕布分隔的 2 个建筑空间，可以分别采用机械排烟和自然排烟。但落地防火幕布为柔性材质，当机械排烟系统开启，两侧压差较大时容易发生变形，破坏空间分隔，影响观众区自然排烟效果。此时应在舞台区设置可靠的补风措施，或观众区改为机械排烟。

（2）根据《消防设施通用规范》GB 55036-2022 第 11.3.1 条，同一防烟分区应采用同一种排烟方式。原则上，多个不同防烟分区可以同时采用自然排烟和机械排烟。但对于同一疏散走道的不同防烟分区，或没有实体墙、门分隔的同一建筑空间，不宜同时采用自然排烟和机械排烟。其中一个防烟分区采用机械排烟时，相邻防烟分区的自然排烟口可能会变为进风口而影响排烟效果。

【问题 24】《建筑防烟排烟系统技术标准》GB 51251-2017 第 4.5.5 条规定，补风系统应与排烟系统联动开启或关闭。对于设置自然补风的场所，补风是否也必须与排烟系统联动开启或关闭？自然排烟、自然补风的场所是否也需要联动？

【分析与对策】《建筑防烟排烟系统技术标准》GB 51251-2017 第 4.5.5 条规定，补风系统应与排烟系统联动开启或关闭。此处排烟系统指机械排烟系统。《建筑防烟排烟系统技术标准》GB 51251-2017 第 4.5.3 条规定，补风系统可采用疏散外门、手动或自动可开启外窗等自然进风方式以及机械送风方式。故自然补风口可联动也可手动。当设置自动开启设施时，应与机械排烟系统联动。

对于自然排烟、自然补风系统，《建筑防烟排烟系统技术标准》GB 51251-2017 第 4.3.6 条规定，自然排烟窗（口）应设置手动开启装置，设置在高位不便于直接开启的自然排烟窗（口），应设置距地面高 1.3~1.5 m 的手动开启装置。净空高度大于 9 m 的中庭、建筑面积大于 2 000 m^2 的营业厅、展览厅、多功能厅等场所，尚应设置集中手动开启装置和自动开启设施。对于设置自动排烟窗的，除常开的自然补风（窗）口、疏散外门外，常闭的自然补风（窗）

口应设置手动开启装置或自动开启装置,与自动排烟窗联动,设置在高位不便于直接开启的自然补风(窗)口,应设置距地面高1.3~1.5 m的手动开启装置或自动开启设施。自然排烟手动开启装置,参见《〈建筑防烟排烟系统技术标准〉图示》(15K606)第33页。

【问题25】《建筑防火通用规范》GB 55037-2022第2.2.4条规定,设置机械加压送风系统并靠外墙或可直通屋面的封闭楼梯间、防烟楼梯间,在楼梯间的顶部或最上一层外墙上应设置常闭式应急排烟窗,且该应急排烟窗应具有手动和联动开启功能。

(1)应急排烟窗什么时候联动开启?与什么联动?关于设置了固定窗的窗户是否可以设置可开启扇,如何执行?

(2)设置了应急排烟窗的楼梯间是否还需要按《建筑防烟排烟系统技术标准》GB 51251-2017第3.3.11条的要求设置固定窗?

【分析与对策】(1)根据《〈建筑防火通用规范〉GB 55037-2022实施指南》,应急排烟窗主要供消防救援人员在火灾发展的中后期使用。在建筑着火后楼梯间内的机械加压送风系统正常运行期间,应急排烟窗应保持关闭状态,以维持楼梯间防烟所需的正压或门洞口的风速;在平时,应急排烟窗可以开启,也可以关闭,一般应保持经常关闭的状态,以防止在楼梯间需要加压送风防烟时不能及时关闭。

应急排烟窗应具有可靠开启、关闭的性能和便于消防救援人员在楼梯间内现场开启和在消防控制室远程开启的功能。为便于消防救援人员根据楼梯间内的烟气聚集情况紧急开启应急排烟窗,设置应急排烟窗的建筑应在相应的楼梯间内设置可以供消防救援人员在现场手动开启应急排烟窗的就地开启装置。在消防控制室是否设置开启此排烟窗的消防联动控制装置,并是否需能够利用联动控制装置上的按钮手动控制远程开启应急排烟窗,可以根据建筑中火灾自动报警系统的设置情况和建筑规模或需要开启的应急排烟窗的数量等具体情况确定。

(2)设置了应急排烟窗的楼梯间无须按《建筑防烟排烟系统技术标准》GB 51251-2017第3.3.11条的要求设置固定窗。《建筑防火通用规范》GB 55037-2022中的应急排烟窗、应急排烟设施与《建筑防烟排烟系统技术标准》GB 51251-2017中的固定窗本意一致。

【问题26】 设置机械加压系统的前室、楼梯间,其窗户是否必须做成固定窗,是否可做成手动开启外窗,还是必须做成火灾联动关闭的窗户?关于设置了固定窗的窗户是否可以设置可开启扇,如何执行?

【分析与对策】 设置加压系统的前室、楼梯间的外窗应采取适应不同场景切换的设计方法,但应考虑普通人员误操作的可能性。《建筑防烟排烟系统技术标准》GB 51251-2017第3.3.10条规定,采用机械加压送风的场所不应设置百叶窗,且不宜设置可开启外窗。由于楼梯间、前室等公共场所,平时有一定的通风要求,故可以设置可开启外窗,可以不做火灾联动关闭,平时可保持关闭状态,保证加压送风时的环境条件。当地地方标准有要求的,可参考执行当地要求。

固定窗是设置在机械防烟排烟系统的场所中的设施,窗扇固定、平时不可开启,仅在火灾时便于人工破拆以排出火场中的烟和热,因此固定窗不同于可开启外窗,不可设置可开启扇。设计中应根据《建筑防火通用规范》GB 55037-2022第2.2.4条的要求设置常闭式应急排烟窗。《建筑防烟排烟系统技术标准》GB 51251-2017 第 3.3.11 条已经废止。

【问题 27】《建筑防火通用规范》GB 55037-2022 第 2.2.5 条规定："除有特殊功能、性能要求或火灾发展缓慢的场所可不在外墙或屋顶设置应急排烟排热设施外，下列无可开启外窗的地上建筑或部位均应在其每层外墙和(或)屋顶上设置应急排烟排热设施，且该应急排烟排热设施应具有手动、联动或依靠烟气温度等方式自动开启的功能……"

(1)应急排烟排热措施有哪些？如何设置？

(2)哪些场所视为"有特殊功能、性能要求或火灾发展缓慢的场所"？哪些场所无须要设置应急排烟排热措施？

(3)应急排烟排热窗依靠烟气温度自动开启的温度如何确定？

【分析与对策】(1)应急排烟排热措施有应急排烟窗(固定窗)、可熔性采光带。设置要求按《建筑防烟排烟系统技术标准》GB 51251-2017 第 4.4.15、4.4.16、4.4.17 条的要求设置。

(2)具有特殊功能、性能要求的建筑，主要指为满足建筑的实际使用功能要求，不允许设置应急排烟排热设施的建筑或建筑中的某些区域。例如，具有高洁净度要求的实验室、生产车间，具有高传染性或毒性的生物安全实验室，有特殊防护要求或有高电磁屏蔽性能要求的场所，有特殊安保要求的金库和藏品库，等等。火灾发展缓慢的场所主要指室内可燃物的火灾以无焰燃烧、阴燃为主，或明火小且燃烧速度缓慢的场所，如煤炭储存场所、粮食仓房等。

本条未规定的其他场所或建筑可以不用设置应急排烟排热设施，可以根据建筑的实际火灾危险性和灭火救援的实际需要以及国家相关技术标准确定。

(3)在建筑外墙或屋顶上设置的应急排烟排热设施应具有可靠的启闭性能，并应设置可以供消防救援人员在现场手动开启和在消防控制室远程手动控制开启的装置。现场的手动开启装置，一般应能同时开启排烟区域的全部应急排烟排热设施；在消防控制室的远程手动控制开启装置应能远程同时手动开启排烟区域的全部应急排烟排热设施。当屋顶采用易熔材料作为应急排烟排热设施，并依靠烟气温度或电加热熔化相应部位的材料排烟排热时，可以不设置就地和远程手动开启装置，但易熔材料的燃烧性能和熔融温度应满足应急排烟排热的要求。联动开启不与烟感、温感联动，仅由消控室内的消防联动控制器手动开启。应急排烟排热窗依靠烟气温度自动开启的温度按《建筑防烟排烟系统技术标准》GB 51251-2017 相关标准执行。待后续规范更新确定，目前可不选择依靠烟气温度自动开启。

【问题 28】《建筑防烟排烟系统技术标准》GB 51251-2017 第 4.5.1 条规定，除地上建筑的走道或建筑面积小于 500 m² 的房间外，设置排烟系统的场所应设置补风系统。

(1)地下走道场所，设置自然排烟窗，是否需要考虑设置自然补风窗？

(2)居住建筑地下室走廊设置窗井进行自然排烟时，每个防火分区内是否需要为补风系统单独设置窗井？

(3)地下走道通风窗上部排烟、下部补风的做法是否允许？

【分析与对策】(1)分两种情况：一种情况是自然排烟窗的清晰度以下也有开启面积，可以做到排烟补风的自然对流条件；另一种情况是仅有排烟面积的可开启扇，没有补风面积,考虑需要单独设置补风窗。

(2)《消防设施通用规范》GB 55036-2022 第 11.3.6 条对补风系统作出了要求,由于窗井截面积有限,有条件时,应单独设置补风窗和补风窗井。

(3)住宅地下走道同一个通风窗上部和下部不允许同时作为排烟和补风窗,住宅地下走道应做专用的补风竖井,补风口低于储烟仓,最好与排烟口位于建筑物不同的朝向。详见《自然排烟窗技术规程》T/CECS 884-2021。

【问题 29】 当采用自然排烟时,补风窗的面积如何计算?是按照建筑面积的 1%计算,还是按照防烟分区面积 × 60 $m^3/(h\cdot m^2)$ × 1/2 后风速不大于《建筑防烟排烟系统技术标准》GB 51251-2017 第 4.5.6 条规定的风速计算补风面积?

自然排烟窗(口)按建筑面积百分比确定时,是否需另设补风口?公共建筑地下走道两端均设置 2 m^2 自然排烟窗时,是否仍有补风口设置要求?当地下车库采用机械排烟自然补风时,自然补风口的面积应如何计算?

【分析与对策】 自然排烟系统宜采用自然通风方式补风。公共建筑地下走道排烟系统无论采用哪种计算方式,均需设补风设施。补风并不是多多益善,自然补风以不搅扰烟羽流并实现排烟与补风体积流量的自然平衡为佳。当采用自然进风方式进行补风时,其补风口有效面积不宜小于所在空间的防烟分区中最大总自然排烟窗有效排烟面积的 1/2,补风空气应直接从室外引入,自然补风口的风速不宜大于 3 m/s;当采用机械补风时,其补风口的风速不宜大于 5 m/s,补风量不应小于所在空间的防烟分区中最大计算排烟量的 50%且不应大于所在空间的防烟分区中最小计算排烟量的 70%。

根据《汽车库、修车库、停车场设计防火规范》GB 50067-2014 第 8.2.10 条,补风量不宜小于排烟量的 50%。机械排烟系统可采用自然进风方式补风。补风系统应直接从室外引入空气,补风量不宜大于排烟量的 80%。补风口的开启面积应根据补风量、补风口风速通过计算确定,自然补风口的风速不宜大于 3 m/s,补风口应设于储烟仓以下。地下车库采用窗井进行自然补风时,窗井断面面积、车库开向窗井的开窗面积、窗井直通室外大气的开口面积均应按相应区域补风量及补风风速经计算确定。

【问题 30】 关于地上建筑的大于 500 m^2 场所的自然排烟窗,补风窗是否要满足距离排烟窗水平距离大于 5 m 的要求?

【分析与对策】 补风窗(口)与自然排烟口的间距、位置应使排烟气流组合合理,符合烟气流动特性。依据《自然排烟窗技术规程》T/CECS 884-2021 第 3.0.9 条第 4 款,补风口与自然排烟窗的水平距离不应小于 5 m,补风口与自然排烟窗设置在同一防烟分区时,补风口宜设在储烟仓下沿 1 m 以下。为了防止冷热气流相互碰撞造成烟气的混流,补风口应尽量远离自然排烟窗。当补风口与自然排烟窗设置在不同防烟分区时,补风口相对自然排烟窗的竖向位置不限。同一空间内有多个防烟分区时,如果补风口的设置位置能满足所有防烟分区的要求,则补风口的大小和风量可以按最大一个防烟分区计算确定。

【问题 31】 对于《建筑防烟排烟系统技术标准》GB 51251-2017 第 4.5.1 条,假如一个房间的建筑面积为 600 m^2,将其划分为两个面积为 300 m^2 的防烟分区,需要设补风吗?

【分析与对策】 规范明确是“房间”即同一个空间的建筑面积。如采用挡烟垂壁形式划分为两个防烟分区是需要设置补风的。

【问题 32】 改造类项目中屋顶为消防设备增加的房间，是否可以不增加房间采用其他方式？（增加一个设备用房，面临破坏既有屋面做法、结构加固、增加房间面积等问题。）

【分析与对策】 加压送风机、排烟风机、补风机均应设置在专用机房内。当借用原有防烟排烟系统，其原有风机设置在室外，确有困难不能设置专用机房时，应为其设置满足风机防护、通风散热及检修要求的防护罩，其外露的传动装置应安装防护罩，其直通大气的进排风口应安装防护网；当其原有风机吊装于建筑内部，确有困难不能设置专用机房时，应设置专用风机小室，风机小室应满足现行规范标准对专用风机房的耐火极限和空间要求。

【问题 33】 对于《建筑防火通用规范》GB 55037-2022 第 4.1.5 条第 3 款，附设在建筑内的柴油机房是否还能与储油间共用一个排风系统？

【分析与对策】 附设在建筑内的柴油机房规模较小，燃油储备为日用量，按国家标准配置的柴油的闪点应大于 55 ℃，属于丙类，其储油间的温度按照环境温度考虑，环境温度小于柴油闪点且没有操作温度，故储油间内不属于爆炸性气体环境。储油间建筑专业布置在柴油发电机房内（在机房内开门）时，二者可以共用一个排风系统。

【问题 34】（1）《建筑防火通用规范》GB 55037-2022 第 8.2.2 条第 6 款中“设置在地下或半地下、地上第四层及以上楼层的歌舞娱乐放映游艺场所，设置在其他楼层且房间总建筑面积大于 100 m^2 的……”中的“总建筑面积”怎么理解？

（2）四层及以上楼层、地下或半地下的歌舞娱乐放映游艺场所均需要做排烟，当以上房间面积小于 50 m^2 时，根据《建筑防烟排烟系统技术标准》GB 51251-2017 第 4.4.12 条第 3 款，可通过走道排烟口排烟，房间内无须设置排烟口，以上理解是否正确？

【分析与对策】（1）总建筑面积由同楼层营业的各房间总面积计算。

（2）可以这样理解。四层及以上楼层、地下或半地下的歌舞娱乐放映游艺场所无论是否有外窗，均需要设置排烟。当房间面积≥50 m^2 时，不满足自然排烟的，房间内应设置排烟口；当房间面积小于 50 m^2 时，不满足自然排烟的，排烟口可设置在疏散走道。

【问题 35】《消防设施通用规范》GB 55036-2022 第 11.2.6 条中的“同时开启该防火分区的全部疏散楼梯间、该防火分区所在着火层及其相邻上下各一层疏散楼梯间及其前室或合用前室的常闭加压送风口和加压送风机”是否可理解为疏散楼梯间也需要设常闭加压送风口，火灾时仅联锁开启着火层及其相邻上下各一层的加压送风口？

【分析与对策】 可以这么理解，只是可以不同时开启。根据《〈消防设施通用规范〉GB 55036-2022 实施指南》，在火灾自动报警系统确认火警后，首先应联动启动着火所在防火分区全部疏散楼梯间的加压送风机和送风口，15 s 内开启着火防火分区所在楼层及其上一层和下一层的疏散楼梯间及其前室（包括合用前室）的送风口和送风机，其他楼层楼梯间前室的加压送风机和送风口可以不同时开启。但是楼梯间是贯通的，火灾时着火区域的地上或地下楼梯间的所有加压送风口全部打开，才能保证一定的正压，楼梯间的压力传感器是按整个楼梯间均匀设置的,仅打开楼梯间着火层及其相邻上下各一层的风口,不能保证楼梯间的压力,故其他楼层风口也应能及时开启。

【问题36】 对于《建筑防烟排烟系统技术标准》GB 51251-2017第4.2.4条,当走道局部变宽时,如何确定防烟分区长边长度?《石家庄市消防设计审查疑难问题操作导则》(2023年版)第8.2.9条给出的处理意见是:对于主体宽度不大于2.5 m的走道,当其局部变宽(变宽累计长度不超过总长度的1/4,宽度不大于6 m)时,该走道防烟分区长度不应大于45 m;对于宽度大于2.5 m且小于或等于3 m的走道,该走道防烟分区的长度不应大于36 m;宽度大于3 m时,按《建筑防烟排烟系统技术标准》GB 51251-2017表4.2.4的规定执行。

对于走廊宽度不大于2.5 m,假设一端为了满足开窗面积,局部加宽超过了2.5 m,这样就需要控制45 m;或者走廊中间有建筑局部造型超过了2.5 m,这样就需要控制45 m。该如何界定局部变宽?

【分析与对策】 各地地方标准对于该问题的规定不太一样,设计人员应根据实际情况灵活把握。对于局部造型,例如中小学校教室门洞收缩,造成走道局部加宽超2.5 m,但在整体走廊不超2.5 m的情况下,防烟分区长边可以按60 m考虑。另外在不突破走道疏散功能(仅为疏散走道,没有会客、休息等功能)的基本前提下,计算围合面积累计不超过150 m^{2}即可。

【问题37】《建筑防烟排烟系统技术标准》GB 51251-2017表4.2.4注1“公共建筑、工业建筑中的走道宽度不大于2.5 m时,其防烟分区的长边长度不应大于60 m”中的“长边长度”如何理解?长边长度测量计算是否累加走道的其他分支的长度?

【分析与对策】 疏散走道的长度指走道内任意两点间最大的沿程距离,即任意两点间不走重复路的最大长度。

【问题38】 对于《建筑防烟排烟系统技术标准》GB 51251-2017第4.4.12条第2款,走道、室内空间净高不大于3 m的区域,其排烟口是否只考虑风速,还需要按照本规范第4.6.14条计算单个排烟口的最大排烟量吗?第4.4.12条和第4.6.9条中走道与室内净高不大于3 m的空间是否为并列关系?走道开窗高度是否可不受挡烟垂壁的限制?当清晰高度按走道空间净高的1/2计算时,走道的挡烟垂壁高度可以不做到定义的清晰高度吗?窗户可以按1/2走道高度计算有效面积吗?

【分析与对策】《建筑防烟排烟系统技术标准》GB 51251-2017第4.4.12条条文说明中指出:“走道吊顶上方会有大量风道、水管、电缆桥架等的存在,在吊顶上布置排烟口有困难时,可以将排烟口布置在紧贴走道吊顶的侧墙上,但是走道内排烟口应设置在其净空高度的1/2以上,为了及时将积聚在吊顶下的烟气排除,防止排烟口吸入过多的冷空气,还要求排烟口最近的边缘与吊顶的距离不应大于0.5 m。在实际工程中,有时把排烟口设置在排烟管道的顶部或侧面,也能起到相对较好的排烟效果。”但是排烟口还是需要按照本规范第4.6.14条第6款计算单个风口最大排烟量。侧装排烟口的个数大部分不能满足单个风口的最大允许排烟量要求,故排烟口需要水平安装,有的地区以10 m/s风口风速计算排烟能力,但对于低空间场所更应该增加风口数量并要求均匀布置。

第 4.4.12 条和第 4.6.9 条中走道与室内净高不大于 3 m 的区域是并列关系。根据 GB 51251-2017 第 4.6.9 条，走道与室内空间净高不大于 3 m，最小清晰高度可以按其净高的 1/2 计算。疏散走道的挡烟垂壁高度必须满足《建筑防火通用规范》GB 55037-2022 第 7.1.5 条“走道、敞开楼梯间挡烟垂壁底部距地净距不应小于 2.1 m”的规定。《建筑防烟排烟系统技术标准》第 4.3.3 条条文说明指出，对于层高较低的区域，排烟窗全部安装在储烟仓内会有困难，允许可以安装在室内净高 1/2 以上，以保证有一定的清晰高度，故窗户可以按 1/2 走道高度计算有效面积。故室内净高不大于 3 m，走道开窗高度在 1/2 高度上即可。

【问题 39】 对于《建筑防烟排烟系统技术标准》GB 51251-2017 第 4.6.3 条第 2 款，公共建筑、工业建筑中空间净高大于 6 m 的场所，是否可以用本规范第 4.6.15 条计算确定？

【分析与对策】 采用自然排烟的场所可以依据 GB 51251-2017 第 4.6.15 条计算，自然排烟系统的优点在于简单易行，其利用火灾热烟气的浮力作为排烟动力，其排烟口的排放率在很大程度上取决于烟气的厚度和温度，本条推荐的是较成熟的英国防火规范的计算公式。

【问题 40】 同一个防烟分区存在不同净高的情况时，机械排烟系统各参数（如空间净高、储烟仓厚度、最小清晰高度等）如何选取？

【分析与对策】 空间净高 H' 可以根据不同净高所对应的面积权重计算平均净高确定，此空间净高 H' 用于控制防烟分区的最大允许面积及长边最大允许长度、计算排烟量。最小清晰高度应按房间内的最低净高根据《建筑防烟排烟系统技术标准》GB 51251-2017 第 4.6.9 条计算确定。以最低的挡烟垂壁为计算最小 d_b（排烟系统吸入口最低点之下烟气层的厚度）的计算依据。

【问题 41】 阶梯房间内地面高度不一致，存在高差，而《建筑防烟排烟系统技术标准》GB 51251-2017 第 4.6.9 条清晰高度的计算公式，未明确房间净高究竟以高点选取还是以低点选取。

【分析与对策】 建筑空间的净高应按《建筑防烟排烟系统技术标准》GB 51251-2017 第 4.6.9 条的条文说明确定。对于阶梯式地面，建筑净高为顶棚到阶梯式地面的最低处的高度。

对于阶梯式地面的建筑空间，清晰高度应从阶梯式地面的最高处算起；当此处地面距顶棚（吊顶）的距离不大于 3 m 时，清晰高度可按此处净高的 1/2 计算。

【问题 42】 根据《建筑设计防火规范》GB 50016-2014（2018 年版）第 5.5.14 条，老年人照料设施内的非消防电梯应采取防烟措施。那么，应采取怎样的措施？候梯区域仅设置挡烟垂壁（挡烟垂壁及电梯封闭的空间内无外窗）是否视为采取了防烟措施？

【分析与对策】 首先应由建筑专业定性，如果用于辅助疏散，前室应封闭，建筑专业在电梯前设置电梯厅，并采用耐火极限不低于 2 h 的防火隔墙和甲级或乙级防火门与其他部位分隔。门可以采用火灾自动报警信号联动的自动关闭的常开防火门。按照消防电梯前室的防烟要求设计，前室无外窗自然通风设施时，应设置加压送风系统。

如果无疏散功能，候梯区域应设置挡烟垂壁，以防烟气由电梯竖向通道快速扩散至其他楼层。

【问题 43】 审图提出地下车库应按防火单元设置独立的排烟和补风系统，或共用风机的排烟量应按照两个防火单元的排烟量叠加确定。《石家庄市消防设计审查疑难问题操作导则》（2023 年版）中仅明确了两个相邻防火单元可共用风机，未明确共用系统的风机风量，具体做法是什么？穿越车库防火单元隔墙设置常开防火风口作为排烟时的补风口是否可以？

【分析与对策】 对于新建地下车库内配建充电设施的防火单元，每个防火单元视为独立的防烟分区，宜按防火单元设置独立的排烟和补风系统。排烟系统也不应与汽车库其他非充电设施区域共用。当独立设置确有困难时，同一防火分区内相邻布置的两个防火单元可建议共用一个排烟机房，分别设置排烟系统，排烟量按《汽车库、修车库、停车场设计防火规范》GB 50067-2014 的规定选取。补风系统也需要分别设置。

对于改建为充电设施的地下车库，无条件时，一个防火分区内不同的防火单元可共用机械排烟、机械补风系统（共用排烟、补风系统干管，每个防烟分区均设置排烟、补风支管），考虑到设置防火单元的目的和意义是防止火灾蔓延，可按一个着火点考虑排烟量、补风量。排烟、补风机房可设置在其中的一个防烟分区内。条件允许时，机房可同时与两个防烟分区相连，没有条件时机房可以不同时贴邻两个防烟分区。

穿越车库防火单元隔墙设置常开防火风口不能作为排烟时的补风口。

【问题 44】 室内游泳池的池水区可燃物很少，是否可以考虑不设排烟设施？

【分析与对策】 游泳馆、冰球场的观众休息厅和比赛大厅应分别设置独立的排烟设施。在计算泳池看台区和戏水区排烟量或自然排烟口开窗面积时，水区面积可不计入。

没有看台的游泳池大厅，当与其附属用房之间采用防火门、防火隔墙分隔时，可不设排烟设施；当与附属用房之间没有防火门、防火隔墙分隔时，应采取排烟措施。

【问题 45】 根据《消防设施通用规范》GB 55036-2022 第 11.3.3 条，公共建筑和工业建筑中机械排烟系统每段服务高度应小于或等于 50 m。考虑建筑高度小于 100 m 的建筑很少设置专用的设备层、避难层，是否允许排烟风机的位置与服务区域的高差大于 50 m，比如建筑高度小于 100 m 时，排烟系统竖向分为两个系统，每个系统的服务高度均不大于 50 m，排烟机房设置在屋顶？

【分析与对策】 竖向分段布置是为了避免排烟系统负担楼层数太多或竖向高度过高，虽然服务高度满足规范要求，但是为了防止系统因故障波及面过大而降低系统的有效性和可靠性。不建议把所有排烟风机都设置在屋顶，有条件时宜分段从中间层和屋顶排出；无条件时，在保证可靠前提下，可放置在屋面。

【问题 46】 储烟仓高度内的外门面积，是否可作为自然排烟面积？首层疏散门上部的外窗能否作为排烟窗？首层商业服务网点的外门能否作为排烟窗？

【分析与对策】 疏散门在储烟仓以内的部分可计入自然排烟面积，但不应将外门作为唯一排烟方式。要有保证外门计算面积的部分能在需要时常开的技术措施。

【问题 47】 厨房燃气事故通风的相关问题。

（1）《城镇燃气设计规范》GB 50028-2006（2020 年版）第 10.5.3 条要求，商业用气设备设置在地下室、半地下室（液化石油气除外）或地上密闭房间时，应设置事故通风。《民用建筑供暖通风与空气调节设计规范》GB 50736-2012 第 6.3.9 条规定，可能突然放散大量有害气体或有爆炸危险气体的场所应设置事故通风。采用燃气做燃料的厨房如何执行？地上有外窗的使用燃气的厨房是否需设置事故通风？如设置了事故排风，还需要设置排烟系统吗？

（2）《工业建筑供暖通风与空气调节设计规范》GB 50019-2015 第 6.9.21 条规定，排除有爆炸危险物质的排风管应采用金属管道，并应直接通到室外的安全处，不应暗设。那么，厨房的燃气事故通风管道可否设置在土建风道内？设置在土建风道内，每隔 1~2 层在土建风井设置检修门的做法是否可行？

（3）《建筑防火通用规范》GB 55037-2022 第 9.1.3 条规定，排除有燃烧或爆炸危险性物质的风管，不应穿过防火墙，或爆炸危险性房间、人员聚集的房间、可燃物较多的房间的隔墙。该条是否适用于厨房排油烟风道（是否认为即使设置了事故通风，排油烟风道中也可能出现燃气）？

【分析与对策】（1）根据《建筑防火通用规范》55037-2022 第 4.3.12 条，建筑内使用天然气的部位应便于通风和防爆泄压。使用天然气的厨房、地下厨房，若无法满足自然通风条件，应设置事故通风系统，并应与燃气泄漏报警系统联锁。

地上有外窗的厨房如果有良好的通风条件，可以不用设置事故通风。如果无通风条件，应设置事故通风，并应与燃气泄漏报警系统联锁。地上有外窗需设置排烟系统的厨房，应优先满足自然排烟条件，如不能满足自然排烟，应按规范要求设置机械排烟系统。排烟和事故通风是两套独立的系统，均应按现行规范要求设置。

对于餐厅建筑面积大于 1 000 m^2 的餐馆或食堂，其烹饪操作间的排油烟罩及烹饪部位设置了局部气体灭火的厨房，如无良好的自然通风条件，除了设置排油烟和补风系统，需设置全面通风和事故后通风设施，不用再设置消排烟系统。

（2）厨房的燃气事故通风管道不应暗设，避免穿越有爆炸危险性、人员聚集、可燃物较多的房间，应直接排至室外。

（3）《建筑防火通用规范》GB 55037-2022 第 9.1.3 条不适用于厨房排油烟风道，但是应尽量其避免穿过防火墙，或爆炸危险性房间、人员聚集的房间、可燃物较多的房间的隔墙。厨房排油烟风道穿越楼层时应设置在专用的排油烟土建风井内。

【问题 48】 关于医院建筑磁共振检查用房，《综合医院建筑设计规范》GB 51039-2014 第 5.9.3 条规定机电管道不应穿越扫描室。如果磁共振扫描室的建筑面积大于 50 m^2 且无外窗，排烟系统如何设计？灭火系统如何设计？是否可以不考虑排烟，灭火系统设无磁灭火器，设灭火后的平时通风系统？

【分析与对策】 医院建筑磁共振检查用房可不设置排烟系统，也不建议设置气体灭火系统，可在控制室摆放手提式无磁灭火器。磁体间应设置事故排风系统，防止氦气泄漏造成室内人员缺氧窒息，按事故排风量不小于 2 040 m^3/h 且换气次数不小于 12 次/h 计算。事故排风口应设置在靠近失超接口的吊顶上,如果房间吊顶与射频屏蔽体之间有空气自由流通空间(非屏蔽吊顶),还应在此空间增设排风口。排风机应安装在屏蔽体外,风机应在磁体间内靠近门外、控制室内设置手动开关,风机与磁体间内的氧气浓度探测器联锁,氧浓度低于18%时启动。风管上可使用熔断防火阀,不能使用电机驱动的防火阀。

【问题49】 地上走道并且有总面积大于200 m² 的无窗房间(无窗房间的面积都小于50 m²)通过走道排烟,走道两侧均设不小于2 m² 的自然排烟窗,如果走道中间还有一个或多个可开启外窗,中间部分的排烟窗可否计算在2 m² 内?

【分析与对策】 中间部分的排烟窗可以计算在2 m² 内,但是应保证两个间距大于2/3走道长度的窗户均不小于2 m²。

【问题50】 住宅地下室自然排烟设计应按《建筑防烟排烟系统技术标准》GB 51251-2017中的哪个条款进行设计?在消防设计、审查、验收时,对于该问题的理解和把控经常不能达成共识,可否举例说明?

【分析与对策】 地下室房间、走道采用窗井自然排烟时,需满足《建筑防烟排烟系统技术标准》GB 51251-2017第4.6.3条第3款。住宅地下室储藏间面积均小于50 m² 时,其走廊排烟可按照《建筑防烟排烟系统技术标准》GB 51251-2017第4.6.3条第4款执行。窗井截面积、出口百叶有效面积不应小于计算排烟口有效开窗面积,每个防烟分区应设两个自然排烟窗(竖井),两者之间的距离要设计合理。地下室房间的两个自然排烟口的最小间距不宜小于3.6 m,地下室走廊的两个自然排烟口的最小间距不宜小于6 m。根据《消防设施通用规范》GB 55036-2022第11.3.6条,地下房间、走道也应设置相应的补风窗(竖井)。

住宅地下室走道单个防火分区的面积较小,设置窗井条件有限的,两端可设置两个自然排烟窗(竖井),可不再单独设置补风竖井,两个自然排烟窗可上下均设置可开启外窗,互为自然排烟、补风窗。

【问题51】(1)对于《消防设施通用规范》GB 55036-2022第11.3.5条如何理解和执行?是否本条所列的所有排烟防火阀均需与排烟风机、补风机联锁关闭?

(2)《消防设施通用规范》GB 55036-2022第11.3.5条与《建筑防烟排烟系统技术标准》GB 51251-2017第4.4.6条关于排烟风机与哪个排烟防火阀联锁,是否存在矛盾?

【分析与对策】(1)排烟防火阀均需与排烟风机、补风机联锁关闭。本条规定了排烟防火阀的功能要求和设置要求,以防止火势经排烟管道系统蔓延。排烟防火阀是为阻止高温烟气或串火而设置的,应具有在280 ℃时自行关闭,并在关闭时联锁关闭相应系统中排烟风机、补风机的功能。在火灾时,烟气流经管路上的任一排烟防火阀在280 ℃关闭后,均应能联锁相关风机停止运行,防止系统管道内产生负压而被破坏。

(2)两个条款分别规定了风机应具备的能力和系统设计要求,是两个角度,不矛盾。《建筑防烟排烟系统技术标准》GB 51251-2017第4.4.6条强调排烟风机应具备耐高温的能力,并说明了关闭的时机,当排烟风道内的烟气温度达到280 ℃时,烟气中已带火,此时应停止排烟,否则烟气扩散到其他部位会造成新的伤害。《消防设施通用规范》GB 55036-2022第11.3.5条更全面地提出了设置排烟防火阀的部位及联锁要求。

【问题 52】 不靠外墙且无走道的住宅前室或合用前室，在机械加压送风时，压力传感器如何设置压力探测点？替代走道的压力探测点是否可设在管道井或通过楼梯间接至室外？

【分析与对策】 根据《消防设施通用规范》GB 55036-2022 第 11.2.5 条的规定，应设置前室、合用前室、封闭避难层（间）、封闭楼梯间与疏散走道余压监控系统。

不靠外墙且无走道的住宅前室或合用前室，在机械加压送风时，压差式余压探测器不建议设在管道井或通过楼梯间接至室外。对于公共建筑，建议设置在户内。对于住宅建筑，不建议设置在户内，这种情况下可以选用大气压差式余压探测器，大气压差式余压探测器采用传感器和数字化技术，可直接检验大气压差的变化，也可直接测量前室（楼梯间）大气压，无须过墙穿孔。当前室使用正压送风时，由于余压控制区域为多个上下不贯通的空间（每层前室），在每层前室设置大气压差式余压探测器，探测器设置于前室靠近走道的墙壁上，距地 2 m，另需在正压送风机房内设置一个探测器。前室的余压设定值为 25~30 Pa，当系统控制区域超压时，余压控制器联动控制泄压阀执行器，根据实际余压值与设定值的差异调节泄压阀，以保证前室正压为设定值。

【问题 53】 设置消防炮的空间排烟量是否按有喷淋取值？

【分析与对策】 设置消防炮的场所应按无喷淋对待，消防炮只针对火源点灭火，不能起到抑制烟气的作用，不属于“早期抑制快速响应喷头的自动喷水灭火系统”，《自动喷水灭火系统设计规范》GB 50084-2017 中不包括消防炮形式。

【问题 54】 敞开楼梯间的最顶层与疏散走道处是否需要设置挡烟垂壁？当建筑内的房间和疏散走道均无须要排烟时，敞开楼梯间与疏散走道处是否需要设挡烟垂壁？

【分析与对策】 敞开楼梯间最顶层与疏散走道处需要设挡烟垂壁，以避免烟气进入楼梯范围，或其他层烟气由楼梯间扩散至顶层，对疏散造成影响。公共疏散用的地上敞开楼梯间应按封闭楼梯间的要求设置可开启外窗，疏散走道按要求需要设置排烟系统时，开敞楼梯口应设挡烟垂壁。当建筑内的房间和疏散走道均无须要排烟时，敞开楼梯间一般也会作为疏散楼梯使用，故敞开楼梯间与疏散走道处也需要设挡烟垂壁。

【问题 55】《建筑防烟排烟系统技术标准》GB 51251-2017 第 4.3.4 条第 1 款规定，厂房、仓库的自然排烟窗（口）设置在外墙时，自然排烟窗（口）应沿建筑物的两条对边均匀设置。如果厂房、仓库的排烟房间无对边外墙，自然排烟窗（口）如何设置？

【分析与对策】 当自然排烟窗不符合《建筑防烟排烟系统技术标准》GB 51251-2017 第 4.3.4 条第 1 款的规定设置时，其防烟分区内任一点与最近的自然排烟窗（口）的水平距离不宜大于其建筑空间净高的 2.8 倍，且不应大于 30 m。排烟窗（口）应设置于储烟仓内。采用自然排烟时，需要考虑补风，补风系统的设置应满足《建筑防烟排烟系统技术标准》GB 51251-2017 第 4.5 节和《消防设施通用规范》GB 50036-2022 第 11.3.6 条的要求。

【问题 56】 根据《建筑防火通用规范》GB 55037-2022 第 6.3.5 条，通风和空气调节系统的管道、防烟与排烟系统的管道穿过防火墙、防火隔墙、楼板、建筑变形缝处，均应采取防止火灾通过管道蔓延至其他防火分隔区域的措施。此处的“建筑变形缝处”是否专指穿越防火分隔处的变形缝两侧？变形缝处无防火分隔，是否需要设置防火阀？

【分析与对策】设置防火阀的目的是防止烟气和火势经管道蔓延到不同防火分隔的区域，当建筑变形缝处未设置防火分隔墙或门时，无须要设置防火阀。

【问题57】《洁净厂房设计规范》GB 50073-2013 第6.5.7条第1款规定，洁净厂房中的疏散走廊应设置机械排烟设施。设排烟设施的疏散走廊是否与走廊长度无关？

【分析与对策】不计长度，与走廊长度无关。《建筑防火通用规范》GB 55037-2022 中并未对《洁净厂房设计规范》GB 50073-2013 中的强条废止，故设计中还应遵守《洁净厂房设计规范》GB 50073-2013 中的相关规范要求。机械排烟量和设计要求可按《建筑防烟排烟系统技术标准》GB 51251-2017 相关规范执行。

【问题58】 净高超过6 m的走道的排烟量如何确定？

【分析与对策】净高超过6 m的空间建筑专业定性为疏散走道的，按走道功能设计，参照《建筑防烟排烟系统技术标准》GB 51250-2017 第4.6.3条第3、4款执行。

【问题59】 排除有爆炸危险物质的排风管，敷设在房间吊顶以上是否算是暗设？

【分析与对策】算暗设。

【问题60】 甲类仓库设置防爆分体柜机是否属于循环风？《建筑防火通用规范》GB 55037-2022 第9.1.1条规定空气不应循环使用，是否包含内循环的空调室内机？

【分析与对策】防爆分体柜机、内循环的空调室内机属于循环风，不应在甲、乙类仓库及生产场所内使用，应采用直流新风空气处理系统和直接排至室外的排风系统。

【问题61】 电影院观众厅的内部排烟设计是否可以按照《电影院建筑设计规范》JGJ 58-2008 执行，而不执行《建筑防烟排烟系统技术标准》GB 51251-2017 的高大空间？当地上观众厅面积小于500 m² 时，是否可以不设置补风系统？

【分析与对策】《电影院建筑设计规范》JGJ 58-2008 第6.1.1条提及的《建筑设计防火规范》GB 50016-2006 及《高层民用建筑设计防火规范》GB 50045-1995 已经废止，应按照现行规范及标准设计。地上观众厅属于无窗房间，当面积小于500 m² 时，也应设置补风系统，应验算补风路径的最大风速。

【问题62】 汽车库、修车库防烟分区长边的最大允许长度，是否按照《建筑防烟排烟系统技术标准》GB 51251-2017 第4.2.4条执行？《汽车库、修车库、停车场设计防火规范》GB 50067-2014 规定，自然排烟口（窗）的下沿不应低于室内净高的1/2，修车库的自然排烟口距地高度是否也参照 GB 51251-2017 的规定，设在储烟仓内？

【分析与对策】《建筑防烟排烟系统技术标准》GB 51251-2017 第4.2.4条注3明确说明了汽车库的防烟分区的划分及其排烟量应符合现行国家规范《汽车库、修车库、停车场设计防火规范》GB 50067 的相关规定，对防烟分区长边的最大允许长度没有要求。当地地方标准有要求的可参照地方标准执行。

汽车库的自然排烟口（窗）的开启高度应按照《建筑防烟排烟系统技术标准》GB 51251-2017 中的规定执行。另外，《汽车库、修车库、停车场设计防火规范》GB 50067-2014 第 8.2.4 条条文说明中也明确了自然排烟口（窗）下沿不应低于储烟仓高度。

【问题 63】 外墙开设的机械排烟口、室外自然排烟口或井道百叶开设在地面以上的位置与所服务防火分区或相邻防火分区的室外疏散口的水平或垂直间距是否有要求？

【分析与对策】 没有具体规定，但应从烟气扩散方向、地形环境、主导风向等多方面综合考虑。尤其是开设在室外狭长过道的疏散口，排烟口不应开设在过道内。

【问题 64】 对于地下封闭楼梯间，合用前室或独立前室采用窗井自然通风时，通风窗井由于建筑布局弯曲设置（如图 4-1 所示），是否合理？

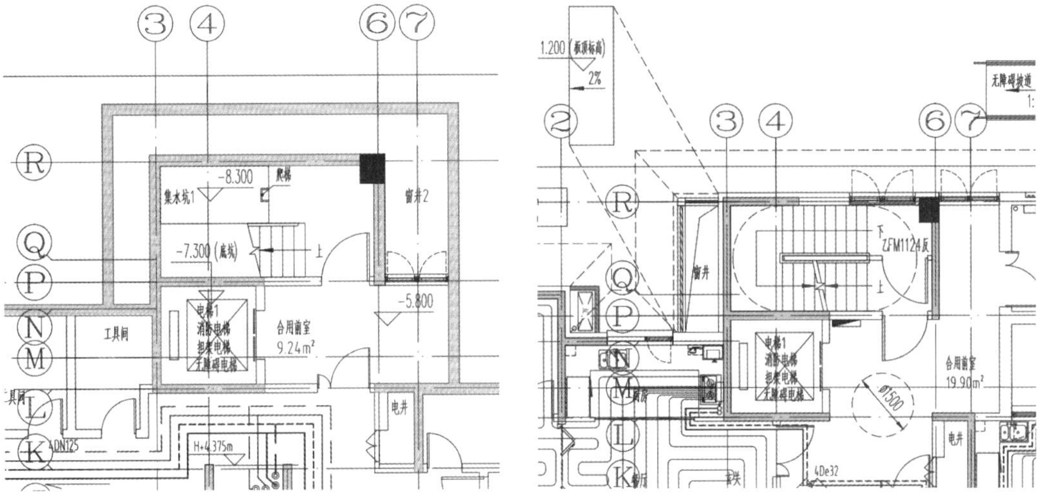

图 4-1　住宅合用前室自然通风窗井图

【分析与对策】 不合理。《消防设施通用规范》GB 55036-2022 第 11.2.3 条规定，采用自然通风方式防烟的防烟楼梯间前室、消防电梯前室应具有面积大于或等于 2.0 m² 的可开启外窗或开口，共用前室和合用前室应具有面积大于或等于 3.0 m² 的可开启外窗或开口。该条文是为了确保防烟楼梯间前室、共用前室和合用前室自然通风防烟的有效性，通风开口面积的大小和烟气的排出是否通畅是影响防烟效果好坏的主要因素。该做法相当于把可开启外窗（口）开在了内走道内，烟气不能有效排出。对于地下封闭楼梯间，合用前室或独立前室采用窗井自然通风时，开窗（口）面积和窗井面积除满足规范的面积要求外，窗井应垂直设置直通室外，这样才能达到一定的通风效果（图 4-2）。当自然通风（排烟）窗井不能满足垂直设置直通室外时，应设置机械加压送风。

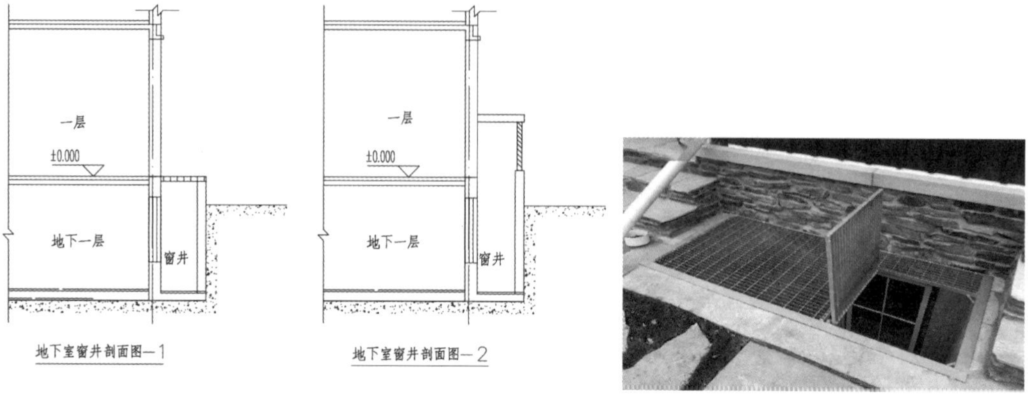

图 4-2　自然通风窗井示意图

【问题 65】《建筑防烟排烟系统技术标准》GB 51251-2017 第 3.1.3 条第 2 款规定,当独立前室、共用前室及合用前室的机械加压送风口设置在前室的顶部或正对前室入口的墙面时,楼梯间可采用自然通风系统。对于住宅建筑,风口设置在前室顶部会影响空间净高,进而降低住宅品质。当条件受限时(前室加压风口不能正对前室入口的墙面),可否将风口设置在风井高处,风口正吹与前室入口垂直的墙面(如图 4-3 所示)?

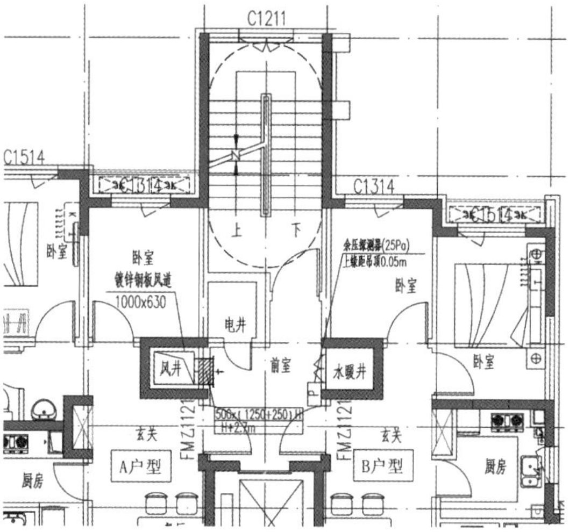

图 4-3　住宅前室加压送风图

【分析与对策】 该做法不建议采用,《建筑防烟排烟系统技术标准》GB 51251-2017 第 3.1.3 条条文说明中解释了对送风口的位置提出严格要求的原因。将前室的机械加压送风口设置在前室的顶部,其目的是形成有效阻隔烟气的风幕;而将送风口设在正对前室入口的墙面上,是为了实现正面阻挡烟气侵入前室的效果。当前室的加压送风口的设置不符合上述规定时,其楼梯间就必须设置机械加压送风系统。该做法中风口设置风井在高处,风口无法正吹前室入口的墙面,阻隔烟气效果不好。对于住宅,当按规范要求需顶部设置加压风口时,出现由于梁高等原因,无法保证前室高度,或严重影响住宅品质的情况,应与建筑专业重新审视方案，确定是否采用仅前室加压送风的方案。

【问题 66】 有些地方标准对《建筑防烟排烟系统技术标准》GB 51251-2017 第 3.4.6 条的 N_1 取值有另外的要求，即：当地下室除了有汽车库、非机动车库和设备用房功能外，还有其他功能（人员或可燃物较多）时，如地下室层数大于或等于 3，则地下楼梯间的 N_1 值应按 3 取值，如层数小于 3，则 N_1 值应按实际楼层数量取值；当地下室的功能仅为汽车库、非机动车库和设备用房时，地下楼梯间的 N_1 值可按不小于 1 取值。若地下室有一个地方为人员密集区域，整个地下室楼梯间都必须按这条执行，还是仅仅人员密集区域防火分区的疏散楼梯才执行这条？

【分析与对策】 N_1 的取值可根据地下实际使用情况确定，有些地方标准针对 N_1 的规定是充分考虑到地下人员密集时不好疏散，救援难度高，火灾危害性较大。例如，若某地下三层商业建筑，仅地下一层为超市或其他商业功能，可按规范要求设计；若地下一、二层均为商业性质功能，建议 N_1 取 3。但是地上也有多层人员密集场所的情况（比如三层商业、内部楼梯间），按规范要求需取两层的门正压送风，其实它只是一个概率数，从概率上讲会出现两层同时开启的情况，人们的行为不因地上地下而改变。故如当地有标准可按当地标准执行。

【问题 67】 防烟排烟系统的吸入侧有时因为空间限制管道无法与风井直接连接，可否设置空气小室作为风井与风管的连接方式？

【分析与对策】 不可以。防烟排烟管道均有耐火极限要求，风管应直接接入送风或排烟竖井内，可以设置土建小室转换连接。

【问题 68】 自然排烟高大空间的可开启外窗在储烟仓内，但不是最高处，这样不利于空间的排烟，这种情况如何把控可开启排烟窗的位置？

【分析与对策】 可能不涉及火灾时排烟的安全，但灾后冷烟排除存在问题，有条件时应设置在高处。

【问题 69】 根据《建筑防烟排烟系统技术标准》GB 51251-2017 第 4.6.5 条第 1 款，考虑中庭机械排烟时，如果中庭是一个独立防火分区，是否无须按排烟量是周围场所防烟分区最大排烟量的 2 倍考虑？

【分析与对策】 根据《建筑防烟排烟系统技术标准》GB 51251-2017 第 4.6.5 条条文说明，按周围场所排烟量 2 倍计算的原因是考虑到若周围场所机械排烟存在机械或电气故障，周围场所发生火灾时烟气会大量涌入中庭，所以具体是否考虑按排烟量的 2 倍计算应根据周边场所的情况确定。中庭为独立防火分区时，如果其围护结构为防火墙、防火玻璃或防火门等固定防火措施，可以考虑不按最大排烟量的 2 倍计算；如果围护结构为防火卷帘、挡烟垂壁等非固定防火措施，也会存在机械或电气故障失效的可能，应执行本条。

【问题 70】 高大空间的吊顶为镂空吊顶（开孔率大于 25%），为实现空间灵活分隔、多元化的使用要求，内部采用折叠移动墙板进行分隔，其防烟分区如何进行划分？若折叠移动墙板采用电动驱动，使用消防电源实现消防联动，发生火灾时，移动墙板收回至收纳区域，恢复大空间的状态，防烟分区划分是否可不考虑移动折叠墙板，仍按照高大开敞空间划分防烟分区？

【分析与对策】 理论上，在发生火灾时，恢复大空间状态，可以按高大开敞空间划分防烟分区，但是应该考虑折叠移动墙板的恢复时间和空间，另外由于火灾时现场的不确定因素较多，建议按图纸划分的定案区域防烟分区设计排烟系统，图纸应有确定的功能划分，不应两可。

【问题 71】 根据《冷库设计标准》GB 50072—2021 第 9.5.2、9.5.3 条，可明确冻结间和冷却间不考虑排烟系统，但对于某些冷库如常温间、冷藏间未定义，是默认考虑吗？排烟风量如何考虑？如大于 6 m 是按照高大空间考虑吗？

【分析与对策】《冷库设计标准》GB 50072—2021 第 9.5.2 条规定，冻结间和冻结物冷藏间可不设置排烟设施；第 9.5.3 条规定，冷却间和冷却物冷藏间不宜设置排烟设施。

由于冻结间、冻结物冷藏间、冷却间、冷却物冷藏间在货物存储期间均为密闭空间，没有工作人员，物品引燃可能性低，因此上述房间在运行期间发生火灾事故的可能性极低。从使用功能、节能和冷库管理各方面考虑，冻结间、冷却间和冷藏间内不宜设置排烟设施的规定符合食品冷库安全运营的实际情况。冷却间的温度为 0~2 ℃，相对湿度一般为 90%，不考虑火情。

对于药品类的阴凉库、常温间等房间，应根据火灾危险等级按《建筑防火通用规范》GB 55037—2022 相关条文确定是否排烟。

【问题 72】 “LOFT”车库排烟问题。个别工程采用“LOFT”车库：上下两层均为地下车库，上层地面设透空区，上下两层（合计面积小于 2 000 m^2）为同一防烟分区，上下两层均由挡烟垂壁与相邻防烟分区分隔。车库机械排烟系统在透空区域上层设排烟口，非透空区域下层设补风口，如图 4-4 所示。这种设计是否合理？

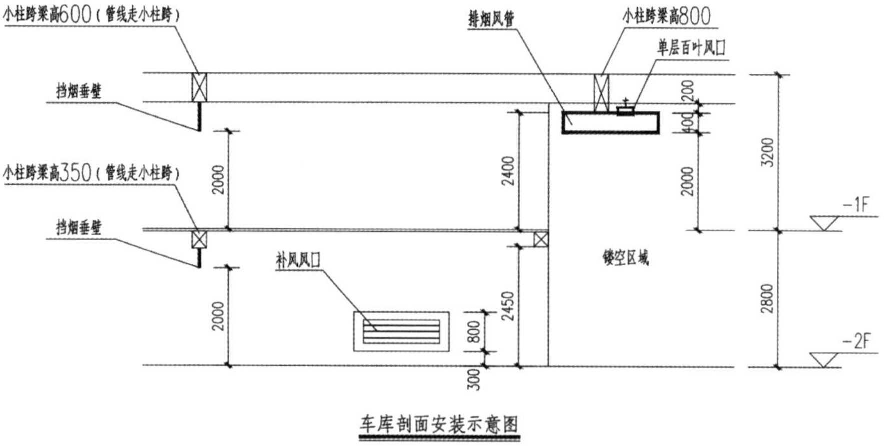

图 4-4 “LOFT”车库剖面安装示意图

【分析与对策】 合理。同一防烟分区，上下两层均由挡烟垂壁与相邻防烟分区分隔，可以按正常防烟分区设计排烟补风系统。但是应注意图纸中上排风口可能有喷淋的水进入，如果距离风机较近，会影响风机运行。挡烟垂壁的高度也需考虑疏散高度。另外，应注意风道上平齐烟气被梁遮挡无法畅通排出的情况。

【问题 73】 带阳台的宿舍（图 4-5）是否可按无开启外窗房间考虑排烟措施？

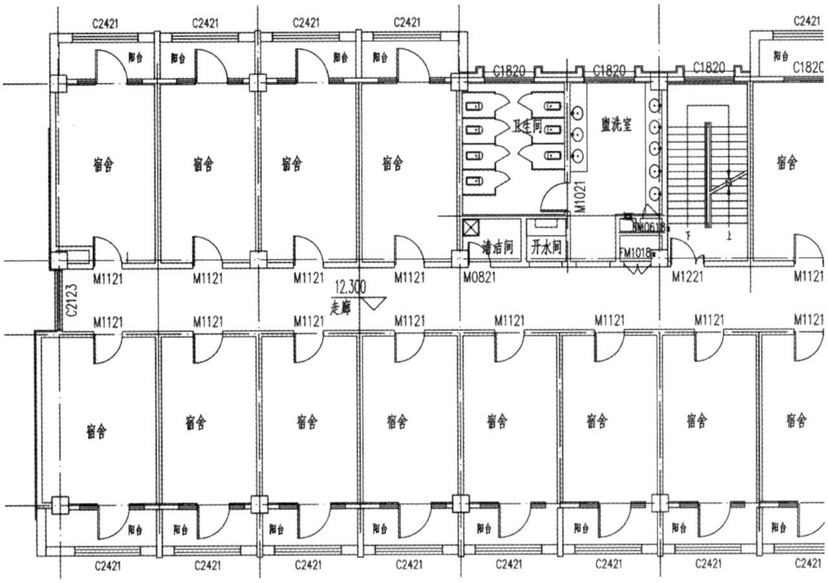

图 4-5　宿舍平面图

【分析与对策】 对于封闭阳台，若阳台门墙自然形成挡烟障碍，房间内则不具备自然排烟能力。走廊排烟系统应按《建筑防烟排烟系统技术标准》GB 51251−2017 第 4.6.3 条第 3 款设计。

【问题 74】 对于图 4-6 所示的特殊情况，挡烟垂壁高度如何确定？

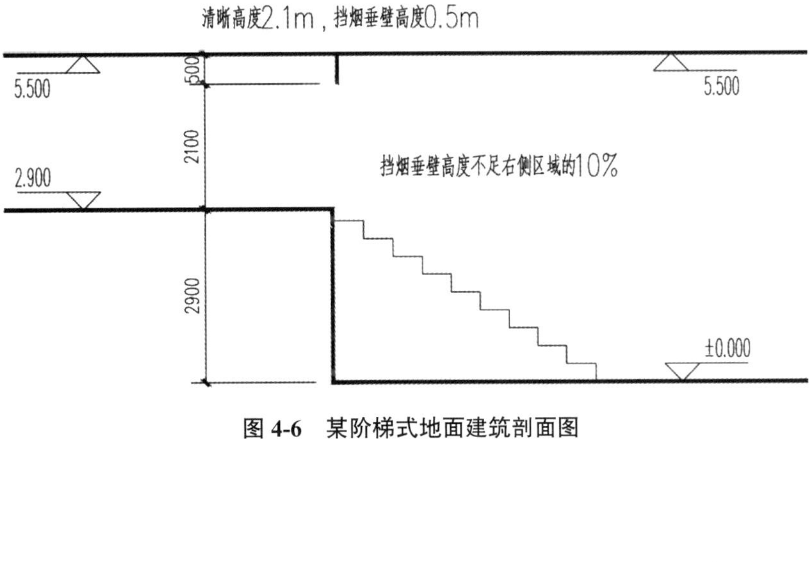

图 4-6　某阶梯式地面建筑剖面图

【分析与对策】 对于平顶顶棚、阶梯式地面的场所,用于计算排烟量等的建筑空间净高 H 为平顶顶棚到阶梯式地面的最低地面的高度;用于确定最小清晰高度的室内净高 H' 为平顶顶棚到阶梯式地面的最高地面的高度。

图 4-6 中挡烟垂壁的设置高度需满足 4.5 节【问题 6】的【分析与对策】中规范要求的三点要求。结合房间布局合理划分防烟分区,确定排烟方式,最终还不能满足要求时,则需重新审视建筑方案的合理性,及早优化设计方案。

【问题 75】 无吊顶或格栅吊顶排烟系统顶部风口与顶板的距离可否按满足四周面积大于风口面积设计即可?《建筑防烟排烟系统技术标准》GB 51251-2017 第 4.6.14 规定排烟口与墙体的距离大于或等于 2 倍当量直径,排烟位置系数 γ 取 1.0。当排烟口为上排时,这个墙体包括顶板吗?如不包括,上排烟口最低距离顶板距离有要求吗?

【分析与对策】 应考虑和梁的水平距离。当排烟口为上排时,这个墙体不包括顶板,考虑有效面积。排烟口在上皮时,不会形成空气漏斗,烟层厚度可计算至顶板,也就没有系数的说法。

【问题 76】《建筑防烟排烟系统技术标准》GB 51251-2017 第 3.1.5 条第 1 款规定,关于防烟楼梯间及其前室的机械加压送风系统的设置,对于建筑高度小于或等于 50 m 的公共建筑、工业建筑和建筑高度小于或等于 100 m 的住宅建筑,当采用独立前室且其仅有一个门与走道或房间相通时,可仅在楼梯间设置机械加压送风系统;当独立前室有多扇门时,楼梯间、独立前室应分别独立设置机械加压送风系统。独立前室如何考虑?前室内有一部电梯(非消防电梯)门开向前室,这种情况是否算作独立前室?

【分析与对策】 前室内有一部电梯(非消防电梯)门开向前室,这种情况算作独立前室,根据规范解释,溢流到前室的空气会从电梯门缝隙中流出,不能保证压力梯度,故应分别加压送风。

【问题 77】 自然排烟设置的自然排烟窗,在什么情况下应考虑设置消防联动,控制自然排烟窗自动打开?

【分析与对策】《建筑防烟排烟系统技术标准》GB 51251-2017 第 4.3.6 条规定,对于净空高度大于 9 m 的中庭,建筑面积大于 2 000 m^2 的营业厅、展览厅、多功能厅等场所,尚应设置集中手动开启装置和自动开启装置。

【问题 78】《建筑设计防火规范》GB 50016-2014(2018 年版)第 9.3.14 条规定,通风、空气调节系统的风管应采用不燃或难燃材料。那么新风管是否可以采用塑料管道?

【分析与对策】 住宅套内的风管应采用不燃材料或难燃材料,不能用可燃材料,可采用难燃 B1 级 PVC 风管。

【问题 79】 面积不大于 500 m^2 的中庭,当设置排烟系统时,是否需要考虑补风?

【分析与对策】 中庭没有面积的限定,对于具备自然补风条件的中庭,验算补风进风口不超规定风速即可;不具备自然补风条件时应设置补风系统。

【问题 80】《建筑防火通用规范》GB 55037-2022 第 9.3.3 条第 2 款规定，排风设备不应设置在地下或半地下。对于设置在民用建筑地下的燃气、燃油锅炉房，事故排风机是否必须设置在室外？

【分析与对策】地下、半地下场所的自然通风条件较差，主要依靠机械通风换气方式使场所内的空气符合安全和正常使用要求。为防止可燃气体、蒸气、粉尘、纤维在这些场所积聚不散，不仅要限制在地下、半地下设置甲、乙类生产场所和甲、乙类物品储存场所，而且要防止排除爆炸危险性气体和粉尘等物质的排放系统将这些危险性物质引入地下或半地下。因此，不允许将此类排风设备设置在地下和半地下。对于某些正常运行时火灾危险性较低，又必须设置在地下或半地下的设备用房(如燃气、燃油锅炉房)，事故通风系统必须设置在地下时，应采取相应的安全措施，如设置在专用机房内，并采用耐火极限不低于 3 h 的防火隔墙与相邻区域分隔，机房本身应设置机械通风系统或具有良好的自然通风条件，也可设置在自然通风良好的竖井内等。

【问题 81】若房间没有吊顶，储烟仓的高度能否等同于烟层厚度？

【分析与对策】若房间没有吊顶，储烟仓的高度不能等同于烟层厚度。施工图设计阶段，设置机械排烟系统时，应示意排烟风口安装示意图，图中应注明防烟分区净高、清晰高度、储烟仓高度，若没有吊顶则需注明烟层厚度，以上数据应与机械排烟系统参数表一致，从而保证单个排烟风口的最大允许排烟量及防烟分区排烟口的个数的准确性。

【问题 82】对于排烟支管上设置的排烟防火阀，电气智能化专业图是否需要做联锁控制？

【分析与对策】暖通图纸需要在设计说明书中明确《消防设施通用规范》GB 55036-2022 第 11.3.5 条内容，并给智能化专业提出控制要求。

2023 年，《消防设施通用规范》GB 55036-2022、《建筑防火通用规范》GB 55037-2022 先后发布并实施，相较《建筑设计防火规范》GB 50016-2014(2018 年版)、《建筑防烟排烟系统技术标准》GB 51251-2017，个别条文有变动。《消防设施通用规范》GB 55036-2022 第 11.3.5 条对机械排烟系统中排烟防火阀的设置及联锁控制提出了新的要求，增加了 3 处排烟防火阀的联锁要求；暖通设计时，需要在说明书中补充该条款的阐述，同时注意要为电气智能化专业提出这几处排烟防火阀的控制要求。

【问题 83】公共建筑中部或靠外墙侧(非中庭)贯穿多层的扶梯空间，如何考虑排烟？

【分析与对策】贯穿多层的扶梯空间，火灾时，无人员疏散功能，且不存在可燃物，最底层应设置挡烟垂壁，除最底层外均采用防火卷帘分隔，其内部空间可不考虑排烟。除最底层外，如果各层由于美观等原因，无法设置防火卷帘，应在四周设置挡烟垂壁，挡烟垂壁的高度(储烟仓厚度)应满足设计要求，且不应小于首层(底层)空间净空高度的 20%，其内部按高大空间设置排烟设施。

【问题 84】室外自然排烟口与室外自然补风口之间的水平距离是否按机械加压送风

进风口与机械排烟出风口水平距离为 20 m 执行?

【分析与对策】防烟系统和补风系统的室外自然进风口宜布置在室外排烟口的下方,且高差不宜小于 3 m;当水平布置时,水平距离不宜小于 10 m。

【问题 85】 当封闭楼梯间出口为封闭电梯厅时,封闭楼梯间+电梯厅是否要按照防烟楼梯间要求设置防烟系统?

【分析与对策】封闭楼梯间和封闭电梯厅应保证有自然通风,无法满足自然通风要求时,应按合用前室设计加压送风系统。

【问题 86】《建筑防烟排烟系统技术标准》GB 51251-2017 第 4.4.12 条第 5 款规定,排烟口的设置宜使烟流方向与人员疏散方向相反,排烟口与附近安全出口相邻缘之间的水平距离不应小于 1.5 m。仅机械排烟口需满足这个要求,还是自然排烟口也受这条规范的限制?

【分析与对策】住房城乡建设部官网于 2018 年已指明,本条不适用于自然排烟。

【问题 87】《建筑防火通用规范》GB 55037-2022 第 8.2.2 条第 3 款规定,除高温生产工艺的丁类厂房外,其他建筑面积大于 5 000 m^2 的地上丁类生产场所,应采取排烟等烟气控制措施。

(1)高温生产工艺如何界定?注塑车间是否为高温生产工艺?(注塑即把塑料原料熔化然后注塑成型,温度至少为 200 ℃。)

(2)这个场所该如何确定?一个集生产、办公、研发、休息为一体的丁类地上建筑,总面积为 5 000 m^2,是否需要做排烟?

【分析与对策】(1)高温生产工艺是指在生产过程中,工人需要在高温环境下进行工作的方式,并不是指材料熔化的温度。这种生产方式通常发生在工业生产、炼油、冶炼、高温工艺等领域。其定义是在环境温度不低于 35 ℃的条件下进行的各类工作活动。冶金工业的炼焦、炼铁、轧钢等车间,机械制造工业的铸造、锻造车间,陶瓷、玻璃、砖瓦工业的炉窑车间,发电厂(热电站)、煤气厂的锅炉间等均属于高温生产工艺。

(2)先确认车间是否属于丁类。办公、研发、休息区域应按公共建筑设计防烟排烟系统,生产场所按丁类根据生产工艺、面积设计排烟系统,丁类生产场所以 5 000 m^2 为限。

【问题 88】 车库的平时补风与消防补风共用时可否通过车道进行补风?若风井贴邻车道设置,风井是否可以在车道侧墙高点开百叶?

【分析与对策】北方地区车道入口一般会设置防火卷帘,现行的《建筑设计防火规范》GB 50016-2014(2018 年版)、《汽车库、修车库、停车场设计防火规范》GB 50067-2014 和《车库建筑设计规范》JGJ 100-2015 等,均没有两步降落防火卷帘的应用要求,仅《火灾自动报警系统设计规范》GB 50116-2013 第 4.6.3 条的条文说明中提及"车库车辆通道上的卷帘采用两步降落方式",这是目前两步降落防火卷帘应用的唯一依据。同一防火分区通常会设置多个通道卷帘,因其联动的特殊性,多个卷帘是否需要同步降落,存在较大争议。故火灾时车道不具备和平时一样通风的条件。当直接通向室外的汽车坡道上设置自动灭火系统,坡道入口未设置防火卷帘或甲级防火门时,该防烟分区可以通过车道补风。

若风井贴邻车道设置，风井应伸出车库坡道顶部开百叶，不应在侧墙高点开百叶，在地下车道侧墙开风口违反《建筑设计防火规范》GB 50016-2014（2018 年版）第 6.1.5 条，也破坏了入口防火卷帘的防火作用。

【问题 89】《建筑防烟排烟系统技术标准》GB 51251-2017 第 4.3.2 条规定，当工业建筑采用自然排烟方式时，其水平距离尚不应大于建筑内空间净高的 2.8 倍。当无法满足此要求时，可否按防烟分区内任一点与最近的自然排烟窗（口）之间的水平距离不应大于 30 m 执行？

【分析与对策】 民用建筑、空间净高不大于 10.7 m 的工业建筑，防烟分区内任一点与分区内最近的自然排烟窗（口）之间的水平距离不应大于 30 m；对空间净高大于 10.7 m 的工业建筑，其防烟分区内任一点与最近的自然排烟窗（口）的水平距离不应大于空间净高的 2.8 倍。

【问题 90】 建筑内的地下电梯厅、地下门厅等处是否应设排烟设施？车库内大于 100 m^2 的工具间是否考虑排烟？

【分析与对策】（1）建筑内的地下电梯厅、地下门厅等人员经常停留的场所，当其面积大于 50 m^2 或者与其相连的走道长度超过 20 m 时，应设排烟设施。

（2）工具间备注储存工具的火灾危险性分类，根据火灾危险性等级确定是否排烟，或者根据功能需求设计为小于 50 m^2 的房间。

【问题 91】 前室或合用前室的加压送风口是否直接联动开启屋顶加压送风机，还是必须经过消防控制室人为再次确认火灾才能开启加压送风机？

【分析与对策】 根据《消防设施通用规范》GB 55036-2022 第 11.2.6 条，机械加压送风系统应与火灾自动报警系统联动，并应能在防火分区内的火灾信号确认后，15 s 内联动同时开启该防火分区的全部疏散楼梯间、该防火分区所在着火层及其相邻上下各一层疏散楼梯间及其前室或合用前室的常闭加压送风口和加压送风机。根据《建筑防烟排烟系统技术标准》GB 51251-2017 第 5.1.2 条条文说明，加压送风机是送风系统工作的“心脏”，必须具备多种启动方式，除接收火灾自动报警系统信号联动启动外，还应该独立控制，不受自动报警系统故障因素的影响。故加压送风机应采用自动和人工两种启动方式。

【问题 92】《建筑防烟排烟系统技术标准》GB 51251-2017 第 1.0.2 条中的“有特殊用途或特殊要求的工业与民用建筑”的范围是什么？有专门设计规范的建筑是否可依据其专门设计规范进行设计？

【分析与对策】“有特殊用途或特殊要求的工业与民用建筑”是指有专门针对该建筑类型制定了相关设计规范的建筑，如人防工程、汽车库、锅炉房、城镇燃气、洁净厂房、医药和电子工业洁净厂房、硅集成电路芯片工厂、物流建筑、冷库、疾病预防控制中心、医院洁净手术室、剧场、电影院、科研建筑等。以上建筑类型可依据其专门的规范要求进行设计。

【问题 93】 气体灭火系统的事故后排风是否需要单独设置？多个防护区的事故后排风是否可以合用一套排风系统？

【分析与对策】 气体灭火系统包括七氟丙烷、混合气体IG541、二氧化碳、惰性气体及烟雾灭火系统等，其中的七氟丙烷受到高温作用后会分解成氟化氢，这种气体进入人体后会对健康造成一定影响，故虽然气体灭火系统的火灾事故后排风原则上不属于事故通风，但是气体灭火系统应独立设置，不应与其他通风系统合用，包括排风竖井，并按事故通风的要求直接将气体排至室外。

多个相邻的面积较小的防护区，可以合用一套送排风系统。医院CT、DR等较小空间的多个防护区事故后排风和送风如果合用系统，应做好电动风阀的控制，保证每个独立防护区在气体灭火系统启动时为密闭空间。

【问题94】 对于采用机械防烟的合用前室，在计算加压送风量时，防烟楼梯间门的数量是否包含一层外门？

【分析与对策】 不包含。《建筑防烟排烟系统技术标准》GB 51251-2017第3.4.6条规定，计算中门应为通向前室或楼梯间的门，目的是防止火灾进入前室或楼梯间，而外门是前室或楼梯间向外疏散至安全地带的门，因此不用计算在内。

【问题95】 根据《建筑防烟排烟系统技术标准》GB 51251-2017第5.2.2条第4款所要求的“系统中任一排烟阀或排烟口开启时，排烟风机、补风机自动启动”，对于地下车库的排烟系统兼作平时排风，排烟支管上是否需要（常闭）排烟阀或远程排烟口？如需要，应如何设置？

【分析与对策】 根据《建筑防烟排烟系统技术标准》GB 51251-2017第5.2.2条，排烟风机应满足四种启动方式，故需要设置一个（常闭）排烟阀或远程排烟口以满足规范要求。应在靠近机房外部设置一个常闭远控多叶排烟风口，火灾时自动或手动开启，并联锁启动相应的排烟风机，距地1.5 m处安装手动开启装置。

【问题96】 对于住宅建筑的地下或地上跃层，室内开敞楼梯是否可不设置挡烟垂壁？

【分析与对策】 同一防烟分区可以不设置挡烟垂壁。

【问题97】 住宅地下三层，楼梯间和前室不允许自然通风，应设机械加压送风。那么住宅地下三层的储藏室（面积均小于50 m²）走廊允许自然排烟、自然补风吗？

【分析与对策】 不允许自然排烟，应设置机械排烟；可以自然补风或机械补风。

【问题98】 关于前室机械加压送风系统，前室设有两扇门，加压送风口仅直对一个入口，这种情况是否允许楼梯间自然通风？

【分析与对策】《建筑防烟排烟系统技术标准》GB 51251-2017第3.1.3条第2款规定，当独立前室、共用前室及合用前室的机械加压送风口设置在前室的顶部或正对前室入口的墙面时，楼梯间可采用自然通风系统。此问题中，前室设有两扇门，应考虑两扇门是否在一个墙面上，如果没有在一个墙面上，需要分别设置在前室两扇门的顶部。

【问题99】 医院B超室、X光室、DR室、CT室等设置气体灭火时，地上房间是否可不设火灾后排风的补风口，仅通过开门的方式通风？

【分析与对策】 不宜仅通过开门的方式通风。灭火气体被加热后变为有毒气体，一旦泄漏会发生危险。由于灭火时房间处于完全密闭状态，人员有可能无法完全了解火灾状态，如果贸然打开房间门有可能导致复燃或辐射热量引燃周围可燃物，火势会蔓延。

【问题 100】 住宅地下层（储藏间）设置有非消防电梯电梯厅，采用防火门与走道分隔，疏散楼梯门也开向电梯厅，则电梯厅实际是走道的一部分。当电梯厅与其余走道的连通长度大于 20 m 时是否应设置排烟和补风？因防火门将电梯厅分隔成两个防烟分区，是否要分别设置排烟和补风？

【分析与对策】 均需要设置排烟和补风系统。最好的做法是去掉电梯厅门或将其改为普通门，门高在清晰高度以上，按一个防烟分区设置排烟和补风。因为规范不要求住宅直通储藏间的电梯设置电梯厅，如果非要设置不建议占用走道设置。调整建筑方案后再根据新的布置按规范进行设计。

【问题 101】 地下一层防烟楼梯间采用加压送风时，是否可以不设置具备手动和自动方式开启的应急排烟窗？

【分析与对策】 根据《建筑防火通用规范》GB 55037-2022 第 2.2.4 条，设置机械加压送风系统并靠外墙或可直通屋面的封闭楼梯间、防烟楼梯间，在楼梯间的顶部或最上一层外墙上应设置常闭式应急排烟窗，且该应急排烟窗应具有手动和联动开启功能。地下一层防烟楼梯间靠外墙或顶部可以通向地面，应设置应急排烟窗；如果地下防烟楼梯间在建筑内部没有靠近外墙且不能直通屋面，可以不设置应急排烟窗。

【问题 102】《建筑防火通用规范》GB 55037-2022 第 7.1.8 条第 5 款规定，除疏散楼梯间及其前室的出入口、外窗和送风口，住宅建筑疏散楼梯间前室或合用前室内的管道井检查门外，疏散楼梯间及其前室或合用前室内的墙上不应设置其他门、窗等开口。那么，风管、水管是否允许穿越楼梯间、前室、合用前室等部位？如果允许穿越需采取什么措施？

【分析与对策】 疏散楼梯间及其前室或合用前室内不应敷设或穿越输送甲、乙、丙类液体和可燃气体、助燃气体的管道，在楼梯间及其前室内不应穿越或设置排烟管道，以确保楼梯间自身没有火灾危险性，也不能因在楼梯间内设置其他管道而引入建筑中其他区域的火灾。

当住宅建筑的楼梯间内必须敷设或穿越可燃气体管道，设置燃气计量装置时，疏散楼梯间应为敞开楼梯间，且应在进入楼梯间的燃气管道上设置切断阀，采取防止燃气泄漏和积聚的可靠措施。例如，提高燃气管道的压力、耐腐蚀性能或防腐蚀等级，在楼梯间上部设置通风开口等。对于不允许采用敞开疏散楼梯间的住宅建筑，在楼梯间内不允许敷设或穿越可燃气体管道，也不允许在楼梯间、前室内设置燃气计量装置，即当住宅建筑的疏散楼梯采用封闭楼梯间、防烟楼梯间时，不允许在楼梯间、前室内敷设或穿越可燃气体管道，也不允许设置燃气计量装置。

其他风管、水管穿越楼梯间及其前室或合用前室时应按《建筑防火通用规范》GB 55037-2022 第 6.3.5 条采取防止火灾通过管道蔓延至其他区域的措施。制作安装防火封堵的做法应满足《建筑防火通用规范》GB 55037-2022、《工业建筑供暖通风与空气调节设计规范》GB 50019-2015、《建筑防火封堵应用技术标准》GB/T 51410-2020、《防火封堵材料》GB 23864-2023等标准的要求。

【问题103】《建筑防火通用规范》GB 55037-2022第8.2.2条规定:“除不适合设置排烟设施的场所、火灾发展缓慢的场所可不设置排烟设施外,工业与民用建筑的下列场所或部位应采取排烟等烟气控制措施……”哪些场所属于“不适合设置排烟设施的场所、火灾发展缓慢的场所”?

【分析与对策】不适合设置排烟设施的场所是指具有爆炸危险性的甲、乙类厂房和甲、乙类仓库,这类场所应采取加强正常通风、事故通风等预防发生爆炸的技术措施。此外,还有需设置气体灭火的场所等。火灾发展缓慢的场所主要指室内可燃物的火灾以无焰燃烧、阴燃为主,或明火小且燃烧速度缓慢的场所,如煤炭储存场所等。

【问题104】 建筑内兼具其他功能的通行空间(如医疗建筑内兼具挂号、缴费等使用功能的通行空间),是否可以按走道计算排烟量?

【分析与对策】通行空间兼具其他功能且人员长期停留时已不属于仅担负疏散功能的走道,其机械排烟量或自然排烟窗(口)面积应按《建筑防烟排烟系统技术标准》GB 51251-2017第4.6.3条中的“场所”功能进行排烟设计。另外将这种“通行空间”称为“功能区”更妥帖,功能区应该有自己的疏散走道。

【问题105】 物流建筑防烟分区长边的长度应依据《建筑防烟排烟系统技术标准》GB 51251-2017第4.2.4条还是《物流建筑设计规范》GB 51157-2016第15.7.5条进行设计?

【分析与对策】依据《建筑防烟排烟系统技术标准》GB 51251-2017第1.0.2条,当专业标准有特别规定时,可从其规定。依据《物流建筑设计规范》GB 51157-2016第15.7.5条,当物流建筑净高大于6 m时,可不划分防烟分区,且排烟口距最远点的水平距离可不大于40 m,即长边边长可到80 m。

【问题106】 除尘系统穿防火隔墙处是否需设防火阀?

【分析与对策】依据《建筑防火通用规范》GB 55037-2022第9.1.3条,排除有燃烧或爆炸危险性物质的风管,不应穿过防火墙。《工业建筑供暖通风与空气调节设计规范》GB 50019-2015第6.9.19条规定,排除或输送有燃烧或爆炸危险物质的风管不应穿过防火墙和有爆炸危险的车间隔墙,且不应穿过人员密集或可燃物较多的房间,包括除尘系统。除尘系统加设防火阀,如积尘容易堵塞防火管路,防火阀容易磨损而失去作用。故除尘系统无论除尘物质是否有燃烧或爆炸危险,都不应该穿越防火墙。

【问题107】《建筑防烟排烟系统技术标准》GB 51251-2017第3.1.2条规定,建筑高度大于50 m的公共建筑、工业建筑和建筑高度大于100 m的住宅建筑,其防烟楼梯间、独立前室、共用前室、合用前室及消防电梯前室应采用机械加压送风系统。对于超50 m的工业建筑内不超过50 m的楼梯间,是否可以采用自然防烟?

【分析与对策】对于超50 m的工业建筑内不超过50 m的楼梯间,可以采用自然防烟。

第5章

房屋建筑工程电气专业

5.1 设计文件编制深度

【问题 1】 设计采用的设计标准不齐全、版本过期或名称标注错误；采用不适用于相关工程的规范、标准；缺少与工程相关的行业规范、标准标注。

【分析与对策】 规范、标准更新较快，设计人员应加强规范、标准的学习，在引用规范、标准的条文时应注意其适用范围和使用要求。

【问题 2】 照明设计中缺少对主要房间（如办公室、会议室等）、场所的计算照度和照明功率密度的说明或标注，不满足设计文件编制深度、照明节能设计的要求。

【分析与对策】 按《建筑照明设计标准》GB/T 50034-2024 第 6 章所列举的场所，列出主要房间的照度和照明功率密度的实际计算值。

《建筑照明设计标准》GB/T 50034-2024 第 6.1.2 条规定，照明节能应采用一般照明的照明功率密度（LPD）作为评价指标。照明功率密度应满足《建筑节能与可再生能源利用通用规范》GB 55015-2021 第 3.3.7 条的设计要求。评价指标应体现在施工图设计文件中。

【问题 3】 工程设计中部分区域的照明可由二次装修设计，但有的设计中，除走道、干线设计外,其余整幢楼都由二次装修设计,请问是否符合要求?

【分析与对策】从所审装修设计图纸来看,二次装修的电气图纸一般包括正常照明和插座布置。对于正常照明,关键是看照度是否满足使用功能要求,照明单位功率密度是否满足节能评价标准的要求,光源选择、灯具效率及其附件是否满足相关规范的规定。只要设计者对二次装修提出了上述要求,则可以认为满足设计深度要求。

【问题4】 民用建筑内设有柴油发电机房,其储油间是否应按爆炸危险环境进行电气设计?

【分析与对策】柴油发电机房储油间属于非爆炸危险环境,可不按爆炸危险环境进行电气设计。经营、存放和使用甲、乙类火灾危险性物品的储藏间,严禁附设在民用建筑内。由于部分柴油的闪点可能低于60 ℃,因此,需要设置在建筑内的柴油设备或柴油储罐,内装柴油的闪点不应低于60 ℃。综上所述,储油间火灾危险性类别应为丙类,属于丙类生产厂房,不属于爆炸危险区域。

【问题5】 燃气锅炉房的锅炉间是否属于爆炸危险环境?是否应按爆炸危险环境进行电气设计?

【分析与对策】燃气锅炉房的锅炉间属于非爆炸危险环境,可不按爆炸危险环境进行电气设计。依据《锅炉房设计标准》GB 50041-2020第15.1.1条第1款,锅炉间属于丁类生产厂房,不属于爆炸危险区域。燃气锅炉房如设有燃气调压间,依据《锅炉房设计标准》GB 50041-2020第15.1.1条第3款,燃气调压间属于甲类生产厂房,属爆炸危险区域,应进行防爆电气设计。

【问题6】 在多层建筑的设计中,消防用电设备负荷等级划分未按《建筑设计防火规范》GB 50016-2014(2018年版)第10.1.3条的规定定级。室外消防用水量未超过25 L/s的公共建筑,很多工程在设计文件中定为二级负荷。

【分析与对策】对于《建筑设计防火规范》GB 50016-2014(2018年版)第10.1.3条中的“其他公共建筑”,设计人员应从给水排水专业获取室外消防用水量,并写入设计说明中,作为确定消防用电设备负荷等级划分的依据。消防用电设备负荷等级的划分应符合《建筑防火通用规范》GB 55037-2022第10.1.1、10.1.2、10.1.3条及《建筑设计防火规范》GB 50016-2014(2018年版)第10.1.1、10.1.2、10.1.3条的设计要求,负荷分级划分不可随意,在供电条件许可的情况下,可以提高消防用电设备的供电等级。

【问题7】 充电桩的设计深度要求。

【分析与对策】充电桩的设计深度应满足项目当地相关规定。以河北省为例,充电桩设计应满足河北省《电动汽车充电站及充电桩建设技术标准》DB13(J)/T 269-2018的相关配建要求,建设充电设施和预留充电设施建设安装条件,包括变压器容量、电缆分支箱、计量箱、电缆、管线和桥架等。预留电缆、桥架等应建设到每个车位,并在防火分区内部设置集中表箱,满足直接装表接电需要。住宅小区充电桩还应满足河北省《住宅小区供配电设施建设技术标准》DB13(J)/T 8463-2022(2024年版)第5.4节的相关规定。

【问题 8】《民用建筑配电设施防汛防涝通用规范》DB13(J)8568-2024 第 2.0.6 条规定，生活水泵房、能源站内配电装置高出机房地面不应小于 0.3 m，当设置在地下最底层时配电装置高出机房地面不应小于 0.8 m。是否包含消防控制室、消防水泵房内的配电装置？

【分析与对策】 不包含消防控制室、消防水泵房内的配电装置，这条规定的是发生汛涝灾害时关系民生的主要设备房，不是发生火灾时产生的影响。

【问题 9】 通用规范对施工及产品制作方面规定的条文，需要写到施工图设计说明中吗？设计说明漏写强条说明是否属于违反强条？

【分析与对策】 设计范围内用图无法表达且与本项目设计相关的强制性条文，应列入设计说明中以确保项目全面实施，避免遗漏。当设计说明未体现这部分内容时，可判定为漏掉条文，不属于违反强条。

【问题 10】 根据《建筑节能与可再生能源利用通用规范》GB 55015-2021 第 5.2.1 条，新建建筑应安装太阳能系统。对于独立的门卫室、公共卫生间等超小型公共建筑的太阳能系统设计如何把控？

【分析与对策】《建筑节能与可再生能源利用通用规范》GB 55015-2021 第 5.1.2 条规定，采用可再生能源时，应根据适用条件和投资规模确定该类能源可提供的用能比例或保证率，以及系统费效比，并应根据项目负荷特点和当地资源条件进行适宜性分析。这是安装太阳能系统的前提条件，应在满足该条规定的前提下进行太阳能系统设计。太阳能系统的应用与项目所在地的资源条件密切相关，应根据资源禀赋，以可再生能源的高效利用为目标，选择经济适用的技术方式和系统形式；应对实施项目进行负荷分析、系统能效比较，明确其具有技术可行、经济合理的应用前景，这样才能确保实现节能环保的运行效果。

5.2　供配电设计

【问题 1】 由建筑物外引入的配电线路，室内进线处是否可不装设隔离电器？

【分析与对策】 不可以，应装设隔离电器。《建筑电气与智能化通用规范》GB 55024-2022 第 4.3.1 条规定，由建筑物外引入的低压电源线路，应在总配电箱(柜)的受电端装设具有隔离功能的电器。

【问题 2】《中小学校设计规范》GB 50099-2011 第 10.3.2 条第 4 款规定，中小学校的建筑应预留配电系统的竖向贯通井道及配电设置位置。有些层数较少，比如仅 2 层的砌体结构且设置竖向贯通井道比较困难时，是否可以不设竖向贯通井道？本条规范的目的是考虑用电安全可靠，能否将暗设配电箱作为安全措施？

【分析与对策】 中小学校的建筑应预留配电系统的竖向贯通井道，层配电箱设备应设置在电气竖井内。这是常见问题，特别是乡镇建设的学校设计项目不注意。电气竖井要求上下贯通，位于布线中心，便于管线敷设。竖井面积应考虑设备、管线的间距及操作维修的距离和设备扩容的需求。各层用电设备少时，可以利用走道作为检修空间。《民用建筑电气设计标准》GB 51348-2019 第 8.11.5 条规定了利用走道作为检修空间时竖井的最低进深要求,可作为多层中小学校设置电井的参考。本条规定较为严格,是设计应该执行的。

【问题 3】 关于民用建筑内的消防水泵是否设置自动巡检装置的问题,《消防给水及消火栓系统技术规范》GB 50974-2014 第 11.0.18 条与《民用建筑电气设计标准》GB 51348-2019 第 13.7.7 条要求不一致,该如何把握?

【分析与对策】 以《民用建筑电气设计标准》GB 51348-2019 第 13.7.7 条要求为准,民用建筑内的消防水泵不宜设置自动巡检装置。设置自动巡检装置的弊端参见《民用建筑电气设计标准》GB 51348-2019 第 13.7.7 条条文说明。

【问题 4】 树干式供电的双电源配电箱,当选用 PC 级双电源转换开关时,双电源转换开关前不加短路、过载保护。

【分析与对策】《民用建筑电气设计标准》GB 51348-2019 第 7.1.4 条第 4 款规定,对于树干式供电系统的配电回路,各受电端均应装设带隔离和保护功能的电器。PC 级双电源转换开关不具有保护功能,故树干式供电的 PC 级双电源转换开关前应安装带保护功能的电器。

【问题 5】 医院手术室、重症监护病房(ICU)等特级负荷供电回路是否属于《建筑电气与智能化通用规范》GB 55024-2022 第 4.3.7 条所述的因过负荷引起断电而造成更大损失的供电回路?

【分析与对策】《建筑电气与智能化通用规范》GB 55024-2022 第 4.3.7 条规定,对于因过负荷引起断电而造成更大损失的供电回路,过负荷保护应作用于信号报警,不应切断电源。

过负荷保护通常指在过负荷电流引起的导体温升对导体的绝缘、接头(端子)或导体周围的可燃物质造成损害之前切断电源。但对于因过负荷引起断电而造成更大损失的供电回路,如消防灭火装置、安全设施(防盗报警器、瓦斯报警器等)、停电可能造成人员伤亡或重大经济损失的工业生产设备等的供电回路,过负荷保护就不应切断电源,而应发出报警信号。

医院手术室、ICU 等特级负荷中断供电将造成人员伤亡,属于《建筑电气与智能化通用规范》GB 55024-2022 第 4.3.7 条所述的供电回路,其过负荷保护应作用于信号报警,不应切断电源。

【问题 6】 一些设计人员在计算三相不平衡负荷时,按三相平衡负荷计算电流,使计算电流小于相最大电流,总开关整定电流小于实际工作电流。

【分析与对策】 应依据《民用建筑电气设计标准》GB 51348-2019 第 3.4.6 条的要求,均衡回路的各相负荷。当回路的三相负荷不平衡时,应取最大相负荷计算相电流,再决定总开关的整定电流。

【问题 7】《低压配电设计规范》GB 50054-2011 第 6.4.3 条规定,为减少接地故障引起的电气火灾危险而装设的剩余电流保护电器,其动作电流不应大于 300 mA。而《住宅建筑电气设计规范》JGJ 242-2011 第 6.3.1 条条文说明指出，当住宅部分建筑面积在 1 500~2 000 m^2 时，防止电气火灾的剩余电流动作保护器的额定电流值为 500 mA。两者相矛盾，应执行哪条规范？

【分析与对策】 应按《低压配电设计规范》GB 50054-2011 第 6.4.3 条的设计要求执行。

【问题 8】《建筑与市政工程无障碍通用规范》GB 55019-2021 第 3.1.6 条规定，无障碍服务设施内供使用者操控的照明、设备、设施的开关和调控面板应易于识别，距地面的高度应为 0.85~1.10 m。是否所有无障碍服务设施都应符合此要求？插座的安装高度也需遵循这个高度范围吗？供使用者操控如何确定？

【分析与对策】 新建、改建和扩建的建筑和市政工程的无障碍设施的建设和运行维护必须执行《建筑与市政工程无障碍通用规范》GB 55019-2021。插座安装高度应执行《建筑与市政工程无障碍通用规范》GB 55019-2021 第 3.1.6 条的规定，距地面的高度应为 0.85~1.10 m。供使用者操控，即满足残疾人、老年人等有需求的人使用，扫除他们在社会生活上的障碍。

【问题 9】 根据《通用用电设备配电设计规范》GB 50055-2011 第 3.3.4 条，电梯或自动扶梯的供电导线应根据电动机铭牌额定电流及其相应的工作制确定，并应符合下列规定：①单台交流电梯供电导线的连续工作载流量应大于其铭牌连续工作制额定电流的 140% 或铭牌 0.5 h 或 1 h 工作制额定电流的 90%；②单台直流电梯供电导线的连续工作载流量应大于交直流变流器的连续工作制交流额定输入电流的 140%。

问题是，在施工图设计时，电梯没有订货也不可能到货，铭牌数据在设备到货后由建设单位开箱才能取得。在施工图设计无法取得铭牌数据的情况下，该如何执行？

【分析与对策】《建筑工程设计文件编制深度规定（2016 年版）》第 1.0.5 条第 3 款规定，施工图设计文件编制深度，应满足设备材料采购、非标准设备制作和施工的需要。在不知道设备铭牌数据等情况下，可将类似设备的常用参数作为参考依据。

【问题 10】 消防管道电伴热是否按消防负荷供电？根据规范要求消防设备的供电线路漏电保护不应动作于跳闸。但消防管道为金属管道，一般线路较长，敷设环境复杂。电伴热线路紧贴金属管道，在线路绝缘破坏的情况下，很容易造成消防管道成为带电导体，严重威胁到人身安全。设与不设漏电保护，成为两难的选择。消防管道电伴热供电的可靠性与安全性如何保证？

【分析与对策】 消防管道电伴热属于季节性负荷，火灾时无须要工作，应切断电源，可按非消防负荷供电。电伴热的电气设计应符合《民用建筑电气设计标准》GB 51348-2019 第 9.8.2 条规定。电伴热自带一套控制设备，当发生漏电、过载等故障时，可将故障信号传至有人值班的场所，从而保证其供电可靠与安全。

【问题 11】《建筑电气与智能化通用规范》GB 55024-2022 第 4.1.4 条第 1 款规定，备用电源和应急电源共用柴油发电机组时，应有各自的供电母线段及回路。消防负荷是否属于应急电源供电范畴？其应接入备用电源母线段，还是接入应急电源母线段？

【分析与对策】备用电源和应急电源共用柴油发电机组及消防负荷和非消防负荷共用柴油发电机组的供电方案可按照《〈建筑电气与智能化通用规范〉图示》（24DX002-1）中的相关方案执行。

消防负荷接入柴油发电机组时属于备用电源还是应急电源由其负荷等级确定，不能直接定义消防负荷属于哪种电源。

【问题12】对于室外消防用水量不大于25 L/s的2层中小学教学楼建筑，按照规范要求主要通道照明为二级负荷。其消防负荷定为三级负荷是否可行？若可行，主要通道照明怎么设计比较合理？

【分析与对策】消防负荷等级的划分应满足《建筑防火通用规范》GB 55037 2022第10.1.1~10.1.3条的有关规定，与建筑内非消防用电设备的负荷分级无关。对于室外消防用水量不大于25 L/s的2层中小学教学楼建筑，消防负荷可定为三级负荷。

《民用建筑电气设计标准》GB 51348-2019第3.3.9条规定，供电网络中独立于正常电源的专用馈电线路、独立于正常电源的发电机组、蓄电池组，可作为应急电源或备用电源。故当仅有主要通道照明为二级负荷时，可采用蓄电池组作为备用电源。

【问题13】《民用建筑电气设计标准》GB 51348-2019第3.2.11条第2款规定，当建筑物由一路35 kV、20 kV或10 kV电源供电时，二级负荷可由两台变压器各引一路低压回路在负荷端配电箱处切换供电。该条款是否可以理解为，二级负荷可由同一10 kV电源供电的两个不同变压器低压出线回路在负荷端配电箱处切换供电？

【分析与对策】这样理解是不全面的。《民用建筑电气设计标准》GB 51348-2019第3.2.11条规定应从整个条文来看，而不是只看其中一款规定。本条规定了对二级负荷的供电要求，二级负荷的外部电源宜由两回线路（可以是一座城市电网变电站引来的两个回路）供电，只有当负荷较小或地区供电条件困难时，二级负荷才可由一回35 kV、20 kV或10 kV专用的架空线路供电，可设置两台变压器各引一路低压回路在负荷端配电箱处切换供电。

【问题14】额定电流不超过32 A的壁挂空调插座是否应装设剩余电流动作保护电器？

【分析与对策】《建筑电气与智能化通用规范》GB 55024-2022第4.6.5条第2款规定，额定电流不超过32 A的下列回路应装设剩余电流动作保护电器：①供一般人员使用的电源插座回路；②室内移动电气设备；③人员可触及的室外电气设备。壁挂空调插座属于供一般人员使用的电源插座回路，应装设剩余电流动作保护电器。

【问题15】当正常照明灯具的安装高度在2.5 m及以下，且灯具采用交流低压供电时，是否可不设置剩余电流动作保护电器作为附加防护？

【分析与对策】距地面2.5 m及以下的高度，为正常情况下人体可能接触到的高度范围，即“伸臂范围”。为防电击危险，提高安全性，在伸臂范围内安装的正常照明灯具，当采用交流低压配电时，需要加装剩余电流动作保护电器作为附加防护。

5.3　照明设计

【问题 1】 所有上人屋面、平台出口上方是否都应设置出口标志灯？

【分析与对策】 设置消防应急照明和疏散指示系统的目的是保证将建筑内人员在火灾发展到威胁人员安全之前疏散到安全区域。《建筑设计防火规范》GB 50016-2014（2018年版）第 2.1.14 条条文说明指出，安全区域分为室内安全区域和室外安全区域。室内安全区域包括符合规范规定的避难层、避难走道等，室外安全区域包括室外地面、符合疏散要求并具有直接到达地面设施的上人屋面、平台、天桥、连廊等。

规范条文说明中提到的室外安全区域包括的上人屋面、平台等是有限制条件的，即"符合疏散要求并具有直接到达地面设施"，并不是所有上人屋面、平台都属于安全区域。只有一个楼梯能上屋面的建筑屋面，人员疏散到屋面后，屋面却没有另外的设施可以到达地面，显然这样的屋面不应该属于室外安全区域，火灾时不能将人员引导疏散到这样的区域。因此，不是所有上人屋面及平台的出口上方都应设置出口标志灯，应结合建筑专业提供的条件，具体问题具体分析。

【问题 2】 住宅小区既有一类高层又有二类高层、多层公共建筑，且一类高层设有火灾自动报警系统，根据《消防应急照明和疏散指示系统技术标准》GB 51309-2018，二类高层、多层公共建筑的消防应急照明和疏散指示系统是否可按非集中控制型系统设计？

【分析与对策】 消防控制室的管辖范围为消防控制室集中管理的火灾自动报警系统的保护范围，二类高层、多层公共建筑未设置火灾自动报警系统时，可采用非集中控制型系统。

【问题 3】《建筑防火设计规范》GB 50016-2014（2018 年版）第 10.3.6 条规定，总建筑面积大于 8 000 m^2 的展览建筑等场所应在疏散通道和主要疏散路径的地面上增设能保持视觉连续的灯光疏散指示标志或蓄光疏散指示标志；《消防应急照明和疏散指示系统技术标准》GB 51309-2018 第 3.2.1 条第 2 款规定，不应采用蓄光型指示标志代替消防应急标志灯具。那么，《建筑防火设计规范》GB 50016-2014（2018 年版）第 10.3.6 条规定场所的地面能否采用蓄光型疏散指示标志作为疏散指示？

【分析与对策】《消防应急照明和疏散指示系统技术标准》GB 51309-2018 第 3.2.1 条第 2 款规定，不应采用蓄光型指示标志代替消防应急标志灯具，但可以采用蓄光疏散指示标志作为辅助疏散指示标志。

【问题 4】 汽车库消防疏散指示方向是按车行方向还是人行方向设置？

【分析与对策】《汽车库、修车库、停车场设计防火规范》GB 50067-2014 第 6.0.1 条规定，汽车库、修车库的人员安全出口和汽车疏散出口应分开设置。设置在工业与民用建筑内的汽车库，其车辆疏散出口应与其他场所的人员安全出口分开设置。

根据《消防应急照明和疏散指示系统》GB 17945-2024 第 3.1 条，消防应急照明和疏散指示系统是在火灾等紧急情况下为人员逃生和消防作业提供照明和疏散指示的系统。

综上所述,汽车库消防疏散指示方向应按人员疏散方向进行设置。

【问题5】《建筑设计防火规范》GB 50016-2014(2018年版)第10.3.2条与《建筑防火通用规范》GB 55037-2022第10.1.10条对某些场所(如疏散走道、楼梯间、前室或合用前室等)的照度要求不一致,如何执行?

【分析与对策】《建筑防火通用规范》GB 55037-2022为强制性工程建设规范,全部条文必须严格执行。现行工程建设标准中的有关规定与该规范不一致的,以该规范的规定为准。

【问题6】 消防控制室、消防水泵房、自备发电机房、配电室、防烟排烟机房以及发生火灾时仍需正常工作的消防设备房应设置备用照明。电气竖井、防火分区的配电小间是否需要设置消防备用应急照明?

【分析与对策】 备用照明是指用于确保正常照明继续进行所设置的照明。《消防应急照明和疏散指示系统技术标准》GB 51309-2018第3.8.1条规定,避难间(层)配电室、消防控制室、消防水泵房、自备发电机房等发生火灾时仍需工作、值守的区域应同时设置备用照明、疏散照明和疏散指示标志。电气竖井、防火分区的配电小间不属于火灾时仍需工作、值守的场所,故可不设置备用照明。

【问题7】 食堂操作间属于潮湿场所,其灯具需要采用剩余电流保护电器保护吗?

【分析与对策】《饮食建筑设计标准》JGJ 64-2017第5.3.6条规定,饮食建筑中使用或产生水或水蒸气的粗加工区(间)、细加工区(间)、热加工区(间)、洗消间等场所安装的电气设备外壳、灯具、插座等的防护等级不应低于IP54。第5.3.10条规定,厨房区域及其他环境潮湿场地的配电回路,应设置剩余电流保护。故食堂操作间的灯具应采用剩余电流保护电器。

5.4 弱电设计

【问题1】 关于2013年4月1日起实施的《住宅区和住宅建筑内光纤到户通信设施工程设计规范》GB 50846-2012的工程界面问题。

【分析与对策】 目前在项目实施中仍有用户接入点至户内的线缆没有穿放,房地产开发企业仍想交由电信业务经营者负责穿放,不能满足用户自由选择运营商的要求。

根据《住宅区和住宅建筑内光纤到户通信设施工程设计规范》GB 50846-2012第1.0.3条,房地产开发企业、项目管理者不得就接入和使用住宅小区和商住楼内的通信管线等通信设施与电信运营企业签订垄断性协议,不得以任何方式限制其他电信运营企业的接入与使用,不得限制用户自由选择电信业务的权利。

电信运营商与住宅建设方的分工界面见图5-1

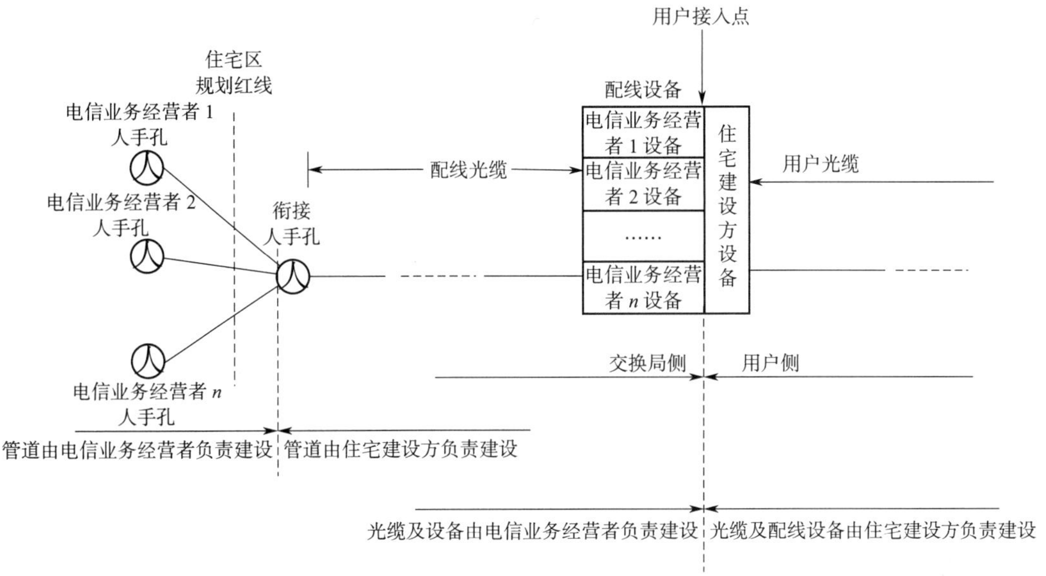

图 5-1　电信运营商与住宅建设方分工界面图

住宅建筑通信设施工程建设分工应符合下列规定。

(1)关于用户接入点设置的配线设备:①电信业务经营者和住宅建设方共用配线箱或光缆交接箱时,由住宅建设方负责箱体的建设;②电信业务经营者和住宅建设方分别设置配线箱或配线柜时,各自负责箱体或机柜的建设;③交换局侧的配线模块由电信业务经营者负责建设,用户侧的配线模块由住宅建设方负责建设。

(2)用户接入点交换局侧以外的配线设备及配线光缆,应由电信业务经营者负责建设;用户接入点用户侧以内的配线设备、用户光缆及户内家居配线箱、终端盒、信息插座、用户线缆,应由住宅建设方负责建设。

(3)住宅区内的通信管道及住宅建筑内的配线管网,应由住宅建设方负责建设。

(4)住宅区及住宅建筑内的通信设施的安装空间,应由住宅建设方负责提供。

【问题 2】 关于光纤到户(FTTH)设计深度的问题。

【分析与对策】 一是住宅区内通信相关设计图纸不全,缺少通信系统总平面图、地下通信管道设计图、用户配置图等;二是用户接入点至配线箱、家居布线箱,只有配线管网设计,未体现光缆配置,标注不完整;三是部分工程虽然按照光纤到户国家标准要求设计,但是设备间、电信间面积不足,设计中未体现线缆与配线设备的选型要求。

依据《建筑工程设计文件编制深度规定(2016 年版)》有关规定,应说明各设备定位安装、线路型号规格及敷设要求。用户接入点至楼层配线箱之间的用户光缆应标注。楼层配线箱至家居配线箱之间的用户光缆应标注。施工图审查中应重点要求。

另外,设计单位参加竣工验收时要核查是否按照设计进行了施工和设置了有关设施。

【问题 3】《住宅设计规范》GB 50096-2011 第 8.7.9 条规定,当发生火警时,疏散通道上和出入口处的门禁应能集中解除或能从内部徒手开启出口门。根据本条条文说明,对于住宅疏散口的防盗门,设有火灾自动报警系统或联网型门禁系统时,在确认火情后,须在消防控制室集中解除相关部位的门禁,无火灾自动报警系统或联网型门禁系统时,应有能从内部手动解锁的功能。

在住宅工程设计中,不少设计仍对住宅单元防盗门的解锁问题没有任何交代。

【分析与对策】门禁系统必须满足紧急逃生时人员疏散的要求。当发生火警或需紧急疏散时,住宅楼疏散门的防盗门锁须能集中解除或现场顺疏散方向手动解除,使人员能迅速安全疏散。设有火灾自动报警系统或联网型门禁系统时,在确认火情后,须在消防控制室集中解除相关部位的门禁。当不设火灾自动报警系统或联网型门禁系统时,要求能在火灾时无须使用任何工具就能从内部徒手打开出口门,以便人员逃生。无论采用何种解除门禁的方式,设计说明中应提出措施要求。

【问题4】 有火灾自动报警系统的建筑内,使用燃气瓶的厨房,是否需要布置可燃气体报警系统?是否需要报警后自动关闭燃气阀门的功能?可燃气体报警是否需要接入火灾自动报警系统?

【分析与对策】《建筑防火通用规范》GB 55037-2022 第8.3.3条规定,除住宅建筑的燃气用气部位外,建筑内可能散发可燃气体、可燃蒸气的场所应设置可燃气体探测报警装置。《燃气工程项目规范》GB 55009-2021 第6.1.5条第2款规定,高层建筑的家庭用户建筑高度大于100 m时,用气场所应设置燃气泄漏报警装置,并应在燃气引入管处设置紧急自动切断装置。故设置可燃气体探测报警装置与燃气的使用形式无关,满足以上规定的场所均应设置可燃气体探测报警装置。

《民用建筑电气设计标准》GB 51348-2019 第13.3.5条规定,设有可燃气体探测器的场所,应在探测器报警后自动关闭可燃气体阀门。

《火灾自动报警系统设计规范》GB 50116-2013 第8.1.2条规定,可燃气体探测报警系统应独立组成,可燃气体探测器不应接入火灾报警控制器的探测器回路;当可燃气体的报警信号需接入火灾自动报警系统时,应由可燃气体报警控制器接入。

【问题5】 汽车库内的防火卷帘是一步降到底,还是分两步降?建筑专业要求卷帘一步降到底,《火灾自动报警系统设计规范》GB 50116-2013 上可以两步降,如何把握?

【分析与对策】具体问题具体分析。

设置在疏散通道上的防火卷帘,主要用于防烟、人员疏散和防火分隔,因此需要两步降落方式;非疏散通道上设置的防火卷帘大多仅用于建筑的防火分隔作用,防火卷帘应一步降到楼板面。

《火灾自动报警系统设计规范》GB 50116-2013 第4.6.3条文说明指出,汽车库车辆通道上设置的防火卷帘应按疏散通道上设置的防火卷帘的控制要求,采取两步降落的方式进行控制。

【问题6】 消防水泵房、配变电室、防烟排烟机房等场所,未按设计要求设置消防专用电话分机。

【分析与对策】常见问题。《火灾自动报警系统设计规范》GB 50116-2013 第6.7.4条第 1 款明确规定，消防水泵房、发电机房、配变电室、计算机网络机房、主要通风和空调机房、防排烟机房、灭火控制系统操作装置处或控制室、企业消防站、消防值班室、总调度室、消防电梯机房及其他与消防联动控制有关的且经常有人值班的机房应设置消防专用电话分机。消防专用电话分机，应固定安装在明显且便于使用的部位，并应有区别于普通电话的标识。

火灾时，上述所列部位是消防作业的主要场所，与这些部位的通信一定要畅通无阻，以确保消防作业的正常进行。

【问题 7】 防火卷帘门两侧专门用于联动的火灾探测器由一侧总线连接时，是否应按《火灾自动报警系统设计规范》GB 50116-2013 第 3.1.6 条的要求设置短路隔离器？

【分析与对策】 应按《火灾自动报警系统设计规范》GB 50116-2013 第 3.1.6 条的要求设置短路隔离器。

总线穿越防火分区时，应在穿越处设置总线短路隔离器。此要求是考虑到穿越后的防火分区部件一旦出现故障，短路隔离器可对故障部件进行隔离，以最大限度地保障本防火分区（穿越前防火分区）总线的整体功能不受故障部件的影响。

总线包括报警总线和电源线。总线短路隔离器应能隔离故障的报警总线和电源线。

【问题 8】 在火灾集中报警系统、控制中心报警系统的设计中，报警、消防联动控制共用二总线传输，二总线线缆可否采用阻燃型线缆？

【分析与对策】《消防设施通用规范》GB 55036-2022 第 12.0.16 条规定，火灾自动报警系统的供电线路、消防联动控制线路应采用燃烧性能不低于 B2 级的耐火铜芯电线电缆，报警总线、消防应急广播和消防专用电话等传输线路应采用燃烧性能不低于 B2 级的铜芯电线电缆。在火灾报警及联动控制系统设计中，采用共用二总线的信号传输方式时，二总线不仅传输报警信号，还传输消防联动控制信号，故二总线传输线路应采用燃烧性能不低于 B2 级的耐火铜芯电线电缆。

【问题 9】 二类高层住宅公共场所在何种情况下应设火灾自动报警系统？

【分析与对策】 二类高层住宅公共场所是否设置火灾自动报警系统应按《建筑设计防火规范》GB 50016-2014（2018 年版）第 8.4.2 条确定，要视二类高层住宅的具体情况而定。建筑高度不大于 54 m 的高层住宅建筑，其公共部位宜设置火灾自动报警系统。当设置需联动控制的消防设施时，公共部位应设置火灾自动报警系统。

【问题 10】《〈建筑电气与智能化通用规范〉图示》（24DX002-1）第 105 页给出的做法中防烟排烟风机可以不设置手动直接控制线，但《〈消防设施通用规范〉GB 55036-2023 实施指南》第 11.1.5 条的图示仍标有此硬线，设计该如何处理？

【分析与对策】 以《消防设施通用规范》GB 55036-2023 第 11.1.5 条规定为准。加压送风机、排烟风机、补风机应具有现场手动启动、与火灾自动报警系统联动启动和在消防控制室手动启动的功能。《〈火灾自动报警系统设计规范〉图示》（14X505-1）列出了两种火灾自动报警系统的框图，火灾自动报警系统的发展目标是消防联动控制系统中各子系统自成系统，消防联动控制器不再直接控制末端设备，而是通过各种消防电气控制装置进行控制。

而在现行阶段，消防风机需在消防控制室手动启动。

【问题 11】 2024 年 3 月 5 日，教育部办公厅、国家消防救援局办公室印发《中小学校、幼儿园消防安全十项规定》，其中第七条要求学生宿舍或午休室必须安装火灾自动报警系统或者具有联网功能的独立式火灾探测报警器。而《建筑防火通用规范》GB 55037-2022 第 8.3.2 条没有包含学生宿舍。请问中小学校的学生宿舍是否须设置火灾自动报警系统？

【分析与对策】 中小学校的学生宿舍应执行《中小学校、幼儿园消防安全十项规定》第七条的规定，即学生宿舍或午休室必须安装火灾自动报警系统或者具有联网功能的独立式火灾探测报警器。

【问题 12】《建筑防火通用规范》GB 55037 2022 第 2.2.10 条第 6 款规定，电梯轿厢内部应设置专用消防对讲电话和视频监控系统的终端设备。消防电话是否可以与五方对讲合用？

【分析与对策】 消防专用电话网络应为独立的消防通信系统。《民用建筑电气设计标准》GB 51348-2019 第 17.2.7 条第 4 款规定，当建筑物内的消防电话为多线制调度主机时，也可用消防电话替代电梯多方通话系统。当满足消防电话为多线制调度主机时，消防电话可替代电梯多方通话系统。反之电梯多方通话系统不能替代消防电话。消防电话要求采用阻燃或阻燃耐火导线，而多方通信系统则无此要求。

【问题 13】 火灾时要求切断火灾区域及相关区域的非消防电源，而医院手术室在手术进行中又不便切断电源，具体如何实施？对于特别重要负荷，发生火灾时是否需切断电源？安防系统配电为非消防，规范明确火灾确认后需摄像机监视火灾现场，消防时是否需要切除安防系统电源？

【分析与对策】 依据《火灾自动报警系统设计规范》GB 50116-2013 第 4.10 节“相关联动控制设计”的条文说明中列出了发生火灾时应切断的非消防电源用电设备和不应切断的非消防电源用电设备，设计人员可参照执行。

（1）火灾时可立即切断的非消防电源有普通动力负荷、自动扶梯、排污泵、空调用电、康乐设施、厨房设施等。

（2）火灾时不应立即切断的非消防电源有正常照明、生活给水泵、地下室排水泵、客梯和Ⅰ~Ⅲ类汽车库作为车辆疏散口的提升机。

关于切断点的位置，原则上应在变电所切断，这样比较安全。当用电设备采用封闭母线供电时，可在楼层配电小间切断。

另外，火灾时，火灾自动报警系统与安全技术防范系统联动，故安全防范系统设施电源不应切断。对于影响生命安全的重要负荷（如手术室）及断电会造成重大损失的负荷不应立即切断电源，可在对应供电区域着火时由消防联动信号就地切断电源。

【问题 14】 有毒气体检测报警系统是否可以接入火灾自动报警系统，类似可燃气体报警系统一样在消防控制室图形显示装置上显示？

【分析与对策】 有毒气体不一定是易燃易爆气体，其检测报警系统属于非消防系统，不属于易燃易爆气体的检测报警不应接入火灾自动报警系统。

【问题 15】 幼儿园、小学的教学楼每层设敞开楼梯间作为疏散楼梯间，按照《民用建筑电气设计标准》GB 51348-2019 第 13.3.6 条第 5 款，疏散楼梯间内应设应急广播扬声器。若每层走廊内均设置了应急广播扬声器，且距离楼梯间平台不足 10 m，是否必须在敞开楼梯间内设置应急广播扬声器？

【分析与对策】 疏散楼梯间包括敞开式楼梯间，鉴于楼梯间的竖向疏散特性，先应按照《民用建筑电气设计标准》GB 51348-2019 第 13.3.6 条第 5 款，在敞开式楼梯间内设置应急广播扬声器，再按《火灾自动报警系统设计规范》GB 50116-2013 第 6.6.1 条第 1 款，布置每层走廊的应急广播扬声器。

【问题 16】 住宅建筑的地下室设计有小储藏室，每间储藏室的面积小于 30 m^2，储藏室内是否需要设置火灾自动报警系统？

【分析与对策】 住宅建筑分多层住宅、二类高层住宅、一类高层住宅及建筑高度大于 100 m 的住宅。

《建筑设计防火规范》GB 50016-2014（2018 年版）第 8.4.2 条规定："建筑高度大于 100 m 的住宅建筑，应设置火灾自动报警系统。建筑高度大于 54 m 但不大于 100 m 的住宅建筑，其公共部位应设置火灾自动报警系统，套内宜设置火灾探测器。建筑高度不大于 54 m 的高层住宅建筑，其公共部位宜设置火灾自动报警系统。当设置需联动控制的消防设施时，公共部位应设置火灾自动报警系统。"故建筑高度大于 100 m 的住宅建筑的地下储藏室应设置火灾探测器，多层住宅建筑、二类高层住宅建筑、一类高层住宅建筑的地下储藏室可不设置火灾探测器。

【问题 17】《火灾自动报警系统设计规范》GB 50116-2013 第 6.6.1 条第 1 款要求消防广播到走道末端的距离不超过 12.5 m。地下车库的消防广播是否应满足到车行道末端的距离不超过 12.5 m？

【分析与对策】 地下车库的车行道与走道不是一个概念，地下车库应满足扬声器的数量能保证从一个防火分区内的任何部位到最近一个扬声器的直线距离不大于 25 m，车行道末端也可按走道末端距最近的扬声器的距离不大于 12.5 m 的要求设置。

【问题 18】 常闭防火门是否需要设防火门监控系统？

【分析与对策】《火灾自动报警系统设计规范》GB 50116-2013 第 4.6.1 条第 2 款规定，疏散通道上各防火门的开启、关闭及故障状态信号应反馈至防火门监控器。疏散通道上的防火门分为常闭型和常开型。当火灾自动报警系统为集中报警系统或控制中心报警系统时，疏散通道上的常开、常闭防火门均应设置防火门监控系统。

5.5　防雷、接地设计

【问题 1】 关于加油站金属罩棚的防雷设计，若利用金属屋面作为接闪器，壁厚要求是否要按下面有易燃物品的壁厚来要求?

【分析与对策】 可划分为第二类防雷建筑物,可利用其金属屋面作为接闪器,屋面金属板壁厚应按下面有易燃物品来要求。

【问题2】《建筑物防雷设计规范》GB 50057-2010第4.1.2条规定,各类防雷建筑物应设内部防雷装置,并应符合相关规定。此条文是否必须明确写在说明中,如果不列出,但设计已作,是否算违反强条?

【分析与对策】 如按《建筑物防雷设计规范》GB 50057-2010第4.1.2条的要求进行了设计,就应视为符合设计要求。

《建筑物防雷设计规范》GB 50057-2010第4.1.2条为强制性条文。防雷分为外部防雷、内部防雷及防雷击电磁脉冲。建筑物防雷设计通常分三部分:①外部防雷设计,即建筑物防直击雷设计;②内部防雷设计,包括防闪电感应、防反击以及防闪电电涌侵入和防生命危险等的防雷设计,通常采取在建筑物内设置总等电位联结的方式满足防雷要求;③防雷击电磁脉冲,即防雷电流对建筑物内系统(包括线路和设备)引发的电磁效应,它包含防经导体传导的闪电电涌和防辐射脉冲电磁场效应,通常采取设置电涌保护器或设置磁场屏蔽、接地和等电位联结等措施。依据《建筑工程设计文件编制深度规定(2016年版)》,建筑电气设计说明中应包括防雷及接地保护等有关内容(亦可附在相应图纸上)。可参照《民用建筑工程电气施工图设计深度图样》(09DX003)施工设计说明中的"建筑物防雷、接地及安全"内容及防雷平面图和接地平面图。

【问题3】 关于电涌保护器(SPD)的电压保护水平,《建筑物防雷设计规范》GB 50057-2010第4.3.8、4.4.7条规定,SPD的电压保护水平值应≤2.5 kV。该规范第6.4.4条规定,对于耐冲击电压额定值,一般用电设备(如家用电器和类似负荷)的U_w=2.5 kV,特殊需要保护的设备(含有电子电路的设备,如计算机、有电子程序控制的设备)的U_w=1.5 kV。第6.4.6条规定,SPD的电压有效保护水平:①对于限压型SPD,$U_{p/f}=U_p+\Delta U$;②对于开关型SPD,$U_{p/f}=U_p$或$U_{p/f}=\Delta U$。式中:$U_{p/f}$为SPD的有效电压保护水平(kV);U_p为SPD的电压保护水平(kV);ΔU为SPD两端引线的感应电压(kV)。审图时经常发现,绝大部分设计人员选择SPD时,不管是第几级SPD,不管SPD的位置及保护哪类设备,一律标上U_p≤2.5 kV。这是不对的。对于SPD,U_p有可能≤2.0 kV,U_p也有可能≤1.2 kV。

【分析与对策】 应明确的是,SPD的电压保护水平值与建筑物或构筑物的防雷等级以及防雷要求和建设投资有关。理论上,SPD的电压保护水平值越小,其对雷电压的反应灵敏度越高,限制雷电压越低,当然,要求的投资费用也越高,这是技术经济的投资效益问题。《建筑物防雷设计规范》GB 50057-2010对一、二、三类防雷建筑物都已做了强制性要求的规定:电涌保护器的电压保护水平值应小于或等于2.5 kV。这也说明在未经建筑物防雷电压水平值校验的情况下,选用电压保护水平值小于或等于2.5 kV的电涌保护器是可行的。当设计选用电压保护水平值更小的电涌保护器时,因超出规范明确的取值范围,则应提供相关的电压水平值校验计算书,以审查其设计的合理性。

【问题4】 小学教学楼因为规模较小而忽略防雷计算,定为三类防雷建筑,是否可行?

【分析与对策】 忽略防雷计算是错误的。无论小学教学楼的规模如何，均应进行防雷分类的计算校验。应依据《建筑电气与智能化通用规范》GB 55024-2022 第 7.1.1 条的规定，校验预计雷击次数，确定建筑物的防雷等级。

【问题 5】 电气系统图中选配的电涌保护器各项参数漏标注或标注不准确。

【分析与对策】 电涌保护器可分为两种类型。一种是户外型或称"开关型"，该类电涌保护器与电缆金属外皮、钢管和绝缘子铁脚、金具等连在一起接地，适宜于电源电缆为架空进线或架空进线转电缆埋地敷设的情况。依据《民用建筑电气设计标准》GB 51348-2019 第 11.9.5 条及《建筑物防雷设计规范》GB 50057-2010 第 4.3.8 条第 4 款，以防护等级为 C 级的建筑为例，其电涌保护器应选用Ⅰ级试验产品（10/350 μs 波形），其电压保护水平应≤2.5 kV，其每一保护模式的冲击电流值≥12.5 kA（10/350 μs）。另一种是户内型或称"限压型"电涌保护器，适宜于电缆全程埋地敷设的情况，为Ⅱ级分类试验（8/20 μs 波形），第二类防雷建筑物的电源进线配电箱内电涌保护器的电压保护水平应≤2.5 kV，标称放电电流值≥50 kA（8/20 μs）。

选用电涌保护器应标明极数，在 TN-C-S 系统中，进线处的电涌保护器应选用三极，其后各级均应选用四极；TN-S 系统的电涌保护器应选用四极。

【问题 6】 屋顶太阳能热水器未采取防雷措施，不满足《民用建筑太阳能热水系统应用技术标准》GB 50364-2018 第 4.3.2、5.6.2 条的规定。

【分析与对策】 设计深度不够，应在屋顶防雷平面图中明确太阳能热水器的防雷措施。

【问题 7】 室外低压电源线路引入的总配电箱内能装设Ⅱ级试验的电涌保护器吗？《建筑物防雷设计规范》GB 50057-2010 第 4.3.8 条第 4 款、第 4.4.7 条第 1 款规定只能装设Ⅰ级试验的电涌保护器，而《建筑物电子信息系统防雷技术规范》GB 50343-2012 第 5.4.3 条第 7 款规定可装设Ⅰ级或Ⅱ级试验的电涌保护器，两本规范的规定不一致，如何执行？

【分析与对策】 应按《建筑物防雷设计规范》GB 50057-2010 装设Ⅰ级试验的电涌保护器。《建筑物电子信息系统防雷技术规范》GB 50343-2012 第 5.4.3 条第 7 款的条文说明中指出，允许采用Ⅱ级试验的电涌保护器是征求各方专家的意见而定，且是鉴于现状的结果，可见其主观上倾向于采用Ⅰ级试验的电涌保护器。

【问题 8】 依据《建筑电气与智能化通用规范》GB 55024-2022 第 4.6.10 条，屋顶、墙壁安装的太阳能热水器及室外安装的电动门应设置辅助等电位联结。建筑外墙上的金属电动门、电动卷帘门属于人员可触及的室外金属电动门吗？

【分析与对策】 建筑外墙上的金属电动门、电动卷帘门属于人员可触及的室外金属电动门。参考《民用建筑电气设计标准》GB 51348-2019 第 9.4.6 条，自动旋转门、电动门和电动卷帘门的所有金属构件及附属电气设备的外露可导电部分均应做等电位联结。

5.6 材料与设备选择设计

【问题 1】 当利用建筑物基础作为接地装置时，埋在土壤内的外接导体未考虑电化学腐蚀的影响。

【分析与对策】《建筑电气与智能化通用规范》GB 55024-2022 第 7.2.8 条第 4 款规定，接地装置采用不同材料时，应考虑电化学腐蚀的影响。

埋设在水泥基础内的钢材不存在化学腐蚀的问题。土壤有酸性的，也有碱性的，所以土壤内的钢材存在化学腐蚀的问题。在土壤内的接地极和基础钢筋有电气连通的情况下，如果土壤内的接地极、接地线和基础钢筋具有不同电位，将会形成电池，土壤和水泥成为其间的电解质，是电池的内电路。其间的连接通路成为电池的外电路。电位较负的一方将被腐蚀，这种情况被称作电化学腐蚀。

国际电工委员会（IEC）认为铜材、包铜钢材、不锈钢等接地极在土壤内的电位接近基础内钢材的电位而较少引起电化学腐蚀作用，而钢质接地极和接地线在土壤内的电位较基础内钢材的电位为负而被腐蚀。因此 IEC 建议使用铜材、包铜钢材、不锈钢等作为土壤内的接地极和接地线。尤其不应使用热镀锌钢材作为接地极和接地线，因为锌的电位在这些材质中是最负的，最易招致电化学腐蚀。

【问题 2】 电气施工图设计中，消防配电线缆如何选型才能满足《建筑防火通用规范》GB 55037-2022 第 10.1.7 条的设计要求？

【分析与对策】 电线电缆燃烧性能等级和阻燃类别应按照使用场所（不同建筑的设计火灾延续时间，参见《建筑防火通用规范》GB 55037-2022 表 10.1.5）和敷设条件选择。对于消防设备的配电线路，除具备相应的燃烧性能和阻燃性能外，其耐火性能应满足火灾时建筑物内消防用电设备最少持续运行时间的要求。

现行国家相关设计规范标准或多或少都对电线电缆的燃烧特性提出了要求，但全面系统性的标准要求缺失。

《民用建筑电气线路防火设计标准》T/ASC 23-2021 为中国建筑学会标准，为使民用建筑物电气线路的设计和使用做到安全可靠、技术先进、经济合理，防止火灾在电气线路上蔓延造成危害而导致人身伤亡和财产损失，保证消防设备电源线路在火灾中仍能持续供电，制定了有关的设计标准和要求。

（1）阻燃类别的确定。实际工程中，单根敷设的线缆极少，大多是成束敷设。因此，电线电缆通常按照成束敷设确定阻燃性能。电线电缆阻燃类别按照使用场所分级确定，是线缆阻燃性能的最低要求。

（2）燃烧性能等级的确定。电线电缆燃烧性能等级的选择应与现行国家标准规范要求保持一致，按照使用场所分级，选择相应的阻燃性能、无卤低烟低毒性能、燃烧性能和相关附加信息指标。

（3）消防设备线路的选择。《民用建筑电气线路防火设计标准》T/ASC 23-2021 第 5.3.1~5.3.5 条对“消防设备供电线路选用”进行了阐述，设计中可参照执行。

【问题 3】 住宅施工图设计中，未对套内选用的电源插座出具安全性要求。

【分析与对策】《住宅设计规范》GB 50096-2011 第 8.7.4 条规定，住宅套内安装在 1.8 m 及以下的插座均应采用安全型插座。图纸中应标明此要求。

【问题 4】 无障碍卫生间的开关和呼叫按钮不符合规范要求。

【分析与对策】 无障碍卫生间内部墙面上布置的控制照明、通风等设备设施的开关和调控面板，在选择产品时应优先选择通用设计的产品，安装高度应考虑乘轮椅者及身材矮小者的使用需要。应满足坐在坐便器上和跌倒在地面的人均能够使用救助呼叫装置，以便得到及时救助。

无障碍服务设施内供使用者操控的照明等设备设施的开关和调控面板应易于识别，距地面的高度应为 0.85~1.10 m。在坐便器附近应设置救助呼叫装置，救助呼叫按钮可按高、低位分别设置，高位按钮底边距地 0.8~1.0 m，低位按钮底边距地 0.4~0.5 m，满足坐在坐便器上和跌倒在地面的人均能够使用救助呼叫装置。

【问题 5】 配电箱馈线电缆规格与相应的断路器规格不匹配。

【分析与对策】 常见问题。配电线路的导体的类型应按敷设方式及环境条件选择。导体的截面应满足《低压配电设计规范》GB 50054-2011 第 3.2.2 条的规定，并应与短路保护和过负荷保护装置相匹配。

【问题 6】 动力配电箱馈线开关采用微型断路器，未校验其短路分断能力。

【分析与对策】 微型断路器的开断能力较低，通常使用在配电最末级。当用于配电第一级或中间级时，应对断路器的短路分断能力进行校核。

【问题 7】 住宅小区的变配电室设置在地下车库内，小区内各个单体建筑的动力电缆沿地下车库设置的电缆桥敷设至各个单体，此电缆给各个单体供给普通动力和消防动力。请问桥架内敷设的电缆采用普通电缆是否可行？

【分析与对策】 沿电缆桥架敷设的电缆属电缆多根密集配置，应采用符合《阻燃和耐火电线电缆或光缆通则》GB/T 19666-2019 规定的阻燃电缆，并应根据电缆配置情况，选择适合的阻燃等级和类别。

【问题 8】 在有可燃物的闷顶和封闭吊顶内明敷的配电线路，未标注采用金属导管或金属槽盒布线。

【分析与对策】《建筑电气与智能化通用规范》GB 55024-2022 第 6.1.1 条第 3 款规定，在有可燃物闷顶和吊顶内敷设电力线缆时，应采用不燃材料的导管或电缆槽盒保护。有可燃物的闷顶和封闭吊顶这些封闭空间内，配电线路一旦发生火灾，不易被发现，容易造成火灾蔓延。要求在这些密闭空间内采用金属导管和金属槽盒布线方式，是为了保证防火安全采取的措施。

【问题 9】 消防控制室及弱电机房与变电室贴临布置，其分隔墙采用双墙设计是否可行？

【分析与对策】 这种做法不可行。《民用建筑电气设计标准》GB 51348-2019 第 4.2.1

条第4款规定,变电所位置不应设在对防电磁辐射干扰有较高要求的场所;第23.2.1条第4款规定,机房应远离强电磁场干扰场所,当不能避免时,应采取有效的电磁屏蔽措施。变电室属于强电磁场干扰场所,仅靠双墙是不能起到防电磁干扰作用的。

【问题10】《消防应急照明和疏散指示系统技术标准》GB 51309-2018第3.3.8条第2款规定,集中电源应设置在消防控制室、低压配电室、配电间内或电气竖井内;集中电源的额定输出功率不大于1 kW时,可设置在电气竖井内。那么,不超1 kW的集中电源能否设置在风机房、水泵房、消防水箱间等设备房内?

【分析与对策】 集中电源在工作过程中将持续散热,其设置部位的环境温度、通风情况应满足集中电源正常工作的需求;同时,集中电源的设置部位也应满足集中电源蓄电池组对设置场所介质环境的要求;集中电源额定输出功率不大于1 kW,且电气竖井的工作环境满足其正常工作需求时,集中电源可设置在电气竖井内。而风机房、水泵房、消防水箱间等设备房内部环境较差,且检修操作管理不便,不适合集中电源放置,故集中电源不应设置在这类设备房内。

【问题11】《建筑电气与智能化通用规范》GB 55024-2022第6.2.8条第2款规定,电气及智能化竖井不应贴邻热烟道、热力管道及其他散热量大的场所。《〈建筑电气与智能化通用规范〉图示》(24DX002-1)第121页图示给出的解决方案是采用夹墙分隔。水暖井是否属于散热量大的场所?当住宅建筑内水暖竖井与电气及智能化竖井贴邻,但水暖竖井内热力管道不与电气及智能化竖井贴邻时,两个竖井之间是否要用双墙隔开?

【分析与对策】 经换热站热交换后的热力管道温度一般为40~60 ℃,且水暖竖井内的热力管道须采取保温隔热措施,故水暖井不属于散热量大的场所。

当民用建筑水暖竖井的热力管道不与电气竖井贴邻时,对电气竖井内的设备不会产生升温影响,从这方面来看,水暖竖井可以与电气竖井贴邻设置,两个竖井之间可以不做双墙。同时还应满足《民用建筑电气设计标准》GB 51348-2019第8.11.2条第2款规定,即电气竖井不应贴邻有烟道、热力管道及其他散热量大或潮湿的设施。故水暖竖井与电气竖井贴邻时还应做好防水措施。

5.7 节能及绿色设计

【问题1】 在供配电系统设计中,选用(标注)的变压器型号不满足电气节能设计要求。

【分析与对策】《建筑节能与可再生能源利用通用规范》GB 55015-2021第3.3.1条规定,电力变压器、电动机、交流接触器和照明产品的能效水平应高于能效限定值或能效等级3级的要求。电力变压器的能效限定值及能效等级应满足《电力变压器能效限定值及能效等级》GB 20052-2024的划分要求,设计时应对电力变压器的技术规格(样本数据)进行核对,竣工验收时应进行查验。

【问题2】 住宅阳台设有电辅加热太阳能热水器，是否应根据《建筑电气与智能化通用规范》GB 55024-2022第4.6.10条在阳台设置辅助等电位联结端子箱？

【分析与对策】 对于住宅阳台设置的电辅加热太阳能热水器，可不设置等电位联结端子箱。热水器应设置接地保护，其供电回路应装设额定剩余电流动作值不大于30 mA的剩余电流动作保护电器。

【问题3】 住宅设计中的节能说明只对灯具要求采用高效灯具，而未对光源进行设计要求，在图中只说明"由甲方自理"。

【分析与对策】 该做法设计深度不够。《建筑工程设计文件编制深度规定（2016年版）》第4.5.3条明确要求在建筑电气设计说明中应有电气节能措施。《住宅建筑规范》GB 50368-2005第10.1.4条规定，住宅公共部位的照明应采用高效光源、高效灯具和节能控制措施。故应在施工图设计说明中对光源提出要求。

【问题4】 在施工图设计中，如何满足《住宅建筑规范》GB 50368-2005第10.1.4、10.1.5条的设计要求？

【分析与对策】《住宅建筑规范》GB 50368-2005第10.1.4条"住宅公共部位的照明应采用高效光源、高效灯具和节能控制措施"和第10.1.5条"住宅内使用的电梯、水泵、风机等设备应采取节电措施"，都是强制性条文，必须严格执行。

采用高效光源、高效灯具，是照明节能设计的基本要求；走廊、楼梯间应采用定时、感应等节能控制措施；合理选用节能型电气设备，满足相关现行国家标准的节能评价值要求。

【问题5】《建筑节能与可再生能源利用通用规范》GB 55015-2021第3.3.8条规定，建筑的走廊、楼梯间、门厅、电梯厅及停车库照明应能够根据照明需求进行节能控制；第3.3.8条条文说明指出，走廊、楼梯间、门厅、电梯厅、停车库等场所，无人主动关注照明的开、关，可采用就地感应控制，包括红外、雷达、声波等探测器的自动控制装置，通过自动开关或调光实现节能控制。此条文中不含用普通开关的分区分组控制。一些人员密集的教学楼、医院病房楼等建筑的公共走廊，若使用感应控制或自动控制，当灯具熄灭时可能造成恐慌。请问采用普通开关的分区分组控制是否满足规范要求？

【分析与对策】 此条文是从节能角度提出对灯具的控制方式。条文说明指出，对于医院病房楼、中小学校及其宿舍、幼儿园（未成年人使用场所）、老年公寓、旅馆等场所，因病人、儿童、老年人等人员在灯光明暗转换期间易发生踏空等安全事故，因此不宜采用就地感应控制；此外，也可采用集中控制或智能控制系统，促进场所安全及节能。此条文说明中针对特殊人群使用的"集中控制"可以理解为包含普通开关的分区分组控制。《建筑节能与可再生能源利用通用规范》GB 55015-2021第3.3.8条还规定，大型公共建筑的公用照明区域应采取分区、分组及调节照度的节能控制措施。故大型公共建筑不适合采用普通开关控制。

第6章

市政工程

6.1 道桥工程

6.1.1 道路工程设计

【问题1】施工图设计文件内容不全、深度不够的问题。

【分析与对策】在施工图设计审查过程中，发现有的施工图设计文件存在内容不全、深度不够的问题，主要表现为：缺少对初步设计批复（或前期依据）执行情况的说明，工程概况内容不够，主要设计依据、规范不全或已废止，设计采用的建筑材料未能很好地考虑当地情况，设计缺少现状道路改造或拆除内容，采用已废止的设计标准图集，结构计算书内容不全，计算参数选取不合理。

设计文件编制深度应依据《市政公用工程设计文件编制深度规定》（2013年版）进行，施工图设计应重视并明确对初步设计批复（或前期依据）的执行情况，对优化调整内容应说明；工程概况应根据现场调查和收集资料进行说明，规范必须对应专业选取，不能遗漏有相关强制性条文的通用规范或项目规范；路面结构的选取应结合当地建筑材料、施工经验、气候水文、规划道路等级、交通等级等因素综合确定；结构计算书应根据地勘报告选取计算参数。

【问题2】道路设计车速、车道宽度选取时存在的问题。

【分析与对策】施工图设计存在选取设计车速采用规范低值,甚至错误采用了不符合道路等级的设计车速的问题;在交叉口范围的车道宽度划分也存在不满足规范的问题。选取规范低值大多是为了避免超高加宽而进行了简化设计;一般情况下,为保证道路的通行能力,道路设计车速应选取规范规定的中、高值;对条件受限道路可采取低值,但应说明受限原因。

车道宽度应根据车辆类型、设计车速、曲线要素,结合专项规划,依据规范选取。设计车道宽度应考虑中央护栏、二次过街安全岛、安全带的宽度,尤其在交叉口进口道、交叉口出口道、公交专用道、小客车专用道应区别道路标准段,合理布置各部分车道宽度。设计车道宽度应依据《城市道路工程设计规范》CJJ 37-2012(2016年版)第5.3.2条和《城市道路交叉口设计规程》CJJ 152-2010第4.2.9、4.2.15条规定执行。

【问题3】道路平面、纵断面设计中存在的一些常见问题。

【分析与对策】道路平面图中机动车道、非机动车道、人行道宽度无标注,无平曲线要素表,无逐桩坐标表,设计文件中缺少控制工程实施的平面、高程控制资料,道路平曲线半径和缓与曲线长度设计不能满足规范要求。在小半径曲线道路的超高设计中,超高段的起点、终点位置,超高段的长度及超高渐变率的设计,不够合理。

纵断面图中,道路纵坡变化处没有设置竖曲线或者设计的竖曲线半径、竖曲线长度没有达到规范要求;机动车道设置的最小坡长小于设计速度限制的最小坡长,坡段长度不符合纵坡的最小坡长要求;不满足《城市道路工程设计规范》CJJ 37-2012(2016年版)第6.3.3、6.3.4、6.3.6条的规定。平、竖曲线线形组合设计不合理,在长直线内布置了小于一般最小半径的凹形竖曲线,不满足《城市道路路线设计规范》CJJ 193-2012第8.2.2条的规定。

道路纵断面设计中应重点关注《城市道路路线设计规范》CJJ 193-2012的以下规定。①第7.3.1条第2款规定,路线尽端道路起(讫)点一端可不受最小坡长限制;第3款规定,当主干路与支路相交时,支路纵断面在相交范围内可视为分段处理,不受最小坡长限制。②第7.2.1条第4款规定,积雪或冰冻地区的快速路最大纵坡不应大于3.5%,其他等级道路最大纵坡不应大于6%。③第7.2.4条规定,特大桥、大桥、中桥的桥面纵坡不宜大于4%,桥头引道纵坡不宜大于5%。道路平纵线形组合还应符合《城市道路路线设计规范》CJJ 193-2012第8.2.2条的规定。

道路线形设计应高度重视平面、纵断面设计,使线形设计尽可能做到连续与均衡。道路设计应根据交通运输要求,处理好人、车、路、环境之间的关系。道路的平面、纵断面、横断面应相互协测,并应做到平面线形顺畅,纵坡均衡,平面、纵断面合理组合,横断面布置合理,以保障车辆、行人的安全舒适;道路线形设计还应考虑无障碍设计,满足残疾人的使用要求,以人为本,体现社会关爱。

《城市道路路线设计规范》CJJ 193-2012中的最大纵坡和坡长的规定主要考虑了汽车的上坡动力性能,而缺少对长、大下坡的安全性考虑。当地形起伏较大必须采用连续较大升坡或连续较大降坡来克服高差时,虽然平纵线形指标都符合现行规范要求,但根据实践经验,在这些连续长、大下坡路段,交通事故发生的概率明显增大。所以在道路纵断面设计中,除满足规范外,纵坡设计应避免连续长、大下坡路的情况。

【问题 4】 城市道路小半径曲线超高及加宽设置不合理问题。

【分析与对策】 审查中发现设计速度为 30 km/h,平曲线半径 R=100 m,却未设置超高和加宽。根据《城市道路工程设计规范》CJJ 37–2012(2016 年版)第 6.2.2 条,道路圆曲线半径一般情况下应采用大于或等于该规范表 6.2.2 规定的不设超高最小半径值;小于规定时,应设置超高。该规范第 6.2.6 条规定,圆曲线半径小于或等于 250 m 时,应在曲线内侧加宽,并应设置加宽缓和段。

车辆在曲线上行驶时,车辆除受重力及沿道路纵向的牵引力及阻力作用外,还受到离心力的作用。在离心力的作用下,车辆可能产生横向滑移与倾翻,因而需将横向力系数控制在适宜的范围内。通常不设超高的最小半径是在满足设计车速的条件下,当车辆行驶在具有双面坡的曲线外侧车道时,取路面状态最不利时的横向摩擦系数所得的半径计算值。道路圆曲线半径小于规定值时应设置超高,圆曲线半径小于或等于 250 m 时,应在曲线内侧加宽,否则将影响到行车的舒适性和安全性。

【问题 5】 道路纵断面与路面排水存在的问题,以及非机动车纵坡和坡段不满足规范要求时如何使用的问题。

【分析与对策】 道路纵断面设计及路面排水存在的主要问题有:纵坡小于 0.3%没有采取加强排水措施,纵坡最低点未设置雨水口,交叉口竖向设计最低点在人行道位置;特殊路段有非机动车的纵坡和坡段不满足规范情况,需要采取限制措施。

《城市道路路线设计规范》CJJ 193–2012 第 7.2.2 条第 1 款规定:"道路最小纵坡不应小于 0.3%;当特殊困难纵坡小于 0.3%时,应设置锯齿形偏沟或采取其他排水措施。"加密雨水口是加强排水的常用方法之一。对于纵坡接近 0 的路段,采用锯齿形边沟措施比较有效。在纵坡最低点,尤其是匝道起点这些易积水路段,应加密雨水收水口。对于非机动车道纵坡或坡段长度受条件限制不满足规范的情况,不应限制非机动车通行,应允许自行车推行通过;对于电动自行车通行,由于其爬坡能力较强,可不按非机动车道纵坡控制。

【问题 6】 沥青混凝土路面设计存在的问题。

【分析与对策】 沥青混凝土路面设计存在的问题主要有:缺少沥青路面抗滑性能指标;缺少沥青路面动稳定度、水稳定性、低温稳定性及粗集料磨光值指标等参数;未明确沥青路面下封层设置条件。

《城镇道路路面设计规范》CJJ 169–2012 第 3.2.8 条对沥青路面抗滑性能有相关规定;第 5.2.2、5.2.5 条对沥青路面动稳定度、水稳定性、低温稳定性、粗集料磨光值有相关规定。设计应严格执行,避免遗漏。《城镇道路路面设计规范》CJJ 169–2012 第 5.3.6 条第 3 款规定,快速路、主干路的半刚性基层上应设下封层。

【问题 7】 水泥混凝土路面设计中存在的问题。

【分析与对策】 水泥混凝土路面设计存在的问题主要有:①水泥混凝土路面结构设计

中，有的设计仍采用“4.5 MPa 抗折混凝土”，“强度标准采用抗压强度 C30”，缺少水泥混凝土路面的路面抗滑标准；②路面基层是否可以采用石灰土的问题。

“抗折混凝土”强度标准已废止，根据《城镇道路路面设计规范》CJJ 169-2012 第 6.2.5 条，水泥混凝土的设计强度应采用 28 d 龄期的弯拉强度控制，水泥混凝土弯拉强度标准值不得低于 4.5 MPa。

路面抗滑性差将使汽车制动距离增加，行车安全不能保证，容易引起交通事故。行车速度越高，对抗滑性的要求也越高，越是高等级路面，越应重视抗滑性的问题。水泥路面应采用拉毛、拉槽、压槽或刻槽等方法筑做表面构造，水泥混凝土面层的表面构造深度应按照《城镇道路路面设计规范》CJJ 169-2012 第 3.2.8 条的规定进行抗滑性能设计。

根据《公路水泥混凝土路面设计规范》JTG D40-2011 第 4.4.2 条对路面基础材料类型的规定，水泥混凝土路面面层下不宜直接采用石灰土基层，因为其水稳定性较差，面层下宜采用水泥稳定碎石或二灰（石灰、粉煤灰）碎石基层，底基层可采用石灰土。按照《城镇道路路面设计规范》CJJ 169-2012 第 4.3.2 条，石灰稳定类（石灰土）可用于中、轻交通等级的道路基层。综上所述，石灰土基层不宜直接用在公路水泥混凝土面层下的基层，但在属于中、轻交通等级的城镇支路和乡村道路水泥路面基层使用石灰土也不违反规范。

【**问题 8**】 城市道路无障碍设计存在的问题。

【分析与对策】 设计和审图工作中发现无障碍设计存在的问题主要有以下三个方面。①坡道下口高出车行道路面 10 mm（或 20 mm），这是错误的，应齐平。②无障碍坡道下口与路面边缘距离不满足规范要求。③盲道纹路凸出地面高度为 5 mm，这也是错误的，应为 4 mm。

出现以上问题的原因主要是采用了已作废的规定或参考了未更新的标准图。《建筑与市政工程无障碍通用规范》GB 55019-2021 第 2.10.2 条规定缘石坡道的坡口与车行道之间应无高差；第 2.10.3 条规定缘石坡道距坡道下口路缘石 250~300 mm 处应设置提示盲道，提示盲道的长度应与缘石坡道的宽度相对应。《无障碍设计规范》GB 50763-2012 中第 3.2.1 条第 2 款规定，盲道的纹路应凸出路面 4 mm 高。

【**问题 9**】 人行道宽度的选取问题。

【分析与对策】 有的道路横断面设计中存在人行道的有效宽度小于 1.5 m 的问题。

《城市道路工程设计规范》CJJ 37-2012（2016 年版）、《城市道路路线设计规范》CJJ 193-2012 均对人行道宽度做了相关规定，《城市道路交通工程项目规范》GB 55011-2021（全文强制性条文）规定人行道有效通行宽度不小于 1.5 m。在道路设计中，由于海绵城市设计、路口渠化设计、道路绿化率、道路遮阴率等在道路横断面上的设置需求，经常出现道路人行道的有效宽度被压缩的情况。因此只有对规范中对人行道的要求进行整理，正确理解规范条文，才能更好地指导设计和审图工作。

《城市道路工程设计规范》CJJ 37-2012（2016 年版）是住房和城乡建设部发布的行业标准，其对人行道宽度的规定一般情况都应执行。《城市步行和自行车交通系统规划标准》GB/T 51439-2021 第 5.3.3 条对人行道宽度的规定与《城市道路工程设计规范》CJJ 37-2012（2016 年版）的规定基本相同，只是增加了两条备注：①历史文化街区、风貌协调区等需要保护的特色地区的支路，沿道建筑不允许拆除、道路无法拓宽的，最小宽度可酌情缩减；②对行道树池进行平整化处理的，行道树池的 1/2 有效宽度计入人行道宽度。对此的正确理解应该是：作为推荐性国家标准，《城市步行和自行车交通系统规划标准》适用于城市步行和自行车交通系统的规划及相关工作，可作为《城市道路工程设计规范》CJJ 37-2012（2016 年版）对人行道宽度要求的延伸解读。

《城市道路交通工程项目规范》GB 55011-2021 全文均为强制性条文，依据规范公告“现行工程建设标准中有关规定与本规范不一致的，以本规范为准”的要求，人行道有效通行宽度不小于 1.5 m 的要求在设计和审图工作中是应强制执行的。

【问题 10】 道路交通工程设计中存在问题。

【分析与对策】 关于道路交通标志、标线的设置，相关规程、规范都有具体的要求，但有的设计图纸中交通安全设施不齐全，标志、标线没有按照《道路交通标志和标线》GB 5768 进行设计，没有明确具体的标志位置，交通工程标志牌结构设计没有按照《城市道路交通设施设计规范》GB 50688-2011（2019 年版）进行抗风稳定性验算，有的标志材料中钢筋还采用了落后淘汰产品，应引起重视。另外，综合杆的设计存在内容不齐全、标准偏低的问题。

道路交通标志、标线的设计应符合《道路交通标志和标线　第 1 部分：总则》GB 5768.1-2009、《道路交通标志和标线　第 2 部分：道路交通标志》GB 5768.2-2022、《道路交通标志和标线　第 3 部分：道路交通标线》GB 5768.3-2009 等的规定，交通标志不得侵入道路建筑限界。交通设施的设计应符合《城市道路交通设施设计规范》GB 50688-2011（2019 年版）的要求。

道路综合杆是为各类需要杆上安装的搭载设施（交通、照明及其他城市服务设施）提供杆上搭载的杆体，由主杆、副杆、横臂和灯臂等装配而成。道路综合杆主杆设计使用年限不宜低于 30 年，主杆杆体材料宜采用 Q355B 及以上低合金高强度结构钢。道路综合杆应进行抗风稳定性验算。

6.1.2　桥梁工程设计

【问题 1】 桥梁墩台基础设计中地质勘察资料、防洪评价报告缺乏或不全的问题。

【分析与对策】 有的桥梁墩台基础设计缺乏地质勘察报告、防洪评价报告，桥梁基础设计、桥下净空设计缺乏依据。

《公路桥涵地基与基础设计规范》JTG 3363-2019 第 1.0.5 条规定：“地基与基础设计应以相关勘察资料为依据。勘察资料应准确反映地形、地貌、地层结构、不良地质、岩土的物理力学性质、地下水等情况。”工程地质勘察资料不全或缺失的基础设计，不满足规范要求，也不满足施工图设计文件编制深度的要求。所以，应依据经审查合格的工程地质勘察报告进行桥梁基础设计，并应根据防洪评价报告进行跨河桥梁的设计，施工图设计审查应对洪水频率、设计流量、设计水位、冲刷深度等水文资料的完整性及正确性进行审查。

【问题 2】 桥梁建筑材料钢筋、混凝土的选用存在的问题。

【分析与对策】 桥梁设计中存在套用作废的标准图集的问题，有的设计仍采用牌号

HRB335 和 HPB235 钢筋;还存在混凝土采用标号不符合规范要求等问题。

根据《产业结构调整指导目录(2024 年本)》,“热轧钢筋:牌号 HRB335、HPB235”为淘汰类落后产品。钢筋新国标《钢筋混凝土用钢　第 1 部分:热轧光圆钢筋》GB 1499.1-2024 和《钢筋混凝土用钢　第 2 部分:热轧带肋钢筋》GB 1499.2-2024 已于 2024 年 9 月 25 日实施。新标准中已删除了 HPB235 钢筋、HRB335 带肋钢筋,设计应采用 HPB300 光圆钢筋、HRB400 带肋钢筋等符合规范要求的钢筋型号。另外,《混凝土结构设计标准》GB/T 50010-2010(2024 年版)也删除了 HRB335 带肋钢筋,第 4.1.2 条还将素混凝土结构的混凝土强度等级由“不应低于 C15”改为“不应低于 C20”,钢筋混凝土结构的混凝土强度等级由“不应低于 C20”改为“不应低于 C25”。因此,设计应按规范要求选用钢筋类型和混凝土标号。

【问题 3】 桥梁结构设计存在不符合抗震措施要求的问题。

【分析与对策】 桥梁结构设计审查中发现,有的桥梁抗震设计未按照《城市桥梁抗震设计规范》CJJ 166-2011 和《建筑与市政工程抗震通用规范》GB 55002-2021 的要求进行抗震计算或设置抗震构造措施。有的桥梁墩台的盖梁宽度不符合上述抗震规范防落梁的规定,桥梁墩台上未设置防止梁横移的抗震挡块,亦未采取其他抗震措施。

桥梁抗震设计应确定抗震等级、抗震设计参数,按规范要求进行抗震计算,并采取相应的抗震措施。对于地震区的设防,根据《建筑与市政工程抗震通用规范》GB 55002-2021 第 6.1.7 条,城市桥梁结构应采用有效的防坠落措施,且梁端至墩、台帽或盖梁边缘的搭接长度,6 度不应小于 400 mm+0.005L,7 度及以上不应小于 700 mm+0.005L(L 为梁的计算跨径,单位为 mm)。

设计与审图应特别注意以下几点:①桥面连续不等同于桥梁结构连续;②连续梁桥的梁端为简支端,应满足抗震措施的防落梁要求;③《城市桥梁抗震设计规范》CJJ 166-2011 中的有关规定与《建筑与市政工程抗震通用规范》GB 55002-2021 不一致时,以《建筑与市政工程抗震通用规范》GB 55002-2021 为准;④对于城市高墩桥梁,可参考《公路桥梁抗震设计规范》JTG/T 2231-01-2020 第 11.2.1 条验算梁端到盖梁边缘的距离,避免高墩地震时的落梁风险。

【问题 4】 桥梁结构设计存在单支点支撑或双支座间距过小及缺少抗倾覆验算的问题。

【分析与对策】 桥梁结构设计图纸审查中发现部分桥梁设计存在抗倾覆验算缺失、支座布置不合理的问题。近年来,我国多地曾发生桥体倾覆失稳直至垮塌事故,事故基本特征为:①上部结构采用整体式箱梁;②结构体系为连续梁,上部结构采用单向受压支座;③桥台或过渡墩采用双支座或三支座,跨中桥墩全部或部分采用单支座。

因此,《城市桥梁设计规范》CJJ 11-2011(2019 年版)第 8.2.2 条规定:“结构支承体系应满足桥梁上部结构的受力和变形要求;当采用平面曲线整体梁式结构时,其上部结构应具有足够的抗扭刚度。连续梁桥不宜采用连续的单支点支承形式,简支梁采用双支座支承时支间距不宜过小。正常使用极限状态下,单向受压支座应保持受压状态;承载能力极限状态下,结构应具有足够的抗倾覆性能,且计算分析中应考虑单向受压支座脱空造成的结构支承体系变化。”

在桥梁设计中应严格审查独柱支撑体系的合理性、抗倾覆验算的安全性、曲线整体抗扭刚度。桥梁结构设计应保证在重车偏载情况下支座不出现负反力，留有必要的安全储备，保证桥梁运行安全。

【问题 5】 预应力混凝土箱梁人孔布置问题。

【分析与对策】 预应力混凝土箱梁外形设计中，箱梁顶面平面图缺少人孔布置及说明，缺少箱梁人孔加强钢筋布置图。应按照《公路桥涵施工技术规范》JTG/T 3650-2020 的要求进行设计和施工，箱梁顶板施工工作人孔尺寸一般为 60 cm×80 cm，人孔位置原则应设置在 1/4 或 3/4 计算跨径处，每个箱室人孔前后错开布置，且禁止同一断面开多个人孔，施工完成后顶板钢筋应按原状恢复。

【问题 6】 关于板式橡胶支座和盆式橡胶支座标准混用的问题。

【分析与对策】 在桥梁设计审查中发现，有的设计单位对桥梁盆式和板式橡胶支座认识不清。设计采用板式橡胶支座，但要求“其性能符合 JT/T 391-2009 的规定”，这是不妥的，该标准为盆式支座标准，且早已作废。

设计采用盆式支座时，应采用《公路桥梁盆式支座》JT/T 391-2019；采用板式支座时，应采用《公路桥梁板式橡胶支座》JT/T 4-2019。

【问题 7】 关于钢筋混凝土结构桥梁的钢筋的混凝土净保护层的设计问题。

【分析与对策】 某开发区跨河桥，上部结构采用 3~13 m 预应力混凝土空心板梁桥，钻孔灌注桩基础，构件类别为Ⅱ类，设计使用年限为 100 年。该桥空心板主筋至板表面的净距仅 27.5 mm，钢筋的混凝土净保护层过小，不满足《公路钢筋混凝土及预应力混凝土桥涵设计规范》JTG 3362-2018 第 9.1.1 条的规定。钢筋的混凝土保护层厚度不能过小，否则极易导致保护层脱落，引起钢筋锈蚀、膨胀，钢筋有效受力截面减小，安全度降低。

公路桥涵混凝土结构及构件应根据其表面直接接触的环境按《公路钢筋混凝土及预应力混凝土桥涵设计规范》JTG 3362-2018 表 4.5.2 的规定确定所处的环境类别。普通钢筋和预应力钢筋的混凝土保护层厚度应满足《公路钢筋混凝土及预应力混凝土桥涵设计规范》JTG 3362-2018 第 9.1.1 条的要求：①普通钢筋保护层厚度取钢筋外缘至混凝土表面的距离，不应小于钢筋公称直径，当钢筋为束筋时，保护层厚度不应小于束筋的等代直径；②先张法构件中预应力钢筋的保护层厚度取钢筋外缘至混凝土表面的距离，不应小于钢筋公称直径，后张法构件中预应力钢筋的保护层厚度取预应力管道外缘至混凝土表面的距离，不应小于其管道直径的 1/2；③最外侧钢筋的混凝土保护层厚度应不小于表 9.1.1 混凝土保护层最小厚度的规定值。桥梁净保护层厚度取值应同时满足《混凝土结构耐久性设计标准》GB/T 50476-2019 和《公路工程混凝土结构耐久性设计规范》JTG/T 3310-2019。

保护层厚度也不宜过大，当过大时应防止混凝土开裂剥落、下坠，通常做法是为保护层采用纤维混凝土或加配钢筋网片。

【问题 8】 承台设计尺寸存在的问题。

【分析与对策】 某桥墩设计采用钻孔桩基础,桩径为1 m,基桩设承台与柱式墩身相连接,承台边缘至桩外侧边缘的净距设计为0.4 m,承台边缘与桩外侧的距离小于0.5倍桩径,不符合《公路桥涵地基与基础设计规范》JTG 3363-2019的要求。根据该规范第6.2.6条,边桩(或角桩)外侧与承台边缘的距离,对于直径(或边长)小于或等于1.0 m的桩,不应小于0.5倍桩径(或边长),且应不小于250 mm;对于直径大于1.0 m的桩,不应小于0.3倍桩径(或边长),且应小于500 mm。

桥墩的桩与柱采用承台相连时,桩基顶面外伸钢筋段锚固于承台中,可设置15°的外张角,承台还需具有调节桩基施工误差的功能,所以应按规范的规定设置足够的襟边宽度。

【问题9】 钢筋混凝土及预应力混凝土结构梁内箍筋的设置问题。

【分析与对策】《公路钢筋混凝土及预应力混凝土桥涵设计规范》JTG 3362-2018第9.3.12条规定,当梁中配有按受力计算需要的纵向受压钢筋或在连续梁、悬臂梁近中间支点位于负弯矩区的梁段,应采用闭合式箍筋,同时,同排内任一纵向受压钢筋,离箍筋折角处的纵向钢筋的间距不应大于150 mm或15倍箍筋直径两者中的较大者,否则应设复合箍筋、系筋。有的城市桥梁的箱梁腹板及墩柱设计不满足该条要求。

梁内箍筋除用于承受主拉应力外,还起到固定或保证主要受力钢筋正确位置和联系受拉与受压区的作用;中心及偏心受压构件中的箍筋,可约束所箍钢筋的纵向弯曲,所以箍筋要做成封闭式,以防止受压钢筋因纵向弯曲而向外凸。

此外,梁中箍筋的直径、配筋率、间距及布置方式也应满足《公路钢筋混凝土及预应力混凝土桥涵设计规范》JTG 3362-2018第9.3.12条的其他要求。

【问题10】 特殊部位设置加强筋问题。

【分析与对策】 某道路跨线立交桥采用3~30 m预应力混凝土变宽度连续箱梁,连续梁中间支承附近的腹板内未设纵向加强钢筋。连续梁中间支承点附近受力较为复杂,支座边缘常有局部拉应力产生,在腹板和底板中设置间距较密的纵向短钢筋,有利于防止箱梁局部裂缝的展开。应按照《公路钢筋混凝土及预应力混凝土桥涵设计规范》JTG 3362-2018第9.3.7条的规定,在支点附近剪力较大区段和预应力混凝土梁锚固区段,腹板两侧纵向钢筋截面面积应予增加,纵向钢筋间距宜为100~150 mm。

【问题11】 箍筋的数量的设置问题。

【分析与对策】 个别桥梁墩柱纵向主筋的箍筋肢数偏少。箍筋靠其转角点来约束纵向钢筋,纵向钢筋离转角点越远,箍筋对纵向主筋的约束力越小,所以箍筋的肢数不能过少,将箍筋配合拉筋使用,也能达到约束纵向主筋的效果。根据《公路钢筋混凝土及预应力混凝土桥涵设计规范》JTG 3362-2018第9.6.1条以及《城市桥梁抗震设计规范》CJJ 166-2011第8.1.1条的规定,箍筋应做成闭合式,其直径不应小于纵向钢筋直径的1/4,且不小于8 mm。箍筋间距不应大于纵向钢筋直径的15倍,不大于构件短边尺寸(圆形截面采用0.8倍直径)并不大于400 mm。构件内纵向受压钢筋应设置离箍筋折角处的纵筋的间距不大于150 mm或15倍箍筋直径两者中的较大者,如超出此范围设置纵向受力钢筋,应设复合箍筋、系筋。相邻箍筋的弯钩接头,沿纵向位置应交错布置。

对于地震基本烈度为7度及以上的地区，加密箍筋的直径不应小于10 mm，最大间距不应大于10 cm或6倍纵筋直径或1/4墩柱弯曲方向的截面边长，螺旋式箍筋的接头必须采用对接焊，矩形箍筋应有135°弯钩，并应深入核心混凝土之内6倍纵筋直径以上。

墩柱塑性铰区的箍筋要求尚应符合《建筑与市政工程抗震通用规范》GB 55002-2021第6章的规定。

【问题12】配筋布置不合理问题。

【分析与对策】桥墩普通钢筋混凝土盖梁设计图中，盖梁的主拉应力钢筋（斜筋）的起弯点布置不合理，斜筋间距偏大；斜筋未与水平或竖直方向钢筋相焊接，形成了“浮筋”；预应力混凝土宽幅空心板的悬臂翼缘板长度为1.5 m，悬臂翼板的顶层仅配置了横桥向的主要受力钢筋，但未配置顺桥向的纵向分布钢筋，构造不够合理。

梁的主拉应力较大区配置斜筋起弯点的规定主要是为了保证斜截面的抗弯效应不小于正截面的抗弯效应。应按照《公路钢筋混凝土及预应力混凝土桥涵设计规范》JTG 3362-2018第9.3.10条的规定，靠近支点的第一排弯起钢筋顶部的弯折点，简支梁或连续梁边支点应位于支座中心截面处，悬臂梁或连续梁中间支点应位于横隔梁（板）靠跨径一侧的边缘处，以后各排（跨中方向）弯起钢筋的梁顶部弯折点，应落在前一排（支点方向）弯起钢筋的梁底部弯折点处或弯折点以内。

主拉应力钢筋中，“浮筋”是禁用的钢筋形式，因为其两端未与主筋相焊接，不能形成有效的握裹力及锚固构造，所以也不能形成主抗拉应力的效应。根据《公路钢筋混凝土及预应力混凝土桥涵设计规范》JTG 3362-2018第9.3.10条，弯起钢筋不得采用浮筋。

分布钢筋的作用是将荷载分配传递给受力钢筋，分担混凝土收缩和温度变化引起的拉应力，固定受力钢筋的位置。故应按规范规定设置分布钢筋。按照《公路钢筋混凝土及预应力混凝土桥涵设计规范》JTG 3362-2018第9.2.4条，行车道板内应设置垂直于主钢筋的分布钢筋，分布钢筋设在主钢筋内侧，其直径不小于8 mm，间距应不大于200 mm，截面面积不宜小于板的截面面积的0.1%。在主钢筋的弯折处，应布置分布钢筋。

【问题13】钢箱梁纵向加劲肋与顶板焊缝的过焊孔应采用堆焊填实。

【分析与对策】钢箱梁设计存在问题较多的是焊缝。焊缝的焊接质量、焊接工艺对保证钢箱梁的质量尤为重要。《公路钢结构桥梁设计规范》JTG D64-2015第8.2.3条规定，纵向加劲肋应连续通过横向加劲肋或横隔板，加劲肋与顶板焊缝的过焊孔宜采用堆焊填实，焊缝应平顺。钢桥设计应严格遵守。

【问题14】城市桥梁设计中防撞护栏的设置不满足要求，极易造成机动车坠桥风险。

【分析与对策】桥梁设计经常出现未按要求设置防撞护栏、路缘石高度不符合要求、人行道宽度不符合要求的问题。为了保证桥上通行车辆和行人的安全，避免由于车辆失控，坠入桥下，造成重大伤亡事故和财产损失，《城市桥梁设计规范》CJJ 11-2011（2019年版）第6.0.7条做了如下规定。①桥梁人行道临空侧应设置人行道栏杆。②对主干路和次干路的桥梁，当两侧无人行道时，应设置保证检修人员及车辆安全的措施。设置检修道时，检修道临空侧应设防撞护栏或人行道栏杆。③桥梁上路缘石与护栏的设置要求应符合规范表

6.0.7的规定。

在实际设计中,可根据不同的临空侧条件采取在分隔带或人行道上设置防撞护栏、加高分隔带(或人行道)路缘石高度等措施,避免机动车坠桥事故发生。

【问题15】 桥梁人行道缺少无障碍设计。

【分析与对策】 有的桥梁人行道设计漏掉盲道或无障碍坡道,造成盲道在桥梁范围中断,不符合规范要求。

桥梁人行道设计应根据《建筑与市政工程无障碍通用规范》GB 55019-2021、《无障碍设计规范》GB 50763-2012的要求进行无障碍设计,无障碍通道应保持在人行道上的连续性。

【问题16】 桥梁人行道栏杆、防护网设置存在的问题。

【分析与对策】 桥梁人行道栏杆存在的主要问题有:高度不够;竖杆间距偏大;石栏杆柱底无锚固措施;未按要求设置防护网。

《城市桥梁设计规范》CJJ 11-2011(2019年版)第9.5.1条规定,人行道或安全带临空侧的栏杆高度不应小于1.10 m,非机动车道临空侧栏杆高度不应小于1.40 m。栏杆竖直构件间的最大净间距不得大于110 mm,不宜采用有蹬踏面的结构。栏杆结构及底座设计必须安全可靠。第9.5.4条规定,当桥梁跨越快速路、城市轨道交通、高速公路、铁路干线等重要交通通道时,桥面人行道栏杆上应加设护网,护网高度不应小于2 m,护网长度宜为下穿道路的宽度并各向路外延长10 m。桥梁跨越铁路的防护设施应满足铁路方面的相关要求,并应设置防护网,桥梁护网应做防雷接地处理。

近年来石头栏杆被吹倒、栏杆竖杆间距过大涉及的安全事故时有发生,护栏设置安全等级不符合规范,也给车辆通行安全埋下隐患。因此,设计单位应高度重视,严格按规范做好栏杆防护设计。

6.2 给水排水工程

【问题1】 施工图设计与前期设计文件的符合性问题。

【分析与对策】 市政给水排水工程在立项和初步设计阶段就已经确定了工程的规模、目标、主要技术方案、主要设备的选择及概算总投资的数额。上述前期设计都经过了评审和政府相关部门的批准、备案。经过这些前期设计阶段的工程设计应该是符合国家政策和地方政府的规划,也符合项目所在地的气象、水文、环境、人文等客观情况的。施工图是将上述前期设计确定的设计原则落实到工程具体细节设计中,让施工单位按图施工,实现工程的目标。为了贯彻国家政策和规划,施工图审查应核实施工图设计对前期设计文件的符合性。只要施工图所设计的工程规模、技术方案及主要设备器材的选择与经过审查批准的立项申请报告、可行性研究报告、环境影响评价报告及初步设计文件内容一致,就应该是符合国家政策及政府规划的;有环境影响评价、洪水影响评价、地质灾害性评价、地震安全性评价、工程安全风险评估报告的工程,市政给水排水工程设计文件也应满足其评价要求及其结论要求。而施工图不按照经过审批的前期设计文件设计,就可能偏离建设的目标,施工图审查应尽到把关的责任。

施工图设计时工程情况发生变化，影响了原方案的合理性，或前期设计文件有遗漏需要变更某项原已确定的重要内容，应进行重新审批。施工图审查应核对重新审批的相关批复文件，这样仍然能保证施工图设计与前期设计文件的符合性。

变更工程的规模、水处理工艺流程、线路的终点等都在施工图审查中出现过。通过索取变更的依据，解决符合性的问题，也可以圆满通过审查。如果不能提供变更的依据，应维持原定设计原则不变。

局部的变更根据设计的变更是否影响工程目标的实现分为两种情况。一种是不应轻易更改的内容，例如某台设备或某类材料的变更有可能影响工程最终目标，例如会影响到原定功能和造价目标的实现，故属于不应轻易更改的内容。另一种是，在这些方面的有些改动明显不影响工程目标的实现，还可能使方案更为优化。例如某设备的型号改变，特性一致，造价变化不大，效率更高，这一般都不违背必须遵循的功能高效、经济合理和环境保护等要求。这些变更根据情况是允许的。施工图审查应对上述两种情况进行鉴别，针对具体情况把好关。

由于种种原因，初步设计文件技术上也可能出现较大错误。这个错误会带到施工图上来。例如曾发现设计的水处理工艺流程与项目要求出水所要达到的水质标准不吻合，或根本达不到审查确定的出水水质。此类问题是另一种前期设计文件符合性的问题。尽管设计的图纸符合初步设计列出的工程内容，但不符合设计的最终目标。由于审图人员对工程设计最重要的质量特性——功能性负有重要责任，故需按满足工程目标的要求进行设计把关，提出修改设计的要求。如果改动的工程量超过设计概算较多，难以实施，应提出修改初步设计重新审批的意见。

【问题2】 设计深度问题。

【分析与对策】 设计深度也是施工图审查的重点，设计深度不够将直接影响设计的可实施性，并留下功能性和安全性方面的隐患，当然也是需要认真对待的。设计深度不够的表现很多。目前在审查过的市政给水排水工程施工图中发现的问题主要为：设计说明有缺漏，缺少必要的图示，缺少必要的标注，缺少必要的计算书，前后不一致，未说明针对避免工程质量风险的相关措施和要求，等等。另外，也有初步设计文件本身设计深度不够，遗留给施工图的问题。

（1）即使初步设计文件内容详尽，施工图设计中也要全面表述如何落实初步设计的具体做法。在施工图的总说明中应该使施工图依据的主要原则完全明确。比如污水处理厂的设计总说明应包括工程概况，设计依据，污水处理厂水量的总变化系数，近、远期设计规模，工艺流程说明，各工艺单元功能及主要设计参数，污水厂收水范围或服务范围，污水来源，进出厂水质标准及主要水质指标，处理后的水质标准及主要水质指标，水的出路，厂区平面布置，竖向设计等内容。这样才能使审图人员对每一单体工程是否合理作出判断。目前多数施工图设计可以提供上述重要信息，但有些提供的内容不全，缺漏很多。

在以往的设计中，设计说明的缺漏主要为：关于设计依据的说明；关于工程使用年限的说明；关于材料特性和参数的说明；关于施工技术要求的说明。

①关于设计依据的说明。

不介绍设计所依据的前期设计文件名称，更缺少上述文件确定的主要相关原则；缺少国家及行业的相关重要设计规范、标准，或写错标准名称、编号及版本。上述内容写清楚、正确会使设计的依据和重要责任得以明确，也给审图带来方便。一些市政给水排水配合专业，如电气、暖通、结构等，设计中采用的标准名称、编号及版本，也经常出现错写的问题。施工图是直接与实际工程相关的技术文件，设计人员负有终身责任制，一些最基本的依据一定要认真对待。特别值得注意的是，近几年国家标准和通用图纸更新较快，只有保持高度的关注，熟悉专业设计技术规范、标准的变化，才能与工程设计相适应，作出合格的设计文件。

②关于工程使用年限的说明。

没有工程设计的工程使用年限，构筑物结构设计等级的确定就没有依据，这给审图带来一定的困难。缺少工程使用年限的说明，不符合《建设工程勘察设计管理条例》第二十六条的规定。

根据《城市给水工程项目规范》GB 55026-2022 第 2.2.5 条和《城乡排水工程项目规范》GB 55027-2022 第 2.2.13 条，给水和排水工程中主要构筑物的主体结构、输配水管道、地下管道，其结构设计工作年限不应低于 50 年，安全等级不应低于二级。

③关于材料特性和参数的说明。

不标明满足工程需要的材料特性和参数，所带来的后果是相当严重的。例如由于不标明设计管材的额定工作压力、压力等级或钢管的材料类型及壁厚尺寸，或标注的压力等级不能满足要求，会导致购进不合要求的管材进行施工从而造成劣质工程，无法挽救，这种情况虽然不应该出现但实际上时有发生。

④关于施工技术要求的说明。

经常有管道的设计中不给出管道基础设计、地基处理的技术措施、沟槽回填以及金属管道防腐做法等技术内容，甚至有些浸水管道及管件的防腐做法也未给出。另外，对于管道的内外是否都需要进行防腐处理，哪些是需要保温的管道，以及需要保温的阀门、管件的保温做法等情况，如不说明设计技术要求，就存在施工的随意性和工程质量的漏洞。

此外，设计说明中的常见缺漏还包括以下几方面。

①在雨水排放工程中不给出设计考虑的雨水重现期。如计算结果有较大出入，会使整个工程的规模出现偏差。这个问题最值得注意的是《室外排水设计标准》GB 50014-2021 第 4.1.3 条对雨水重现期取值的规定。如不按标准取值，计算的雨水量与规范规定的雨水量相差很多，工程的功能性也就偏离很多。

②有时初步设计要求购地范围应预留深度处理设施的场地，但在文件中只考虑了面积或随意留一块地并未进行详细布置。施工图阶段如不进一步给予落实就很可能使深度处理将来难以实施。因为深度处理应作为工艺流程的一部分统一布局。另外，为满足深度处理用电负荷的需要，设计要留出扩建余地。

③在进行市政给水排水管网设计时，如工程所在区域的范围较大，每条道路上的管线都很长，则每条道路的管线均须分段出图，每张平面图的比例一般采用 1：1 000~1：500。为方便了解项目管网总体布置情况，还应有表示项目区域位置和总体服务范围的管网总体布

置图，比例一般采用 1：10 000~1：2 000，不同管线可以用图例区分，并在图中标明道路名称和重要建筑物、构筑物、障碍物名称，而且管道穿越或跨越有些障碍物（如河流、公路、铁路、南水北调渠、地铁、高压电力等）时，应有专项论证报告和相关部门的批复意见。部分项目的设计图纸未绘制管网总体布置图，会造成施工图审查人员无法厘清管网总体布置情况，最终影响项目施工图审查的整体把控。

（2）关于需要提供的计算书。

许多单体工程无须要提供计算书，相关情况如下。

①计算过程简单，审图时可以及时校核的情况。

②前期设计文件已经确定的基本参数，初步设计说明书中已经包含了其相关的计算书，直接查阅即可。但是如发现施工图与计算结果不相符，需要在审图报告中向设计单位提出。

③产品样本上提供的额定参数，由生产厂负责，一般只需核对而无须要重新计算。并且有些参数涉及产品制造细节，设计人员无法计算，审图人员也无法更进一步。如果对某个设计参数有疑问，除可采用其他方法对比验证外，也可向设计单位提出重新校核。

当然计算书越全面、越严格越好。设计人员应养成良好的习惯，保留设计参数的计算依据是工作需要，不能因为上述放宽条件可以做到的也简化不做。

上述情况无须要提供计算书，但以下情况必须提供计算书。

①不能进行简单验算的较复杂工程，其设计参数又起着非常关键的作用。例如管道支墩，其受力方向和大小比较复杂，荷载的大小也往往超过国家标准图中支墩的设计参数和适用条件。

②与习惯做法不同的非常规设计，其参数的确定缺乏参考经验。例如有可能发生冻结条件下的管道保温等。管道设在最大冻结线以上，这在原则上是可以的，但必须使设计水流时间小于热量散失至冻结的时间，这样管道中的水才不发生冻结。不通过计算就不能保证设计满足这样的条件，这种计算必须提供给审图机构。

③对前期设计做了较大改动的施工图设计。

（3）根据审图单位的反馈，在设计局部细节方面常出现下列问题。

①缺少管线定位尺寸。

②缺少管线的竖向设计。管线设计是否要提供纵断面图并不是一概而论的，但设计中一定要给出管线明确的竖向设计是毋庸置疑的。根据工程内容，若管线简单，可直接在平面图上标注高程数据或采用标高表。最简单的压力管线也要给出确定管线埋深的原则和相应数值，使施工有设计依据。复杂的工程则应绘出管线纵断面图。

③设计说明中漏写"井盖上应注明'污水''雨水''给水阀门''消火栓''再生水'等字样"及"车行道和停车场所及消防车登高操作场地上的井盖要用重型井盖，人行便道、绿地和小区甬道等场所的井盖要用轻型井盖"。这样的疏漏会给将来使用带来不少麻烦甚至成为事故发生的原因。

④已知将来要增加或预留管线，施工图却未考虑管线增加或预留位置，将来再增加时已无正常施工的可能。

⑤工程管线平面图中标注的管道中心距并非规范要求的管道水平净距，应选根据《城市工程管线综合规划规范》GB 50289-2016 第 4.1.9 条确定管线之间的最小水平净距，再根

据管道净距、外径尺寸计算管道中心距。部分施工图仍有将管线中心距当作最小水平净距的情况,造成管道间的最小水平净距不满足规范要求,应予以重视。

(4)设计人员应充分结合、考虑当地的气象、水文、地质、冰冻、环境等特点、条件及规划、环保等政策方面的要求。根据《建筑与市政工程施工质量控制通用规范》GB 55032-2022 第 2.0.4 条,设计文件应说明工程地质、水文和环境条件可能造成的工程质量风险。设计人员应在设计文件中提出相关指导意见、措施和要求。

【问题 3】 设计细节违反国家规范、标准规定的问题。

【分析与对策】 受设计水平所限,设计文件总在某些设计特性上出现偏离。严格遵守国家规范、标准的规定,避免重要设计质量特性的缺少或较大的偏差是设计人员应该做到的。但是设计人员或多或少都存在不熟悉国家规范、标准,特别是新版和局部修订版的情况。根据审图单位的反馈,在施工图审查中存在如下问题。

(1)在设计臭氧消毒工艺时,未执行《室外给水设计标准》GB 50013-2018 第 9.10.24 条关于臭氧接触池"池顶应设置臭氧尾气排放管和自动双向压力平衡阀"的规定;未执行《城市给水工程项目规范》GB 55026-2022 第 5.6.10、5.6.11 条臭氧发生间"车间入口处外部应设置室内照明和通风设备的室外开关,并应放置防护器具、抢救设施和抢修工具箱等"和"臭氧氧化系统中必须设置臭氧尾气消除装置"的规定。

(2)《城乡排水工程项目规范》GB 55027-2022 第 2.1.8、4.3.3 条规定,污水系统的建设规模和处理构筑物的处理能力应满足旱季设计流量和雨季设计流量的要求;第 4.4.6 条规定污泥处理和处置设施的规模应以污泥产生量为依据,并应综合考虑排水体制、污水水量、水质和处理工艺、季节变化对污泥产生量的影响,合理确定。《室外排水设计标准》GB 50014-2021 第 7.1.5 条规定了各级处理构筑物的具体设计计算方法;第 8.1.5 条规定,处理截流雨水的污水系统,其污泥处理处置设施的规模应统筹考虑相应的污泥增量。许多污水处理厂设计疏忽了以上规定,这样设计出来的污水处理单元在实际运行中就会有所欠缺。

(3)《室外排水设计标准》GB 50014-2021 第 6.3.11 条规定,提升泵房"集水池应设置冲洗装置,宜设置清泥设施"。执行这一条规定所增加的设计内容并不多,但是有的设计完全忽略了这方面的问题。

(4)《室外排水设计标准》GB 50014-2021 第 7.9.22 条给出了鼓风机房内外噪声应符合的相关标准。而需要采取降噪措施的要求很容易被遗漏。

(5)《室外排水设计标准》GB 50014-2021 第 7.7.2 条规定,回流污泥设备台数不应少于 2 台,并应有备用设备。这样的常规设计要求在被审查的施工图设计中也出现过缺漏。

(6)关于排水管道设计坡度偏小的问题。平原地区的城市给水排水设计中难以按规范规定的最小坡度设计,造成排水量不足或容易发生污物沉积在管底的问题,应在设计中采取措施,如在检查井设沉泥槽,为进行沉积物清理创造条件。

(7)在设计中仍采用河北省淘汰的砖砌污水检查井等违反国家产业政策的问题,也是施工图审查的重点之一。

(8)室外布置的消火栓间距超过防火规范的规定,火灾时不能满足灭火的需要。

(9)根据《城市给水工程项目规范》GB 55026-2022 第 5.6.2 条,储存、输送和投加存在消防风险的细粉类水处理药剂的车间，应有防尘、集尘、防火和防爆措施；根据《室外给水设计标准》GB 50013-2018 第 9.2.12、9.2.13 条，水厂的高锰酸钾和活性炭粉末的储存、输送和投加车间应按防爆建筑设计，并应有防尘和集尘设施。设计在这方面存在缺漏情况。

（10）根据《室外排水设计标准》GB 50014-2021 第 5.4.8~5.4.11 条的规定，排水检查井应采取一系列安全措施，比如与井盖的选择相关的五防，即防响、防跳、防盗、防坠落、防位移。但有一些设计未在说明或标注中提及，这样就会造成设计上的缺漏，按此施工的工程也将存在安全隐患。

（11）道路交叉口处布置雨水口时，应同步结合道路工程无障碍设计及交叉口竖向设计，避免雨水口设置于缘石坡道处。根据《建筑与市政工程无障碍通用规范》GB 55019-2021 第 2.10.7 条，缘石坡道上下坡处不应设置雨水箅子。在缘石坡道处设雨水箅子会造成使用者的通行不便，常常会造成安全问题，因此雨水口的设置应考虑避开缘石坡道，这个问题部分设计图纸未予以足够重视。

（12）《城市给水工程项目规范》GB 55026-2022 第 7.3.3 条明确了地下管道设置标志桩和警示带的要求。城区外的地下管道应在沿线地面上设置标志桩，标志桩应能体现管道走向，可在地面上的适当位置埋设混凝土标志桩；城区内的埋地管道应在顶部上方 300 mm 处设置警示带，警示带应选用耐腐蚀材料。标志桩和警示带的设计使用年限应满足管道设计使用年限。部分设计图纸中未提及管道沿线设置标志内容，造成设计缺失。

【问题 4】 关于设计上的漏洞。

【分析与对策】 设计上的漏洞虽然不一定属于强制性条文规定的内容，但毫无疑问会给工程带来损失或造成使用上的隐患，审图时也必须注意。如果存在设计漏洞就应该明确要求设计单位修改设计，进行弥补。这些问题的实例如下。

（1）某水厂二级泵站提升泵采用计算机控制，但水泵进出水采用的阀门为手动阀门。

（2）输水管线上应该设通气设施的地方没有设置，不满足《室外给水设计标准》GB 50013-2018 第 7.5.7 条的规定。有时也出现应该设置排泥阀和泄水阀的地方漏设排泥阀和泄水阀的情况，这样也会给管线的运行造成管理上的困难。

（3）给水厂、污水处理厂的厂区室外管道很多，且常有规格为 1 m 左右的管道，它们在平面上发生交叉是难免的。在竖向设计时如不认真仔细就会发生管道碰撞，管道根本无法通过。如果施工时不仔细核对，完全照图施工，导致管道碰撞会造成较大的损失。这种情况不仅在设计中时有发生，而且也发生过漏审的情况，不得不引起注意。另外一些施工图还存在由于管道所注高程与构筑物接口处所注高程相差较多，导致现场施工时管道与构筑物无法衔接的情况。

施工图设计理应遵照住房城乡建设部发布的《市政公用工程设计文件编制深度规定》（2013 年版）的规定，其宗旨是给出足够的设计信息，避免施工的随意性，使工程保质保量地进行。只有允许施工根据现场情况做决定的内容才不进行详细安排，但应予以说明。

针对不同管材的标注应按国家标准进行，标准中没有的内容必须给出说明。例如管道的规格有公称直径、公称外径、内径、外径加壁厚等表示方式。同一张图中，同类内容要统一，且应与生产厂出厂说明书的标注一致，否则会造成接口不一的后果。例如曾有某设计图将设计的管道外径标注为 φ,致使生产厂按内径发货,由于管线很长,造成很大的浪费,设计方受到建设单位的追究。

(4)根据《危险性较大的分部分项工程安全管理规定》(中华人民共和国住房和城乡建设部令第37号)第六条,设计单位应当在设计文件中注明涉及危大工程的重点部位和环节,提出保障工程周边环境安全和工程施工安全的意见,必要时进行专项设计。对于危险性较大及超过一定规模的危险性较大的分部分项工程,有的设计文件只是对施工单位提出要求,并没有在设计文件中注明涉及危大工程的重点部位和环节,没有提出保障工程周边环境安全和工程施工安全的意见,应引起足够重视。

(5)压力排水管道流入自流管渠时,由于其出口压力较自流排水管渠高,易对出口处造成冲刷破坏。根据《室外排水设计标准》GB 50014-2021 第5.3.13条,压力管道接入自流管渠时,应设置消能设施。部分设计图纸中往往忽略消能设施的设计,应予以重视。

【问题5】 关于市政给水排水工程的建筑、结构、电气、暖通设计问题。

【分析与对策】

1)建筑设计

水处理工程都对构筑物的高程有严格要求,部分设计存在高程标注不清、出现漏注的问题。

部分施工图设计深度不够,主要为总平面图设计深度不够,建、构筑物间距尺寸不标注,场地内无竖向标高。

部分建筑无节能设计内容,或内容过于简单。维护结构的保温构造、传热系数不全,缺少保温材料的性能参数。多数建筑无节能计算书和公共建筑节能备案表。

氯酸钠、亚氯酸钠库房建筑未按防爆建筑要求进行设计,次氯酸钠发生器所在的建筑屋顶设有吊顶或梁顶无通气孔的下翻梁,违反了《城市给水工程项目规范》GB 55026-2022 第5.6.8、5.6.9条的规定。

2)结构设计

县级以上的给水厂、污水处理厂需要地震安全评价报告作为设计依据,一些工程设计未能按此进行。

充水的构筑物的重要荷载是水的荷载,应考虑满水状态荷载和无水状态荷载,必须高度重视。除此之外,还应考虑水池顶的活荷载、栏杆的水平荷载。部分设计有漏注或活荷载取值错误的情况。

水处理工程采用的国家标准图中有的版本实行时间较早,但版本仍未及时更新,这些标准图中标注的某些钢筋代号在现行国家标准中已被替换,需要在施工图中增加替换说明内容,比如钢筋HPB235需替换成HPB300,应该在选用图集或标准图时强调钢筋代号的替换。

许多结构设计问题,特别是管道的结构问题多数是给水排水专业人员自己解决的。对于自己解决不了的问题要心中有数,可委托结构专业的设计人员来完成。关于管道的结构问题,除管道对内部水压的抗压强度之外,较大规格及工作压力较大的管道设计还有以下几个结构问题。

（1）抵抗外部压力的强度或环刚度问题。对于大管径的管道来说，这个问题比较重要。这里所说的外部压力是指埋地管道周围土压力、支墩（支架）对管道的作用力等。不均匀的外部荷载会使管道变形或破坏。对于最近十几年出现的非金属管材，这个问题更为突出，比如规格较大的HDPE（高密度聚乙烯）管和夹砂玻璃钢管。管材的生产厂一般都考虑了管材的刚性问题，提供了设计参数。工程设计必须按设计条件进行校核，看其是否符合强度和刚度的要求。忽视这个问题，会导致工程不满足功能性和安全性要求，产生重大的损失。比如公称压力为0.6 MPa的塑料管道的内部水压为0.5 MPa，就抗水压而言是没有问题的，但在工程中埋地管道受到了上面石块的挤压，跨度大的架空管道支架处的荷载过大等情况，就能造成管道的变形和局部破坏。这种强度与额定的公称压力是两回事，要分别考虑，使其都能满足要求。

（2）管接头是将管材连接成管线的重要部件。设计要对管接头的选型、材料、规格和施工要领等明确说明。管道接头的形式很多，要根据管材和工程的要求作出正确的选择。法兰盘上有钢质螺栓，容易腐蚀，应避免直接埋地，埋地要采取防腐措施。埋地接头防腐的方法包括：采用非金属法兰，接头处设置套管，专门设检查井等。这些方法各有优缺点。处理好这些细节才能避免将来工程运行中的故障，提供检修的良好条件。在接头两端无固定承托的情况下，接头处将受到较大的拉力。许多种类的管接头能承受的拉力很小，如遇加大荷载，必须采取一定的加固措施。

（3）除了普通管道基础外，管道的永久支护设计往往被忽视，这里主要指的是管道支墩。在管道的分叉、拐弯、端头处管道受到指向侧面的力。如果管道规格较大，水压较大，这个侧向压力就会大得惊人，达到几百kN。许多管材的管接头及地基承受不了这样大的力而使管线被破坏。这种情况的工程实例相当多，每当遇到管道规格较大、水压较高的工程一定要按标准设置各种支墩，有的受力过大的场合还要根据计算设计非标支墩，不能简单处理。

3）电气设计

施工图审查中发现有按规定加氨间和氨库内的电气设备应采用防爆型设备而采用了不防爆的普通设备，违反了《城市给水工程项目规范》GB 55026-2022第5.6.5条的规定；在污泥消化池、污泥气管道、贮气罐、污泥气燃烧装置等具有火灾或爆炸危险的场所，必须采用防爆照明和电气设备而未采用，违反了《城乡排水工程项目规范》GB 55027 2022第4.4.9的规定。以上情况均造成安全风险。

根据《爆炸危险环境电力装置设计规范》GB 50058-2014第5.4.2条第1款，在1区内单相网络中的相线及中性线均应装设短路保护，并采取适当开关同时断开相线和中性线。送审施工图中有的未按此规定进行设计，存在爆炸性环境的线路保护不符合规范要求而引起爆炸的风险。

厂区的电缆沟未按《电力工程电缆设计标准》GB 50217-2018第5.5.4条的规定进行防止外部水进入沟内的措施，这显然会造成安全隐患。

4）暖通设计

采暖设计中存在的设计深度不足的问题主要为：未给出泵房采暖的热负荷和未给出采暖设备及器材的选型（只凭一句“电采暖”是不能满足工程设计需要的）。

加氯间、氯库、氯蒸发器间、二氧化氯消毒系统的各原料库房和设备间、臭氧发生间的通风系统未设置换气次数为8~12次/h的通风设备;加氯间、氯库、氯蒸发器间、臭氧发生间的通风系统未设置高位新鲜空气进口和低位室内空气排至室外高处的排放口;加氨间及氨库的通风系统未按规定设置低位进口和高位排出口;氯(氨)库未按规定设置根据氯(氨)气泄漏量启闭通风系统或漏氯吸收处理装置的自动切换控制系统。以上分别违反了《城市给水工程项目规范》GB 55026-2022 第5.6.6、5.6.8、5.6.10条的规定,造成安全风险。

【问题6】关于给水厂、污水处理厂工艺的问题。

【分析与对策】给水厂、污水处理厂的工艺流程在初步设计文件及其批复中已经确定。但在设计中发生偏离也是可能的,施工图审查要进行必要的核对。水处理工艺和各项参数是否与进水水质、出水要求相适应,水处理构筑物的规格尺寸是否与水处理的规模匹配,所选设备是否与水处理要求相吻合,都是水处理工艺的重要方面。各个单元之间的关系是最终决定水处理流程能否顺利实现的关键,要重点进行核对。其中,较重要的关系有管道连接方式及与工艺流程的前后匹配相关的水位高程差、管道规格、进出口控制等。

各单元之间的连接是否符合流程的要求?进出水能否顺利进入下一单元?这些问题对给水厂、污水处理厂的正常运行是非常重要的,不得出任何差错。由于污水处理厂工艺流程环节较多,除主要流程之外还有污水的回流、旁通系统、污泥系统,单元之间的连接可能采用管道,也可能采用明渠,可能是重力流,也可能用泵来提升,较为复杂,设计中出差错是可能的,需要认真仔细。

竖向的设计高程对于任何水处理工程都是非常重要的,要从不同的图纸上把流程中的关系找出来,一旦出错,其影响非常大。

有些设计单位注重水能不能流过去,较轻视流量能否得到控制。而在实际工程中确有因为回流流量过大,致使下游调节池无充足的停留时间,回流泵房无法工作的情况。

市政给水和排水工程相关国家设计规范和标准中对于水处理工艺的规定如无特殊理由均应执行,但是在审查中发现存在如下情况。

(1)有些设计未考虑对处理后的水进行消毒,有违《城乡排水工程项目规范》GB 55027-2022 第4.3.11条的规定。

(2)处理构筑物未设排空及排出水回流处理设施,有违《室外排水设计标准》GB 50014-2021 第7.2.20条的规定。

(3)位于寒冷地区的污水和污泥处理构筑物未设置保温防冻措施,有违《室外排水设计标准》GB 50014-2021 第7.1.12条的规定。

(4)《室外排水设计标准》GB 50014-2021 第7.2.19条规定:"污水厂应合理布置处理构筑物的超越管渠。"在大多数情况下执行此规定都是可行的和必要的,但是有的工程没有设计超越管渠。

(5)《室外排水设计标准》GB 50014-2021 第7.5.4条规定了污泥斗设计斜壁的具体参数,但在一些设计中沉淀池污泥斗的斜壁与水平面的夹角偏小。

(6)斜管(板)沉淀池设计不符合《室外排水设计标准》GB 50014-2021 第7.5.15条的规定,斜管孔径(或斜板净距)偏小。

(7)斜管沉淀池不设冲洗装置,违反《室外排水设计标准》GB 50014-2021 第7.5.16条的规定。

(8)污水处理工艺设计应该在设计说明中列出主要的设计参数,比如曝气生物滤池应列出容积负荷、冲洗前水头损失、污泥产率系数等设计参数;应明确滤池进水的浊度要求、滤速、工作周期等。审图发现设计文件中没有这些参数,应予以补充完善。

水处理工艺的审核中存在的一个难题是,设计人员对新技术的保密致使施工图审查人员不能了解设备的细节。但技术保密不应将所有信息封闭,与水处理流程实现有关的主要技术参数必须提供,比如负荷参数(规模及进、出水水质指标)以及水压、流量、功率、重量、噪声等特性是必须提供的。否则审查人员无法审查技术合理与否。

【问题 7】 关于给水厂、污水处理厂及给水排水管网的安全问题。

【分析与对策】 安全性是施工图审查的重点。给水厂、污水处理厂及给水排水管网的安全方面主要有防止人身伤害、防毒、防火、防爆、防洪等的问题。

1)防止人身伤害

(1)给水厂、污水处理厂可能有较为高大的构筑物,而且有人员在上面操作、值班。根据《室外排水设计标准》GB 50014-2021 第 7.2.23 条,处理构筑物应设置栏杆、防滑梯等安全措施。各种水池顶上的人行道、平台、上下孔洞的边缘都应该设置上述安全措施。由土建专业设计的设施也应在工艺图上表示出来,否则要查问落实。高建筑物的避雷设施由电气专业设计,与此类似。

(2)《城乡排水工程项目规范》GB 55027-2022 第 4.3.14 条规定,污水处理厂内的给水设施、再生水利用设施严禁和处理装置直接连接。这是一条为了保护水厂工作人员不受危害的强制性条文。从这个目的出发,应明确厂区生活用水水源和供水系统的设计,不管是自备水源还是引入的城市公共水源,其水质保证、系统安装、冲洗和消毒及运行的要求都与城镇、居民区供水系统的要求一致,并且交叉污染和二次污染的风险应完全杜绝。

《城镇污水再生利用工程设计规范》GB 50335-2016 第 7.1.4、7.1.5 条规定,再生水管道取水接口和取水龙头处应配置“再生水不得饮用”的耐久标识;再生水输配水管网中所有组件和附属设施的显著位置应配置“再生水”耐久标识,再生水管道明装时应采用识别色,并配置“再生水管道”耐久标识,埋地再生水管道应在管道上方设置耐久标志带。目前将再生水用作绿化浇灌、非亲水性的景观环境用水等的情况较多,为防止误饮、混接,设计图纸中应重点强调以上安全防护措施,但部分施工图中仍有遗漏。

(3)《室外给水设计标准》GB 50013-2018 第 7.5.3 条规定,输配水管道的管材及金属管道内防腐材料和承插管接口处的填充料应符合现行国家标准《生活饮用水输配水设备及防护材料的安全性评价标准》GB/T 17219 的有关规定。设计人员应充分考虑管道生活饮用水的卫生安全等问题,并在设计文件中明确提出具体要求。

2)防毒、防火、防爆

(1)水的消毒所采用的药剂在浓度超标的时候都会对人的身体有所伤害,要注意避免泄漏。在加氯间及氯库的安全设计上,国家标准中采用较大篇幅作出强制性规定。《城市给水工程项目规范》GB 55026-2022 第 5.6 节给出了 11 条规定,《城乡排水工程项目规范》GB 55027-2022 第 4.3.11 条条文说明则明确消毒设施应符合强制性工程建设规范《城市给水工程项目规范》的相关规定。这些是设计审查的重点,必须遵循这些规定进行设计。尽管国家标准如此强调水处理设施消毒设施的安全,设计中还是屡屡出现违反规定的内容。在一些小型水厂中,有的把加氯间设成氯库的套间,有的漏设排风扇。这可能是认为消毒单元在水处理流程中所占的工程量较小,因而它在安全性上的重要性被忽视。但工程设计要求的是大小水厂的安全事故都需要杜绝。

水的消毒应尽量采用对人危害小的消毒剂如二氧化氯(ClO_2)等,但生产二氧化氯原料的盐酸也可能对人造成伤害。考虑到规模和效果,较大型水厂仍采用危险性大的液氯消毒,故防毒问题不能轻视。

《城市给水工程项目规范》GB 55026-2022中有关水的消毒的安全的强制性条文所涉及的内容主要有以下方面。

①氯(氨)库和加氯(氨)间室内采暖应采用散热器等无明火方式,且散热器应远离氯(氨)瓶和投加设备布置。

②加氯(氨)间、氯(氨)库和氯蒸发器间必须与其他工作间隔开,并应设置直接通向外部并向外开启的门和观察其他工作间的固定观察窗。

③氯库应设置单独外开的门,并不应设置与加氯间相通的门;氯库大门上应设置人行安全门,其安全门应向外开启,并能自行关闭。

④氯库不应设置阳光直射氯(氨)瓶的窗户。

⑤二氧化氯消毒系统的各原料库房与设备间应相互隔开,室内应互不连通且应备有快速淋浴设施和洗眼器。

⑥氯酸钠、亚氯酸钠和盐酸、氯气等制备二氧化氯的原材料严禁相互接触,必须分别储存在分类的库房内,储放槽之间应设置隔离墙。

⑦二氧化氯发生与投加设备间室内应设喷淋装置。

⑧加氯(氨)间、氯(氨)库和氯蒸发器间(包括二氧化氯消毒系统各原料库房与设备间、臭氧发生间)应设置泄漏检测仪和报警设施,检测仪的低、高检测极限应满足安全监控的需要。

⑨氯库、加氯间和氯蒸发器间应设置事故漏氯吸收处理装置;漏氯吸收装置应设置在邻近氯库的单独房间内,氯库、加氯间和氯蒸发器间的地面应设置通向事故漏氯吸收处理装置的吸气地沟。

⑩加氨间和氨库内的电气设备应采用防爆型设备。

⑪加氯(氨)间、氯(氨)库和氯蒸发器间(包括二氧化氯消毒系统各原料库房与设备间、臭氧发生间)应设通风系统的规定。

⑫加氯(氨)间、氯(氨)库和氯蒸发器间(包括二氧化氯消毒系统各原料库房与设备间、臭氧发生间)外部应备有防毒面具、抢救设施、工具箱。

⑬臭氧氧化系统中必须设置臭氧尾气消除装置等。

⑭各类消毒剂、制备消毒剂的原材料等的储存应符合相关规定。

⑮次氯酸钠发生器上部应设有密封罩收集电解产生的氢气,罩顶应有专用高位通风管直接伸至户外,且出风管口应远离火种、不受雷击。

此外,《室外给水设计标准》GB 50013-2018的非强制性条文中也有许多关于安全方面的规定，也不应忽视。例如前面提到的关于高锰酸钾和活性炭粉末的储藏、运输和使用中的安全规定；化学储罐宜设置在地上，储罐下方周边应设药剂泄漏的收集槽；所有可能接触到化学物的建筑结构、构件和墙地面均应做防腐处理；等等。

（2）给水厂、污水处理厂应按《建筑防火通用规范》GB 55037-2022 和《建筑设计防火规范》GB 50016-2014（2018 年版）的规定设置消防给水及灭火器材。特别是在污水处理厂中有污泥消化的环节时，要特别注意。消化污泥会产生易燃、易爆的沼气，必须按规定完善防灭火设施；《室外给水设计标准》GB 50013-2018 第 9.10.12 条规定，“给水厂、污水处理厂中除臭氧发生车间外，液氧储罐、制氧站与其他各类建筑的防火距离应符合现行国家标准《氧气站设计规范》GB 50030 的有关规定；液氧储罐四周宜设栅栏或围墙，不应设产生可燃物的设施，四周地面和路面应按现行国家标准《氧气站设计规范》GB 50030 规定的范围设置非沥青路面层的不燃面层”。有些防火、防爆设施是其他专业的设计内容，但主导专业应向相关专业提供防火要求的信息资料，注意在建筑设计、电气设计、采暖通风设计上符合防灭火的规定。

关于给水厂、污水处理厂的厂房、仓库的火灾危险性类别如何确定的问题。给水厂、污水处理厂通常会设置加氯（氨）间、氯（氨）库、高锰酸钾储存和投加车间、二氧化氯发生器间、臭氧发生器间、次氯酸钠发生器间等建筑，储存的原料、成品包括液氯（氨）、高锰酸钾、氯酸钠等以及生产过程中产生臭氧、氢气等火灾危险性类别为甲、乙类的易燃易爆物品。通常应根据《建筑设计防火规范》GB 50016-2014（2018 年版）第 3.1.2~3.1.4 条及其条文说明中规定的计算和判断方法综合确定厂房、仓库的火灾危险性类别。同一座厂房或厂房的任一防火分区内有不同火灾危险性的生产时，厂房或防火分区内的生产火灾危险性类别应按火灾危险性较大的部分确定；当生产过程中使用或产生易燃、可燃物的量较少，不足以构成爆炸或火灾危险时，可按实际情况确定。值得注意的是，条文说明中指出厂房或实验室在一般情况下可不按物质危险特性确定生产火灾危险性类别的最大允许量，其计算方法和数值确定原则及注意事项主要包括：厂房或实验室内单位容积的最大允许量；厂房或实验室等室内空间最多允许存放的总量；如空间内存在两种或两种以上火灾危险性的物品，原则上要以其中火灾危险性较大、两项控制指标要求较严格的物品为基础进行计算。而同一座仓库或仓库的任一防火分区内储存不同火灾危险性的物品时，仓库或防火分区的火灾危险性应按火灾危险性最大的物品确定。建筑火灾危险性类别的确定对该建筑的消防设计至关重要，应予以足够重视。

有的设计采用再生水作为污水处理厂的消防用水，这是可以的。但设计应注意再生水系统能够提供的消防所需水压能否满足室外消防给水的水量、水压要求，以及是否有足够的消防储备水量等，这些方面均需要按《消防给水及消火栓系统技术规范》GB 50974-2014 的规定设计。

应注意在鼓风机房、空压机房、加氯加药间、变配电间等处按规定合理配置灭火器。

（3）格栅间也是污水处理厂出现安全事故的危险点。《室外排水设计标准》GB 50014-2021 第 7.3.8 条规定：“格栅间应设置通风设施和硫化氢等有毒有害气体的检测与报警装置。”因为格栅间工程量相对较小，设计人员很容易漏掉这些设计细节。在一些送审的施工图中发现过这个问题。

(4)设计文件应着重说明人员进入地下设备间、地下通道、检查井等地下空间前,要进行充分的通风处理和监测有毒有害气体和爆炸性气体浓度的要求。根据《城乡排水工程项目规范》GB 55027-2022第2.3.6、2.3.7条,雨水管渠和污水管道维护工作下井作业前,应对管道(渠)进行强制通风,并应持续检测管道内有毒有害和爆炸性气体的浓度,并确保管道内的水深、流速等满足人员进入安全的要求;下井作业中,应根据环境条件采取确保人员安全的防护措施;对污水处理厂和泵站中存在有毒有害气体或易燃气体的管道、构(建)筑物和设备进行放空清理或维护时,应持续检测现场有毒有害气体或易燃气体的浓度,并应采取确保人员安全的防护措施。

3)防洪

给水厂、污水处理厂是水专业为主导的工程项目,设计人员要关心防洪问题,在选择厂址和确定场地高程等问题上充分考虑,解决好防洪的问题。

施工图审查时发现过污水处理厂排出水的受纳水体可能出现比污水处理厂地面还要高的水位,而未采取防止洪水倒灌措施的情况,很明显这在防洪上是有漏洞的。如果不清楚水文情况,审图单位应提醒设计单位校核防洪设计的基础资料,在必要时采取相应措施。

【问题8】 关于防止交叉污染和二次污染的问题。

【分析与对策】 目前国际、国内都很注意交叉污染和二次污染的问题。《建筑给水排水与节水通用规范》GB 55020-2021也为此设置了许多强制性规定,这是由于此类问题出现得比较频繁,产生的后果比较严重。市政给水排水设计中应加强对这个问题的重视。在这些年的施工图审查中,此类问题实例包括:给水排水管道的间距、污水管道与给水管道空间交叉点处的处理、不同水质供水系统管道的连接方式以及污泥处置等。

在平面布置上,保证给水排水管道的间距合理就减少了互相影响的机会。一般情况下遵守规范规定是可以实现的。在某些特殊场合,保持规范规定的间距确实有困难,这就要采取技术措施避免其互相影响,比如设置套管或管道上加设隔离性能好且可靠耐久的保护层等。

根据《城市给水工程项目规范》GB 55026-2022第7.1.3条,给水管网应采取防止污染侵入的防护措施,严禁给水管网与非生活饮用水管道连通。严禁擅自将自建供水设施与给水管网连接。严禁穿过毒物污染区;通过腐蚀地段的管道应采取安全保护措施。

根据《室外给水设计标准》GB 50013-2018第7.4.9条,给水管道与污水管道或输送有毒液体管道交叉时,给水管道应敷设在上面,且不应有接口重叠;当给水管道敷设在下面时,应采用钢管或钢套管,钢套管伸出交叉管的长度,每端不得小于3 m,钢套管的两端应采用防水材料封闭。

根据《室外给水设计标准》GB 50013-2018第7.6.11条,调蓄构筑物周围10 m以内不得有化粪池、污水处理构筑物、渗水井、垃圾堆放场等污染源;周围2 m以内不得有污水管道和污染物。

由于节约水资源越来越受到重视,分质供水的情况越来越多。不同水质的系统互相调剂水量在很多情况下是必要和有益的,但不得忘记禁止水质差的水逆向补给水质优的系统这一保护供水不受交叉污染的必要措施。国家规范在这方面的规定有很多,应充分予以重视。严禁将自建供水设施与给水管网连接是强制性规定,但是审图中发现这种情况仍然在设计中出现。还有的设计不满足《建筑给水排水与节水通用规范》GB 55020-2021 第 3.2.9 条的规定,即从城镇给水管网直接抽水的生活供水加压设备进水管上或从生活饮用水管道系统上单独接出消防用水管道的起端未设倒流防止器,也属于这一类问题。

污泥经过一定的处理后,它的污染程度大大降低,但如处置不当仍会造成二次污染,水处理厂的实际运行中这种例子不少。设计中如牵涉污泥处置的问题,不能掉以轻心,随便处置。将污泥无害化并处置妥当的技术仍在探索和发展中,设计人员应注意这方面的信息资料收集,努力探寻污泥妥善处置的好方法,并在设计中应用。

【问题 9】 公路立交排水设计问题。

【分析与对策】 一些资料中反映,各地的设计审查中常见城市道路立交排水存在较大问题。多次出现过由于设计不当使立交排水功能不满足要求的案例。水文资料和数学计算可能是一个影响因素,应该认真解决这方面的工作程序和方法的问题。但对于大多数情况可能不仅仅是水文计算的问题,因为气象资料属于从大量记录中得出的统计资料。水文计算涉及重现期的要求,变数较多。但同一地区不同区域的暴雨公式虽不相同但计算结果也不会相差太多,汇水面积出现较大错误倒是会造成计算结果偏差较大。相比之下,进出水口和水流途径的可靠性应该是更重要的,这一条是由《城乡排水工程项目规范》GB 55027-2022 第 3.3.4 条明文规定的。设计和图纸审查应在这个问题上给予重视。除此之外就是设备的选择、安装设计、自动控制以及电气设计等方面的问题。总之,给足排水设备的能力,使设备能及时发挥作用,是从设计层面解决问题的最值得关注的一点。

最近几年我国城市由暴雨造成的灾害强度和频率均有一定程度的提高。城市化发展较快以及全球气温升高造成气候异常是两个重要原因,但工程界反思认为我国城市排雨水标准偏低也是很重要的原因。《室外排水设计标准》GB 50014-2021 对雨水的排水要求有所提高。审图应监督设计单位按标准设计,使设计符合城市发展和人民生活舒适的需要。若国家对城市排水有新的规定,审图工作应在第一时间按新规定对设计进行把关。

【问题 10】 市政工程中的建筑给水排水设计问题。

【分析与对策】 市政工程中的室内给水排水设计也经常出现一些违反规范规定的问题,其中也有强制性条文。比如前面提过的消防给水的问题和防止交叉污染的问题。《建筑给水排水与节水通用规范》GB 55020-2021、《建筑防火通用规范》GB 55037-2022、《消防设施通用规范》GB 55036-2022 等有关的强制性条文很多,都需要认真执行。

比如按规定场地需要室内、外消火栓给水系统,那么就要有符合规范要求的消防给水管道、消防水泵和消防水池;消火栓的充实水柱应该能到达任何需要的地点;应按规范规定的距离设置消火栓以及消火栓给水系统。除了消火栓系统,如果建筑需要设置其他灭火设施(如自动喷水灭火系统等),也必须按规范设置完整的系统,这样才能实现其应有的功能。

用水点处水压大于 0.2 MPa 的配水支管应采取减压措施,并应满足用水器具工作压力的要求;用水设备和器具应满足节水产品要求;生活给水管道和设备交付使用前必须进行冲洗和消毒;所有卫生器具和地漏的水封装置的水封深度不得小于 50 mm;公共餐饮厨房含有油脂的废水应单独排至隔油设施。这些在建筑设计中众所周知的强制性规定,在污水处理厂中当然也要执行。但实际上,这些问题往往被忽略。比如,《建筑给水排水与节水通用规范》GB 55020-2021 的强制性条文中严禁采用钟罩式结构地漏及采用活动机械活瓣替代水封，建筑设计审图在要求设计基于说明这一点上很严格，市政工程中的建筑给水排水设计是完全一样的情况，但很多设计中并未提出这个要求。

锅炉排污应先降温再排入污水管道。严格执行此规定不仅因为国家标准有这方面的规定，还出于实际情况的要求——污水处理效果与水温有较大的关系，在污水处理厂中温度是显著影响工程效果的因素。此类问题如在设计中出现，审图工作应提出意见。

根据《建筑节能与可再生能源利用通用规范》GB 55015-2021 第 5.2.1 条及其条文说明，新建建筑应安装太阳能系统，可将太阳辐射能转换为热能或电能，替代常规能源向建筑物供电、供热水、供暖/供冷。如果给水厂、污水处理厂的综合楼等建筑中设置太阳能热水系统，就应该按太阳能热水系统的安全要求设计。根据《建筑节能与可再生能源利用通用规范》GB 55015-2021 第 5.2 节，应把太阳能热水系统的安全要求明确写在图纸上，施工图审查中经常发生漏写的情形。另外，其他形式的可再生能源也应遵循相应安全要求进行设计。

【问题 11】 关于海绵城市建设设计审查的问题。

【分析与对策】 海绵城市建设低影响开发设计是一个系统工程，需要各专业协调联动，不是单单给水排水一个专业就能完成的，需要前期规划、道路设计专业、园林园艺专业、建筑专业、结构专业、排水专业共同完成。首先服从整体海绵城市建设低影响开发规划设计，落实本地区的海绵城市建设的考核指标及政策要求、新建项目的雨水利用要求、项目本身雨水利用的可行性；落实该项目的具体海绵城市建设设计内容。项目负责人制定设计方案，相关专业负责具体本专业的实施图纸。审图机构也应掌握本省的海绵城市建设低影响开发的有关政策文件精神及有关海绵城市建设的设计规范、标准图集，实时进行海绵城市建设的设计施工图审查。

《园林绿化工程项目规范》GB 55014-2021 第 8.0.5 条规定，未经净化处理的车行道初期径流雨水不得直接排入道路绿带。国务院办公厅《关于推进海绵城市建设的指导意见》(国办发〔2015〕75 号)提出："实施雨污分流，控制初期雨水污染，排入自然水体的雨水须经过岸线净化……"初期雨水冲刷过车行道路面，水质较差，含有大量污染物。因此雨水回用也应符合国家相关标准对绿化灌溉用水的水质要求，要避免未经净化处理的车行道初期雨水直接排入道路绿带，不利于植物生长。

【问题 12】 关于综合管廊设计审查的问题。

【分析与对策】 综合管廊设计是一个系统工程，主要包括土建工程和管线工程等，工程建设投资较大，涉及结构、给水排水、天然气、热力、通风、电气、通信等相关专业。因此，施工图必须由各专业进行图纸会签，以保证施工图设计的准确性和完整性，避免因专业间未核对设计条件等原因造成重大损失。一些送审综合管廊施工图中没有专业会签，应引起高度重视。

根据《城市给水工程项目规范》GB 55026-2022 第 7.2.12 条，敷设在城市综合管廊的给水管道应符合下列规定：给水管道进出综合管廊处，应在综合管廊外部设置阀门；应选择安全可靠、适应内压、耐久性强、便于运输安装的管材；管线引出管廊沟壁处应采取适应不均匀沉降的措施；非整体连接型给水管道三通、弯头等部位，应与管廊主体设计结合，并应采取保护管道稳定的措施。

【问题 13】 关于地下式污水处理厂设计的问题。

【分析与对策】 地下或半地下式污水处理厂作为污水处理厂的一种建设方式，存在防淹、消防等涉及安全的问题。

（1）速闭闸门的设置问题。为防止地下或半地下式污水处理厂出现停电或其他极端条件导致污水厂受淹的情况，其污水进口应设置速闭闸门。《室外排水设计标准》GB 50014-2021 第 7.2.25 条规定，地下或半地下污水厂污水进口应至少设置一道速闭闸门。对于重力流进水的地下式污水处理厂，进水端应设置进水速闭闸门和电动闸门双重安全保障措施。《城镇地下式污水处理厂技术规程》T/CECS 729-2020 第 4.4.2 条规定，进水管宜在进入地下箱体前设置闸门井，闸门井内宜设置正向受压速闭闸。地下箱体内进水口应设置速闭闸，速闭闸应在 30 s 内全关闭，速闭闸启闭机及现场按钮箱应高于最高设计水位 1 m。

（2）关于确定地下厂区火灾危险性类别的问题。根据《地下式城镇污水处理厂工程技术指南》T/CAEPI 23-2019 第 7.4.2 条，地下厂区结构耐火等级应为一级，宜按戊类厂房标准划分防火分区。地下污水厂的综合办公楼、总变电室、中心控制室等运行和管理人员集中的建筑物宜设置于地面上；有爆炸危险的设施和处理单元不宜设在地下箱体内；地下箱体内甲烷、硫化氢、氨气等可燃性气体浓度水平远低于爆炸（燃烧）极限值，而且设有通风换气和除臭系统；各类设备、材料及药剂等选用不可燃和无燃爆危险的物质；地下箱体内常驻人员活动较少，仅为定期巡视。综上所述，地下箱体火灾危险性较低，且参考国内各地的地下污水处理厂设计经验一般将地下厂区按戊类地下厂房进行设计。

（3）关于确定地下厂区室内、室外消火栓设计流量的问题。地下厂区可划分为厂房区域和构筑物区域，生物反应池、二沉池等构筑物敞开的水面面积可不计入相应防火分区的允许建筑面积，因而构筑物区域可不设室内消火栓，也不计入确定室内、室外消火栓设计流量时的建筑物体积。根据《地下式城镇污水处理厂工程技术指南》T/CAEPI 23-2019 第 7.4.2 条，地下厂区可按照戊类厂房进行消防设计，但地下箱体发生火灾后，热量不易散失，温度高，烟雾大，燃烧时间长，疏散和扑救难度大，因此室内、室外消火栓设计流量也可参考《消防给水及消火栓系统技术规范》GB 50974-2014 第 3.3.2、3.5.2 条中地下建筑的规定，并结合项目建议书、可行性研究报告、初步设计等前期咨询设计文件及相关批复报告最终确定。

【问题 14】 关于绿色建筑、装配式建筑、智慧水务、BIM（建筑信息模型）等方面的要求。

【分析与对策】 近年来国家和地方政府为转变建筑和市政基础设施的行业发展方式，促进节能减排和可持续发展，推动智能建造和建筑工业化协同发展，全面推动信息技术集成应用，降低运营管理成本，提高管理水平和核心竞争力，市政给水排水行业也在大力推广绿色建筑、装配式建筑、智慧水务、BIM 等应用。

（1）对于给水厂、污水处理厂中的生产管理建筑物和生活设施，项目当地政策和规划条件如有绿色建筑和装配式建筑相关要求，可根据当地相关绿色建筑和装配式建筑设计和评价标准执行，以满足绿色建筑星级评分和装配式建筑装配率要求。

（2）智慧水务可根据项目当地政策要求逐步推进，可从项目的智能化应用系统和智能化集成平台逐步完善,逐步达到整体对接和互通条件。智慧给水、排水系统应和城镇给水、排水管理机制和管理体系相匹配,并应建成从生产到运行管理和决策的完整系统。智慧给水、排水系统应能实现整个城镇或区域给水、排水工程大数据管理、互联网应用、移动终端应用、地理信息查询、决策咨询、设备监控、应急预警和信息发布等功能。智慧给水、排水系统应设置智慧给水、排水信息中心,建立信息综合管理平台,并应具有对接智慧水务的技术条件,并与其他管理部门信息互通。智慧给水、排水信息中心应设置显示系统,可展示整个城镇或区域给水、排水系统的总体布局、主要节点的监测数据和设施设备的运行情况。智慧给水、排水信息中心和下属给水、排水工程之间的数据通信网络应安全可靠。

(3)目前部分地方住建部门已在逐步推进施工图BIM审查系统的应用,鼓励BIM审查项目申报并提交BIM设计成果,积极推行BIM智能辅助审批。市政给水排水项目BIM设计应符合当地相关BIM制图标准、BIM设计应用标准、BIM设计交付标准、BIM智能审查数据标准、BIM验收评价标准等。

6.3 环卫工程

【问题1】 建设单位提供的报审资料不完整。

【分析与对策】 根据《市政公用工程施工图设计文件技术审查要点》(2013年版)和《河北省房屋建筑和市政基础设施工程施工图设计文件审查要点》(2017年版),审查依据除法律、法规、规范、标准外,还应包括与结构安全相关的编制依据。对有环评、洪评、地质灾害评价、抗震专项论证等评价的工程,还须审查其评价要求及结论是否得到执行。因此,建设单位报审的资料除全套施工图、设计计算书外,还应包括以下内容:

①政府及其有关部门关于本项目的批准文件、会议纪要等相关附件;

②环境影响评价文件;

③洪评、地质灾害评价、工程场地地震安全性评价报告、工程安全预评价及抗震专项论证(若需要);

④岩土工程勘察报告(详勘)和地形测绘成果。

【问题2】 施工图设计文件中设计说明不完整,缺少工程概况、设计规模、施工安全注意事项等重要内容。

【分析与对策】 对于不同处理规模的环卫工程,其工艺处理要求、辅助生产设施和设备的设置有一定的区别。只有明确设计处理规模,审查人员才能对设计是否合理及监管部门对运行是否达标进行判断。施工安全注意事项虽然不属于施工图设计内容,但因涉及人身安全、工程安全,故设计文件有责任对施工安全重点部位和环节进行说明,对防范生产安全事故提出指导意见。根据《河北省房屋建筑和市政基础设施工程施工图设计文件审查要点》(2017年版),设计说明应包含但不限于以下内容:

①初步设计的审批文件、施工图设计采用的标准规范等设计依据;

②环卫工程的主要建设内容、处理规模、处理工艺及污染物排放标准等;

③采用的新技术、新材料的说明;

④施工安全注意事项及重要施工技术要求；
⑤涉及工程安全、人身安全、环境保护的施工及验收规范的相关要求；
⑥有关环境保护、劳动卫生的运行管理要求。

【问题 3】 施工图设计文件缺少工艺专业设计施工图。

【分析与对策】 环卫工程种类较多，很多工程偏重于房屋建筑工程，如垃圾转运站、餐厨垃圾处理厂等，机械设备配套比较完善，因此很多工程设计仅配置了土建专业及辅助专业，没有工艺专业设计施工图。对于小型工程，当工艺采用成套设备并由设备公司配套时，可以不再要求另出工艺设计图，但有关说明应在建筑图中体现；对于中、大型项目，应进行工艺设计，并出具完善的施工图文件，否则不应对审查委托予以受理。

【问题 4】 垃圾卫生填埋场防渗结构有多种形式，规范规定也不统一，给设计者造成困惑，也容易混淆。

【分析与对策】《生活垃圾填埋场污染控制标准》GB 16889-2024、《生活垃圾卫生填埋处理技术规范》GB 50869-2013、《生活垃圾卫生填埋场防渗系统工程技术规范》CJJ 113-2007 对填埋场防渗系统均有明确规定，但说法有所差异。三部标准均为有效版本，填埋场防渗要求应按照标准规范发布的时间顺序进行执行。应首先执行《生活垃圾填埋场污染控制标准》GB 16889-2024 第 5.2 节的规定，在此前提下按照《生活垃圾卫生填埋处理技术规范》GB 50869-2013 给出的更具体、合理、可靠的防渗衬里结构做法进行设计。因此，垃圾卫生填埋场防渗系统设计宜以最新发布的标准规范为准。

【问题 5】 垃圾渗沥液调节池未采取封闭措施。

【分析与对策】 渗沥液调节池会产生臭气。为了防止臭气外逸，应对调节池进行覆盖。《生活垃圾填埋场污染控制标准》GB 16889-2024 第 5.3.4 条规定，渗沥液调节池应采取封闭和负压抽吸措施，将抽吸的气体经化学吸收式除臭、生物除臭、吸附除臭等集中处理达标。《生活垃圾卫生填埋处理技术规范》GB 50869-2013 第 10.3.6 条第 5 款规定，调节池宜设置 HDPE 膜覆盖系统，覆盖系统设计应考虑覆盖膜顶面的雨水导排、膜下的沼气导排及池底污泥的清理。

【问题 6】 生活垃圾填埋场未按照要求设置填埋气体收集处理及利用工程。

【分析与对策】 填埋气体的主要成分是甲烷，同时还有二氧化碳、少量恶臭气体、有毒气体。填埋气体是一种易燃易爆气体，也是一种大气污染物，同时也是一种能源。为了消除填埋气体的安全隐患，减轻其对周围环境的污染，并对填埋气体进行有效利用，应根据填埋场的规模（库容和埋深）设置填埋气体导排设施、收集处理设施及利用设施。库容较小的填埋场可采用被动式导排，大库容填埋场应采用主动式导排。主动导排气体应按规定收集处理或利用，符合利用条件的可用于内燃机发电、锅炉燃料、制造城镇燃气，不能利用的或利用系统剩余的应采用火炬法燃烧处理。

《生活垃圾卫生填埋场填埋气体收集处理及利用工程技术标准》CJJ/T 133-2024 第 3.0.3~3.0.6 条的相关规定如下。

(1)新建填埋场,填埋气体收集导排工程应与填埋场工程同时设计;垃圾填埋堆体中设置的气体导排设施的施工宜与垃圾填埋作业同步进行。主动导排设施及气体处理利用设施宜分期建设。

(2)设计垃圾填埋量大于或等于20万t,日填埋量大于或等于100 t/d的填埋场,应设置填埋气体主动导排与处理设施,并在填埋场投运3年内启用。

(3)设计垃圾填埋量大于或等于100万t的在用填埋场或封场不到2年的填埋场,宜建设填埋气体利用设施。设计垃圾填埋量小于100万t的填埋场,可根据填埋气体产生量、填埋场使用情况、气体利用需求等情况建设填埋气体利用设施。

(4)填埋场封场工程中的填埋气体收集导排与利用工程设计前应对已有填埋气体导排利用设施进行核查,设施完好的,应继续保留;已有设施不满足填埋气体导排需求的,应新增填埋气体导排利用设施。

【问题7】 填埋场未按规定设置地下水导排设施。

【分析与对策】 填埋场地下水位过高,可能会破坏填埋场防渗结构层,造成渗沥液污染地下水和地表水,还会造成地下水进入填埋场内,增加渗沥液产量,加重渗沥液处理负担。因此,当地下水位过高时,应设置地下水收集导排系统。

《生活垃圾填埋场污染控制标准》GB 16889-2024第5.1.3条规定:"填埋库区基础层底部应与地下水年最高水位保持3 m及以上的距离。当填埋区基础层底部与地下水年最高水位距离不足3 m时,应建设地下水导排系统。地下水导排系统的设计应符合GB 50869的相关规定。"

【问题8】 填埋气体抽气设备选型设计不符合要求。

【分析与对策】 填埋气体具有腐蚀性和易燃易爆性,且填埋气体的产量变化范围较大,因此对抽气设备的选型有一定的要求。《生活垃圾卫生填埋场填埋气体收集处理及利用工程技术标准》CJJ/T 133-2024第7.2节作出如下规定。

(1)填埋气体抽气设备应选用耐腐蚀、防爆型设备。

(2)填埋气体抽气设备应设调速装置,且宜采用变频调速装置。

(3)填埋气体抽气设备应至少有一台备用。

(4)抽气设备最小升压应满足克服填埋气体输气管路和设备的总阻力损失和用气设备进气压力的需要。

(5)抽气系统应设置流量计量设备,并可对瞬时流量和累积量进行记录。

(6)抽气系统的氧含量监测报警设备的设置应符合现行国家标准《生活垃圾处理处置工程项目规范》GB 55012的规定。

(7)气体处理工艺和设备的选择及处理量应根据气体利用方案、用气设备的要求和烟气排放标准来确定。

【问题9】 生活垃圾转运站没有设计通风、除尘、除臭系统。

【分析与对策】 转运站对周边环境影响最大的主要污染是转运作业时产生的粉尘和臭气。小型转运站可以采取喷水降尘或喷药除臭的方式,大、中型转运站必须设置独立的抽排风/除臭系统。《生活垃圾转运站技术规范》CJJ/T 47–2016 第 7.1.3 条规定，转运站应结合垃圾转运单元的工艺设计，强化在卸装垃圾等关键位置的密闭、通风、降尘、除臭措施；大、中型转运站应设置独立的抽排风/除臭系统。这条规定是为了减少对周边环境的影响。

【问题 10】 沼气预处理车间建筑的防爆泄压设计不符合要求，存在压型屋面板密度过大，没有考虑防冰雪聚集措施等问题。

【分析与对策】 沼气（主要成分为甲烷）属于易燃易爆气体，处理沼气或产生沼气的生产厂房应考虑泄爆措施，且泄爆措施应符合要求。

根据《建筑设计防火规范》GB 50016–2014（2018 年版）第 3.6.3 条，“泄压设施宜采用轻质屋面板、轻质墙体和易于泄压的门、窗等”，且应尽量采用轻型屋面板，以减少对建筑周围人员的伤害。轻型屋面板和墙体的质量不宜大于 60 kg/m²。北方地区由于积雪和冰冻时间长，易增加屋面上泄压面积的单位面积荷载而产生较大的静力惯性，导致泄压受到影响，设计时还应考虑采取防冰雪聚集措施。防积雪措施可采用人工及时清扫、热风融化等，需在设计说明中强调明确。

【问题 11】 垃圾发电厂房活性炭仓未采取防爆措施。

【分析与对策】 为了有效降低垃圾焚烧厂排出的二噁英的浓度，垃圾焚烧一般采用活性炭粉作为吸附剂，对烟气中的二噁英进行吸附。活性炭粉属于爆炸性粉尘，其储存、输送时应考虑防爆措施。活性炭仓、输送管道应采取可靠的防静电接地措施，选用的设备材料应防静电聚集。

【问题 12】 沼气预处理车间、厌氧发酵间等其他产生易燃易爆气体的车间的通风设备、电气设备及其他用电设备没有采用防爆设备。

【分析与对策】 环卫工程很多工段在生产时会产生沼气，沼气属于甲类易燃易爆气体。这些工段或厂房的电气设备、通风设备等其他用电设备应采用防爆设备。填埋气体处理利用厂房属于甲类生产厂房，还需要进行防爆、泄爆设计。相关规定如下。

（1）《生活垃圾卫生填埋场填埋气体收集处理及利用工程技术标准》CJJ/T 133–2024 第 5.2.9 条规定，导气井内的排水设备应采用气动式，并具有防爆功能。第 9.8.5 条规定，有可能有填埋气体泄漏的场所设置的现场仪表、控制装置和其他电气设备，应符合现行国家标准《爆炸危险环境电力装置设计规范》GB 50058 的有关规定。

（2）《餐厨垃圾处理技术规范》CJJ 184–2012 第 5.4.5 条指出，沼气是可燃气体，其中的主要成分甲烷在空气中的爆炸浓度是 5%~25%，如果沼气泄漏到某个空间中极易引起爆炸。因此，在可能有沼气泄漏的地方均要考虑防爆设计。防爆设计包括危险场所的划分、防爆等级的划分、防爆设备的选择等。

（3）《生活垃圾堆肥处理技术规范》CJJ 52–2014 第 7.5.5 条规定，生活垃圾堆肥处理厂渗沥液收集池布置在室内时，应设置强制排风系统，且收集池内的电气设备应选用防爆产品。

渗沥液含有大量易降解有机物，极易因自发性厌氧降解而产生沼气，造成池内甲烷聚集，使收集池成为最关键的安全风险位置，必须有效防护。储存池内的电器设备采用防爆型号是防止其中气体燃爆的基本要求。如储存池在室内,房间还必须设置强制排风,防止沼气在室内聚集。排风系统的电气设备也必须采用防爆型号。另外,垃圾储存间等可燃气体易散发场所的照明灯具、开关和其他电器应采用防爆设计。

(4)《河北省房屋建筑和市政基础设施工程施工图设计文件审查要点》(2017年版)规定,餐厨垃圾处理厂、厌氧发酵间等可能产生沼气的区域的电气设计,应采用防爆设计。这些区域的排风机,应采用防爆风机。粪便处理厂、厌氧消化池间等可能产生沼气的区域的电气设计,应采用防爆设计;这些区域的通风设备应采用防爆设备。

【问题13】设在外墙下部的轴流风机进出风口未设防护网。

【分析与对策】一些厂房或工位产生的有害气体密度较大,需要在厂房下部进行排风。将轴流风机安装在房间外墙下部时,为了防止风机对人的意外伤害,其进出风口应设防护网。

【问题14】环卫工程的厂房车间没有进行建筑节能设计。

【分析与对策】《工业建筑节能设计统一标准》GB 51245-2017已于2018年1月1日开始实施。因此,环卫工程的厂房车间应根据实际情况执行该标准的要求。

工业建筑节能设计分为一类工业建筑和二类工业建筑。一类工业建筑冬季以采暖为主,夏季以空调能耗为主,通常没有强污染源及强热源。凡是有供暖空调需求的工业建筑,均执行一类工业建筑相关要求。二类建筑以通风能耗为主,通常有强污染源或强热源。环卫工程中垃圾焚烧车间、发电车间、垃圾堆肥车间、发酵车间等发热量较大的厂房,一般无须采暖或仅设值班采暖(值班采暖用于非生产时段的防冻),属于二类工业建筑,按二类工业建筑进行节能设计;其他需要采暖空调的厂房按一类工业建筑进行节能设计。施工图设计时,应由工艺、建筑及暖通专业对单体建筑进行分类,相关专业根据建筑分类进行节能设计。

【问题15】填埋场类项目缺少填埋气产生量核算。

【分析与对策】《生活垃圾填埋场污染控制标准》GB 16889-2024、《生活垃圾卫生填埋处理技术规范》GB 50869-2013两个标准均要求达到一定规模的填埋场必须设置填埋气体利用设施,即使没有达到利用规模,也要考虑有效减少甲烷产生和排放的工艺。而设计填埋场利用或者直接火炬燃烧设施需根据填埋气体产量确定设施设备参数。因此,填埋场类项目应按照《生活垃圾卫生填埋场填埋气体收集处理及利用工程技术标准》CJJ/T 133-2024第4.1节中关于产气量的计算公式计算填埋气产气量,并以此为依据设计填埋气体收集利用或处理设施。

【问题16】考虑杂质对雨水导排层的影响,填埋场封场雨水导排层增加土工反滤层。

【分析与对策】根据《生活垃圾卫生填埋场封场技术规范》GB 51220-2017第5.4节,垃圾堆体顶部宜选用碎石作为排水层,堆体边坡宜选用复合土工排水网作为排水层;当采用碎石作为排水层时,碎石排水层厚度不宜小于300 mm,粒径宜为20~40 mm,上部宜铺设200 g/m² 土工滤网。若封场防渗层采用天然黏土层或土工膜上采用黏土保护层,碎石排水层下也应该铺设一层200 g/m² 土工滤网。

【问题 17】 填埋场项目缺少雨污分流设计。

【分析与对策】 根据《生活垃圾卫生填埋处理技术规范》GB 50869-2013 第 9.2 节，填埋库区雨污分流系统应阻止未作业区域的汇水流入生活垃圾堆体，应根据填埋库区分区和填埋作业工艺进行设计。具体要求和规定如下。

填埋库区分区设计应满足下列雨污分流要求。

（1）平原型填埋场的分区应以水平分区为主，坡地型、山谷型填埋场的分区宜采用水平分区与垂直分区相结合的设计。

（2）水平分区应设置具有防渗功能的分区坝，各分区应根据使用顺序不同铺设雨污分流导排管。

（3）垂直分区宜结合边坡临时截洪沟进行设计，生活垃圾堆高达到临时截洪沟高程时，可将边坡截洪沟改建成渗沥液收集盲沟。

分区作业雨污分流应符合下列规定。

（1）使用年限较长的填埋库区，宜进一步划分作业分区。

（2）未进行作业的分区雨水应通过管道导排或泵抽排的方法排出库区外。

（3）作业分区宜根据一定时间填埋量划分填埋单元和填埋体，通过填埋单元的日覆盖和填埋体的中间覆盖实现雨污分流。

6.4　热力工程

6.4.1　热力管线工程

【问题 1】 施工图设计说明中，缺少设计依据或作为设计依据的规范、标准为无效版本，缺少主要设计参数、供热范围及热负荷、设计工作压力等。

【分析与对策】 施工图设计说明是对设计原则、设计内容的总结，以及图面未表达清楚的设计内容的注释，并作为招标、采购、施工的指导性文件。施工图设计说明应包括：工程概况、设计依据、设计范围、设计参数等内容，详细内容参见《市政公用工程设计文件编制深度规定》（2023 年版）。

设计依据应包括：经审批的初步设计文件，地质报告，主要设计标准、规范和规程，采用的主要计算软件，业主提供的相关资料和有关要求等。应确保执行适用的标准、规范，且为现行有效版本。

设计范围说明要明确本套图纸的设计范围以及与其他项目、其他专业的设计界限，把责任界限表述清楚。

热力管线工程的设计参数应包括：供热负荷、设计温度、设计压力等。不同参数的管道应分别说明。确定供热负荷热指标时，应充分了解供热范围内的用户性质、建筑使用情况及设计年代，使设计供热负荷尽量符合实际需求。

【问题 2】 市政供热管网工程施工图设计说明中，未说明工程地理位置、地质情况、建（构）筑物及供热管道设计年限等。

【分析与对策】 工程的地理位置对管道的抗震设计非常重要,工程地点的气象参数对管网的安装、运行工作环境、管材管件的选用、管道保温、管道热补偿计算、管道应力计算等内容均有影响。

地震断裂带、湿陷性土质、严重腐蚀性地质等会影响管线设计,应按照地勘资料简要说明地质情况对管线设计的影响。

设计使用年限是设计的重要依据。根据《供热工程项目规范》GB 55010-2021 的规定,热水供热管道设计工作年限不应小于 30 年,蒸汽供热管道设计工作年限不应小于 25 年。供热工程主要建(构)筑物的结构设计工作年限不应小于 50 年。

【问题 3】 施工图设计文件深度未达到现行的《市政公用工程设计文件编制深度规定》(2013 年版)的要求,设计说明中缺少压力试验要求、直埋管道保温补口做法、保温材料说明;主要设备材料表不全,缺少必要的纵剖面图;设计内容缺少放水、放气、阀门井的布置安装图,缺少固定支座图等。

【分析与对策】 设计文件是施工安装的依据,设计深度不足,易造成材料采购和施工安装的随意性,产生诸如安装时放水、放气位置随意布置,阀门、固定支座位置不恰当,保温材料的选用不适用于热媒温度要求等问题,严重影响工程设计质量、施工质量,进而影响系统的安全运行。

对于市政供热管网,纵断面图是施工时管沟、管槽开挖深度和确定管道、管件标高的重要依据。缺少纵断面布置图,会在安装时造成管道坡向不准确,以及随意性大,造成使用中疏水、放水、放气不畅,影响管道供热能力。

因此,设计单位应按照《市政公用工程设计文件编制深度规定》(2013 年版)的相关要求编制施工图设计文件,设计主要内容应齐全。

【问题 4】 高温高压供热管网施工图设计文件缺计算书,审查没有依据。

【分析与对策】 施工图文件是设计过程分析、计算成果的体现,设计时必须按照规范要求进行计算。计算书和经鉴定的有效的软件计算结果是设计的依据,应作为首要的审查内容。管道壁厚是否满足要求,应力是否超标,补偿量及弹簧压缩或伸长量是否满足安装运行要求,热网管道固定支墩的推力以及固定墩的结构能否承受推力荷载,保温层厚度及结构是否满足要求等,都需要通过对计算书或软件计算结果的审查来验证。

计算书的内容和要求如下。

(1)计算书应包括管道强度计算、应力验算、补偿量计算,以及管道对固定墩的推力计算、支吊架弹簧压缩或伸长量计算、管道保温计算等。

(2)手工计算的计算书中应提供计算过程;采用软件计算时,应提供所用软件的名称、版本、国家认可的鉴定证书,计算模型、计算输入参数、计算结果等内容应附在计算书内。

(3)计算书封面应签字齐全。

【问题 5】 施工图中对选用设备的性能要求不明晰,对管道的材质、保温材料的厚度和性能、阀门和补偿器的公称压力等没有明确给出,有些将管道材料标准、材质选错。

【分析与对策】 在施工图中,应对主要设备材料的材质、性能进行明确要求,否则无法保障订货材料达到设计要求的使用性能和寿命。例如，热媒参数为 130 ℃/70 ℃，设计仅说明保温材料选用聚氨酯，没有对其耐温性能提出明确要求，施工方可能会选用普通耐温要求的聚氨酯材料，造成保温材料寿命缩短，碳化失效。

热网工程设计应首先确定设计参数，然后根据介质种类及设计参数计算选择合适的管材、管件、阀门、补偿器、保温材料等，并在材料表中标注其性能和执行标准。对于供热工作管，还应说明壁厚；设置保护层的管道，应说明保护层材质及厚度。当有其他特殊要求时，需进行特殊说明。

【问题 6】 热水热力管道的管段高点漏设放气点，低点漏设泄水小室或泄水阀。地下直埋蒸汽管道排潮管、疏水点设置不全或不符合规范要求。

【分析与对策】 放气装置除具有排放管中的空气的作用外，也是保障管道充水、放水的必要装置。只有放气点、泄水点的数量及管径足够时，才能保证充水、放水在规定的时间内完成，避免在采暖季进行事故检修时发生管道冻裂现象。值得注意的是，当热水供热干管高点处设有关断阀时，关断阀两侧均应设置放气阀，以便在分段检修时阀门关闭后，其充水、放水、放气不受影响。

蒸汽管道的疏放水设置不当会造成管道水击，严重时造成管系损坏和人员伤亡；直埋蒸汽管道的排潮管如果设置不当，保温材料受潮后，水蒸气无法及时排出，会造成保温材料失效，外护管破坏，内固定、滑动支架变形，严重时也会造成管系损坏和人员伤亡。施工图中应根据工程的具体情况，合理选用疏水和放水、放气管道的管径，在图中设计放水、放气的具体位置，并示意管道走向，明确放水、放气的去向。高温放气管道应排至安全的地方。直埋蒸汽管道必须合理设置排潮管，并且采取防止排潮管发生雨水倒灌的措施。

【问题 7】 管道穿过河流、铁路、公路等特殊地段的技术要求和工程做法不明确。

【分析与对策】 管道穿过河流、铁路、公路等特殊地段时，应征得相关部门的同意，并根据所穿越地段的具体情况和要求，确定管道的敷设方式、支架位置、保温形式、防水做法，确保不影响原有地段的使用功能。图中还应将特殊地段的现状情况表示清楚。对于特殊节点部位，应出节点大样图。

【问题 8】 地下敷设供热管道与建（构）筑物及其他管线的安全间距、覆土厚度不满足要求且没有采取防护措施，或者图中未进行相关距离的标注。

【分析与对策】 地下敷设供热管道与建（构）筑物及其他管线的安全间距、覆土厚度是保证建筑安全、施工方便、运行安全的需要。地下敷设热力网管道的管沟外表面，直埋敷设热水管道或地上敷设管道的保温结构表面与建筑物、构筑物、道路、铁路、架空电线和其他管道的最小水平净距、垂直净距应符合现行国家标准《城镇供热管网设计标准》CJJ/T 34 的要求。当热力管道、管沟与建（构）筑物及其他管线的间距不满足规范要求时，必须采取必要的防护措施。

设计图应示意沿市政道路走向的热力管道与其他现有市政管道的平面和竖向关系，尤其是供热管沟与燃气管道交叉时的位置关系。当供热管沟与燃气管道交叉的垂直距离小于 300 mm 时，必须采取防止燃气泄漏进入管沟的措施。

直埋管道的覆土深度应满足《城镇供热直埋热水管道技术规程》CJJ/T 81-2013 和《城镇供热直埋蒸汽管道技术规程》CJJ/T 104-2014 的规定,以满足地面荷载要求,并保证管系的稳定性。当覆土深度不能保证时,应采取设置过街套管或管沟、在管道上方设置混凝土板等措施。混凝土盖板的做法详见《热水管道直埋敷设》(17R410)第 96 页。

【问题 9】 供热管线设计说明中缺“危大工程”专项说明。

【分析与对策】《河北省房屋建筑和市政基础设施工程危险性较大的分部分项工程安全管理实施细则》第八条规定,勘察单位应当根据工程实际及工程周边环境资料,在勘察文件中说明地质条件可能造成的工程风险。实施细则中供热管网工程涉及的“危大工程”主要体现在基坑工程方面:

①开挖深度超过 3 m(含 3 m)的基坑(槽)的土方开挖、支护、降水工程;

②开挖深度虽未超过 3 m,但地质条件、周围环境和地下管线复杂,或影响毗邻建、构筑物安全的基坑(槽)的土方开挖、支护、降水工程。

国内出现多次管沟开挖由于支护不当或未设支护引起的坍塌事故,造成生命和财产重大损失。因此,这些问题虽然不属于设计问题,设计单位也应当按照规范、标准、规定在设计文件中注明涉及“危大工程”的重点部位和环节,提出保障工程周边环境安全和工程施工安全的意见。

【问题 10】 波纹补偿器错误设置、随意设置的问题。

【分析与对策】 管网热补偿设计选用波纹补偿器时常常存在以下问题。(1)补偿器没有按规定设置固定支架,如拐弯处(盲板处)、变截面处、分段阀门处未设置固定支架。(2)补偿量没有根据水温计算,随意选用,如低温水供热管网、热泵系统供热管网,基本可以自然补偿,却设置了大量的波纹补偿器,不但增加了投资,还形成薄弱环节。(3)固定支架设计、套用标准图错误,计算固定支架推力时没有计算内压不平衡力。

产生这些问题的原因是不了解波纹补偿器的工作原理,没有按照其安装要求设计,没有认真计算推力。波纹补偿器是柔性的,不能抵消补偿器两侧盲端、弯头产生的内压不平衡力(内外压平衡式、无推力波纹补偿器除外),使得作用在固定支架上的推力比自然补偿、方形补偿器产生的推力大得多。

一般情况下,波纹补偿器更适用于:①变形与位移量大而空间受限制的管道;②变形与位移量大而工作压力低的大直径管道。采用波纹补偿器时,应分析确定合理的补偿方式以及补偿器设置位置,根据需要设置必要的固定支架。如管道的盲端、弯头、变截面处、分支管线进入主管线的入口等处,当产生的膨胀位移可能对管系造成破坏时,都应设置固定支架。直埋管道应计算过渡段长度,存在锚固段时,锚固段可以不设固定支架。

管网补偿设计时,在自然补偿能满足热补偿要求时尽量优先采用自然补偿(“L”形、“Z”形自然补偿等);热媒温度较低时,优先采用无补偿直埋方式,这样既简单可靠,也比较经济。在管径较大由于管道刚性太大、管道敷设空间不足而需要采用波纹补偿器时,应认真计算,切忌随意设置。

固定支架设计时,应根据管网工作压力、补偿器形式、敷设方式等因素正确计算固定支架水平推力,按照推力进行固定支架结构设计或选用支架标准图。选用标准图时,应注意其使用条件，比如给出的固定支座推力是否包含内压不平衡力。

【问题 11】 供热管网扩建改造设计，未考虑新建管道与原有管道连接处的应力变化、热补偿等问题。

【分析与对策】 供热管网扩建改造时，如果从原有管线开口设分支，或改变原有管线的走向，将会改变原有管系的应力分布，改变固定支座推力，因此应对原管线应力、支座推力重新核算，必要时调整补偿器、固定支架的设置。设计时，应进行现场调研并收集原设计资料，做好准备工作。设计时应尽量选择影响小的位置开口，减小对原管系的影响。

【问题 12】 设计说明或图纸文件未有蒸汽凝结水回收利用措施。

【分析与对策】 根据《城镇供热管网设计标准》CJJ/T 34—2022 第 5.0.4 条，蒸汽凝结水管网应在经济合理的情况下设凝结水管；不设凝结水管时，应就地利用热能资源及水资源。

热资源利用可以采取以下措施：①采用带有凝结水过冷段的汽水换热设备制备生产、生活、供暖热水，通过凝结水水位调节装置调节过冷面积，进而调节凝结水出水温度；②利用凝结水作为采暖热媒，用于站房或其他建筑的采暖。

水资源利用可以采用作为系统补水的方式。

【问题 13】 庭院管网是否执行《城镇供热管网设计标准》CJJ/T 34—2022 第 8.5.12 条关于检查井的规定以及第 8.5.1 条关于支线起点设置关断阀门的规定？住宅小区热力管道埋地敷设时，车库覆土厚度一般较小，热力管道的各类检查井的净空高度很难满足不小于 1.8 m 的要求，此类问题如何解决？

【分析与对策】《城镇供热管网设计标准》CJJ/T 34—2022 第 8.5.12 条对检查的井空净高度、人行通道宽度、人孔数量等均提出了要求。从标准的修订背景及前后联系看，标准所指的检查井一般指城市热力管网的检查井。根据第 8.5.1 条的条文说明，庭院管网分支多，支线长度短，一般无须在起点设阀门，而是将分支阀门设在建筑物的热力入口处。这样的设置方式节省投资，便于管理。因此，庭院管网一般不必设分支阀门及检查井。如果确有必要设置，检查井的净空高度等要求可以适当放宽。

【问题 14】 如何理解《城镇供热管网设计标准》CJJ/T 34—2022 第 11.3.2 条“室外敷设的管道应采用预制保温管”的规定？此条与该标准第 11.4.2 条“架空敷设的管道宜采用具有防腐性能的镀锌钢板、铝合金板、不锈钢、彩钢板等做外保护层”的规定是否矛盾？

【分析与对策】 标准第 11.3.2 条文说明给出了室外敷设的管道的范围：地上架空、地下管沟和综合管廊、地下直埋敷设。这些管道均要求采用预制保温管。地上架空、地下管沟和综合管廊现场保温的施工工艺已不符合标准要求。

直埋的管道应符合《高密度聚乙烯外护管硬质聚氨酯泡沫塑料预制直埋保温管及管件》GB/T 29047—2021、《硬质聚氨酯喷涂聚乙烯缠绕预制直埋保温管》GB/T 34611—2017、《城镇供热 玻璃纤维增强塑料外护层聚氨酯泡沫塑料预制直埋保温管及管件》GB/T 38097—2019 的规定。外护管分别为高密度聚乙烯外护管（厚度为 3~20 mm）、高密度聚乙烯树脂外护管（聚乙烯缠绕工艺制成，厚度为 4.5~9 mm）、玻璃钢外护管（厚度为 2.5~10 mm）。直埋预制保温管,均要求工作管、保温层、外护管形成三位一体保温结构。

综合管廊、管沟敷设、地上架空敷设的管道也应采用预制保温管,其管道及管件应执行《架空和综合管廊预制热水保温管及管件》T/CDHA 1-2019、《架空和综合管廊预制蒸汽保温管及管件》T/CDHA 2-2019的规定。按照这两个标准的规定,预制保温管的外保护层可以采用彩钢板、镀锌钢板、铝合金板、不锈钢板,根据管径及材质不同,厚度为0.4~1.2 mm。架空敷设的管道虽然也采用预制保温管,但因其敷设方式与直埋敷设差别较大,故对其外保护层的要求另行规定,即《城镇供热管网设计标准》CJJ/T 34-2022第11.4.2条,该条与第11.3.2条不矛盾。保温层可以是单一硬质聚氨酯发泡保温层(热媒温度小于或等于120 ℃),也可以是软性保温材料与聚氨酯结合的复合保温结构。

【问题15】 高温水管道、蒸汽管道架空敷设,在不同高度支架转换处,未设弹簧支架。

【分析与对策】 高温水管道、蒸汽管道架空敷设,在高、低支架转换处,垂直管道热膨胀量大,使得高支架处的管道支座与支架脱离,或增大相邻低支架的荷载,造成安全隐患。《城镇供热管网设计标准》CJJ/T 34-2022第8.5.20条规定,当管道运行时有垂直位移且对邻近支座的荷载影响较大时,应采用弹簧支座或弹簧吊架。弹簧支吊架型号的选择应根据支架所承受的最大荷载以及垂直方向热位移确定。

【问题16】 直埋热力管道分支点干管的热位移较大时或过渡段端头处位移较大时,未采取防止三通、弯头破坏的措施。

【分析与对策】 直埋管道引出分支时,分支点要尽量选在锚固段或干线位移小的部位,以免三通因干管膨胀位移而变形破坏。分支点干管位移不宜大于50 mm,且应在三通支管周围填充柔性保温材料,用于吸收干管膨胀引起的支管位移。对于处于过渡段端头处的弯头和用于补偿的"L"形转角处的弯头,也应校核计算膨胀位移,并在弯头外侧填充柔性材料,防止产生较大变形。

【问题17】 无补偿直埋管道没有采取防止过渡段热膨胀位移对三通、弯头造成破坏的措施。

【分析与对策】 一些设计者以为无补偿直埋就是直接埋在土里,无须要采取补偿、保护措施,也没有对三通、弯头采取保护措施。

对于管径不是很大、输送热媒温度不是很高的供热管道,无补偿直埋无疑是一种经济可靠的敷设方式,尤其是一些长直管段。在热力网的工作温度范围内,热伸长受阻产生的温度应力一般能够满足安定性分析的强度条件。因此,从管道强度角度考虑,在长直管段可以不设补偿器和固定支架。

但是,无补偿直埋敷设不是完全不考虑补偿问题。无补偿直埋与有补偿直埋的区别在于,有补偿直埋敷设设置补偿器和固定支架的目的是控制直管段内的温度应力,并控制管道附件的热位移;而无补偿直埋敷设可以存在锚固段,锚固段的温度应力满足安定性分析的强度条件。但除了存在锚固段外,无补偿直埋仍然存在过渡段,过渡段会产生膨胀位移,设在过渡段的分支三通、拐角弯头仍可能受挤压产生变形破坏。设在过渡段上的分支、转角、变径等管道附件,当计算位移或应力超出管件的允许范围时,仍需采取保护措施,甚至设置补偿器、固定支架。

【问题 18】 热力网采用的阀门及管件没有注明材质。

【分析与对策】 2010 年版的《城镇供热管网设计规范》CJJ 34 根据室外环境温度、热媒种类对阀门提出了材质要求，热水管网尚可以采用灰铸铁阀门。而新版《城镇供热管网设计标准》CJJ/T 34-2022 对阀门的材质要求提高了，无论室外环境温度高低，无论是蒸汽管道还是热水管道，均要求采用钢质阀门及管件。

【问题 19】 架空蒸汽管道滑动支座未注明采取偏装措施。

【分析与对策】 蒸汽管道温度高，热膨胀量大，如果不采取措施，可能会造成管道支座脱离结构支架。为了避免出现此类情况，应在设计说明中交代清楚。设计时，首先应计算支座处因膨胀引起的最大位移，选择适当的支座长度，并在安装时适当偏装（偏装量可取最大膨胀位移的 1/3，偏向固定支座方向）。

6.4.2　市政热源工程（热电站、锅炉房、泵站及热力站）

【问题 1】 施工图设计与前期立项文件或初步设计及批复文件存在不一致的情况的问题。

【分析与对策】 市政热源工程在前期立项阶段和初步设计阶段已经确定了工程的规模、主要技术方案和主要设备。这些前期设计文件都经过评审和政府相关部门的审批，施工图设计应在立项和批复的框架内，进行技术方案的细化设计。

市政热源工程的施工图审查首先应核对项目的前期文件及其相关的批复。如果在工程规模、技术方案原则等方面存在重大偏差，应要求业主或设计单位提供变更依据。对于非原则性的变化，只要不影响工程目标的实现，不违背国家政策、标准、规范，可根据情况允许存在不一致的情况。

【问题 2】 热电站、锅炉房设计单位不能提供主要工艺系统的计算书，以及主蒸汽管道、主给水管道、供热抽汽管道等高温、高压管道系统的应力分析计算书。

【分析与对策】 计算书是设计的依据，应作为首要的审查内容。为保证安全运行，热电站、锅炉房高温、高压管道应进行应力分析，一般情况下应采用经审定批准的应力分析程序进行计算。设计单位应提供其主要管道的应力分析计算书。对于计算书，审查人员应重点审查其输入的设计参数是否正确，如设计温度、设计压力的取值是否与现行《火力发电厂汽水管道设计规范》DL/T 5054 的要求一致，计算模型是否与施工图一致。对计算结果，应验证有无应力超限点及接口推力是否超过设备最大允许值，分析计算结果是否满足现行《发电厂汽水管道应力计算技术规程》DL/T 5366 的要求。

【问题 3】 热电站、锅炉房施工图中高温、高压管道未给出支吊架荷重及弹簧安装高度。

【分析与对策】 在热源工程设计中，应执行《火力发电厂施工图设计文件内容深度规定》DL/T 5461 系列标准，设计成品应符合深度规定的要求，管道布置图中应包括支吊架一览表,表中包括管道标高、支吊架工作荷载、安装荷载、结构荷载、热位移等数据。支吊架图可出组装图,也可用表格形式表示,但上述数据必须齐全。

对于高温、高压管道,由于热膨胀产生的支吊架荷载远超管道本身及输送介质的重量,会对支吊架及支撑结构造成很大影响。因此,设计必须给出支吊架荷重和弹簧安装参数。审查时,应重点审查支吊架本身及其生根部位结构是否满足荷载要求,弹簧型号、安装高度是否与计算结果一致。

【问题4】 锅炉房、热力站设计忽略节能方面的要求,锅炉房、热力站漏设供热量自动控制装置、热计量装置等。

【分析与对策】《建筑节能与可再生能源利用通用规范》GB 55015-2021 第3.2.21、3.2.22、3.2.25、3.2.26条对锅炉房、换热站的自动控制、计量有如下要求(均为强制性条文)。

(1)锅炉房和换热机房应设置供热量自动控制装置。

(2)间接供热系统二次侧循环水泵应采用调速控制方式。

(3)锅炉房和换热机房的供暖总管上应设置计量总供热量的热量计量装置;锅炉房换热站还应对燃料消耗量、耗电量(照明、动力分开)、补水量进行计量。

以上规定均为国家节能政策方面的强制性规定,市政热力工程设计时也应执行《建筑节能与可再生能源利用通用规范》GB 55015-2021,按规范要求,设置计量、自控装置。

对于市政二级换热站,一次热媒为高温水的水-水换热站,热量表宜设在一次网回水管;一次热媒为蒸汽的汽-水换热站,应在一次网、二次网中均设置热量表。

气候补偿器是供暖热源常用的供热量控制装置,具有根据室外空气温度和负荷变化自动改变用户侧供回水温度或对热媒流量进行调节的功能。设置气候补偿器后,可以通过在时间控制器上设定不同时间段的不同室温来节省供热量;合理匹配供水流量和供水温度,节省水泵耗电。

由于末端一般设有自动恒温控制阀,用户侧多为变流量系统,因此要求用户侧循环水泵采用变速控制,以有效节省运行能耗。

【问题5】 锅炉房、热力站高温汽水管道的热膨胀及固定支架的合理设置问题。在某锅炉房施工图中,130 ℃高温热水管路的布置未考虑管道热膨胀的影响,锅炉出口DN800的供水母管60 m长的直管段未设置固定支架,也没有采取补偿措施。某热力站施工图中多台换热器蒸汽母管几十米长而未设置约束性支架,也没有采取补偿措施。

【分析与对策】 高温汽水管道的热膨胀会对接口设备产生推力,管道流动介质的不均匀也会形成对管道的冲击力、激振力,进而传递到接口设备。如果在设备进出口高温汽水母管长直管段不设置固定支架,也不采取补偿措施,则会由于热膨胀不均衡和介质流速变化而产生安全隐患。合理设置管道支架,采取恰当的补偿措施,可以有效控制由于管道热膨胀施加给设备接口的荷载、推力和力矩,以及管道内介质的冲击力、激振力,保护设备安全运行。

在此类工程中,除应校核设备接口推力外,还应审查固定支架的推力计算书,以判断固定支架的本体结构及生根部位结构是否满足推力要求。

【问题6】 换热系统流程图不完整,可能造成换热机组循环水泵进出口母管间漏设带止回阀的旁通管，以及换热器关断阀门、安全阀缺失。

【分析与对策】 根据《供热工程项目规范》GB 55010–2021 第 3.3.2 条，热水供热系统循环水泵的进、出口母管之间，应设置带止回阀的旁通管。设置旁通管的目的是防止突然断电、误关阀门等造成的水击现象。规模较大的热力站一般由设计院设计，换热器、循环水泵等设备现场安装，不会漏掉循环水泵进、出口母管之间的旁通管。但成套换热机组由于设备比较紧凑，生产厂家可能会忽略旁通管的设置，违反强制性规定。

根据《城镇供热管网设计标准》CJJ/T 34–2022 第 10.3.11 条第 3、4 款，并联工作的换热器，每台换热器一、二侧进、出口均应设阀门；生活热水供应系统，应在每台换热器上设安全阀。这两款规定主要是考虑到阀门关闭或用户完全停止用水的情况下，继续加热将造成容器超压，发生事故。这是压力容器安全监察的要求。这一条相对 2010 年版标准有所改变：2010 年版规定可以多台换热器设总阀，在总阀前设安全阀；2022 年版标准要求并联换热器分别设置阀门、安全阀，考虑的是当一台换热器检修时，不影响其他换热器的工作。

此类问题，往往是因为厂家成套供应换热机组，而供货厂家对规范标准的更新不及时或其他原因，造成供货配套旁通管、阀门的缺失。因此，设计人员在进行选用成套换热机组的热力站设计时，也应完整绘出工艺流程图，并要求供货设备旁通管、阀门等的配置符合流程图的要求。

【问题 7】 多台燃气锅炉共用烟道时，每台锅炉的烟气出口未设置挡板或蝶阀，未设置防爆门和冷凝水管。

【分析与对策】 根据《锅炉房设计标准》GB 50041–2020 第 8.0.3 条第 3 款及第 8.0.4 条第 1、2 款，当多台锅炉合用 1 条总烟道时，每台锅炉支烟道出口应安装密封可靠的烟道门；在烟气容易集聚的地方，每台锅炉烟道出口应装设防爆装置，防爆装置上应装设泄压导向管；燃气锅炉的烟道和烟囱最低点应设置冷凝水排水设施。《锅炉安全技术规程》TSG 11–2020 第 6.6 项“管道阀门和烟风挡板”第（1）款规定，2 台以上（含 2 台）锅炉共用 1 个总烟道的，在每台锅炉的支烟道内应当装设有可靠限位装置的烟道挡板。《供热工程项目规范》GB 55010–2021 第 3.2.7 条规定，燃油、燃气和煤粉锅炉的烟道应在烟气容易集聚处设置泄爆装置。

以上规定的目的是保证锅炉的正常运行和安全生产。为防烟气倒入停运的锅炉，当几台锅炉集中设置 1 条总烟道时，必须在每台锅炉烟道出口处装设密封可靠的烟道门（挡板或蝶阀）。燃气和煤粉锅炉的未燃尽介质，可能会在烟道和烟囱中产生爆炸。为使这类爆炸造成的损失降到最低，需要在烟气容易集聚的地方装设防爆装置（防爆门和泄压导向管）。燃气锅炉的烟气中水分含量较高，需要在烟道和烟囱最低点设置水封式冷凝水排水管道。

如果有条件，建议多台燃油、燃气锅炉采用单管分腔集束烟囱。

【问题 8】 蒸汽锅炉本体上的放汽管、安全阀的排汽管没有接至室外安全处，或两个安全阀共用排汽管。

【分析与对策】 根据《锅炉房设计标准》GB 50041–2020 第 13.1.14 条，锅炉本体上应有接至室外的放汽管，2 个独立安全阀的排汽管不应相连。因此，应注意蒸汽锅炉的放汽管、安全阀的排汽管要接至室外安全处,避免排汽时危及人员安全和影响环境。2个独立安全阀的排汽管不应相连,避免串汽,以易于识别超压排汽点。

【问题9】 蒸汽换热站换热器进汽管道漏设断电即关的阀门。

【分析与对策】《城镇供热管网设计标准》CJJ/T 34-2022第10.4.3条规定,汽水换热器进汽管道上应设断电即关的阀门。此条是为了防止突然停电后蒸汽继续窜入换热器,造成换热器水侧超温汽化,或窜入凝结水系统造成外溢泄漏。这一规定也是本标准修订新加的一条,反映出新版标准更加注重安全。由于是新增条款,设计时容易疏忽漏掉,须多加注意。

【问题10】 换热站循环热水系统设计中,多处漏设排气阀。

【分析与对策】 管道积气会严重影响流通截面积,增大系统阻力。设计人员往往会在以下部位忽略排气阀的设置,应引起注意。

(1)设计人员会注意在系统最高点设排气阀,但往往忽略局部高点(如门形弯最高处)的排气。

(2)落地安装的设备(如水处理设备)设有旁通管,且旁通管设在高处时,旁通管上的关断阀一般处于关闭状态,阀前后管道形成门形弯,积气严重,须设排气阀。设计人员一定要注意某些阀门关闭状态下造成的"隐形"门形弯。

【问题11】 换热站补水定压系统没有给出补水泵启、停压力或变频恒压压力;屋面设置的热泵热水供暖系统采用不合理的定压方式等。

【分析与对策】 只有给出正确的工作压力,才能保证水力计算、应力计算、试验压力等各项计算的正确性。很多设计者习惯采用膨胀罐补水定压方式定压补水,采用膨胀罐定压补水系统时,应计算膨胀罐容积、最低水位及最低工作压力、最高水位及最高工作压力,最低工作压力为补水泵启动压力,最高工作压力为补水泵停泵压力。计算系统的工作压力和水压试验压力时,定压点压力应按补水泵停泵压力计算。

补水泵采用变频调速控制时,应给出变频定压目标压力。变频控制时,工作压力上下变化不大,系统工作压力可以视为恒定压力。

当供暖设备采用风冷热泵机组时,热泵机组一般设在屋面,循环水泵、补水设备经常设在屋面设备房内。很多设计者仍然采用膨胀罐定压或补水泵定压,既不节能,又占面积,还增加投资。当确定供热设备在系统的最高处后,合理的方式是适当架高软化水箱,直接采用架高的软化水箱定压。

【问题12】 既有热力站改造,改造后为蒸汽换热站,疏散门只有一个。

【分析与对策】 2010年版《城镇供热管网设计规范》CJJ 34(已作废)第10.1.3条规定:"热水热力站设计水温大于或等于100℃、站房长度大于12 m时,应设2个出口。蒸汽热力站均应设置2个出口。"随着国家对安全生产的重视,《供热工程项目规范》GB 55010-2021及新版《城镇供热管网设计标准》CJJ/T 34-2022对热力站安全出口的设置也提高了要求。

根据《供热工程项目规范》GB 55010-2021第4.2.2条、《城镇供热管网设计标准》CJJ/T

34-2022 第 10.1.3 条的规定，蒸汽换热站、长度超过 12 m 的热水热力站，安全出口不应少于 2 个，此为强制性要求。因此，改造项目应严格执行规范要求，不满足要求时应按要求增设安全疏散出口。

【问题 13】 热力管道与运行时不产生振动的固定设备连接时，没有采用柔性连接。

【分析与对策】《建筑与市政工程抗震通用规范》GB 55002-2021 第 2.4.3 条第 4 款规定，管道与构筑物或固定设备连接时，应采用柔性连接构造。《建筑机电工程抗震设计规范》GB 50981-2014 第 5.1.5 条要求，管道与运行时产生振动的设备（如水泵）以及 8 度、9 度建筑物的运行时不产生振动的设备采用柔性连接，而《建筑与市政工程抗震通用规范》GB 55002-2021 要求管道与固定设备（如锅炉、换热器）的连接均应采用柔性连接，不再区分抗震设防烈度（6 度及以上均需执行）。这个新增要求往往被忽视，即热力管道与锅炉、换热器连接时，没有采用柔性连接。

设计者应根据规范要求，在设计说明中提出管道与设备的柔性连接要求，并在设计图中画出柔性接头。

6.5　燃气工程

【问题 1】 在燃气专业施工图设计文件中，规范标准使用不当。主要体现在以下方面：①规范、标准的适用范围与设计内容不符；②设计文件中选用了已经作废的规范、标准或作废版本。

【分析与对策】 根据《市政公用工程设计文件编制深度规定》（2013 年版）第七篇“燃气工程”第三章“燃气工程施工图设计文件编制深度”第 1.1.4 条，设计说明书中的设计依据应列出（项目相关的）采用的主要规范、标准。

近几年随着工程建设标准改革和新型工程建设标准体系的推进，新标准的发布及已有标准的版本更新比较多。设计单位和专业人员应注意了解相关规范的发布及修订更新情况，准确掌握规范标准的适用范围，结合项目情况确定适用的标准，避免使用作废的规范标准或作废版本。

相关单位技术标准部门应维护好现行规范标准及有效版本目录，加强对标准规范的有效性管理，注意规范查新。

与市政工程燃气专业相关的现行规范、标准包括但不限于表 6-1 列出的内容，使用中应注意核实规范、标准适用的项目范围及压力范围。例如，《城镇燃气设计规范》GB 50028-2006（2020 年版）“不适用于城镇燃气门站以前的长距离输气管道工程”（参见第 1.0.2 条）；其第 6 章“燃气输配系统”仅“适用于压力不大于 4.0 MPa（表压）的城镇燃气（不包括液态燃气）室外输配工程的设计”（参见第 6.1.1 条）。又如，《输气管道工程设计规范》GB 50251-2015 的“适用范围是从上游气源（厂、站）的外输管道接口到城镇燃气门站或直供用户之间的陆上新建、扩建和改建输气管道工程设计”（参见第 1.0.2 条及其条文说明）。

表6-1 市政燃气工程常用现行规范标准

序号	标准名称	标准编号
1	《燃气工程项目规范》	GB 55009-2021
2	《城镇燃气设计规范》(2020年版)	GB 50028-2006
3	《城镇燃气分类和基本特性》	GB/T 13611-2018
4	《天然气》	GB 17820-2018
5	《液化天然气》	GB/T 38753-2020
6	《输气管道工程设计规范》	GB 50251-2015
7	《聚乙烯燃气管道工程技术标准》	CJJ 63-2018
8	《城镇燃气埋地钢质管道设计标准》	DB13(J)/T 8450-2021
9	《城镇燃气管道及设备安装工程施工质量验收标准》	DB13(J)/T 8061-2019
10	《农村气代煤工程技术规程》(2019年版)	DB13(J)/T 256-2018
11	《城镇燃气标志标准》	CJJ/T 153-2010
12	《城镇燃气管道非开挖修复更新工程技术规程》	CJJ/T 147-2010
13	《城镇燃气管道穿跨越工程技术规程》	CJJ/T 250-2016
14	《油气输送管道穿越工程设计规范》	GB 50423-2013
15	《油气输送管道穿越工程施工规范》	GB 50424-2015
16	《油气输送管道跨越工程设计标准》	GB/T 50459-2017
17	《城镇燃气埋地钢质管道腐蚀控制技术规程》	CJJ 95-2013
18	《埋地钢质管道防腐保温层技术标准》	GB/T 50538-2020
19	《钢质管道外腐蚀控制规范》	GB/T 21447-2018
20	《埋地钢质管道聚乙烯防腐层》	GB/T 23257-2017
21	《埋地钢质管道阴极保护技术规范》	GB/T 21448-2017
22	《埋地钢质管道直流干扰防护技术标准》	GB 50991-2014
23	《埋地钢质管道交流干扰防护技术标准》	GB/T 50698-2011
24	《油气架空管道防腐保温技术标准》	SY/T 7347-2016
25	《油气输送管道线路工程抗震技术规范》	GB/T 50470-2017
26	《城镇燃气输配工程施工及验收标准》	GB/T 51455-2023
27	《城镇燃气室内工程施工与质量验收规范》	CJJ 94-2009
28	《人工制气厂站设计规范》	GB 51208-2016
29	《大中型沼气工程技术规范》	GB/T 51063-2014
30	《液化石油气供应工程设计规范》	GB 51142-2015
31	《压缩天然气供应站设计规范》	GB 51102-2016
32	《液化天然气(LNG)生产、储存和装运》	GB/T 20368-2021
33	《天然气液化工厂设计标准》	GB 51261-2019
34	《液化天然气接收站工程设计规范》	GB 51156-2015
35	《城镇液化天然气(LNG)气化供气装置》	GB/T 38530-2020

续表

序号	标准名称	标准编号
36	《液化天然气（LNG）加液装置》	GB/T 41319-2022
37	《液化天然气低温管道设计规范》	GB/T 51257-2017
38	《石油天然气站内工艺管道工程施工规范》（2012 年版）	GB 50540-2009
39	《压力管道规范 工业管道 》	GB/T 20801-2020
40	《压力管道规范 长输管道》	GB/T 34275-2017
41	《压力管道规范 公用管道》	GB/T 38942-2020
42	《工业金属管道设计规范 》（2008 年版）	GB 50316-2000
43	《钢铁企业煤气储存和输配系统设计规范》	GB 51128-2015
44	《转炉煤气净化及回收工程技术规范》	GB 51135-2015
45	《燃气冷热电联供工程技术规范》	GB 51131-2016
46	《民用建筑燃气安全技术条件》	GB 29550-2013
47	《工业企业煤气安全规程》	GB 6222-2005
48	《建筑设计防火规范》（2018 年版）	GB 50016-2014
49	《石油化工企业设计防火标准》（2018 年版）	GB 50160-2008
50	《石油天然气工程设计防火规范》	GB 50183-2004
51	《油气回收系统防爆技术要求》	GB/T 34661-2017
52	《石油化工工程防渗技术规范》	GB/T 50934-2013
53	《钢质石油储罐防腐蚀工程技术标准》	GB/T 50393-2017
54	《工业设备及管道防腐蚀工程技术标准》	GB/T 50726-2023
55	《城镇液化天然气厂站建设标准》	建标 151-2011
56	《室外给水排水和燃气热力工程抗震设计规范》	GB 50032-2003
57	《建筑与市政工程抗震通用规范》	GB 55002-2021
58	《建筑机电工程抗震设计规范》	GB 50981-2014
59	《城镇燃气雷电防护技术规范》	QX/T 109-2021

【问题 2】 燃气工程设计规模不明确，厂站、输配系统缺少供气规模（用气量、输气量）说明。

【分析与对策】 供气规模（用气量）是燃气厂站和输配系统设计的必备基础资料，是确定燃气输配系统生产能力、压力级制、管道敷设方式及管道材料选择的重要设计依据。

《燃气工程项目规范》GB 55009-2021 第 2.1.1 条规定，燃气工程用气规模应根据城乡发展状况、人口规模、用户需求和供气资源等条件，经市场调查、科学预测，结合用气量指标和用气规律综合分析确定。

《城镇燃气设计规范》GB 50028-2006（2020 年版）第 3.1 节给出了设计用气量的规定。第 6.1、6.2 节给出了供气、储气规模和燃气管道计算流量的确定原则及计算方法。例如，第 6.1.4 条规定："城镇燃气采用天然气作气源时，逐月用气不均匀性平衡和应急供气应由气源方统筹调度解决;逐日用气不均匀性平衡应按国家现行相关政策要求由气源方与需气方根据用户、气源调节和储气方式等情况共同协商解决;逐小时用气不均匀性平衡,应由需气方设置调峰储气设施统筹调度解决。”第6.2.1条规定:“城镇燃气管道的计算流量,应按计算月的小时最大用气量计算。该小时最大用气量应根据所有用户燃气用气量的变化叠加后确定。”

燃气工程的施工图设计,应根据相关规划资料、初步设计及批复文件、设计任务书、调研资料确定工程供气规模,并在设计说明书中明确相关设计参数。

【问题3】燃气输配系统施工图设计说明中缺少燃气管道计算流量、管道工作压力、温度、设计工作年限等设计参数,缺少压力管道特性表。

【分析与对策】燃气管道计算流量、工作压力、温度、设计工作年限是输配管道敷设方式、管材选择以及水力计算、强度计算、防腐计算的基础依据资料,应在施工图设计说明中予以明确。

应说明燃气输配系统的设计工作年限——《燃气工程项目规范》GB 55009-2021第5.1.4条规定“输配管道的设计工作年限不应小于30年”。应说明输配管道的最高工作压力、温度及设计压力、温度,并应根据最高工作压力进行分级,说明其输配管道压力分级(低压至超高压共8级)。

对于涉及压力管道范畴的管道工程,设计文件中应包括压力管道特性表。压力管道特性表中的管道、管件编号应与设计图纸一致。

【问题4】室外输配管线设计缺少地勘资料,室外燃气输配管线工程的施工图中缺少地质情况说明。

【分析与对策】《建设工程勘察设计管理条例》第四条规定:“从事建设工程勘察、设计活动,应当坚持先勘察、后设计、再施工的原则。”地质情况对室外燃气输配管线设计影响较大,存在地震断裂带、液化土地段、软弱黏性土或严重不均匀土层等特殊地质时需要采取必要措施;土壤腐蚀性对钢质管道的防腐设计影响较大。室外燃气输配管线施工图设计文件应按照地勘资料简要说明地质情况以及地质情况对管线的影响。

市政工程勘察方面的具体要求参见《工程勘察通用规范》GB 55017-2021、《市政工程勘察规范》CJJ 56-2012等国家现行有关标准。

【问题5】室外燃气输配管线工程施工图设计文件中缺少抗震设计及其说明。

【分析与对策】《建筑与市政工程抗震通用规范》GB 55002-2021第1.0.2条规定,抗震设防烈度6度及以上地区的各类新建、扩建、改建建筑与市政工程必须进行抗震设防。《燃气工程项目规范》GB 55009-2021第2.2.5条规定,燃气设施应采取防火、防爆、抗震等措施,有效防止事故的发生。燃气管道工程施工图设计文件中应包括相应抗震设计内容。

市政燃气工程的抗震体系、抗震措施应按照《建筑与市政工程抗震通用规范》GB 55002-2021、《室外给水排水和燃气热力工程抗震设计规范》GB 50032-2003、《建筑机电工程抗震设计规范》GB 50981-2014、《建筑机电工程抗震技术标准》DB13(J)/T 8465-2022、《城镇燃气设计规范》GB 50028-2006(2020年版)、《油气输送管道线路工程抗震技术规范》GB/T 50470-2017 等现行标准实施执行。需要对管道系统进行相关计算和验算时，施工图设计文件应附有相应的计算书。

如《室外给水排水和燃气热力工程抗震设计规范》GB 50032-2003 第 10.3.14 条给出了有关于管道位置定线、管材、设置保护套管、设置紧急关断阀方面的要求，即“当输水、输气等埋地管道不能避开活动断裂带时，应采取下列措施：①管道宜尽量与断裂带正交；②管道应敷设在套筒内，周围填充砂料；③管道及套筒应采用钢管；④断裂带两侧的管道上（距断裂带有一定的距离）应设置紧急关断阀”，此类相关特殊处理的具体措施应在设计图纸中表达、体现。

【问题 6】 燃气厂站设计中缺少总图专业，缺少站区与周边道路及建、构筑物关系的内容。

【分析与对策】 燃气厂站是燃气系统的重要组成部分；总图布置对燃气厂站的设计至关重要，燃气厂站的施工图设计文件中应包含总图设计及其说明。总图应体现站区与周边道路及建、构筑物的关系，列出有关技术经济指标数据（如总占地面积、建（构）筑物占地面积、建筑系数、土石方量、铁路长度、道路面积及绿地覆盖率等），指标数据须符合地块性质及规划部门审批意见。具体要求可参见《市政公用工程设计文件编制深度规定》（2013 年版）中“燃气工程施工图设计文件编制深度”相关总图部分的内容。

大型燃气厂站有较大的储存容积，其危险性和发生事故时影响的范围相对较大，可能造成严重后果；合理的总平面布置能保护人员的安全和健康，便于安全管理和生产管理。燃气厂站内和厂站外的建筑物之间保持足够的安全距离是保障安全的重要措施。

《燃气工程项目规范》GB 55009-2021 第 4 章给出了燃气厂站的规范要求。其中，第 4.1.6 条规定，“燃气厂站内建筑物与厂站外建筑物之间的间距应符合防火的相关要求”；第 4.1.11 条规定，“燃气厂站内的建（构）筑物应结合其类型、规模和火灾危险性等因素采取防火措施”。有关场地布置、防火间距等方面的具体要求，可参见《城镇燃气设计规范》GB 50028-2006（2020 年版）、《输气管道工程设计规范》GB 50251-2015、《压缩天然气供应站设计规范》GB 51102-2016、《液化天然气（LNG）生产、储存和装运》GB/T 20368-2021、《天然气液化工厂设计标准》GB 51261-2019 等各类燃气工程设计标准，以及《建筑防火通用规范》GB 55037-2022、《建筑设计防火规范》GB 50016-2014（2018 年版）等通用标准。

【问题 7】 埋地钢质燃气管道工程的设计缺少阴极保护内容。

【分析与对策】《燃气工程项目规范》GB 55009-2021 第 5.1.20 条规定：“埋地钢质输配管道应采用外防腐层辅以阴极保护系统的腐蚀控制措施。新建输配管道的阴极保护系统应与输配管道同时实施，并应同时投入使用。”按照该条文要求，埋地钢质燃气管道工程应设置阴极保护措施。含有埋地钢质燃气管道工程的施工图设计文件应包括阴极保护部分的图纸和计算书。

城镇燃气埋地钢质管道的防腐及阴极保护措施的设计和计算，可参考《城镇燃气埋地钢质管道腐蚀控制技术规程》CJJ 95-2013、《埋地钢质管道阴极保护技术规范》GB/T 21448-2017。设计中还应注意，新设计管道与原已有管道连接的，应核实原有管道是否有阴极保护系统。如原管道无阴极保护系统或需要分段设置阴极保护措施，应在新设计段管道起点

(或保护分段点)设置绝缘接头等绝缘连接措施。

【问题8】 燃气管道选用的管道材料及壁厚有不合理现象;次高压、高压燃气管道缺少强度和稳定性计算。

【分析与对策】 燃气管道选用的管道材料、强度和稳定性应符合规范要求。

《燃气工程项目规范》GB 55009-2021 第2.2.1条规定"燃气设备与管道应具有承受设计压力和设计温度下的强度和密封性";第5.1.5条规定"输配管道与附件的材质应根据管道的使用条件和敷设环境对强度、抗冲击性等机械性能的要求确定";第5.1.11条规定"钢质管道最小公称壁厚不应小于表5.1.11的规定";第5.1.12条规定"聚乙烯等不耐受高温或紫外线的高分子材料管道不得用于室外明设的输配管道"。

《压力管道规范 工业管道》GB/T 20801-2020、《压力管道规范 公用管道》GB/T 38942-2020、《压力管道规范 长输管道》GB/T 34275-2017、《城镇燃气埋地钢质管道设计标准》DB13(J)/T 8450-2021 等规范给出了管道材料、设计与计算的具体要求和方法。《城镇燃气设计规范》GB 50028-2006 第6章和第10章、《输气管道工程设计规范》GB 50251-2015 第5章、《聚乙烯燃气管道工程技术标准》CJJ 63-2018 第4章、《城镇燃气埋地钢质管道设计标准》DB13(J)/T 8450-2021 第5章等设计标准,也给出了相应部分燃气管道的强度和稳定性计算的要求和方法。

属于压力管道范畴的管道一般均应具备强度验算计算书。受约束的埋地直管段尚应进行轴向应力计算、当量应力校核;埋地管道设计管道应进行径向稳定性校核计算;水下穿越管段应进行抗漂浮稳定性核算;定向钻穿越管段在扩孔回拖时应进行空管在泥浆压力作用下的径向屈曲稳定核算。

【问题9】 室外埋地燃气管道采用聚乙烯燃气管道的工程,图纸和设备表中未明确示踪线的型号、规格。

【分析与对策】 埋地聚乙烯燃气管道敷设时,应沿管道走向设置有效的示踪、警示装置,敷设示踪线或埋设电子标签。示踪线应敷设在聚乙烯燃气管道的正上方;并应有良好的导电性和有效的电气连接,示踪线上应设置信号源井。示踪线可采用独立示踪线或保护板(警示带)兼有示踪功能的形式。采用独立示踪线时,图纸中应标明示踪线型号、规格;采用具有示踪线功能的保护板时,在保护板的参数表、设备表中应明确标出"兼有示踪功能"等注释说明。敷设和设置要求可参见《聚乙烯燃气管道工程技术标准》CJJ 63-2018 第6.3.4条。

【问题10】 天然气调压站工艺设计中,调压器前后压差大,未考虑温降的影响,或对大流量、大压差调压器仅采用电伴热带,实践中存在冰冻严重的现象。

【分析与对策】 设计中应校核是否需要采用加热措施避免内部冰堵或析出凝液,避免管道外部凝冰;计算、验算燃气降压后的温度和加热措施,应将相应计算书存档。

《燃气工程项目规范》GB 55009-2021 第5.2.13条规定,设置调压装置的环境温度应保证调压装置活动部件正常工作,并应符合下列规定:①湿燃气,不应低于0℃;② 液化石油气,不应低于其露点。第5.2.15条规定,当调压节流效应使燃气的温度可能引起材料失效时，应对燃气采取预加热等措施。《城镇燃气设计规范》GB 50028—2006（2020年版）第6.5.7条第3款规定，调压装置应根据燃气流量、压力降等工艺条件确定设置加热装置。

天然气等气体经节流降压后会产生降温冷却，即节流效应，也称焦耳-汤姆孙效应。气体在绝热节流过程中发生的温度变化，用焦耳-汤姆孙系数（也称节流效应系数）来衡量，用μ_J表示，常用单位为K/Pa。管输天然气中，当甲烷的体积含量大于85%时，焦耳-汤姆孙系数可按式（6-1）计算：

$$\mu_J=\frac{1}{C_p}\left(\frac{0.980\times10^6}{T^2}-1.5\right) \tag{6-1}$$

式中 μ_J——焦耳-汤姆孙系数，K/MPa；

C_p——节流前状态下天然气的定压质量比热，kJ/（kg·K）；

T——节流前天然气的温度，K。

天然气调压降压后的温度T_2（单位为K）可按式（6-2）计算：

$$T_2=T_1-\mu_J(p_1-p_2) \tag{6-2}$$

式中 T_1——调压前天然气的温度，K；

p_1——调压前天然气的压力，MPa；

p_2——调压后天然气的压力，MPa。

对天然气进行加热的目的主要有以下三点。①防止在天然气调压降温后产生凝析水或可能产生水化物。避免游离水或者水化物在天然气输送过程中对设备造成损伤或阻碍管道的正常运行。②避免管道外壁大量结冰。③避免调压器橡胶等密封件老化脆化造成安全隐患。

计算、验算燃气降压后的温度及加热量时，可按照以下步骤进行。①依照气源燃气的水含量（或给定压力状态下的水露点）确定调压后压力下的饱和温度（即露点t_s'）。②计算天然气降压后的温度t_2（$t_2=T_2-273.15$）。③依据t_2与t_s'的关系判断天然气是否需要进行加热，t_2高于t_s'且高于0 ℃时无须要加热；t_2低于t_s'或者低于0 ℃时，应考虑加热并计算加热负荷，根据加热负荷确定相应的加热方案。

【问题11】 调压装置未设防止出口压力过高的安全保护措施。调压设备未明确采取超压切断措施和超压切断压力。

【分析与对策】《燃气工程项目规范》GB 55009—2021第5.2.18条规定："调压系统出口压力设定值应保持下游管道压力在系统允许的范围内。调压装置应设置防止燃气出口压力超过下游压力允许值的安全保护措施。"设计文件中应说明调压设备采取的超压切断措施，并标明超压切断压力，具有超压切断措施的调压设备可在其参数表中标注超压切断压力。

【问题12】 室外调压柜未采取防外部侵入措施。

【分析与对策】 按照《城镇燃气设计规范》GB 50028—2006（2020年版）第6.6.2条，调压装置的设置在"自然条件和周围环境许可时，宜设置在露天，但应设置围墙、护栏或车挡"；第6.6.4条规定了地上调压箱和调压柜的设置要求，指出"调压柜四周应设护栏"。

《燃气工程项目规范》GB 55009-2021 第 5.2.7 条规定,"调压设施周围应设置防侵入的围护结构。调压设施范围内未经许可的人员不得进入。在易于出现较高侵入危险的区域,应对站点增加安全巡检次数或设置侵入探测设备";第 5.2.10 条规定,"露天设置的调压装置应采取防止外部侵入的措施,并应与边界围护结构保持可防止外部侵入的距离"。

调压设施是供气专用设施,无关人员进入应得到许可。设施周围应有不易让人进入的围护结构。对于处于人流较大区域的调压设施,应增加安全巡视等安全措施。

应根据规范要求设置防侵入围护结构。露天设置的调压装置应在可防止外部侵入的距离处设置边界围护结构,在可能受到车辆冲撞等外力损害的场所还应设置防撞护栏等防护措施。无人值守的室外调压装置应设置在方便巡检和监控的位置。燃气设计图纸中应表达防侵入围护结构、防撞护栏等防护措施。

【问题 13】 调压装置与其他建筑物、构筑物间距不足。调压站、调压箱的放散管没有标注设置要求。

【分析与对策】 调压装置的设置要求在《燃气工程项目规范》GB 55009-2021 第 5.2 节和《城镇燃气设计规范》GB 55028-2006(2020 年版)第 6.6 节有具体规定。调压装置的工艺设计要求可参见《城镇燃气设计规范》GB 50028-2006(2020 年版)第 6.6.10 条,设置要求见第 6.6.2~6.6.8 条,水平净距要求可参见第 6.6.3 条和《建筑设计防火规范》GB 50016-2014(2018 年版)中有关防火间距的要求。

调压箱靠建筑及墙体安装时,应校核(宜标注)建筑墙体耐火等级。调压站放散管管口应高出其屋檐 1.0 m 以上。调压柜的安全放散管管口距地面的高度不应小于 4.0 m;设置在建筑物墙上的调压箱的安全放散管管口应高出该建筑物屋檐 1.0 m;地下调压站和地下调压箱的安全放散管管口也应按地上调压柜安全放散管管口的规定设置。带放散管的调压箱靠建筑安装要结合规范给出放散管的安装要求。关于地下调压箱的设置,设计要给出详细要求或大样图。

【问题 14】 阀门位置设置不当,位置不合理;天然气门站和调压储配站施工图中,进出站管线未设置截断阀门和绝缘法兰;工艺装置区进出站管线上的截止阀门均设于工艺装置区内,未与工艺装置区保持一定距离。

【分析与对策】 燃气进出厂站管道设置切断阀门,作用是发生事故时能及时切断燃气,这是防止事故影响扩大的一种安全措施。燃气进出站管道设置绝缘装置,主要是为了使站内管道与站外采用阴极保护防腐的输配管道相互绝缘隔离,延长输配管道的使用寿命。《燃气工程项目规范》GB 55009-2021 和《城镇燃气设计规范》GB 50028-2006(2020 年版)中均给出了燃气管道阀门的设置原则与要求。

《燃气工程项目规范》GB 55009-2021 第 4.2.6 条规定"进出燃气厂站的燃气管道应设置切断阀门。燃气厂站内外的钢质管道之间应设置绝缘装置";第 5.1.19 条规定"输配管道上的切断阀门应根据管道敷设条件,按检修调试方便、及时有效控制事故的原则设置";第 5.2.12 条规定"调压站、调压箱、专用调压装置的室外或箱体外进口管道上应设置切断阀门。高压及高压以上的调压站、调压箱、专用调压装置的室外或箱体外出口管道上应设置切断阀门。阀门至调压站、调压箱、专用调压装置的室外或箱体外的距离应满足应急操作的要求";

第 5.3.11 条规定“用户燃气管道阀门的设置部位和设置方式应满足安全、安装和运行维护的要求。燃气引入管、用户调压器和燃气表前、燃具前、放散管起点等部位应设置手动快速切断阀门”。

《城镇燃气设计规范》GB 50028-2006（2020 年版）中，第 6.3.13 条规定了次高压、中压燃气干管上分段阀门及关断阀的设置要求；第 6.4.19 条规定了城镇高压燃气管道阀门的设置要求；第 6.6.10 条给出了调压站室外阀门距调压站的参考距离，即第 3 款规定，关于调压站室外进、出口管道上的阀门距调压站的距离，“当为地上单独建筑时，不宜小于 10 m”，“当为调压柜时，不宜小于 5 m”，“当为露天调压装置时，不宜小于 10 m”。

燃气厂站、管道设计中，应在满足规范的同时考虑维护管理方便，合理设置关断阀门，使得管道碰口、维修等施工操作时停气范围不大，发生事故时能有效控制事故范围。气源干管相邻切断阀门关闭后受它影响停气的范围不应太大，当切断支管供应气时，不致导致干管停气；当支管与干管碰口连接时减少干管停气时间。

按规范要求，门站和调压储配站进出站管线必须设置截断阀，同时截断阀的位置应与工艺装置区保持一定距离，以确保在紧急情况下便于接近和操作，使损失降至最低；截断阀应当具备手动操作的功能。当城市门站与长输管道分输站相距比较近（如 100 m 以内）时，在紧急事故情况下，分输站截断阀可紧急切断。因此，门站截断阀门与分输站截断阀门在两站距离较近时可合并考虑。

【问题 15】 进入锅炉房的燃气管道未设自动和手动切断阀。

【分析与对策】《建筑防火通用规范》GB 55037-2022 第 4.1.5 条规定：“附设在建筑内的燃油或燃气锅炉房、柴油发电机房. 除应符合本规范第 4.1.4 条的规定外，尚应符合下列规定：……燃油或燃气管道在设备间内及进入建筑物前，应分别设置具有自动和手动关闭功能的切断阀。”

采用管道从建筑外引入燃油或燃气的锅炉房和发电机房，在这些管道进入锅炉房和发电机房前的室外设置应急切断阀，可以在事故时及时切断燃油或燃气供应；在设备房内的燃油或燃气输送干管上方便人员安全快速操作的位置设置应急切断阀，可以方便人员就地快速切断燃料供应。在这些位置设置切断阀均是隔断燃料源，阻止火灾进一步扩大，预防发生次生事故的有效措施。应急切断阀应具有自动和手动关闭的功能，其自动关闭功能应与设备用房内的火灾自动报警系统或锅炉、发电机的事故应急系统联锁。

【问题 16】 用户燃气表选型及参数不合理。

【分析与对策】 燃气计量器具是供气企业与管道燃气用户进行结算的计量依据。对各类用户按户计量是减少浪费、合理使用燃气的重要措施。这样既能达到节能减排的要求，又能使企业合理控制和使用燃气，提高能源效率，堵塞浪费漏洞，提高经济效益。燃气表或流量计器具应依据燃气的类别、压力、温度、流量（工作状态、标准状态）等必要参数选择。燃气表的选型关系到燃气表的使用寿命、管理、贸易计量等。《燃气工程项目规范》GB 55009-2021 第 5.3.5、5.3.6 条规定了设置燃气计量器具的要求。燃气表的选型还要结合供气企业及当地燃气管理部门的意见。

【问题17】 室外架空敷设的燃气管道、室外燃气设备、放散管等设施未做防雷、防静电接地。

【分析与对策】《燃气工程项目规范》GB 55009-2021第4.1.13条规定"燃气厂站内的建(构)筑物及露天钢质燃气储罐、设备和管道应采取防雷接地措施";第5.2.17条规定"燃气调压站的电气、仪表设备应根据爆炸危险区域进行选型和安装,并应设置过电压保护和雷击保护装置"。

《城镇燃气雷电防护技术规范》QX/T 109-2021第6.1.3条规定,地上或非充沙管沟内燃气金属管道的始端、末端、分支处以及直线段每隔200~300 m处,应设置接地装置,其冲击接地电阻不应大于10 Ω,架空敷设的燃气金属管道接地点应设置在固定管墩(架)处。距离建筑物100 m内的管道,宜每隔25 m左右接地一次,其冲击接地电阻不应大于10 Ω。第6.1.4条规定,进出建筑物的燃气金属管道的进出口处,室外的屋面管、立管、放散管、引入管和燃气设备等处均应就近与建筑物接地装置连接或进行雷电防护等电位连接。第6.2.1~6.3.6条规定了进出场站的燃气金属管道和燃气终端用户金属管道设置雷电防护装置和接地的要求。

《城镇燃气设计规范》GB 50028-2016(2020年版)第10.2.39、10.5.9、10.8.5条等条文规定了进出建筑物的燃气管道的进出口处,室外的屋面管、立管、放散管、引入管和燃气设备等处设置防雷、防静电接地设施的要求。

因此,敷设在室外的燃气管道需设置可靠的防雷接地装置,室外埋地钢质燃气管道还应结合阴极保护腐蚀控制系统和绝缘连接设置防雷措施。

【问题18】 聚乙烯管道和钢骨架聚乙烯复合管道与热力管道之间的水平净距和垂直净距,未按照《聚乙烯燃气管道工程技术标准》CJJ 63-2018中的表4.3.2-1和表4.3.2-2的规定设计。

【分析与对策】 由于聚乙烯材料对温度较为敏感,在较高温度下其耐压强度降低,为了保证管道系统使用的安全性,在设计时要考虑较高工作温度对管道运行的不利影响,聚乙烯管道与供热管道的净距应保证聚乙烯管在温度低于40 ℃的土壤环境中使用;在垂直交叉处应对聚乙烯管道加套管加以保护。

在《聚乙烯燃气管道工程技术标准》CJJ 63-2018中,考虑到不同种类热力管道对聚乙烯管道的影响不同,对直埋热力管道区分了热水管道和蒸汽管道,对于聚乙烯燃气管道与直埋热力管道的水平净距和垂直净距,应执行此规范中表格的规定,而不应仅按照《城镇燃气设计规范》GB 50028-2006(2020年版)中的表6.3.3-1和表6.3.3-2进行设计。

【问题19】 燃气管道、管件的选用问题。如某高压计量站管道系统图中标注"无缝钢管"的规格为"D273.1×9.5",而在其选用的管材标准中没有该外径的钢管系列。另如在高压输气管道工程中管道采用螺旋焊缝钢管,在管件要求说明中,对于弯管仅说明"材质与管道相同",未注明"不得采用螺旋焊缝钢管制作",交代不清楚,使得在施工中容易发生采用螺旋焊缝钢管制作弯管的情况,违反规范。

【分析与对策】"D273.1×9.5"实际为直缝电阻焊钢管系列的标准规格,这反映了设计人员对钢管标准规格不熟悉,这是因不同管道标准系列相互混淆而产生的问题。

弯头是城镇天然气高压输气管道中用得最多的管道附件。《城镇燃气设计规范》GB 50028-2006（2020年版）第6.4.4条第6款规定，管道附件不得采用螺旋焊缝钢管制作。由于城市门站后天然气输气管道供气高峰和低峰变化大且频繁，城镇天然气高压输气管道应是属于“较大疲劳载荷区的重要场合”；若采用螺旋焊缝钢管做弯管，其焊缝不易避开弯管产生的最大环向应力区，从而产生安全隐患。对于管道采用螺旋焊缝钢管的工程项目，现场易发生弯管也采用螺旋焊缝钢管制作的情况，所以应在说明中特别注明“不得采用螺旋焊缝钢管制作”。

【问题20】 工艺场站中工艺系统的安全保护设计问题。

【分析与对策】 许多工艺场站中经常采用集成撬装设备，以细线框表示，设计者对其性能缺少要求和说明。设计人员应了解和熟悉成套设备的工艺流程和安全保护内容。其有责任在施工图设计中对成套供应的工艺设备和管道系统的规格、性能、安全保护系统提出明确要求，要求其满足相关国家标准和行业规范，并在工艺流程图中明确绘出相关安全监控设施和必要的安全保护阀门，比如工艺设施及相连的工艺管道上的紧急切断阀、安全阀、紧急放散阀、拉断阀等，以保证整体系统设计性能的可靠和运行安全。

【问题21】 施工图设计深度不够，主要问题如下：

①设计依据普遍缺少规划部门审批意见和相关前期文件的批复；

②工程概况中缺少对总体工程的描述；

③工艺场站缺少总平面图；

④工艺场站缺少工艺设备及管道剖面图、支吊架图，管道支架未区分固定支架、滑动支架等；

⑤缺少设备、管道安装连接详图；

⑥缺少非标设备图纸；

⑦市政管道工程缺少管线纵断面图；

⑧缺少特殊穿、跨越图；

⑨缺少电化学保护装置图；

⑩缺少场站内燃气设施及架空燃气管道防雷、防静电接地设计内容；

⑪缺少阀门井、凝水缸等通用设施的做法；

⑫缺少局部详图（节点大样、转弯大样）。

【分析与对策】 交给施工、安装单位一套清晰完整的设计图纸，能节约双方沟通的时间，增加工程实施成果与设计预期的一致性，减少设计变更，节省投资，使工程的顺利实施拥有最基本的保证。设计部门应该根据《市政公用工程设计文件编制深度规定》（2013年版）第七篇第三章的要求进行设计。

【问题22】 设计说明中缺“危大工程”专项说明。

【分析与对策】《危险性较大的分部分项工程安全管理规定》（中华人民共和国住房和城乡建设部令第37号）和《住房城乡建设部办公厅关于实施〈危险性较大的分部分项工程安全管理规定〉有关问题的通知》（建办质〔2018〕31号）规定：①设计单位应当在设计文件

中注明涉及危大工程的重点部位和环节,提出保障工程周边环境安全和工程施工安全的意见,必要时进行专项设计;②施工单位应当在危大工程施工前组织工程技术人员编制专项施工方案;③对于超过一定规模的危大工程,施工单位应当组织召开专家论证会对专项施工方案进行论证。《河北省房屋建筑和市政基础设施工程危险性较大的分部分项工程安全管理实施细则》也有相关要求。

室外燃气输送管线相关的危大工程包括:①开挖深度超过3 m(含3 m)的基坑(槽)的土方开挖、支护、降水工程;②开挖深度虽未超过3 m,但地质条件、周围环境和地下管线复杂,或影响毗邻建、构筑物安全的基坑(槽)的土方开挖、支护、降水工程。另外,开挖深度超过5 m(含5 m)的基坑(槽)的土方开挖、支护、降水工程,属于超过一定规模的危险性较大的分部分项工程。上述情况均应在设计文件中说明体现,注明重点部位和环节,提出安全意见,必要时应进行专项设计。

第7章

防空地下室

7.1 建筑专业

【问题 1】 什么是防空地下室室外出入口?

【分析与对策】《人民防空地下室设计规范》GB 50038-2005(2023 年版)第 2.1.24 条将室外出入口定义为通道的出地面段(无防护顶盖段)位于防空地下室上部建筑投影范围以外的出入口。

战时城市遭空袭后,尤其是遭核袭击后,地面建筑物会被严重破坏,以致坍塌,防空地下室的室内出入口极易堵塞。因此,除强调出入口的设置数量外,还应注重设置室外出入口。

室外出入口与室内出入口的区别在于出入口上部有无建筑,规范规定室外出入口在预定武器打击下,不能破坏,不能堵塞,不能影响空袭后正常使用。

【问题 2】 防空地下室可否采用直通式出入口?

【分析与对策】《人民防空地下室设计规范》GB 50038-2005(2023 年版)第 3.3.10 条明确规定,乙类防空地下室和核 5 级、核 6 级、核 6B 级的甲类防空地下室,其独立式室外出入口不宜采用直通式;核 4 级、核 4B 级的甲类防空地下室的独立式室外出入口不得采用直通式。

【问题3】 核5级独立式室外出入口防护密闭门外的通道长度怎么计算?

【分析与对策】 核5级甲类防空地下室防护密闭门外通道长度是早期核辐射防护的要求,通道长度与防空地下室的战时功能、城市高程、通道净宽有关。

对于二等人员掩蔽部,宽度不大于2 m的通道,长度大于5 m即可;宽度大于2 m的通道,尚应按规范要求进行修正。

防护密闭门外通道宽度不同时,应根据宽度分别计算,综合取值。

【问题4】 相邻防护单元的防化等级不同时,单元连通口是否需要设置防毒通道、密闭通道?

【分析与对策】《人民防空地下室设计规范》GB 50038-2005(2023年版)第3.2.10条规定,同层两相邻防护单元之间应至少设置一个战时连通口。

有防化要求的两相邻防护单元之间的连通口,可采用单墙双防护密闭门形式。无防化要求的防护单元与有防化要求的防护单元之间的连通口,可采用密闭通道或防毒通道的形式。无防化要求的两相邻防护单元之间的连通口,可采用单墙双防护密闭门形式。

【问题5】 人防门常闭时,是否能代替防火门使用?

【分析与对策】 人防门质量较大,开启与关闭不灵活,且不能保证平时防火防烟等要求,故人防门不能代替防火门使用。

【问题6】 平时使用有影响的人防专用室外楼梯,是否可以在平时盖板封闭,临战转换打开?

【分析与对策】 转换量过大,不宜采用。

【问题7】 防化级别为乙级以上的防空地下室无核化报警设计。

【分析与对策】 防化级别为乙级的防空地下室,例如医疗救护工程、防空专业队队员掩蔽部、一等人员掩蔽部等均应设置毒剂报警器。防化级别为甲级的防空地下室,应设置毒剂报警器和射线报警器。

【问题8】 人防柴油电站排烟、排风竖井和进风竖井的设计问题。

【分析与对策】 排风和排烟共用竖井时,排烟活门和排风活门应竖向错开或设置墙体隔开;进风竖井与排风、排烟竖井的水平距离不宜小于15 m,或其进风口和排风、排烟口的竖向高差不宜小于6 m。

【问题9】 电站未设置发电机组运输口。

【分析与对策】《人民防空地下室设计规范》GB 50038-2005(2023年版)第3.6.3条规定,移动电站应设有发电机房,且发电机房应设有能够通至室外地面的发电机组输出入口,即电站设置通至室外地面的发电机组运输口,无设置条件时,运输口不得设置在清洁区,可在普通地下空间设置吊装孔。

【问题10】 防化器材储藏室设置不符合要求。

【分析与对策】 防化丙级以上的防空地下室,在靠近战时主要出入口的工程主体内设置防化器材储藏室。不同功能的防空地下室防化器材的配备标准详见《人民防空工程防化器材编配标准》RFJ014-2010。

《人民防空工程防化设计规范》RFJ013-2010 规定，医疗救护、防空专业队工程防化器材储藏室不宜小于 12 m²，其他工程不宜小于 8 m²；防化器材储藏室的换气次数不应小于 4 次/h。

【问题 11】 洗消间的洗脸盆设置在淋浴器之前还是之后？

【分析与对策】 根据《人民防空工程防化设计规范》RFJ013-2010 第 6.1.3 条，洗脸盆应设置在淋浴器之前。

7.2　结构专业

【问题 1】 地下防护结构的特点有哪些？

【分析与对策】 ①结构安全性可靠指标可适度降低；②结构允许进入塑性工作状态；③结构材料强度可以适度提高；④应考虑结构的动力响应（可通过等效静荷载法）；⑤应重视结构的构造要求。

【问题 2】 当人民防空工程兼作地震应急避难场所时，工程的抗震设防类别、安全等级、结构重要性系数等如何确定？

【分析与对策】 按照《人民防空工程兼作地震应急避难场所技术标准》DB13（J）/T 111-2017 第 4.1.3 条第 2 款，人民防空工程兼作地震应急避难场所的结构应按重点设防类（乙类）建筑进行地震设防。按照《建筑结构可靠性设计统一标准》GB 50068-2018 第 3.2.1 条及条文说明，其安全等级宜规定为一级。因此对人民防空工程兼作地震应急避难场所的结构，当考虑持久设计状况和短暂设计状况时，结构重要性系数应取 1.1；当考虑偶然设计状况（含战时荷载工况）和地震设计状况时，结构重要性系数应取 1.0。

【问题 3】 防空地下室工程各部位是否都应该采用防水混凝土？

【分析与对策】 与土壤直接接触的顶板、外墙、底板以及上部建筑范围内的顶板应采用防水混凝土，混凝土抗渗等级应满足《建筑与市政工程防水通用规范》GB 55030-2022 的要求；临空墙、门框墙、防护单元隔墙、密闭墙等有密闭要求的墙体，宜采用防水混凝土。

【问题 4】 施工后浇带设置的问题。

【分析与对策】 后浇带应避开防空地下室口部、门框墙、临战封堵等防护密闭要求较高的部位。

【问题 5】 何种情况下防空地下室顶板底面可以高出室外地平面？高出室外地平面的外墙人防等效静荷载如何取值？

【分析与对策】（1）乙类防空地下室的顶板底面可以高出室外地平面，但高度不得大于该地下室净高的 1/2。高出室外地平面的外墙人防等效静荷载标准值，对于常 5 级可取

400 kN/m^2,对于常 6 级可取 180 kN/m^2。

(2)上部结构为砌体结构的甲类 6(6B)级防空地下室顶板底面可以高出室外地平面,其顶板底面高出室外地平面的高度不得大于 1.0 m。高出室外地平面的外墙人防等效静荷载标准值,对于核 6 级可取 130 kN/m^2,对于核 6B 级可取 80 kN/m^2。

(3)上部结构为砌体结构的甲类 5 级防空地下室顶板底面可以高出室外地平面,其顶板底面高出室外地平面的高度不得大于 0.5 m,并应在临战前在高出室外地平面的外墙外侧覆土。

除以上情况外,防空地下室顶板底面均不得高出室外地平面。

【问题 6】 防倒塌棚架设计有哪些注意事项?

【分析与对策】(1)防倒塌棚架必须单独设置,不得与周围建筑结构相连。

(2)为减少梁、柱水平动荷载,防倒塌棚架顶板应采用水平板,不应采用折板、拱形板。

(3)为减少柱垂直荷载受荷面积,檐口不宜挑出太多,一般取 300~500 mm。挑檐板应按平时荷载设计,其厚度应小,在下部受压区不应配筋。棚架顶板应双面配筋。顶板上不得设置钢筋混凝土女儿墙。

(4)防倒塌棚架的围护构件应采取轻质易被破坏的材料构筑,不得采用设拉结钢筋的砌体隔墙。

(5)防倒塌棚架的柱宜采用正方形,柱截面尺寸不宜大于 300 mm × 300 mm,柱基础埋深大于 1 m,柱上端钢筋应锚入边梁和顶板,但不应伸入挑檐板内。

(6)防倒塌棚架的梁宜采用扁平梁,其截面高度不宜大于 300 mm。

(7)防倒塌棚架布置在室内时应注意在出地面时与主楼结构脱开。

【问题 7】 防护设备的选用有何注意事项?

【分析与对策】(1)防护设备的设计压力值不得小于作用在防护设备上的空气冲击波超压设计值。

(2)防护设备应选用经国家批准的定型(标准化)产品。

(3)当选用的防护设备无对应抗力级别的定型产品时,不得用两道或者多道低抗力级别的防护设备代替,可选用高一级的定型产品。

(4)当消波系统选用高一级抗力的防爆波活门时,消波率应乘以 0.8 的折减系数。

【问题 8】 如何考虑扩散室墙体的等效静荷载标准值?

【分析与对策】(1)扩散室与土(岩)体直接接触的外墙,按承受土中的压缩波作用确定等效静荷载。

(2)甲类防空地下室中扩散室与工程内部相连的墙体,应按临空墙考虑,其等效静荷载为扩散室余压的 1.3 倍。

(3)乙类防空地下室中扩散室与防空地下室内部房间相邻的临空墙可不计入常规武器爆炸产生的等效静荷载,但应符合临空墙的构造要求。

【问题 9】 乙类防空地下室下沉广场处临空墙的等效静荷载如何计算?

【分析与对策】下沉广场处临空墙的等效静荷载标准值为临空墙的动力系数与临空墙上空气冲击波反射超压峰值的乘积。对于常 5 级防空地下室，下沉广场处临空墙上的空气冲击波反射超压峰值可取 2.21 MPa；对于常 6 级防空地下室，下沉广场处临空墙上的空气冲击波反射超压峰值可取 0.95 MPa。临空墙的动力系数可按《人民防空地下室设计规范》GB 50038-2005（2023 年版）第 4.6.5 条确定。

【问题 10】结构构件的延性、延性比指的是什么？影响延性比的因素有哪些？

【分析与对策】延性是结构或构件在屈服后，能够保持承载力不降低或基本不降低，并且具有足够塑性变形能力的一种性能。延性比为构件允许出现的最大变位与弹性极限变位的比值。延性比与结构构件的材料、受力状态、使用要求及动荷载类别有关。

【问题 11】根据《人民防空地下室设计规范》GB 50038-2005（2023 年版）第 4.10.4 条，楼板跨中截面的计算弯矩值可乘以折减系数 0.7。本条是否只针对弹性算法，采用塑性算法和有限元方法时是否考虑此折减系数？

【分析与对策】结构承载状态下楼板中产生的轴力可以提高板的承载力。承载力的提高幅度与边界的约束条件有关，板受到横向约束是轴力产生的重要条件，而发生较大变形是面力效应充分发挥的前提。地下防护工程主要承受冲击爆炸作用，荷载作用允许进入塑性工作阶段并产生较大变形，形成拉-压作用。考虑面力作用可充分发挥防护结构构件的承载潜力。在工程设计中，为计算简便，在计算内力时不再直接考虑轴力效应的有利作用，而是对跨中截面的计算弯矩予以折减。弹性算法或由非弹性变形引起塑性内力重分布的算法都可以考虑折减系数，有限元计算方法由于已计入板轴力作用，不应再考虑弯矩折减系数。

【问题 12】《防空地下室结构设计（2007 年合订本）》（FG01~05）中防倒塌棚架的梁、柱配筋不满足《建筑抗震设计标准》GB/T 50011-2010（2024 年版）时，设计时是否需要进行抗震复核？

【分析与对策】防倒塌棚架以及竖井通风口的梁、柱，除应满足《人民防空地下室设计规范》GB 50038-2005（2023 年版）的要求外，尚应符合《建筑抗震设计标准》GB/T 50011-2010（2024 年版）的相关要求。

【问题 13】防空地下室基础采用条形基础、独立柱基础时，基础计算应注意哪些问题？

【分析与对策】对于甲类防空地下室，条形基础宽度、独立柱基础尺寸按平时工况计算确定；基础强度（抗弯、抗剪、抗冲切）应按平时和战时两种工况分别计算，并应取最不利的效应组合进行设计。

对于乙类防空地下室，基础按平时工况进行设计，不计入常规武器地面爆炸产生的等效静荷载。

【问题 14】当防空地下室基础采用条形基础或独立柱基础加防水底板时，防水底板上的等效静荷载如何取值？

【分析与对策】对于甲类防空地下室，当防水底板位于地下水位以下（在饱和土中）

时，防水底板上的等效静荷载按《人民防空地下室设计规范》GB 50038-2005(2023年版)第4.8.16条取用；当防水底板位于地下水位以上(在非饱和土中)时，防水底板上不考虑核武器爆炸的等效静荷载作用，按平时工况进行设计。

对于乙类防空地下室，防水底板按平时使用状态的结构设计荷载进行设计。

【问题15】什么情况下，防空地下室筏板基础可不设拉结筋？

【分析与对策】①乙类防空地下室底板可不设拉筋；②核5级、核6级、核6B级甲类防空地下室，其底板配筋由平时设计荷载控制，且受拉钢筋配筋率小于相应的最小配筋率时可不设拉结筋。

【问题16】对于多层防空地下室，当物资库未设置在最底层时，物资堆放荷载如何考虑？

【分析与对策】物资库应按平时和战时两种工况分别进行计算，并取不利组合进行结构设计。物资堆载应根据存放物资的类别、堆垒方式综合确定。平时工况下，物资堆载按活荷载考虑；战时工况下，物资堆载按静荷载考虑。

7.3 给水排水专业

【问题1】防空地下室的给水水源及给水引入管如何设置？

【分析与对策】《人民防空地下室设计规范》GB 50038-2005(2023年版)第6.2.1条规定，“防空地下室宜采用城市市政给水管网或防控地下室的区域水源供水”，而不是由小区内的二次加压设备供水。从有利于人防给水防护能力的角度考虑，给水引入管应优先从地下室侧墙(非临空墙)引入，室外覆土层的保护有利于引入管段的防护。当条件不具备时也可从临近非人防区域引入，但应避开建筑物倒塌区域。

【问题2】防空地下室各防护单元战时水箱补水管是否需要独立设置？

【分析与对策】各防护单元独立补水更有利于战时供水管理及战后的抢修抢建。但在实际设计中，有些工程受到建筑红线或供水条件等因素限制，各防护单元可共用入户管道。紧急转换时限(3 d)内水箱充水完毕，补水管道上防护阀门关闭，战时各防护单元供水系统相互独立。

【问题3】战时给水增压泵出水管可否与市政给水管道连通？

【分析与对策】《人民防空地下室设计规范》GB 50038-2005(2023年版)第6.2.1条条文说明规定，内部设置的贮水池(箱)不属于自备内水源。因此，战时水泵出水管可以与市政给水管道连通，并根据水流方向设置控制阀门。

【问题4】战时水箱的材质有何要求？

【分析与对策】战时水箱的材质不得影响水质，采用不锈钢、搪瓷钢板等符合国家标准的水箱材质均可。

【问题 5】 战时人员生活、饮用水箱是否应设置消毒措施?

【分析与对策】《人民防空地下室设计规范》GB 50038-2005(2023 年版)第 6.2.7A 条规定,战时人员生活用水、饮用水贮水池(箱)应设置消毒装置,应有保证饮用水水质的措施。考虑到人防工程贮水时间较长,存在细菌超标的风险,因此应增加消毒设备,消毒设备可采用紫外线消毒器或水箱自洁器。

【问题 6】 管道穿过防空地下室密闭墙是否需设置防护阀门?

【分析与对策】《人民防空地下室设计规范》GB 50038-2005(2023 年版)第 6.2.13 条条文说明指出,防护阀门是指为防冲击波及核生化战剂由管道进入工程内部而设置的阀门。因此,管道由清洁区进入染毒区时,为防止有毒空气渗漏,应在密闭墙前的清洁区一侧设置防护阀门。

【问题 7】 防护阀门的连接方式可否采用卡箍或沟槽连接?

【分析与对策】《人民防空工程施工及验收规范》GB 50134-2004 第 11.3.4 条第 2 款规定,防爆波闸阀与管道应采用法兰连接。因此,不允许采用卡箍或沟槽连接。

【问题 8】 设计图纸中不绘制防护阀门图例是否可行?

【分析与对策】《人民防空地下室设计规范》GB 50038-2005(2023 年版)第 6.2.13 条第 3 款明确规定,防护阀门应采用阀芯为不锈钢或铜材质的闸阀或截止阀。设计中采用满足规范要求的闸阀或截止阀即可,无须在图例中单独表示防护阀门。

【问题 9】 何为战时生活污水池贮备容积?

【分析与对策】 根据《人民防空地下室设计规范》GB 50038-2005(2023 年版)第 6.3.5 条及条文说明,贮备容积指水泵启动水位与最高水位之间的容积。生活污水池贮备容积应大于防护单元在隔绝防护时间内产生的全部生活污水量的 1.25 倍。

【问题 10】 上部建筑地面废水可否进入下层防空地下室?

【分析与对策】 原《人民防空地下室设计规范》GB 50038-2005 第 6.3.15 条从减少集水坑数量,降低造价方面考虑,允许上层建筑平时消防排水及地面冲洗废水通过防爆波地漏排入下层人防工程。经过多年的工程实践,此种做法存在一定的战时安全隐患,因此 2023 年版规范已删除此条文,上部建筑的此类排水问题可采用吊坑的方式解决。

【问题 11】 防空地下室战时生活污水池压力排水管如何布置?

【分析与对策】 防空地下室位于地下一层时,每个防护单元的战时生活污水池压力排水管应从本防护单元内独立排出,不应穿越其他防护单元或非防护区;防空地下室位于地下二层及以下时,战时生活污水池压力排水管可竖向穿至负一层出户,但仍不可跨越同层其他防护单元或非人防区。

【问题 12】 人防口部的洗消设备(冲洗栓或冲洗龙头)能否设置在清洁区靠近口部的位置或在口部的非防护区?

【分析与对策】 不可以。《人民防空工程防化设计规范》RGJ013-2010 第 6.2.1 条规定,第一防毒通道或缓冲通道内应设置工程口部洗消用的给水管和闸阀。洗消设备的设置位置应考虑以下因素:首先应避免冲洗设备在战时受到冲击波的破坏;其次应便于战后洗消人防工程口部的墙、地面、顶板,防止在洗消过程中清洁区受到污染。因此洗消设备通常设于防毒通道、密闭通道、除尘滤毒室等房间内。

【问题 13】 战时口部洗消龙头是否应设置真空破坏器?

【分析与对策】《建筑给水排水设计标准》GB 50015-2019 第 3.3.10 条第 4 款规定,出口接软管的冲洗水嘴(阀)、补水水嘴与给水管道连接处应设置真空破坏器等防回流污染设施。此条文的目的是防止管道出现负压回流污染生活饮用水。

防空地下室口部设置洗消冲洗龙头的目的是战后对口部被污染区域进行洗消,口部洗消通常采用水箱、供水泵的供水方式,战时水箱溢水管与补水管间设有空气间隔,若水箱补水管未与压力供水管道相连,即使出现负压回流也不会对水箱补水管造成影响,不会影响平时生活用水的水质;其次口部洗消通常在战后由经过培训的专业队员进行操作,此时掩蔽人员已无须在工程内生活,即使污染也不会对人员的健康造成威胁。因此战时冲洗龙头无须设置真空破坏器。

【问题 14】 防空地下室口部洗消废水如何收集与排出?

【分析与对策】《人民防空地下室设计规范》GB 50038-2005(2023 年版)第 3.4.10、6.4.5、6.4.7 条规定:

①战时主要出入口的防护密闭门外及进风竖井应设集水坑,采用移动式排水设备排水;

②洗消间应在淋浴室或脱衣室设集水池,采用固定式排水设备排水,简易洗消间设置集水池可采用移动式排水设备排水;

③防毒通道、密闭通道、扩散室、除尘室、滤毒室可通过集水坑或防爆波地漏收集洗消废水,采用移动式排水设备排水;

④洗消废水集水坑深不宜小于 0.6 m,容积不宜小于 0.5 m^3,简易洗消间集水池的有效容积应大于人员简易洗消水量与该房间口部洗消水量之和,当防空地下室设在地下二层及以下时,洗消废水集水池宜采用移动式电动排水设备排水。

【问题 15】 除尘室是否需要设置口部洗消设施?

【分析与对策】 除尘室是否设置口部洗消设施,应以除尘室是否处于染毒区为判断依据。若除尘室设于清洁区内,则无须要设置口部洗消设施。

【问题 16】 防空地下室主要出入口扩散室内的口部洗消排水可否排入防毒通道内的人员洗消废水池?

【分析与对策】《人民防空工程施工图设计文件审查技术规程》RFJ001-2021 第 5.4.3 条规定,人员洗消废水池不得与防护密闭门外的洗消污水集水坑共用。从染毒程度方面分析,扩散室的染毒程度与室外基本相同,其染毒废水应直接排入防护密闭门外的洗消污水集水坑。

【问题 17】 什么情况下,洗消集水坑要设防护盖板?

【分析与对策】 防爆波地漏只能承受正向冲击波，无法承受反向冲击波，防护盖板的作用是防止冲击波对防爆波地漏的反向破坏，故当洗消集水坑设在防护区外并且有防护区内的排水管道接入时，此洗消集水坑应设防护盖板。

【问题 18】 当多层防空地下室为不同的防护单元时，洗消排水系统应如何设置？

【分析与对策】 上层防护单元洗消废水不应排入非同一防护单元的下层防空地下室，故洗消排水集水坑也应根据防护单元分开设置，且应设于不同的防护单元内，并宜采用同层排水。当多层人防工程共用楼梯间作为人防出入口时，防护密闭门外的洗消排水及共用竖井的洗消排水的排水集水坑可统一设于底层。

【问题 19】 人防工程柴油电站的洗消用水、冷却水箱补水、拖布池用水的水源如何确定？

【分析与对策】 依据《人民防空地下室设计规范》GB 50038-2005（2023 年版）第 6.4.5 条，不存贮柴油发电机房的洗消用水，电站防毒通道的人员洗消及口部洗消用水可由相邻防护单元内的加压供水设备供给；电站冷却水箱的充水需要在紧急转换时限（3 d）内完成，可接市政给水管网；电站内的拖布池主要供战前清扫使用，其给水由市政供水管网供给较为合理。

【问题 20】 柴油电站供油系统如何设置？

【分析与对策】 当电站为移动电站时，设置桶装柴油即可。当电站为固定电站时，应设置贮油箱，贮油箱的数量不得少于 2 个。贮油箱可高架形成自流供油，贮油箱出油管的中心应高出机房地面 1.0 m 以上。如贮油箱不能形成自流供油，应设置高架日用油箱及供油泵，由供油泵向日用油箱供油，日用油箱自流供油至柴油发电机，日用油箱出油管应比柴油机进油管的进口高 0.5~1.0 m。

【问题 21】 柴油电站贮油间内的贮油箱是否应设置通向室外的通气管，并设置带阻火器的呼吸阀？

【分析与对策】 设计时应根据柴油电站的平时使用状况确定。如果贮油箱平时贮油，则须严格按《建筑设计防火规范》GB 50016-2014（2018 年版）第 5.4.15 条第 2 款设置通向室外的通气管及带阻火器的呼吸阀；如果贮油箱平时不贮油，仅战时贮油，则无须设置通向室外的通气管，仅在贮油箱设置防火透气帽即可。

【问题 22】 柴油电站贮油间内是否应设置集油坑？

【分析与对策】《建筑设计防火规范》GB 50016-2014（2018 年版）第 5.4.15 条第 2 款规定，油箱的下部应设置防止油品流散的设施。考虑到柴油的沉淀，泄油管需要排除沉渣，因此固定电站贮油间宜设置集油坑。

【问题 23】 二等人员掩蔽部战时水箱及供水设备平时是否安装到位？

【分析与对策】《人民防空工程平战功能转换设计标准》DB13（J）/T 8393-2020 第 7.0.2 条规定，二等人员掩蔽工程的战时水箱和增压设备竣工验收合格后可拆除统一封存。

因此,二等人员掩蔽部在工程竣工验收时,战时水箱及增压设备应安装到位,竣工验收后为不影响平时使用功能,战时水箱可拆除并封存。

【问题24】 兼作应急避难场所的人防工程,应急避难水箱应如何设置?是否需要平时安装到位?

【分析与对策】 若战时水箱的贮水量满足地震应急避难时的贮水量要求,可利用战时贮水箱兼作地震应急避难时的贮水箱,否则宜单独设置避难时的贮水箱;由于地震发生后,应对人民防空工程兼作地震应急避难场所进行安全评估,评估合格后方可启用,因此应急避难水箱平时可不安装。

【问题25】 防空地下室口部密闭通道、防毒通道、简易洗消间、检查穿衣室、脱衣室、淋浴间、除尘滤毒室是否应设置自动喷水灭火系统?

【分析与对策】 根据《建筑设计防火规范》GB 50016-2014(2018年版)第8.3.3、8.3.4条,设有自动喷水灭火系统的人防工程,除规范另有规定和不适用水保护或灭火的场所外,均应设置自动喷水灭火系统。喷头的布置要根据各房间的使用功能确定,检查穿衣间、脱衣间、淋浴室、除尘滤毒室平时不使用且无可燃物,则无须设置自动喷水灭火系统;密闭通道、防毒通道如平时作为消防疏散使用,应设置自动喷水灭火系统,喷头应布置至防火门处,如平时不使用,则无须设置自动喷水灭火系统。

【问题26】 平战结合的电站和仅战时使用的电站自动喷水灭火系统如何设计?

【分析与对策】 仅战时使用的电站无须要考虑消防。平战结合的电站应根据平时使用功能进行消防设计。

【问题27】 防化通信值班室、防化器材储藏室是否应配置灭火器?

【分析与对策】 依据《人民防空工程防化设计规范》RFJ013-2010第9.1.2条第6款、第9.3.4条的规定,防化通信值班室及防化器材室均应设置干式灭火装置。

7.4 暖通专业

【问题1】 计算战时新风量时可否取下限值?

【分析与对策】 规范给出的战时新风量下限值是最低标准,设计时可按最低标准计算,但工程的设计计算值不应取最低标准值,应高于最低标准值。

【问题2】 在计算主体滤毒送风量时,电站防毒通道排风量是否与战时主要口排风量相加?

【分析与对策】 计算主体滤毒送风量时可以不考虑两者同时使用,两个风量可不相加,但应均满足其换气次数。

【问题3】 人员掩蔽工程战时进风机选用离心风机还是轴流风机?

【分析与对策】 战时进风系统中设有油网除尘器、过滤吸收器等过滤设备,随着这些设备收集灰尘量的增加，系统阻力也不断增加。不同风机系统的特性不同，离心风机系统运行得比较稳定，轴流风机系统运行不稳定。所以战时进风机宜选用离心风机，不宜选择轴流风机。

【问题 4】 人员掩蔽工程战时进风机选用两台还是一台？若选用一台风机，选择单速还是双速？

【分析与对策】 首先明确战时两种通风方式所需的参数。清洁式通风时需要大风量、小风压；滤毒式通风时需要小风量、大风压。双速风机高转速时风量大，风压也大；低转速时风量小，风压也小。所以一台双速风机不能满足两种通风方式的要求。若选用一台单速风机，则需要其性能参数范围满足两种通风方式的要求，一般这种风机很难选到。如果不能选出一台风机满足要求，则要考虑选用两台风机，分别设置，这是最合理的。

【问题 5】 选用战时滤毒进风机时风量和风压均乘以系数 1.2，选用过滤吸收器时滤毒进风量是否乘以系数 1.2？

【分析与对策】《人民防空工程防化设计规范》RFJ013−2010 第 5.2.6 条、第 5.2.7 条第 2 款已有明确规定。因此选用风机时乘系数，而选用过滤吸收器时不乘系数。

【问题 6】 战时清洁通风选用风机时，风机风量和风压附加多少？

【分析与对策】 战时清洁通风机风量应附加风管和设备的漏风量，一般取 5%~10%。风压在计算系统压力损失上宜附加 10%~15%，在设有除尘器等引起阻力变化的进风系统中，可以超过 15%。

【问题 7】 人员掩蔽工程是否需要均匀送风？每个抗爆单元是否必须设置送风口？

【分析与对策】 抗爆隔墙的高度在 2.0 m 左右，通风上并不是独立的掩蔽单元，战时送风一般利用平时通风管道和风口，气流组织可以通过多个抗爆单元，如一侧送风、另一侧排风，或两侧送风、中间排风等形式，没有必要每个抗爆单元都设置送风口，但须注意避免通风死角。

【问题 8】 人员掩蔽工程掩蔽人数较少时是否可以不设排风机？

【分析与对策】 人员掩蔽工程必须设排风机及完善的排风系统。

【问题 9】 战时排风系统中的自动排气活门个数如何计算选取？

【分析与对策】 计算式如下：

自动排气活门排风量=滤毒进风量−工程漏风量

工程漏风量=掩蔽区体积×7%（每小时）

自动排气阀门个数=自动排气活门排风量/设计超压值下排气活门的排气量

自动排气阀门个数计算结果为非整数值时的取值，如计算值=2.2，是选 2 个还是选 3 个，应对照自动排气活门的性能曲线，反算设计超压值下排气活门的排气量，保证超压值不小于 30 Pa，但是总体原则是宜少不宜多。

【问题 10】 防化器材储藏室的排风是排至清洁区还是排至室外？

【分析与对策】 防化器材储藏室需要干燥,空气流通,防止器材受潮霉变,且储存的物资有可能释放化学物质,排风宜排至室外。

【问题 11】 战时人防进、排风系统设置手动密闭阀门,还是手动、电动两用密闭阀门?
【分析与对策】《人民防空工程防化设计规范》RFJ013-2010 第 5.2.10 条规定,防化级别为甲、乙级的工程应设置手动、电动两用密闭阀门,防化级别为丙级的工程宜设置手动、电动两用密闭阀门。

【问题 12】 人防密闭阀门有哪些型号?连接管径有哪些不同?
【分析与对策】 密闭阀门主要有单连杆和双连杆两种。D40J-0.5 为单连杆手动密闭阀门,D940J 0.5 为单连杆手电动两用密闭阀门。SMF 为双连杆手动密闭阀门,DMF 为双连杆手电动两用密闭阀门。安装时要求预埋短管直径与密闭阀门实际内径保持一致,相同公称直径的单连杆和双连杆密闭阀门的内径不同,图集《防空地下室通风设计(2007 年合订本)》第 48 页手电动密闭阀门接管尺寸表有误,可参看《人民防空工程质量验收与评价标准》RFJ01-2015 表 11.7.6-1、表 11.7.6-2。

【问题 13】 防空地下室战时风管内的风速如何选取?
【分析与对策】 没有噪声要求的位置按经济性确定风速,一般为 8~10 m/s;有噪声要求的位置按噪声允许值来确定风速,按《民用建筑供暖通风与空气调节设计规范》GB 50736-2012 表 10.1.5 执行。通风短管的管道风速不宜大于 4 m/s。

【问题 14】 防空地下室进、排风系统在染毒区能安装防火阀、调节阀等吗?
【分析与对策】 防空地下室染毒区风管上除密闭阀门以外,不允许安装其他类型的阀门。人防密闭阀门与其他类型阀门在抗冲击波性能和密闭性能上有很大差别,密闭阀门抗冲击波压力可以达到 0.05 MPa,并具有较高的密闭性能,能较好地阻止毒剂侵入,其他类型的阀门不具有这么高的抗力和密闭性能。

【问题 15】 人员掩蔽工程进、排风系统是否需要设消声器?
【分析与对策】 无特殊要求的房间的允许噪声为 55 dB(A),进、排风机的噪声一般远超此值,所以应设消声器。

【问题 16】 过滤吸收器 RFP 型和 FLD 型分别适用于哪类工程?
【分析与对策】 过滤吸收器的性能参数应满足《人民防空工程防化设计规范》RFJ013-2010 表 5.1.1 所示的滤毒通风防护指标要求。FLD 型通常用于防化甲级工程,RFP 型用于防化乙级及以下工程。

【问题 17】 每台过滤吸收器两侧必须设置阻力测量管吗?
【分析与对策】 根据《人民防空工程防化设计规范》RFJ013-2010 第 5.2.9 条,两台及两台以上过滤吸收器并联设置时应设阻力测量管;仅设置一台过滤吸收器,可利用油网除尘器阻力测量管和尾气取样管兼作过滤吸收器阻力测量管。

【问题 18】 LWP 型油网滤尘器的过滤风量适宜取值多少?LWP-D 和 LWP-X 型分别

适用于哪类工程?

【分析与对策】 油网滤尘器每块过滤风量宜为 800~1 600 m^3/h(仅战时使用风量可取上限值)。LWP-D 型适用于防化乙级及以下工程,LWP-X 型适用于防化甲级工程。

【问题 19】 测压装置的零压力点是否可以设置在该防护单元相邻的非人防区域?

【分析与对策】 可以,但应为无战时通风气流影响且非封闭的区域。

【问题 20】 当主要出入口设置多个防毒通道时,最小防毒通道是哪个通道?

【分析与对策】 最小防毒通道是特指脱衣间入口的防毒通道,从该通道可以直接进入脱衣间。最小防毒通道换气次数是指该防毒通道的换气次数。

【问题 21】 战时电站排风量如何确定?

【分析与对策】 为防止机房的污浊空气进入清洁区,电站排风量的计算式为:电站排风量=(进风量-柴油机组燃烧空气量)×(1.05~1.10)。

【问题 22】 柴油电站排风和柴油机排烟合用竖井时如何防回流?

【分析与对策】(1)排风、排烟系统的防爆波活门上下布置,排烟系统防爆波活门在上部。

(2)在排风、排烟系统的出口处设导流板。

(3)排风、排烟出消波系统 4~5 m 后合在一起由排风(烟)竖井排出。

【问题 23】 平时使用的空调冷媒铜管能否穿密闭墙或防护密闭墙进入清洁区?须采取什么防护密闭措施?

【分析与对策】 空调冷媒铜管可穿密闭墙或防护密闭墙进入清洁区。空调冷媒铜管穿密闭墙时,可参照给水排水管道穿密闭墙措施,但无须设置阀门;空调冷媒铜管穿防护密闭墙时,应战时截断封堵,封堵做法可采用电气穿防护密闭墙封堵做法,预埋套管管径不应大于 150 mm。

7.5　电气专业

【问题 1】 防空地下室电源引入位置、电缆桥架穿越围护结构改为穿管并做防护密闭处理的位置,是否应预留 4~6 根热镀锌备用钢管?

【分析与对策】 根据《人民防空地下室设计规范》GB 50038-2005(2023 年版)第 7.4.5、7.4.8 条,防空地下室电源引入位置(防爆波电缆井、普通地下空间)应预留 4~6 根备用管,电缆桥架穿越围护结构改为穿管并做防护密闭处理位置均宜预留备用管。

【问题 2】 设置电站的防空地下室,战时一级负荷是否需设置 EPS(紧急电力供给)电源?

【分析与对策】 根据《人民防空地下室设计规范》GB 50038-2005(2023 年版)第 7.2.15 条第 1 款"战时一级负荷,应有两个独立的电源供电,其中一个独立电源应是该防空地下室的自备电源”的规定,以及自备电源(内部电站或 EPS、UPS(不间断电源)蓄电池组电源)的定义,设置电站的防空地下室战时一级负荷可不设置 EPS 电源。

【问题 3】 不同功能的防护单元组成的防空地下室,其电站如何设置?

【分析与对策】 电站的抗力级别应与供电范围内的最高抗力级别一致,且电站宜位于负荷中心。

【问题 4】 防化乙级的防空地下室,防化设计重点有哪些。

【分析与对策】 乙级防化防空地下室应设置“三防”控制系统和毒剂报警器。

【问题 5】 未设置自备电站且不具备引接区域电源条件的防空地下室,如何设置战时应急电源?

【分析与对策】 依据《人民防空地下室设计规范》GB 50038-2005(2023 年版)第 7.2.13 条第 4 款,未设置自备电站且不具备引接区域电源条件的防空地下室可设蓄电池组电源作为战时应急电源。

【问题 6】 战时应急照明灯具利用平时应急照明灯具时,出现战时疏散路线与平时疏散路线不一致的情况,应如何处理?

【分析与对策】 根据《人民防空地下室设计规范》GB 50038-2005(2023 年版)第 7.5.5 条条文说明,疏散指示仅供平时使用,战时不考虑疏散指示,仅作为照明光源。平时疏散指示易产生误导的,战时可关闭或拆除相关疏散指示灯具。

【问题 7】 医疗救护工程战时一级负荷,双电源、双回路的末端切换位置指的是什么?

【分析与对策】 医疗救护工程一级负荷双电源、双回路供电是为了提高重要设备运行的可靠性,故此处末端指用电设备。

【问题 8】 平时与战时共用蓄电池组(EPS、UPS)时,其应急供电时间如何考虑?

【分析与对策】 根据《人民防空地下室设计规范》GB 50038-2005(2023 年版)第 7.2.13 条第 4 款第 3 项,平时与战时共用的蓄电池组,其连续供电时间不应小于防空地下室隔绝防护时间。

【问题 9】 防空地下室柴油发电机组的设计容量偏小。

【分析与对策】 防空地下室柴油发电机组的容量除应满足战时一、二级负荷外,尚应预留 10%~15%的备用量。

【问题 10】 救护站是否应设置战时电站?

【分析与对策】 因战时医疗救护功能重要,用电负荷大,故救护站须在内部设置电站。

【问题 11】 中心医院、急救医院战时是否设置火灾自动报警系统?

【分析与对策】 根据《人民防空地下室设计规范》GB 50038-2005(2023 年版)第 7.3.9 条条文说明,中心医院、急救医院按平时功能设置火灾自动报警系统,战时保留该系统,将控制部分的系统断开,做到只监不控。

第8章

岩土工程勘察专业

8.1 岩土工程勘察成果文件的内容及深度问题

【问题1】 勘察报告的签署和盖章是如何规定的?

【分析与对策】 关于勘察报告的签署和盖章的问题,《工程建设勘察企业质量管理标准》GB/T 50379-2018、《建设工程勘察质量管理办法》、《工程勘察通用规范》GB 55017-2021和《房屋建筑和市政基础设施工程勘察文件编制深度规定》(2020年版)都有相关规定,勘察文件(包括岩土工程勘察报告、独立完成的专题报告及试验报告等)应加盖注册土木工程师(岩土)印章、单位公章和工程勘察成果专用章;勘察企业的法定代表人、单位技术负责人、项目负责人、审核人、审定人等相关人员必须在勘察文件上签字或盖章(其中丙级资质的企业可将审核人、审定人合并为一个岗位),各种图件、室内试验和原位测试,其成果应有试验人、检查人或审核人签字。当测试、试验项目委托其他单位完成时(完成单位应具有相应资质),受托单位提交的成果还应该有单位公章、单位负责人签章。至于土工试验成果是否加盖CMA(中国计量认证)章的问题,尚未发现任何法律、法规和技术标准有相关的要求。

【问题2】 如何提高详细勘察阶段勘察报告的针对性?

【分析与对策】《工程勘察通用规范》GB 55017-2021第6.2.3条规定，岩土工程勘察报告应根据任务要求、勘察阶段、工程特点和地质条件等编写，并应包括下列内容：

①拟建工程概况；

②勘察目的、任务要求和依据的技术标准；

③勘察方法和勘察工作布置；

④场地地形、地貌、地层、地质构造、岩土性质及其均匀性；

⑤场地各岩土层的物理力学性质指标，提供设计所需岩土参数；

⑥地下水埋藏情况、类型、水位及其变化，需要地下水控制时提供相关水文地质参数；

⑦土和水的腐蚀性评价；

⑧可能影响工程稳定的不良地质作用和对工程危害程度的评价；

⑨场地的地震效应评价；

⑩场地稳定性和适宜性评价；

⑪地基基础分析评价；

⑫结论与建议；

⑬相关图表。

以上规定，对岩土工程勘察报告的基本内容进行了要求。除此之外，岩土工程勘察报告还应包括岩土利用、整治、改造方案的分析和论证，以及工程施工和运营期间可能发生的岩土工程问题的预测及控制、预防措施的建议等内容。

详细勘察阶段勘察报告应根据特定场地的岩土工程条件和特定的工程建设条件进行有针对性的编制。当工程建设位置和建设条件发生变化时，应当重新编制勘察报告。对地质和岩土条件相似的一般建筑物和构筑物，可按建筑群编写报告；对地质和岩土条件各异或重要的建筑物或构筑物，宜按单体建（构）筑物分别编写。不分阶段的一次性勘察，应按详细勘察阶段的要求执行。

【问题3】 如何掌握岩土工程勘察等级划分？

【分析与对策】《岩土工程勘察规范》GB 50021-2001（2009年版）第3.1.4规定，岩土工程勘察等级应按下列条件划分。

甲级：在工程重要性、场地复杂程度和地基复杂程度等级中，有一项或多项为一级。

乙级：除甲级和丙级以外的勘察项目。

丙级：工程重要性、场地复杂程度和地基复杂程度等级均为三级。

《岩土工程勘察规范》GB 50021-2001（2009年版）第14.1.5条规定："岩土工程的分析评价，应根据岩土工程勘察等级区别进行。对丙级岩土工程勘察，可根据邻近工程经验，结合触探和钻探取样试验资料进行；对乙级岩土工程勘察，应在详细勘探、测试的基础上，结合邻近工程经验进行，并提供岩土的强度和变形指标；对甲级岩土工程勘察，除按乙级要求进行外，尚宜提供载荷试验资料，必要时应对其中的复杂问题进行专门研究，并结合监测对评价结论进行检验。"

因此，勘察等级不同，对工程勘察的要求也不同。随意降低岩土工程勘察等级，会导致勘察质量或精度达不到设计和规范的要求。

【问题 4】 勘察报告中应包括哪些原位测试或室内试验成果图表?

【分析与对策】 详细勘察报告中所附的图件应体现勘察工作的主要内容,全面反映地层结构与性质的变化,紧密结合工程特点及岩土工程性质。

勘察报告应附下列图表:

①勘探点平面位置图;

②工程地质剖面图;

③钻孔(探井)柱状图(控制性钻孔必须提供,未纳入工程地质剖面图的必须提供);

④原位测试成果图表;

⑤室内试验成果图表;

⑥当需要时,尚可附综合工程地质图、综合地质柱状图、地下水等水位线图、素描、照片、综合分析图表,以及岩土利用、整治和改造方案的有关图表与岩土工程计算简图及计算成果图表等。

【问题 5】 如何掌握市政工程勘察等级划分?

【分析与对策】《市政工程勘察规范》CJJ 56-2012 第 3.0.1 条规定,市政工程勘察应根据市政工程的重要性、场地复杂程度和岩土条件复杂程度进行等级划分。市政工程可划分为甲、乙、丙三级,划分原则如表 8-1 所示。

表 8-1　市政工程勘察等级划分

等级	划分条件
甲级	在工程重要性等级、场地复杂程度等级、岩土条件复杂程度等级中有一项或多项为一级
乙级	除甲级和丙级以外的勘察项目
丙级	工程重要性等级、场地复杂程度等级、岩土条件复杂程度等级均为三级

市政工程场地复杂程度等级、岩土条件复杂程度等级的划分与《岩土工程勘察规范》GB 50021-2001(2009 年版)基本一致,但岩土工程的工程重要性等级的划分却不包括市政工程项目。由于市政工程涉及范围较广,包括城市道路、桥涵、隧道、室外管道、给排水站、堤岸等,很难给出很具体的划分标准,规范只做了原则性的规定。市政工程重要性等级划分见表 8-2。

表 8-2　市政工程重要性等级划分

工程类型	一级	二级	三级
道路工程	快速路和主干路	次干路	支路、公交场和城市广场的道路与地面工程
桥涵工程	特大桥、大桥	除一级、三级以外的城市桥涵	小桥、涵洞及人行地下通道
隧道工程	均按一级	—	—

续表

工程类型		一级	二级	三级
室外管道工程	顶管或定向钻方法施工	均按一级	—	—
	明挖法施工	z>8 m	5 m≤z≤8 m	z<5 m
给排水厂站工程		大型、中型厂站	小型厂站	—
堤岸工程		桩式堤岸和桩基加固的混合式堤岸	圬工结构或钢筋混凝土结构的天然地基堤岸	土堤

注:z为管道工程基坑开挖深度。

工程类型、设计标准、规模、结构形式以及施工方法都对工程重要性有决定性影响。例如,市政管道埋深小于5 m,但个别跨路段采用定向钻拉管,工程重要性等级为一级,勘察等级应定为甲级。因此,市政工程勘察项目实施前必须弄清相关工程概况。

【问题6】 市政工程中的道路翻新工程,是否需要进行工程勘察?

【分析与对策】 市政工程中的道路翻新工程,应属于道路改建工程,一般不会只是简单的重铺路面,一般包括提高设计标准、路面加宽,以及增加市政设施等内容,与新建道路工程没有太大的差别;另外,《市政工程勘察规范》(1994年版)第1.0.2条条文说明明确指出,各种道路的改建与加固工程可参照本规范的有关规定执行。因此,道路翻新工程应根据《市政工程勘察规范》的要求进行岩土工程勘察。

【问题7】 如何保证勘察依据的全面、有效?

【分析与对策】 勘察报告中所提供的勘察依据,大致有以下三个方面。

(1)国家和地方政府发布的有关工程勘察的政策、法规性文件,比如《建设工程勘察设计管理条例》和《房屋建筑和市政基础设施工程勘察文件编制深度规定》(2020年版)等。

(2)国家、行业、地方技术标准,如《工程勘察通用规范》GB 55017-2021、《建筑与市政地基基础通用规范》GB 55003-2021和《建筑与市政工程抗震通用规范》GB 55002-2021、《岩土工程勘察规范》GB 50021-2001(2009年版)、《建筑抗震设计标准》GB/T 50011-2010(2024年版)、《市政工程勘察规范》CJJ 56-2012等等。

(3)与工程项目有关的文件,如勘察合同、勘察任务委托书、可行性研究报告、项目建议书等。

为保证勘察依据的全面、有效,应注意以下四个问题。

(1)要有选择性地使用,用到哪些技术标准就列哪些,没有用到的不要列入。

(2)注意时效性,技术标准应及时换新,废止的技术标准不能使用。

(3)注意技术标准的适用性,比如对于道路工程勘察,属于市政道路的要执行《市政工程勘察规范》CJJ 56-2012,属于交通部门管理的国道、省道、高速公路等的应执行《公路工程地质勘察规范》JTG C20-2011等行业标准。

(4)各种手册、教材、论文、培训材料等不具有法律效力的学术专著,不应作为勘察依据。

【问题8】 作废的强制性条文如何执行?

【分析与对策】《工程勘察通用规范》GB 55017-2021、《建筑与市政地基基础通用规范》GB 55003-2021、《建筑与市政工程抗震通用规范》GB 55002-2021 等强制性规范都公布了《废止的现行工程建设标准相关强制性条文》,这并不是说原来的条文删掉,不执行了,而是这些条文不再具有强制性,但仍然是原技术标准中不可分割的一部分,否则原来的技术标准就失去了完整性和可操作性。因此,废止的强制性条文可按一般性条文执行。

但是,《废止的现行工程建设标准相关强制性条文》公布的内容并不全面,有些现行技术标准中的强制性条文并未纳入,比如,《湿陷性黄土地区建筑标准》GB 50025-2018 第4.1.1、4.1.8 条不在公布的废止强制性条文目录内,这些强制性条文中未被通用规范涵盖的内容仍须执行。

【问题9】 为什么要表述勘探点实际回填情况?

【分析与对策】《工程勘察通用规范》GB 55017-2021 第 4.1.5 条规定,勘探工作完成后,除有需要水位观测等特殊要求的钻孔、探井、探槽、探洞外,应按规定及时回填。需保留的钻孔、探井、探槽、探洞,应设置防护装置。

勘察孔回填是勘探工作完成后的场地善后要求,涉及环保和安全问题。勘探过程中形成的钻孔、探井、探槽、探洞等的回填非常必要,有利于勘察工作的安全,也有利于保护地质环境和生态环境,实现文明施工。否则可能会产生以下不良后果:①影响人、畜安全;②形成地表水和地下水通道,污染地下水;③在堤防附近钻孔形成管涌通道,可能引起堤防的渗透破坏;④有深层承压水时,在隔水层中形成通道,引起基坑突涌;⑤地下工程、过江或跨海隧道的钻孔可能引起透水、涌砂,影响地下工程安全。

【问题10】 勘察采用的坐标系、高程基准方面有何要求?

【分析与对策】《工程测量通用规范》GB 55018-2021 第 2.1.1 条要求,大地坐标系统、高程基准分别采用 2000 国家大地坐标系、1985 国家高程基准,当确有必要采用其他坐标系统或高程基准时,应分别与 2000 国家大地坐标系或与 1985 国家高程基准建立联系。

在实际工作中,北京 54 坐标系、西安 80 坐标系、2000 国家大地坐标系,以及各地的城市坐标系等还都在使用,甚至采用相对坐标系或数学坐标系,在使用时应注明所采用的坐标系;对使用相对坐标系或数学坐标系的,要注明坐标原点,坐标原点的位置应确定且具有相对稳定性。

目前,我国通用的是 1985 国家高程基准,其于 1987 年 5 月开始启用。工程勘察中,应尽量采用国家高程基准,即绝对高程。但由于历史原因,尚有其他高程基准仍在沿用,如1956 年黄海高程、吴淞高程、珠江高程、废黄河零点高程、大沽高程、渤海高程等。当确实无法获得绝对高程时,也可自行设定高程基准(假定高程)。

勘察报告应说明采用的坐标系、高程基准。对于高程引测点,应说明其位置和高程数据,并标注在平面图上。当采用假定高程时,假定高程基准点应具有一定的稳定性、可追溯性,标志醒目,并在报告中说明,向建设单位移交。

8.2 勘察工作量

8.2.1 勘探点的平面布置问题

【问题1】 如何避免勘察工作的盲目性?

【分析与对策】《岩土工程勘察规范》GB 50021-2001(2009年版)第4.1.11条第1款规定,详细勘察应搜集附有坐标的和地形的建筑总平面图,场区的地面整平标高,建筑物的性质、规模、荷载、结构特点、基础形式、埋置深度,地基允许变形等资料。《高层建筑岩土工程勘察标准》JGJ/T 72-2017第3.0.4条第3款也有类似的规定,要求的详细勘察资料包括:

①附有建筑红线角点坐标、地形等高线和 ±0.00 高程的建筑总平面布置图;

②建筑结构类型、特点、层数、总高度等和地下室层数;

③预计的地基基础类型、平面尺寸、荷载、埋置深度和允许变形要求等;

④地质灾害评估资料,超限高层建筑地震安全性评价报告;

⑤勘察场地周边环境条件,包括既有建筑基础类型、埋深、既有道路等级、既有地下管线及其他地下设施情况;

⑥设计方的技术要求。

《工程勘察通用规范》GB 55017-2021第2.0.1条第1款规定,应取得拟建工程设计资料,搜集与工程建设相关的地质资料和环境资料。

各种相关技术标准之所以作出如此规定,就是为了使勘察工作的布置和岩土工程的评价具有明确的工程针对性,解决工程设计和施工中的实际问题。拟建工程设计资料,因工程项目不同、工程建设阶段不同会有很大差异。只有对工程设计情况有了足够的了解,才能有针对性地开展工作,作出针对性评价。在施工图阶段(详勘阶段)有些基本设计资料是很有必要的,如工程平面布置图(山区附地形图是必要的)、工程特点、基础形式、荷载、变形要求以及地下空间等。

有的工程因前期设计资料不全或不准确,可能造成勘探点间距过大、勘探孔深度不足、地基持力层和均匀性评价缺乏针对性、地基处理方案建议不合理、基坑支护和地下水控制参数不全等问题,最后只能补充勘察。

【问题2】 多层住宅小区按建筑群布置勘察工作量,如何掌握?

【分析与对策】《岩土工程勘察规范》GB 50021-2001(2009年版)第4.1.16条第1款规定,勘探点宜按建筑物周边线和角点布置,对无特殊要求的其他建筑物可按建筑物或建筑群的范围布置。因此,多层住宅小区按建筑群范围布置勘探点是可行的,在满足单栋建筑物地基均匀性评价和沉降控制要求,以及地震效应评价要求的前提下,可适当减少勘察工作量。

【问题3】 怎样看待勘探点控制范围小于工程建设范围的问题?

【分析与对策】《岩土工程勘察规范》GB 50021-2001(2009年版)第4.1.11条第3款规定,详细勘察应查明建筑范围内岩土层的类型、深度、分布、工程特性,分析和评价地基的稳定性、均匀性和承载力。《工程勘察通用规范》GB 55017-2021 第 3.2.2 条第 1 款同样规定，勘探点在平面上应能控制建(构)筑物的地基范围。因此，当勘探点布置范围小于工程建设范围时，应补充勘察。

【问题 4】 复杂地质条件下，应如何掌控勘探点间距？

【分析与对策】 同一建筑范围内的主要受力层或有影响的下卧层起伏较大时，应加密勘探点，查明其变化规律；对于古河道、沟浜、填土等地段，应增加勘探点的数量，以便查明其分布范围。如果勘探点间距较大，未查明地层变化规律及分布范围，应补充勘察。

【问题 5】 基坑工程勘探点的布置应考虑哪些因素？

【分析与对策】 勘察的平面范围宜超出基坑边界外开挖深度的 2~3 倍，在深厚软土区，勘探范围应适当扩大。在开挖界外，当无条件布置勘探点时，应以调查研究、搜集已有资料为主。基坑工程勘察，首先应进行环境状况的调查，查明邻近建筑物和地下设施的现状、结构特点以及对开挖变形的承受能力。在城市地下管网密集分布区，可通过地理信息系统或其他档案资料了解管线的类别、平面位置、埋深和规模，必要时应采用有效方法进行地下管线探测。详细勘察阶段应在详细查明场地工程地质条件的基础上，判断基坑的整体稳定性，预测可能的破坏模式，为基坑工程的设计、施工提供基础资料，对基坑工程等级、支护方案提出建议。当场地水文地质条件复杂，在基坑开挖过程中需要对地下水进行治理(降水或隔渗)时，应进行专门的水文地质勘察。对深厚软土层，控制性勘探孔应穿透软土层；为降水或截水设计需要，控制性勘探孔应穿透主要含水层进入隔水层一定深度。

【问题 6】 如何做到取样孔和原位测试孔布局合理？

【分析与对策】《工程勘察通用规范》GB 55017-2021 第 3.2.8 条第 1 款规定，采取土试样和原位测试的勘探孔数量，应根据地层结构、地基土的均匀性和工程特点确定，且不应少于勘探孔总数的 1/2。第 3.2.2 条第 4 款规定，控制性勘探孔不应少于勘探孔总数的 1/3。

《岩土工程勘察规范》GB 50021-2001(2009 年版)第 4.1.20 条第 1 款规定，采取土试样和进行原位测试的勘探孔的数量，应根据地层结构、地基土的均匀性和工程特点确定，且不应少于勘探孔总数的 1/2，钻探取土试样孔的数量不应少于勘探孔总数的 1/3。

《高层建筑岩土工程勘察标准》JGJ/T 72-2017 第 4.1.4 条规定，单栋高层建筑采取不扰动土试样和原位测试勘探点的数量不宜少于勘探点总数的 2/3，对勘察等级为甲级及其以上者不宜少于 4 个，对乙级不宜少于 3 个；单栋高层建筑每一主要土层，采取不扰动土试样或十字板剪切、标准贯入试验等原位测试数量不应少于 6 件(组、次)，当采用连续记录的静力触探或动力触探时，不应少于 3 个孔；同一建筑场地当有多栋高层建筑时，每栋建筑的数量可适当减少。

之所以出现技术性钻孔布局不合理的问题，与规范只规定取原状土或原位测试的最小数量有关。规范规定原状土或原位测试的数量不能少于 6 个，应该正确理解规范规定的精神。并不是说不论工程大小，只要满足 6 个样品数量就可以。在勘察时，应根据工程规模和场地地质条件复杂程度，合理地布置技术钻孔；当场地内地层岩性变化较大时，应及时调整技术钻孔布置，以保证技术性钻孔的数量以及取样和原位测试的数量。

【问题7】 山区勘察中,如何掌握勘探点间距?

【分析与对策】 山区勘察是指分布在地形地势变化较大的工程场地的勘察。随着城市的快速发展,城市土地资源日渐缺乏,一些建设项目不断往山区迁移以节约城市土地资源,山区勘察也随之增多。但是,山区的建设场地,地形地貌条件较复杂,工程地质条件差异较大。对山区工程,勘探点主要根据地基复杂程度布置。勘探点间距在规范中有规定,地基条件复杂时可取小值。但应注意,位于山区斜坡处的拟建建筑物,斜坡上、下均应有勘探点控制,遇沟谷时也应布置勘探点,以便控制地层的变化。山区的岩土工程勘察,除应做好地基的评价外,特别要注意场地的稳定性评价。

总之,山区勘察不是单纯的钻探取样孔,以及提供地基承载力的活动,而是对场地工程地质及周边工程地质条件进行研究的活动,比城市勘察内容更丰富、更复杂,所需的地质专业知识较强,因此山区勘察人员应充分熟练掌握地质结构及岩石成因等知识,只有这样才能把山区地基勘察做好。

【问题8】 如何看待勘探点的网格化布置问题?

【分析与对策】 关于详细勘察的勘探点的布置,《岩土工程勘察规范》GB 50021-2001(2009年版)第4.1.16条进行了如下规定。

(1)勘探点宜按建筑物周边线和角点布置,对无特殊要求的其他建筑物可按建筑物或建筑群的范围布置。

(2)同一建筑范围内的主要受力层或有影响的下卧层起伏较大时,应加密勘探点,查明其变化。

(3)重大设备基础应单独布置勘探点;重大的动力机器基础和高耸构筑物,勘探点不宜少于3个。

(4)勘探手段宜采用钻探与触探相配合,在复杂地质条件、湿陷性土、膨胀岩土、风化岩和残积土地区,宜布置适量探井。

从这条规定来看,按建筑物周边线和角点布置勘探孔是规范推荐的要求,但规范的用词是"宜",根据规范用词说明,"宜"表示允许稍有选择,在条件许可时应这样做,但并非要求严格执行。而且,规范接下来又提出"对无特殊要求的其他建筑物可按建筑物或建筑群的范围布置",说明规范允许可以不沿建筑物周边线和角点布置勘探孔。

勘探点的网格化布置,符合按建筑物或建筑群的范围布置的原则,但应同时满足规范对控制性钻孔数量,以及地基均匀性评价的要求。

【问题9】 如何对待设计单位或建设单位布置的勘察工作量?

【分析与对策】 首先,设计单位或建设单位布置勘察工作量缺乏法律上的依据,目前还没有查到任何建筑法规、技术标准规定勘察工作量可以由设计单位或建设单位布置。另外,勘察单位是工程勘察质量的责任主体,应对出具的勘察报告负责。勘察单位应本着对工程质量负责的态度,对设计单位或建设单位布置的勘察工作量,应从专业角度对其合规性进行检查,主要检查勘察手段是否齐全,勘探点间距、深度、控制性钻孔数量、取样及原位测试孔数量是否符合现行规范的规定。如果不满足有关要求,必须对工作量进行调整。

【问题10】 如何把握市政工程勘察中规范的适用性？

【分析与对策】《市政工程勘察规范》CJJ 56–2012 第 1.0.2 条规定，本规范适用于城市道路、桥涵、隧道、室外管道、给排水厂站、堤岸等建设项目的岩土工程勘察。但由于历史原因，一些勘察单位对城市道路、城市桥涵、城市隧道、城市堤岸等工程项目，还"很习惯"地按照交通、水利行业的规范布置勘察工作量，导致出现勘探点间距、深度不满足《市政工程勘察规范》CJJ 56–2012 的要求的问题；也有的勘察单位，简单地套用《岩土工程勘察规范》GB 50021–2001（2009 年版）进行勘察等级的划分，错误地确定工程重要性等级以及勘察等级。简单地说，凡是提交施工图审查机构审查的上述工程项目，应按《市政工程勘察规范》CJJ 56–2012 执行。

8.2.2　勘探深度问题

【问题1】 对房屋建筑，钻孔深度不满足规范要求，如何处理？

【分析与对策】 根据《工程勘察通用规范》GB 55017–2021 的有关规定，详细勘察的勘探深度应符合以下要求。

（1）控制性勘探孔深度应满足场地和地基稳定性分析、变形计算的要求；一般性勘探孔深度应满足承载力评价的要求。

（2）天然地基的勘探孔深度应自基础底面起算。当基础底面宽度不大于 5 m 时，勘探孔的深度对条形基础不应小于基础底面宽度的 3 倍，对独立柱基不应小于基础底面宽度的 1.5 倍，且不应小于 5 m。

（3）地基处理勘察工作内容应根据拟采用的地基处理方法、工程地质条件和荷载条件等综合确定，勘探孔深度应满足地基承载力、变形计算和稳定性分析评价要求。

（4）当需进行抗浮设计时，勘探孔深度应满足抗浮设计要求。

（5）当需确定场地抗震类别，而邻近无可靠的覆盖层厚度资料时，勘探孔深度应满足确定场地类别的要求；评价场地类别的剪切波速孔测试深度不应小于 20 m 或覆盖层深度。

对钻孔深度不满足以上要求的，应补充勘察。

【问题2】 对于基底附加压力 $p_0 \leq 0$ 的情况，怎样确定控制性勘探孔深度？

【分析与对策】《岩土工程勘察规范》GB 50021–2001（2009 年版）第 4.1.19 条第 2 款规定，建筑总平面内的群房或仅有地下室部分（或当基底附加压力 $p_0 \leq 0$ 时）的控制性勘探孔的深度可适当减小，但应深入稳定分布地层，且根据荷载和土质条件不宜少于基底下 0.5~1.0 倍基础宽度。

当基坑平面尺寸很大时，按照 0.5~1.0 倍基础宽度来确定勘探深度明显不合理时，根据地层状况可适当减少勘探深度，但必须满足坑底基础下各层土的地基承载力验算和沉降计算的要求，并深入稳定地层；基坑开挖较深时，尚应满足基坑回弹验算的要求；当需设置抗浮桩或锚杆时，勘探孔深度应满足抗拔承载力评价要求。

【问题3】 对于桩基工程，如何掌握勘探深度？

【分析与对策】 综合《岩土工程勘察规范》GB 50021–2001（2009 年版）第 4.9.4 条及

《工程勘察通用规范》GB 55017-2021 第 3.2.5 条,桩基工程勘探深度应满足下列要求。

(1)一般性勘探孔深度应进入预计桩端平面以下岩土层不小于 $3d$(d 为桩身设计桩径),且不应小于 3 m;对桩身直径大于或等于 800 mm 的桩,不应小于 5 m。

(2)控制性勘探孔深度应满足下卧层验算要求;对需验算沉降的桩基,应满足地基变形计算深度要求。

(3)对嵌岩桩,控制性勘探孔深度应进入预计桩端平面以下岩层不小于 $3d$,一般性勘探孔深度应进入预计桩端平面以下岩层不小于 d,且应穿过溶洞、破碎带到达稳定岩层。

(4)预计深度遇软弱层时,应予加深;在预计勘探孔深度内遇稳定坚实岩土时,可适当减小。

(5)对可能有多种桩长方案时,应根据最长桩方案确定。

【问题 4】 对于基坑工程,如何把握勘探孔深度?

【分析与对策】《岩土工程勘察规范》GB 50021-2001(2009 年版)第 4.8.3 条规定,勘察深度宜为开挖深度的 2~3 倍,在此深度内遇到坚硬黏性土、碎石土和岩层,可根据岩土类别和支护设计要求减少深度。此外,《软土地区岩土工程勘察规程》JGJ 83-2011 第 10.2.2 条规定,基坑工程勘探深度应满足支护结构稳定性验算的要求,并不宜小于基坑深度的 2.5 倍。当在此深度内遇到坚硬土层时,可根据岩土类别和支护设计要求减少深度。控制性勘探孔应穿透主要含水层,并进入隔水层。当在基坑深度内遇微风化基岩时,一般性勘探孔应钻入微风化岩层 1~3 m,控制性勘探孔应超过基坑深度 1~3 m。控制性勘探点宜为勘探点总数的 1/3,且每一基坑侧边不宜少于 2 个控制性勘探点。《高层建筑岩土工程勘察标准》JGJ/T 72-2017 第 4.5.5 条也有与《软土地区岩土工程勘察规程》JGJ 83-2011 第 10.2.2 条类似的规定。

【问题 5】 大底盘多塔楼结构情况下,勘察等级及勘探深度如何确定?

【分析与对策】 大底盘多塔楼结构,一般属于同一大面积整体筏型基础,对于地库与主楼高低错层超过 10 层的情况,根据《高层建筑岩土工程勘察标准》JGJ/T 72-2017 第 3.0.2 条,体形复杂,层数相差超过 10 层的高层建筑,勘察等级应为甲级。

如何确定勘探孔的深度,使勘察成果能满足地基基础设计的要求,需要进行专门研究。在勘察原则上,控制孔的深度要满足地基变形控制的需要,一般孔的深度要满足地基持力层和主要受力层选取及承载力验算的需要。

在地基由土层构成的地区,勘探孔的最大深度主要满足沉降计算的要求,即勘探孔深度必须达到“沉降计算深度”以下,以探明压缩层范围内的土层的均匀性,并提供土的压缩性参数。因此,勘探孔的深度与建筑物的荷载有关,建筑物的层数越高,基底压力越大,沉降计算深度越深,要求勘探孔的深度越深。

勘探孔的深度还与建筑物的基础宽度有关,基础宽度越大,相同深度处的附加应力越大,沉降计算深度越深,勘探孔的深度也就要求越深。对同样高度的建筑物,基底总压力比较接近,如果基坑的深度越深,补偿的作用越大,则基底的附加应力就越小。因此,基坑深度越深,沉降计算深度反而越浅,所要求的勘探孔深度(从地表算起)也就可以浅一些。

8.2.3 测试工作问题

【问题 1】 如何把握取土试样和进行原位测试的勘探点数量太少的问题?

【分析与对策】《工程勘察通用规范》GB 55017-2021 第 3.2.8 条第 1 款规定,采取土试样和原位测试的勘探孔数量,应根据地层结构、地基土的均匀性和工程特点确定,且不应少于勘探孔总数的 1/2。同时,《工程勘察通用规范》GB 55017-2021 第 3.2.2 条第 4 款规定,控制性勘探孔不应少于勘探孔总数的 1/3。

对于某些只有砂类土和碎石土,没有粉土和黏性土或粉土和黏性土分布极少的情况,因为不能取得原状土样,标准贯入试验孔或动力触探孔的数量则不应少于勘探孔总数的 1/2。控制性勘探点为控制场地地层结构,满足场地、地基基础和基坑工程的稳定性、变形评价等要求布设的勘探点,除勘探深度满足要求外,还要有物理力学指标来保障这些要求,因此控制性勘探点必然是采取土试样和进行原位测试的勘探孔,其数量应满足强制性标准的要求。

【问题 2】 如何把握砂土的取样数量和定名问题?

【分析与对策】《岩土工程勘察规范》GB 50021-2001(2009 年版)第 3.3.7 条规定,土的鉴定应在现场描述的基础上,结合室内试验的开土记录和试验结果综合确定。故不能仅靠现场描述定名。砂土应进行颗粒分析试验(简称"颗分试验"),对于单栋建筑物,砂土颗分试验每层不宜少于 3 组。

【问题 3】 岩土工程勘察中,载荷试验的数量和层位如何确定?

【分析与对策】《建筑地基基础设计规范》GB 50007-2011 第 3.0.4 条第 2 款规定,设计等级为甲级的建筑物应提供载荷试验指标;附录 C 第 C.0.8 条规定,同一土层参加统计的试验点不应少于 3 点。《岩土工程勘察规范》GB 50021-2001(2009 年版)第 10.2.2 条规定,载荷试验应布置在有代表性的地点,每个场地不宜少于 3 个,当场地内岩土体不均时,应适当增加。浅层平板载荷试验应布置在基础底面标高处。

【问题 4】 如何把握用于水、土腐蚀性评价的取样数量?

【分析与对策】《岩土工程勘察规范》GB 50021-2001(2009 年版)第 12.1.2 条作出如下规定。

(1)混凝土结构处于地下水位以上时,应取土试样作土的腐蚀性测试。

(2)混凝土结构处于地下水或地表水中时,应取水试样作水的腐蚀性测试。

(3)混凝土结构部分处于地下水位以上、部分处于地下水位以下时,应分别取土试样和水试样作腐蚀性测试。

(4)水试样和土试样应在混凝土结构所在的深度采取,每个场地不应少于 2 件。当土中盐类成分和含量分布不均匀时,应分区、分层取样,每区、每层不应少于 2 件。

但《岩土工程勘察规范》GB 50021-2001(2009 年版)第 12.1.1 条又规定,当有足够经验或充分资料,认定工程场地及其附近的土或水(地下水或地表水)对建筑材料为微腐蚀时,可不取样试验进行腐蚀性评价。不取样试验的情况是有前提条件的,一是有足够经验或充分资料,二是有微腐蚀。并且所谓"当有足够经验或充分资料,认定工程场地及其附近的水或土对建筑材料为微腐蚀时”指的是有专门研究论证,并经地方主管部门组织审查认可,或地方规范规定,并非个别单位意见。

个别勘察报告中,当没有取样试验时有这样的表述:“勘察场地未受污染,附近也没有污染源,土对建筑材料的腐蚀性可按微腐蚀考虑。”但是,是否有污染与有无腐蚀性没有必然的因果关系。即,有污染不一定有腐蚀性,要看污染成分及含量;没受污染也不一定就无腐蚀性,比如在沿海地区,虽未受污染,却常常有腐蚀性。因此,无须取样试验的情况是很少的,所谓的“足够经验或充分资料”也是很少得到认可的,因此一般情况下还是要按照规范要求取样试验。

【问题5】 山区勘察时,如何确定取样和测试手段?

【分析与对策】 由于山区地质条件较为复杂,往往出现卵石、碎石、风化基岩等不易取样的问题。因此,应根据建筑物的工程重要性等级,选择适合现场条件的原位测试方法。一般情况,以标准贯入试验、动力触探、载荷试验等方法为主。使用各种测试方法时,应重视当地经验。如果是中等风化以上的岩石可以取岩样试验测定其饱和单轴抗压强度,也可以在现场进行点荷载试验;如果需要测定岩体的弹性变形,可以采用钻孔弹模试验,具体方法按《工程岩体试验方法标准》GB/T 50266-2013执行。

【问题6】 湿陷性黄土场地,如何把握勘探点数量?

【分析与对策】 湿陷性黄土场地详细勘察勘探点的布置,应根据《湿陷性黄土地区建筑标准》GB 50025-2018划分的建筑类别、场地类别确定。除应符合《岩土工程勘察规范》GB 50021-2001(2009年版)的有关规定外,尚应符合下列规定。

(1)勘探点应沿建筑轮廓或基础中心位置布设。

(2)建筑群勘探点间距宜按表8-3确定。

表8-3 建筑群勘探点间距

单位:m

场地类别	不同建筑类别的建筑群的勘探点间距			
	甲类	乙类	丙类	丁类
简单场地	30~40	40~50	50~80	80~100
中等复杂场地	20~30	30~40	40~50	50~80
复杂场地	10~20	20~30	30~40	40~50

(3)关于单体建筑勘探点数量,甲类、乙类建筑不宜少于5个,丙类建筑不应少于3个,丁类建筑不应少于2个,杆塔式构筑物不应少于1个。

(4)勘探点深度应大于地基压缩层深度且满足评价湿陷等级的深度需要,甲类、乙类建筑尚应穿透湿陷性土层,对桩基工程尚应满足验算沉降的要求。

(5)采取不扰动土样和原位测试的勘探点不应少于全部勘探点的2/3,且取样勘探点不宜少于全部勘探点的1/2。

(6)取土勘探点中,应有足够数量的探井,其数量应为取土勘探点总数的1/3~1/2,并不宜少于 3 个。

（7）探井的深度，宜穿透湿陷性黄土层。

（8）在探井中取样，竖向间距宜为 1 m，土样直径不宜小于 120 mm。

在河北省西部的太行山和燕山地区，在一些残存的黄土梁、黄土峁场地上，湿陷程度较强，湿陷等级可达二级和三级，有的还有自重湿陷，比如邯郸的涉县、磁县、武安，石家庄的井陉、平山，张家口地区南部各县等都有湿陷性黄土分布。这些地区属典型湿陷性黄土地区，其他地区可按非典型湿陷性黄土地区考虑。对典型湿陷性黄土地区按《湿陷性黄土地区建筑标准》GB 50025-2018 执行，探井数量不应少于取土勘探点总数的 1/3，并不宜少于 3 个；对非典型湿陷性黄土地区，探井数量可适当减少。

8.2.4　场地抗震问题

【问题 1】 如何把握波速测试孔的数量？

【分析与对策】《建筑抗震设计标准》GB/T 50011-2010（2024 年版）第 4.1.3 条要求土层剪切波速的测试应符合下列要求。

（1）在场地初步勘察阶段，对大面积的同一地质单元，测试土层剪切波速的钻孔数量不宜少于 3 个。

（2）在场地详细勘察阶段，对单幢建筑，测试土层剪切波速的钻孔数量不宜少于 2 个，若测试数据变化较大，钻孔数量可适量增加；对小区中处于同一地质单元内的密集建筑群，测试土层剪切波速的钻孔数量可适量减少，但每幢高层建筑和大跨空间结构的钻孔数量均不得少于 1 个。

（3）对丁类建筑及丙类建筑中层数不超过 10 层、高度不超过 24 m 的多层建筑，当无实测剪切波速时，可根据岩土名称和性状划分土的类型，再根据《建筑抗震设计标准》GB/T 50011-2010（2024 年版）表 4.1.3 提供的波速范围值估算剪切波速。

因此，对于层数超过 10 层或高度超过 24 m 的抗震设防类别为丙类的建筑，没有布置波速测试孔或波速测试孔数量不足的，应进行补充勘察；若按经验估计各层土剪切波速，最终计算等效剪切波速，应有一定数量深度不小于 20 m 或超过覆盖厚度的钻孔；当地层变化大时，估算剪切波速的钻孔数量，应适当增加。

【问题 2】 中小学校舍勘察中对实测波速是如何规定的？

【分析与对策】 由于中小学校舍的抗震设防类别较高（为乙类），对于新建校舍或者改扩建校舍工程的详细勘察，根据《河北省中小学校舍建筑工程施工图设计和审查要点》第 2.1.2 条第 4 款，应布置波速测试孔，数量不应少于 2 个，测试深度应超过覆盖层厚度或不小于 20 m。

【问题 3】 在对超限高层建筑，进行地震效应评价时，勘察工作量的要求有哪些？

【分析与对策】 根据《超限高层建筑工程抗震设防专项审查技术要点》第十五条，涉及有关地震效应评价的勘察工作量布置应符合以下要求。

（1）波速测试孔数量和布置应符合规范要求；测量数据的数量应符合规定；波速测试孔

深度应满足覆盖层厚度确定的要求。

(2)液化判别孔和砂土、粉土层的标准贯入锤击数据以及黏粒含量分析的数量应符合要求;液化判别水位的确定应合理。

(3)场地类别划分、液化判别和液化等级评定应准确、可靠;脉动测试结果仅作为参考。

(4)覆盖层厚度、波速的确定应可靠,当处于不同场地类别的分界附近时,应要求用内插法确定计算地震作用的特征周期。

应引起注意的是,《岩土工程勘察规范》GB 50021-2001(2009年版)第5.7.4条规定,为划分场地类别布置的勘探孔,当缺乏资料时,其深度应大于覆盖层厚度。当覆盖厚度大于80 m时,勘探孔深度应大于80 m,并分层测定剪切波速。另外,《建筑与市政工程抗震通用规范》GB 55002-2021第3.1.1条第6款规定,对需要采用场址人工地震波进行时程分析法补充计算的工程,尚应根据设计要求提供土层剖面、场地覆盖层厚度以及其他有关的动力参数。

【问题4】 基岩场地覆盖层厚度的确定应考虑哪些因素?

【分析与对策】 由于基岩强风化物的剪切波速 v_s 一般为400 m/s左右,其厚度是否纳入覆盖层厚度 d_0 计算,对基岩埋深不足20 m的场地的等效剪切波速 v_{se} 的计算值影响很大,进而涉及场地类别。目前有两种意见:一种意见以 v_s 大于500 m/s为标准,认为 d_0 可以取至基岩强风化层底部,因为一般强风化岩的 v_s 均小于500 m/s,而中等风化岩的 v_s 均大于500 m/s;另一种意见以"覆盖层"的概念为标准,认为 d_0 只可取至残积土层底,因为地质学将残积土划为第四系堆积物。

《建筑抗震设计标准》GB/T 50011-2010(2024年版)第4.1.4条规定建筑场地覆盖层厚度的确定原则如下。

(1)一般情况下,应按地面至剪切波速大于500 m/s且其下卧各层岩土的剪切波速均不小于500 m/s的土层顶面的距离确定。

(2)当地面5 m以下存在剪切波速大于其上部各土层剪切波速2.5倍的土层,且该层及其下卧各层岩土的剪切波速均不小于400 m/s时,可按地面至该土层顶面的距离确定。

(3)剪切波速大于500 m/s的孤石、透镜体,应视同周围土层。

(4)土层中的火山岩硬夹层,应视为刚体,其厚度应从覆盖土层中扣除。

风化基岩的剪切波速值变化较大,与基岩的岩性、矿物成分、风化程度、周围环境、含水条件等因素有关。一般来说,中等风化以上的基岩剪切波速大于500 m/s,但对全风化、强风化基岩就很难说,须根据当地经验确定,对缺乏经验的地区,应该进行实测。

【问题5】 如何把握液化判别勘探点的数量和深度?

【分析与对策】《建筑抗震设计标准》GB/T 50011-2010(2024年版)第4.3.4条规定,当饱和砂土、粉土的初步判别认为需要进一步液化判别时,应采用标准贯入试验判别法判别地面下20 m范围内土的液化;对本规范第4.2.1条规定可不进行天然地基及基础的抗震承载力验算的各类建筑,可只判别地面下15 m范围内土的液化。但是,工程勘察是一个探索未知的工作过程,事前并不能对是否满足第4.2.1条规定作出预判,为了稳妥起见,在布置液化判别勘探点时,勘探孔深度以均不小于20 m为宜。

《工程勘察通用规范》GB 55017-2021 第 3.2.8 条第 5 款规定，采用标准贯入试验锤击数进行液化判别时，每个场地标准贯入试验勘探孔数量不应少于 3 个。

该规范只对液化勘探点的数量做了最低要求，若地质条件差异较大，比如市政道路与市政管线工程或者建设场地范围较大，可能跨越多个地貌单元，地震液化判别孔的布置还应具有代表性，须进行分区评价，并满足每个分区不应少于 3 个液化判别孔。

【问题 6】 采用标准贯入试验进行液化判别时，对试验和取样有何要求？

【分析与对策】《岩土工程勘察规范》GB 50021-2001（2009 年版）第 5.7.9 条规定，当采用标准贯入试验判别液化时，应按每个试验孔的实测击数进行。在须作判定的土层中，试验点的竖向间距宜为 1.0~1.5 m，每层土的试验点数不宜少于 6 个。

进行黏粒含量测定的扰动样应取自标准贯入器内，取样和标准贯入试验一一对应。土样黏粒含量，并非该层土平均黏粒含量或标准贯入试验深度上下附近土样的黏粒含量。

【问题 7】 提高一度设防，计算液化判别标准贯入锤击数临界值，如何选取基准值？

【分析与对策】 根据《建筑工程抗震设防分类标准》GB 50223-2008 和《建筑与市政工程抗震通用规范》GB 55002-2021 的有关规定，幼儿园、小学、中学的教学用房以及学生宿舍和食堂，以及大多数的医院等医疗用房，属于重点设防类（乙类）或特殊设防类（甲类）建筑，应按高于本地区抗震设防烈度一度的要求加强其抗震措施。这里的抗震措施主要指的是除地震作用计算和构件抗力计算以外的抗震设计内容，包括建筑总体布置、结构选型、地基抗液化措施、考虑概念设计对地震作用效应（内力和变形等）的调整以及各种抗震构造措施。《建筑抗震设计标准》GB/T 50011-2010（2024 年版）第 4.3.1 条规定，饱和砂土和饱和粉土（不含黄土）的液化判别和地基处理，6 度时，一般情况下可不进行判别和处理，但对液化沉陷敏感的乙类建筑可按 7 度的要求进行判别和处理，7~9 度时，乙类建筑可按本地区抗震设防烈度的要求进行判别和处理。即，只要求乙类建筑 6 度时提高一度进行液化判别。因此，一般情况下，在计算液化判别标准贯入锤击数临界值时，液化判别标准贯入锤击数基准值仍应按《建筑抗震设计标准》GB/T 50011-2010（2024 年版）表 4.3.4 取值。

【问题 8】 如何评价地震横向扩展？

【分析与对策】《建筑与市政工程抗震通用规范》GB 55002-2021 第 3.1.1 条第 3 款要求对工程场地地震横向扩展进行评价。《建筑抗震设计标准》GB/T 50011-2010（2024 年版）第 4.3.10 条规定，在故河道以及临近河岸、海岸和边坡等有液化侧向扩展或流滑可能的地段内不宜修建永久性建筑，否则应进行抗滑动验算，采取防土体滑动措施或结构抗裂措施。

综合以上两规范的规定，在判定地震液化的基础上，当建设场地位于故河道以及临近河岸、海岸和边坡等特殊的地形条件时，有发生侧扩或流动的可能性。根据《建筑抗震设计标准》GB/T 50011-2010（2024 年版）第 4.3.10 条条文说明总结的历史地震经验，液化侧扩地段的宽度为 50~500 m。勘察报告应根据液化判定的结果（当液化等级严重时），结合建筑物与岸边的距离，对发生横向扩展的可能性给出评价结论，并提出处理建议。

【问题 9】 提供抗震设防烈度、地震动峰值加速度，应注意哪些问题？

【分析与对策】 抗震设防烈度应根据相关抗震规范给定,任何单位和个人不能随意提高或降低。

《建筑抗震设计标准》GB/T 50011-2010(2024年版)仅提供了县级及以上城镇的抗震设防烈度、地震动峰值加速度,其他乡镇的参数可按《中国地震动参数区划图》GB 18306-2015执行,但应注意以下两个问题。

第一,不应以行政区划的调整,而改变抗震设防烈度。比如沧州某区原分属不同的两个乡镇,且两处抗震设防烈度、设计地震分组和地震动加速度有所不同,行政区划调整后,仍应按场地原来所属的行政区划给定抗震设防烈度等相关参数。

第二,《中国地震动参数区划图》GB 18306-2015附录E提供的场地地震动峰值加速度调整系数为资料性的,而非规范性的,且《建筑抗震设计标准》GB/T 50011-2010(2024年版)已考虑地震动峰值加速度调整问题,因此地震动峰值加速度不应根据场地类别进行调整。

【问题10】 抗震地段的划分应注意哪些问题?

【分析与对策】 目前,工程勘察中存在的主要问题是,将大量不利地段划为一般地段。《建筑与市政工程抗震通用规范》GB 55002-2021表3.1.2规定,可划为不利地段情况有:软弱土,液化土,条状突出的山嘴,高耸孤立的山丘,陡坡,陡坎,河岸和边坡的边缘,平面分布上成因、岩性、状态明显不均匀的土层(含故河道、疏松的断层破碎带、暗埋的塘浜沟谷和半填半挖地基),高含水量的可塑黄土,地表存在结构性裂缝等。

其中,若对软弱土的确认出现了错误,会导致将不利地段划为一般地段。《建筑抗震设计标准》GB/T 50011-2010(2024年版)表4.1.3给出了软弱土的范围,包括:淤泥和淤泥质土,松散的砂,新近沉积的黏性土和粉土,f_{ak}(由载荷试验等方法得到的地基承载力特征值)≤130的填土,流塑黄土。正确认识软弱土,可避免错划地段。比如:场地有松散的砂、新近沉积的黏性土和粉土、杂填土,就是软弱土,应定为抗震不利地段。

【问题11】 勘察报告中,是否应明确场地周围10 km内是否存在发震断裂?

【分析与对策】 该问题源于《建筑与市政工程抗震通用规范》GB 55002-2021第4.1.1条第1款"当工程结构处于发震断裂两侧10 km以内时,应计入近场效应对设计地震动参数的影响"的规定,这显然是对结构设计提出的要求,结构设计人员应对工程结构是否处于发震断裂两侧10 km内作出判断。

那么,这个问题与工程勘察有何关系呢?分析如下。

《建筑与市政工程抗震通用规范》GB 55002-2021第3.1.1条第5款规定,对存在隐伏断裂的不利地段,应查明工程场地覆盖层厚度及距主断裂的距离。从该条款的用词看,需要注意两点:第一,"隐伏断裂"与第4.1.1条的"发震断裂"概念不同;第二,"不利地段"的用词,表明其位置是在建设场地内。这说明勘察须查明的对象在建设场地内,而不在外围10 km范围。

《建筑与市政工程抗震通用规范》GB 55002-2021第3.1.2条表3.1.2中有关抗震地段的划分涉及"发震断裂","发震断裂带上可能发生地表位错的部分"属危险地段,这也表明是针对建设场地内存在的发震断裂,并可能产生位错的部位进行判断,工作对象也不在外围

10 km 范围。

以上两条内容说明,《建筑与市政工程抗震通用规范》GB 55002-2021 对抗震勘察中有关断裂内容的规定,并没有在周围 10 km 范围内查明发震断裂的要求。其实即使规范有相关规定,勘察单位完成起来也有难度。

第一,根据《岩土工程勘察规范》GB 50021-2001(2009 年版)的有关规定,只有"重大工程场地"应进行活动断裂勘察,这是专项勘察,对一般工程没有相关要求。

第二,对众多的一般工程项目而言,每个工程项目都要求勘察单位在周围 10 km 范围内查找活动断层是不现实的,这就如同大海捞针一样;从市场角度来看,建设单位一般也不会专门投资,要求勘察单位在场地周围 10 km 范围内查明活动断裂的情况。

第三,有的行业人员建议,在"地震活动断层探察数据中心"查阅全新活断层数据,核实拟建场地周边是否有全新活动断裂,再根据全新活动断裂判断是否为发震断裂;也有的行业人员建议按《地质断裂带区域城乡建筑标准》DB13(J)/T 8421-2021 附录 A"河北省地质断裂带分布图"来确定。以上两种建议,对那些远离发震断裂的大部分工程场地是可行的。但对于离发震断裂较近(或可能存在发震断裂的区域),其精度能否满足工程要求难以保障。要确定场地周围 10 km 范围内是否存在发震断裂,需要有发震断裂准确的起止点和拐点坐标、宽度数据、产状信息,以及断裂的活动历史和未来 100 年内的活动预期等,目前公共数据资源的全面性和精度难以满足工程需求。

总之,要求勘察单位对发震断裂准确定位,是一项几乎无法完成的任务。

长期以来,勘察报告中所述的区域地质构造内容,由于资料出处的多源性,有些断层的名称、位置和性质都不太一致,其可靠性和权威性不容乐观,难以满足工程需要。建议政府主管部门发布统一的、详细的、具有权威性的关于发震断裂的公共数据资源,以利于勘察设计工作中准确判断项目场地距离发震断裂是否在 10 km 范围内。

8.3　现场勘探和取试样

【问题 1】 岩土描述应包含哪些内容?

【分析与对策】 岩土描述应符合《岩土工程勘察规范》GB 50021-2001(2009 年版)第 3.2.5、3.2.6、3.3.2~3.3.7 条规定。描述内容应符合下列规定。

(1)碎石土宜描述颗粒级配、颗粒形状、颗粒排列、母岩成分、风化程度、充填物的性质和充填程度、密实度等。

(2)砂土宜描述颜色、矿物组成、颗粒级配、颗粒形状、细粒含量(是否含黏粒、黏粒的多与少)、湿度、密实度等。

(3)粉土宜描述颜色、包含物、湿度、密实度等。

(4)黏性土宜描述颜色、状态、包含物、土的结构等。

(5)特殊性土除应描述上述相应土类规定的内容外,尚应描述其特殊成分和特殊性质。如对淤泥尚须描述嗅味,对填土尚须描述物质成分、堆积年代、密实度和均匀性等。

(6)对具有互层、夹层、夹薄层特征的土,尚应描述各层的厚度和层理特征。

(7)岩石的描述应包括地质名称、风化程度、颜色、主要矿物、结构、构造。对沉积岩应着重描述沉积物的颗粒大小、形状、胶结物成分和胶结程度;对岩浆岩和变质岩应着重描述矿物结晶大小和结晶程度。

岩土描述是勘察报告的主要内容之一,能反映出勘察报告的质量水平,应做到真实、可靠、严谨、务实。岩土描述要尽量使用专业术语,比如对粉土特征的描述,出现过"有砂感""白色丝带"等不专业的用语,其所表达的意思不准确;另外,不要加入一些不必要的内容,如摇振反应、干强度和韧性等特征,它们是区分粉土和黏性土的手段,如果现场没有进行相关试验,且标准也不好把握,就没必要描述。

【问题2】 对地下水位量测的要求有哪些?

【分析与对策】 根据《工程勘察通用规范》GB 55017-2021 第3.7.2条,地下水位的量测应符合下列规定:

①遇地下水时应量测水位;

②对工程有影响的多层含水层的水位量测,应采取分层隔水措施,将被测含水层与其他含水层隔开。

地下水对工程施工影响很大,在实际操作中,由于钻探工艺(如泥浆护壁)及地下水分布的复杂性(多层地下水、滞水等)和多变性(随时间变化),准确量测地下水位十分困难。当存在多层地下水时,要求分层量测(特别是对工程有影响时),以混合水位代替分层水位会导致真实水位误判。

按条文理解,需要对钻探过程遇见的地下水位进行量测(每个钻孔都要量测)。对场地地质条件复杂的多层地下水,当地下水位变化不大时,对第二层及以下的地下水,在满足场地地下水评价的前提下,可选代表性钻孔分层量测水位。

【问题3】 如何确定主要土层采取原状土试样或原位测试的间距?

【分析与对策】《高层建筑岩土工程勘察标准》JGJ/T 72-2017 第4.2.3条规定,采取不扰动土试样或进行原位测试的竖向间距,基础底面下1.0倍基础宽度内宜按1~2 m,基础底面下1.0倍基础宽度以下可根据土层变化情况适当加大距离。

【问题4】 原位测试方法及技术要求是否需要在勘察报告中详细叙述?

【分析与对策】 对于各种常用的原位测试方法和技术要求,《岩土工程勘察规范》GB 50021-2001(2009年版)第10章进行了详细而明确的规定,用于指导现场勘察工作的开展。勘察专业人员对这些原位测试方法及技术要求都是耳熟能详的,比如一提到标准贯入试验,就会想到锤重、落距、贯入器的长度及内外径尺寸、刃口角度、钻杆直径等设备规格参数,还有操作方法等。这些没有必要在勘察报告中详细叙述。

有些原位测试需要明确采用的具体方法(单孔法或跨孔法)以及测试内容(横波或纵波);再如静力触探,需要明确采用的是单桥还是双桥探头,以及测试的数据类型(比贯入阻力、锥尖阻力、侧壁摩阻力和孔隙水压力等)。

对于新设备、新技术,应在勘察报告中对其测试方法和技术要求进行详细叙述。

8.4　土工试验

【问题 1】 粉土颗分试验的必要性有哪些?

【分析与对策】 一般情况下,粉土的颗粒分析除用于粉土液化判别及承载力特征值的深宽修正外,还用于粉土定名。而桥梁、坝址勘察涉及渗透、管涌等问题,颗粒分析是不可缺少的。因此,一般来说,在基底下压缩层计算深度范围内的粉土均应分析颗粒组成,且应满足规范要求;为了液化判别而布置的 20 m 深的钻孔,其中的粉土应进行黏粒含量测定。对于已超过压缩层计算深度且无地下水的粉土,可不进行颗粒分析,但出于粉土定名的要求,对于处于界限附近的土,应出于颗粒分析。

【问题 2】 如何确定固结试验最大压力?

【分析与对策】《建筑地基基础设计规范》GB 50007-2011 第 4.2.5 条第 1 款规定,当采用室内压缩试验确定压缩模量时,试验所施加的最大压力应超过土自重压力与预计的附加压力之和。确定固结试验最大压力,关键是估计附加压力,应掌握基础埋深、基底压力等数据。估计附加压力时,一般按建筑物的中心点考虑。

【问题 3】 对深基坑工程,如何把握进行回弹再压缩试验的必要性?

【分析与对策】《建筑地基基础设计规范》GB 50007-2011 第 4.2.5 条第 3 款规定,当考虑深基坑开挖卸荷和再加荷时,应进行回弹再压缩试验,其压力的施加应与实际的加卸荷状况一致。只有当基底为超密实土,并且沉降计算考虑土的应力历史时,才有必要进行回弹再压缩试验。

【问题 4】 怎样选择剪切试验方法?

【分析与对策】 对于工业与民用建筑地基基础设计,《建筑地基基础设计规范》GB 50007-2011 第 4.2.4 条规定,土的抗剪强度指标,可采用原状土室内剪切试验、无侧限抗压强度试验、现场剪切试验、十字板剪切试验等方法测定。当采用室内剪切试验时,宜选择三轴压缩试验的自重压力下预固结的不固结不排水试验。

《高层建筑岩土工程勘察标准》JGJ/T 72-2017 第 4.5.7 条第 1 款规定,抗剪强度试验除常规的快剪及固结快剪试验外,尚应进行三轴固结不排水试验和三轴不固结不排水试验。条文说明进一步指出,勘察报告中宜同时提供不同试验方法得到的抗剪强度指标,供设计选取。

《岩土工程勘察规范》GB 50021-2001(2009 年版)第 11.4.2 条的条文说明指出,虽然直剪试验存在一些明显的缺点,如受力条件比较复杂,排水长期保持不能控制等,但由于仪器和操作都比较简单,又有大量实践经验,故在一定条件下仍可利用,但对其应用范围应予以限制。

当抗剪强度指标有不同用途时,应按相关技术标准要求选择试验方法。

8.5 计算书

【问题1】计算书有何必要?

【分析与对策】工程计算是岩土工程技术工作的重要内容,应有必要的计算书,以保障计算过程的可追溯性。岩土工程勘察的计算书内容较少时,可以作为报告内容的一部分纳入文字部分,内容较多时可以附件形式附在报告后面,如液化判别表、湿陷量计算表和胀缩量计算表、等效剪切波速计算表、承载力计算表等。

【问题2】计算书应包括哪些内容?

【分析与对策】(1)计算书内容应包括各种计算条件、计算(设计)依据、计算模型、相关参数、计算过程和计算结果。

(2)计算条件、参数选取、模型、计算过程应书写明确,层次分明。

(3)采用计算机计算时,应写明软件名称、输入参数、输出结果。

8.6 勘察报告

8.6.1 文字部分问题

【问题1】工程概况中应包括哪些内容?

【分析与对策】勘察报告在叙述拟建工程概况时,应写明委托单位、勘察阶段、工程名称及性质、用途、场地位置、层数(地上和地下)或高度、拟建筑物采用的结构类型、高层与低层(或群房)的连接方式、基础形式和埋深。当设计条件已经明确时,应说明地坪高程、荷载条件、拟采用的地基和基础方案及沉降缝设置情况、大面积地面荷载、沉降及差异沉降的限制、振动荷载及振幅的限制等。对于市政工程,应阐明以下内容:

①工程类别、特点、地面条件、基础形式、埋深、与其他管网的连接关系、初步拟定的施工方法等;

②城市道路工程道路的起止位置(坐标、里程)、道路长度与路幅宽度、道路类别、路基类型、路面设计标高、沿线与其他线路的交叉位置与交叉形式和主要支挡构筑物位置等;

③桥涵工程拟定的桥梁长度、宽度、等级、跨径、荷载情况、结构形式以及墩台拟采取的基础形式、埋深等;

④隧道工程起止位置(坐标、里程)、长度、洞跨、洞高、洞距、设计高程、埋深、覆土厚度等;

⑤室外管线起止位置(坐标、里程)、设计长度、管道类型、管材、管径以及穿越铁道、公路、河谷的位置、埋深和方式等;

⑥地下管廊起止位置(坐标、里程)、设计长度、宽度、埋深和方式等;

⑦堤岸工程堤岸起止位置(坐标、里程)、顶面设计标高、各段堤岸的结构类型、采取的基础形式、埋深等;

⑧垃圾填埋工程垃圾类型、主要成分、处理方式、处理总量及日处理量，填埋场库区结构、坝型及坝高，渗沥液集排系统、污水池、管道等建(构)筑物的结构、荷载、基础形式及埋深、防渗及结构变形要求、使用年限等。

【问题2】 怎样确定湿陷量计算的深度?

【分析与对策】 湿陷量应按每个探井分别计算。详细勘察阶段的湿陷量计算应从基础底面(基底标高不确定时，自地面下1.5 m)算起。在非自重湿陷性黄土场地，累计至基底下10 m深度止，当地基压缩层深度大于10 m时，累计至压缩层深度；在自重湿陷场地，累计至非湿陷性黄土层的顶面止，控制性勘探点未穿透湿陷性黄土层时，累计至控制性勘探点深度止。

自重湿陷量应自天然地面(挖、填方场地应自设计地面)算起，累计至非湿陷性土层顶面止。勘探点未穿透湿陷性黄土层时，应计算至控制性勘探点深度止。

【问题3】 如何看待不同勘察单位提供基桩设计参数取值的差异性?

【分析与对策】 对于基桩参数的取值，各勘察单位存在较大差异，存在这一问题的原因为：①行业技术标准与地方技术标准制订的基桩参数标准存在差异；②勘察单位采用的安全系数不同，有的勘察单位偏于安全，甚至很保守，所提出的参数值较低。

对此，应严格在技术标准制订的基桩参数限值范围内取值；另外，各地可以通过技术经验交流、共同研讨，促进勘察技术水平的不断提高。

【问题4】 进行指标统计时，应注意哪些问题?

【分析与对策】 关于指标统计，应注意以下问题。

(1)岩土指标统计应根据实际试验项目和岩土工程评价需要进行，一般应对下列项目进行统计：

①岩土的天然密度、天然含水率；

②粉土、黏性土的孔隙比；

③黏性土的液限、塑限、液性指数和塑性指数；

④土的压缩性、抗剪强度等力学特征指标；

⑤岩石的密度、软化系数、吸水率、单轴抗压强度；

⑥特殊性岩土的特征指标；

⑦原位测试指标；

⑧其他岩土指标。

(2)岩土参数统计应符合所依据的技术标准，并符合下列要求：

①岩土的物理力学性质指标，应分层统计；

②应提供岩土参数的统计个数，平均值、最小值、最大值，岩土层的主要测试指标(包括孔隙比、压缩模量、黏聚力、内摩擦角、标准贯入试验锤击数、圆锥动力触探锤击数、岩石抗压强度等)尚应提供标准差、变异系数等；

③必要时提供参数建议值。

(3)应注意指标的取舍问题。

在对指标进行统计时，经常会剔除一部分所谓的“异常值”，哪些值可以剔除，应该剔除多少数量，随意性较大，有的数据只是因为与大多数据相差很多，就被剔除，更有甚者不论情况如何，直接按大小值各 10%剔除，目的是指标离散性不要太大，这显然没有道理。这种做法，虽然从指标上看比较“顺眼”，却有可能掩盖了场地地层的不均匀性（变异指标相对集中分布的情况），并且样本越多越容易被掩盖。如果有足够的证据表明，土样受到了人为因素的影响，其指标出现异常，那么这些指标是应该剔除的；如果是试样本身的不均匀性引起指标离散性较大，这些指标就没有必要进行剔除。研究资料表明，压缩模量的变异系数一般在 0.30 左右，最大可达到 0.73，这恰恰能反映出土层在自然界的实际情况。

首先，指标离散性较大可能与人为因素有关，包括试样的采取、运输、试验等环节，还可能与取样器及测试设备的完好状态等有关，比如有些标准贯入试验的探头已经磨损严重，却仍在使用，这样得到的试验数据就是不可靠的；其次，指标离散性较大也可能由分层不合理造成。

（4）关于重型动力触探试验的统计方法应注意以下方面。

①对连续圆锥动力触探试验击数进行统计时，计算单孔分层贯入指标平均值，应剔除临界深度以内的数值、超前和滞后影响范围内的异常值；再根据各孔分层的贯入指标平均值，用厚度加权平均法计算场地分层贯入指标的平均值和变异系数。

②对非连续圆锥动力触探试验击数进行统计时，每一阵击按一次测试计数。

（5）湿陷性黄土场地，通过人工探井和钻机薄壁取土器取的土试样，在统计土的物理力学性质指标时应分开统计。《湿陷性黄土地区建筑标准》GB 50025-2018 第 4.1.9 第 4 款规定，钻孔取样的土工试验数据宜在与探井取样对比分析的基础上使用，土层的密度、湿陷性和力学指标宜以探井取样土工试验为准。

【问题 5】 对于可以通过采取措施改变不利因素的场地，能否划为抗震一般地段？

【分析与对策】 建筑场地从抗震角度可分为对建筑抗震有利、不利和危险地段。工程勘察应该根据勘察时自然环境条件下的地形地貌、岩性、构造等因素综合进行建筑地段类别划分。对于可以通过施工改变不利因素（如回填大坑、古河道、软弱土改良等）的场地，不应被划为抗震不利地段，因此“经处理后为一般地段”的说法是错误的。

【问题 6】 液化判别计算中，如何确定地下水位？

【分析与对策】《建筑抗震设计标准》GB/T 50011-2010（2024 年版）第 4.3.3 条规定，液化判别计算中的地下水位深度宜按设计基准期内年平均最高水位采用，也可按近期内年最高水位采用。这里的“近期”可理解为 3~5 年。设计基准期内年平均最高水位，与抗浮设防水位类似，属于预测值，可取抗浮水位进行液化判别计算。

【问题 7】 地基均匀性评价应注意哪些问题？

【分析与对策】 对于高层建筑的地基均匀性评价，可按照《高层建筑岩土工程勘察标准》JGJ/T 72-2017 第 8.2.3 条的规定执行。符合下列情况之一者，应判别为不均匀地基。

（1）地基持力层跨越不同地貌单元或工程地质单元，工程特性差异显著。

（2）地基持力层虽属于同一地貌单元或工程地质单元，但存在下列情况之一：

①中-高压缩性地基,持力层底面或相邻基底标高的坡度大于 10%;

②中-高压缩性地基,持力层及其下卧层在基础宽度方向上的厚度差大于 0.05b(b 为基础宽度)。

(3)同一建筑虽处于同一地貌单元或同一工程地质单元,但各处地基土的压缩性有较大差异时,可在计算各钻孔地基变形计算深度范围内当量模量的基础上,根据当量模量最大值 $\bar{E}_{smax}$ 和当量模量最小值 $\bar{E}_{smin}$ 的比值判定地基均匀性。

对多层建筑的地基均匀性评价,可参照上述规定执行。

同时,地基均匀性评价还注意以下问题。

(1)应提供评价的过程,不能武断地给出结论。

(2)应根据各个建筑物的基底标高,按单体建筑评价,不能按整个场地笼统地评价。

(3)应给出具体的量化指标,如持力层岩性、层面坡度、厚度差、压缩模量比值等具体数据。

(4)对于独立基础或条形基础的建筑,按"厚度差大于 0.05b"指标评价时,显得过于严格,当厚度差较大时,建议进行沉降变形估算,以确定地基均匀性。

(5)对于巨厚层的填土,有时厚度可能比较均匀,但鉴于填土本身成分的复杂性和土质的不均匀性,不应轻易判定为均匀地基。

(6)对于不均匀地基,应提出处理建议。

【问题 8】 建议复合地基方案时,是否应预估单桩承载力?

【分析与对策】 岩土工程勘察主要是提供工程地质资料和岩土参数。根据设计要求,不能满足天然地基时,应提出地基处理方案。分析论证各种方案技术上的可行性,并在考虑安全、经济、施工条件等问题的基础上,提出切合实际的地基处理方案建议,并提供地基处理时的各种设计参数。

勘察报告并不一定要预估单桩承载力,这一工作应该由岩土工程设计来完成。勘察报告提出复合地基方案的建议时,应将方案的桩径、桩距、桩长、置换率、单桩承载力等计算出来。这显然已超出了勘察阶段的工作范围。

【问题 9】 怎样确定抗浮设防水位?

【分析与对策】《高层建筑岩土工程勘察标准》JGJ/T 72-2017 第 2.1.6 条定义了抗浮设防水位,即"为满足地下结构抗浮设防安全及抗浮设计技术经济合理的需要,根据场地水文地质条件、地下水长期观测资料和地区经验,预测地下结构在施工期间和使用年限内可能遭遇到的地下水最高水位,用于设计按静水压力计算作用于地下结构基底的最大浮力"。

抗浮设防水位的确定应根据工程场地所在的城市或地区的宏观水文地质条件、水位的变化趋势等影响因素综合确定。在考虑最不利组合情况下,以保证建筑物安全为目的,按各地区经验给出一个合适的抗浮水位。《高层建筑岩土工程勘察标准》JGJ/T 72-2017 第 8.6.2、8.6.3 条给出了确定抗浮设防水位的具体规定,值得借鉴。

(1)抗浮设防水位宜取地下室自施工期间到全使用寿命期间可能遇到的最高水位。该水位应根据场地所在地貌单元、地层结构、地下水类型、各层地下水水位及其变化幅度和地下水补给、径流、排泄条件等因素综合确定;当有地下水长期水位观测资料时,应根据实测最高水位以及地下室使用期间的水位变化,并按当地经验修正后确定。

(2)施工期间的抗浮设防水位可按勘察时实测的场地最高水位,并考虑季节变化导致地下水位可能升高的因素;同时应充分考虑结构自重和上覆土重尚未施加时,浮力对地下结构的不利影响。

(3)场地具多种类型的地下水,各类地下水虽然具有各自的独立水位,但若相对隔水层已属饱和状态、各类地下水有水力联系时,宜按各层水的混合最高水位确定。

(4)当地下结构临近江、湖、河、海等大型地表水体,且与本场地地下水有水力联系时,可参照地表水体百年一遇高水位及其波浪雍高,结合地下排水管网等情况,并根据当地经验综合确定抗浮设防水位。

(5)对于城市中的低洼地区,应考虑特大暴雨期间可能形成街道被淹的情况,在南方地下水位较高、地基土处于饱和状态的地区,抗浮设防水位可取室外地坪高程。

(6)当建设场地处于斜坡地带且高差较大或者地下水赋存条件复杂、变化幅度大、地下室使用期间区域性补给、径流和排泄条件可能有较大改变或工程需要时,应进行专门论证,提供抗浮设防水位的专项咨询报告。

《高层建筑岩土工程勘察标准》JGJ/T 72-2017 第 8.6.2 条第 1 款的条文说明给出了进一步的解释:“当有地下水长期观测资料时,可根据历史上最高水位,来推定和预测今后使用期间的地下水最高水位;当没有地下水长期观测资料,而对当地不同地貌单元地下水季节变化幅度有经验数据时,可按‘勘察期间实测地下水位’+‘地下水季节变化幅度’(旱季勘察时加变化幅度大值,雨季勘察时加变化幅度小值)+‘意外补给可能带来的地下水升高值’,来预测和推定地下水抗浮设防水位。”

抗浮设防水位的确定,是一个复杂的问题。需要考虑场地地形、地貌、地层结构、地下水类型、各层地下水水位及其变化幅度;需要掌握场地地下水补给、径流、排泄条件及水位的历史变化规律;需要分析区域水利规划、地下水开采、邻近地表水系水位变化、邻近工程施工降水和水文环境变化等对场地地下水位的影响程度和趋势;需要预测设计使用年限和工程建设可能导致水文地质条件改变引起的地下水位变化;需要充分结合场地及其周边已有排水系统的分布和有效能力等。这就给确定抗浮设防水位带来极大的困难,岩土工程师应慎重对待。

【问题 10】 有地下室的情况下,计算土的自重应力时如何确定深度?

【分析与对策】 验算软弱下卧层时采用的是应力总和验算方法,将附加压力扩散到软弱下卧层顶面以后,再加上该处的自重应力,比较总应力与经过深度修正后的地基承载力的小值。

因此,在附加应力和自重应力相加时,自重应力是土层的常驻应力,即在工程尚未施工时在该处已经存在的应力,还要注意对地下水位以下指的是有效应力。因此,与是否设置地下室没有任何关系,是从自然地面算起的。

【问题 11】 在多层土条件下,用抗剪强度指标计算承载力时如何取值?

【分析与对策】 在一般条件下,不能像压缩模量那样采用等效平均的方法计算抗剪强度指标的当量值。

为什么压缩模量可以用等效平均的方法计算当量压缩模量，而对抗剪强度指标却不能采用等效平均的方法？这是因为地基的沉降是各层土的压缩变形的总和，以总沉降量相等为条件，才存在当量压缩模量的概念，从而得出以应力面积等效平均的当量压缩模量的计算方法。

《建筑地基基础设计规范》GB 50007-2011 第 5.2.5 条规定，c_k 和 φ_k 为基底下一倍短边宽度的深度范围内土的黏聚力和内摩擦角的标准值。但这个一倍宽度的规定也没有什么道理，实际上也很难执行。如果是分层地基，可以分层统计每层土的抗剪强度指标。假定划分的岩土层是均质体，每层土的所有参数全部参加统计，用数理统计学的方法得到代表性的指标，然后供计算地基承载力时选用。

【问题 12】 对地基土物理力学指标进行统计的基本假定条件是什么？

【分析与对策】 对于勘察的场地，作为岩土工程师，首先要做好地质工作，对地形、地貌、地质成因和地层年代有清楚的认识，判断场地地层是洪冲积还是残坡积，是河漫滩还是阶地，是第四纪地层还是老地层。把地质单元划分正确，是进一步考虑布置勘察试验工作和数据分析统计的基础。

《岩土工程勘察规范》GB 50021-2001（2009 年版）第 14.2.2 条第 1 款明确规定，岩土的物理力学指标，应按场地的工程地质单元和层位分别统计。按地质单元统计岩土的物理力学指标，是岩土工程勘察的基本原则。在一个地质单元中要求取一定数量的土样，做一定数量的试验是为了让数据有充分的代表性，是数据统计所必需的样本容量，而统计的前提则是子样必须来自同一个母体。如果不承认地质单元可以用平均值来描述某一个属性，那数据处理就无从谈起。

从土的性质来研究土层均匀性，一般认为同一地质单元可以作为均质体来处理，可以采用统计的方法来处理试验指标。如果不承认这一点，即使是最简单的计算平均值的方法也就失去了理论的前提，不能用平均值来处理试验结果，也失去了钻孔取样进行土试验的理论依据。

将试验指标用于工程计算时，计算公式的推导都有均质土的假定。计算基础中的点沉降时，必须承认土层是均匀的，同一土层的深度方向和水平方向都是均匀的，用分层总和法处理仅是深度方向划分为若干土层，但每一个土层还是均质土。如果不承认这一点，这个计算公式就不成立。

在均质土假定的基础上，把各个勘探点、各个取样点的数据的差异视为随机因素造成而不是系统因素造成的，这些随机因素包括当年沉积时物质的差异、年代的差异、沉积条件的差异、取土扰动程度的差异、试验条件的差异等，这就可以用统计的方法来处理这些数据的随机误差，数据的离散性或变异性是反映这种随机因素影响的定量指标，通过计算可以估计随机误差对计算结果的影响程度，这就是误差估计和可靠度分析。

【问题 13】 如何区别潜水和上层滞水？

【分析与对策】 从大范围来说，表层土中赋存的水，受大气降水的补给、临近河流的补给以及人类活动的补给，水位随地形的起伏而缓慢变化。区域上没有稳定的水位，且隔水层

(可塑至硬塑黏土)的分布也不算稳定。区域地质调查定义为“上层滞水”。

区域性的水文地质调查,其目的主要是为供水工程服务,调查的着眼点是寻找能提供需要水量的含水层,重点是研究其给水度和水质,而且研究的范围一般比较大。这些成果对城市建筑工程的降水工程或抗浮设计有一定的参考价值,但作为工程设计之用,尚显不足。

最主要之处是研究的视野和角度不同,从区域地质的角度,几十平方千米的范围是非常小的,但对于工程建设来说,这已经是非常大的范围了;对供水来说是没有价值的含水层,但对建设工程来说,已经是举足轻重的地下水条件了。

例如,区域地质调查的结论是“上层滞水”,但根据描述“从大范围来说,表层土中赋存的水,受大气降水的补给、临近河流的补给以及人类活动的补给,水位随地形的起伏而缓慢变化”,作为工程场地而言应为潜水。

根据上层滞水与潜水的主要差别,应该鉴别场地的地层性质究竟是饱水带还是包气带,只有存在包气带的情况下,才可鉴别为上层滞水。如果整个地层都是饱水带,局部的隔水层以下也是饱水的,那就不可能是上层滞水。这是上层滞水与潜水形成条件的最本质的区别,至于隔水层是局部的还是稳定的,这种尺寸效应是相对而言的。实际上不可能存在无限大的稳定隔水层,隔水层总是有限范围的,这是与所研究问题的范围大小相对而言的。

【问题 14】 勘察阶段软弱下卧层验算是否有必要?

【分析与对策】 软弱下卧层验算是地基基础设计工作的一部分,不是工程勘察中必做的工作,勘察阶段也没有条件验算软弱下卧层。

在地基基础设计中,必须同时满足持力层和下卧层的承载力,由于在持力层中应力是扩散的,如果下卧层的承载力高于持力层,就肯定是满足要求的了,不必验算,所以才有软弱下卧层验算这个说法。

由于进行勘察工作时尚不清楚荷载的确切数值,无法确定基底压力的大小,基础的埋置深度和基础的尺寸也还没有确定,软弱下卧层顶面的附加压力无法计算,不具备进行软弱下卧层验算的条件,所以软弱下卧层验算是地基基础设计工作中需要考虑的问题,并不是勘察工作中应该做的工作。

勘察报告中的软弱下卧层验算,是围绕地基基础方案建议的可行性来进行的,不能代替地基基础设计。

【问题 15】 如何提高地基基础方案建议的合理性?

【分析与对策】 地基基础方案的建议应基于一定的分析评价过程,没有分析评价过程则显得结论过于武断。一般来讲,首先应针对具体的基础形式,结合承载力验算、变形验算的结果,以及地基土的特殊性质,分析天然地基的可行性;其次,当天然地基不能满足要求时,再考虑地基处理或桩基础方案。确定地基基础方案时,应根据地层岩性特征、地下水埋藏条件、周边环境以及工程造价等进行必要的分析,确定所建议方案的可行性。

【问题 16】 使用经验公式确定岩土参数应注意哪些问题?

【分析与对策】 勘察过程中,常根据土工试验成果和原位测试指标来计算一些岩土参数。如根据标准贯入击数 N、静力触探比贯入阻力 P_s 等,用各种经验公式确定地基承载力

特征值 f_{ak}、桩周土侧阻力特征值 q_s、桩端土端阻力特征值 q_p，以及估算 E_S、φ、C 等参数。对于各种经验公式，一定要搞清楚它的初始条件，首先要进行必要的验证，在满足初始条件后，能呈现相同或类似的规律，才能使用。任何经验公式都有其背景，因人而异，因地而异。比如河北省某地的砂类土，用北京的经验公式确定压缩模量，可能觉得偏大、不安全。因此，对经验公式不能拿过来就用，一定要看是否与初始条件相符，是否有较好的一致性。

【问题 17】 填土勘察中，应注意哪些问题？

【分析与对策】 填土是在工程勘察中常遇到的一种特殊土，但其往往不被重视，经常出现勘察工作量少、取样和原位测试指标手段缺失以及岩土工程评价不到位等问题。因此，《工程勘察通用规范》GB 55017-2021 第 3.6.6 条对填土勘察应包括的内容进行了强制性规定。具体要求如下：

①调查原始地貌、填土来源和堆填方式；

②填土的类型、成分、分布、厚度和堆填年代；

③分析评价地基的均匀性、压缩性、密实度和湿陷性；

④当填土作为持力层时，提供变形参数与地基承载力；

⑤提出填土地基处理和基础方案的建议。

《建筑与市政地基基础通用规范》GB 55003-2021 第 3.2.1 条也有相关的规定，要求“对填土，应查明堆填或填筑的方式和形成时间，分析填料性质、分布范围，评价填土地基的密实度、均匀性和地基稳定性”。

要达到上述的要求，首先应从勘察工作量的布置、勘察手段的投入做起；然后根据土工试验成果和原位测试指标进行全面的岩土工程评价；最后对填土的整治、利用，以及基坑工程提出合理的建议。

【问题 18】 工程风险评价应包括哪些内容？

【分析与对策】 工程风险评价主要包括两个方面：一是不良的地质条件对工程产生的不利影响，如特殊性土、不良地质作用、地震液化、地下水的作用及水土腐蚀性等对工程的风险；二是由于岩土施工对地质条件造成破坏，从而对工程本身周边环境造成的风险，如基坑开挖及工程降水、桩基施工以及各种地基处理施工等可能遇到的风险及对周边环境可能造成的风险。

评价工程风险的同时，应提出防止措施，并提供设计和施工所需的岩土参数。

8.6.2 图表部分问题

【问题 1】 平面图应包括哪些内容？

【分析与对策】 根据《房屋建筑和市政基础设施工程勘察文件编制深度规定》（2020 年版）的有关规定，勘探点平面位置图应包括下列内容：

①拟建工程的轮廓线及其与红线或已有建筑物的关系、层数（或高度）及其名称、编号、拟定的场地整平标高，当勘察场地地形起伏较大时，应有地形等高线；

②已有建筑物的轮廓线、层数（或高度）及其名称；

③勘探点及原位测试点的位置、类型、编号、孔（井）口标高等要素；

④剖面线的位置和编号;

(5)方向标、比例尺等。

市政工程勘探点平面位置图,对道路工程、管道工程、堤岸工程应附有地形地物的道路走向和里程桩号的初步设计带状平面图;桥涵工程应附有场地地形地物。勘探点和原位测试点宜有坐标,坐标数据可列入“勘探点主要数据一览表”,或列表放在图中的适当位置。

【问题2】 剖面图应包括哪些内容?

【分析与对策】 工程地质剖面图应根据具体条件合理布置,主要应包括下列内容:

①勘探孔(井)的位置、编号、地面高程、勘探深度、勘探孔(井)间距;

②岩土分层、编号、分层界线;

③实测或推测的岩石分层、岩性分界、断层、不整合面的位置和裸露岩石的产状;

④溶洞、土洞、塌陷、滑坡、地裂缝、古河道、埋藏的湖浜、古井、防空洞、孤石及其他埋藏物;

⑤地下水稳定水位高程(或埋深);

⑥取样位置、类型或等级;

⑦静力触探曲线、圆锥动力触探曲线或随深度的试验值;

⑧标准贯入等原位测试的位置、测试值;

⑨标尺;

⑩地形起伏较大或设计条件明确时,标明拟建工程的基底位置和场地整平标高。

市政工程纵向剖面图(工程地质剖面图)尚应包括线路及里程等要素,拟定的路基设计标高及挖填方位置,拟定的管道工程的设计管道顶底标高等内容。

【问题3】 柱状图应包括哪些内容?

【分析与对策】 钻孔(探井)柱状图应包括下列内容:

①钻孔(探井)编号、直径、深度、勘探日期和孔(井)口标高等;

②地层编号、年代和成因,层底深度、标高、层厚,柱状图,取样及原位测试位置,岩土描述、地下水位、测试成果,岩芯采取率或岩石质量指标RQD(对于岩石)等;

③孔(井)位置坐标。

应引起重视的是,柱状图的岩土描述不应千篇一律,应依据现场情况和土样情况有所不同,特别是对工程有重要影响的软弱夹层、孤石、土洞、溶洞等,应详细描述其深度、厚度、大小,以及溶洞充填情况等内容。

8.7 地基处理及复合地基设计

【问题1】 地基处理设计的依据主要应考虑哪些内容?

【分析与对策】 各种地基处理的设计依据,一般包括各种规范和技术标准、岩土工程勘察报告、结构设计要求等。对于所依据的规范和技术标准,当低等级技术标准与国家标准的规定不一致时,应遵循从严原则。

【问题 2】 如何划分复合地基设计等级?

【分析与对策】 由于建筑工程涉及各行各业,地基处理的方法也是五花八门,《建筑地基处理技术规范》JGJ 79-2012 和《复合地基技术规范》GB/T 50783-2012 对复合地基设计等级均未进行划分。但《长螺旋钻孔泵压混凝土桩复合地基技术标准》DB13(J)/T 8514-2023 对复合地基设计等级划分进行了规定,主要考虑了该工艺的广泛应用,并已经普遍用于重要建筑物(如 30 层以上的建筑等),该标准根据建筑规模、功能特征、对差异变形的适应性、场地地基和建筑物体形的复杂性,以及由于复合地基问题可能造成建筑物破坏或影响正常使用的程度,将复合地基设计分为三个设计等级。具体做法如表 8-4 所示。

表 8-4 复合地基设计等级

设计等级	建筑和地基类型
甲级	①重要工业与民用建筑物; ②体形复杂且层数相差超过 10 层的高低层连成一体的建筑物; ③ 30 层以上(含 30 层或高度 100 m 及以上高耸构筑物)的高层建筑; ④场地和地基条件复杂的一般建筑物及坡上建筑物; ⑤对原有工程影响较大的新建建筑物; ⑥对地基变形有特殊要求的建筑物
乙级	除甲级、丙级以外的建筑物
丙级	场地和地基条件简单、荷载分布均匀的 7 层及 7 层以下民用建筑及一般工业建筑,次要的轻型建筑物

对复合地基设计等级为甲级的建筑,提出了更严格的要求,如:复合地基承载力应按 0.9 进行折减;对复合地基承载力、桩身质量提高检测数量等。

【问题 3】 相邻建筑基桩施工或主体已完工,进行地库开挖是否可行?

【分析与对策】 地库开挖消除了侧限,对主楼的地基稳定造成不利影响,这种做法是不安全的,应尽量避免。应调整好施工顺序,如果复合地基的桩已施工,甚至主楼已完工,再进行地库基坑开挖,则必须采取有效措施解决好主楼侧限问题。

【问题 4】 周边有地下车库时,主楼地基承载力修正时应注意哪些问题?

【分析与对策】 一般分为两种情况:如果周边地库基础为条基或独立基础,承载力修正应从地库室内地面计算,修正的量较小,可以忽略,即可以不修正;如果地库采用整体好、刚度大的筏板基础,则可以将地库部分的荷载折合成土层厚度进行修正,但前提是地库要先施工或与主楼同期施工。

【问题 5】 水(土)对混凝土有腐蚀性,素混凝土桩复合地基应采取哪些抗腐蚀措施?

【分析与对策】 水(土)腐蚀性关系到混凝土的耐久性问题,《工业建筑防腐蚀设计标准》GB/T 50046-2018 第 4.9.5 条有明确规定,对混凝土桩身的防护可采用抗硫酸盐硅酸盐水泥、掺入抗硫酸盐外加剂、掺入矿物掺和料提高混凝土抗腐蚀性能的措施,以及增加混凝土腐蚀裕量的措施。素混凝土桩复合地基的抗腐蚀问题,可根据水(土)腐蚀类型和腐蚀性等级参照执行。

【问题 6】 腐蚀环境下，对素混凝土桩的桩身强度有何要求？

【分析与对策】《建筑桩基技术规范》JGJ 94-2008 第 3.5.2 条和《工业建筑防腐蚀设计标准》GB 50046-2018 第 4.2.3 对腐蚀环境下混凝土耐久性的基本要求进行了规定，对混凝土强度等级、最小水泥用量等作出具体要求，是在腐蚀性环境下保证混凝土结构耐久性措施，对素混凝土桩可参照执行。

【问题 7】 在地震液化场地进行刚性桩复合地基设计时，是否需要先消除液化？

【分析与对策】 对桩基础来讲，根据《建筑桩基技术规范》JGJ 94-2008 第 5.3.12 条或《建筑抗震设计标准》GB/T 50011-2010(2024 年版)第 4.4.3 条，液化土的桩周摩阻力必须折减。但复合地基与桩基础不同，上部结构传下来的荷载，桩基础主要是由桩来承受，而复合地基由桩和桩间土共同承担，当地震液化发生后，不仅桩侧阻力失效，桩间土承载能力也会减小或完全丧失。因此，《建筑抗震设计标准》GB/T 50011-2010(2024 年版)规定需要消除液化的建筑物，当采用复合地基时，必须先消除液化，再进行桩设计。

【问题 8】 如何考虑永久性锚杆的防腐保护构造设计？

【分析与对策】《建筑与市政地基基础通用规范》GB 55003-2021 第 8.2.3 条规定，腐蚀环境中的永久性锚杆应采用Ⅰ级防腐保护构造设计，非腐蚀环境中的永久性锚杆应采用Ⅱ级防腐保护构造设计。永久性锚杆的防腐保护构造设计还应符合《岩土锚杆与喷射混凝土支护工程技术规范》GB 50086-2015 的有关规定。